"十二五"普通高等教育本科国家级规划教材

计算机科学导论

（第二版）

邹海林 等　编著

科学出版社

北　京

内 容 简 介

本书以计算机学科知识体系来组织内容。包括计算机的产生与发展、计算机科学基本理论和基本方法、数据表示与存储、计算机数字逻辑,计算机组成与体系结构、程序设计语言与程序设计、数据结构与算法、数据库技术、计算机网络技术、计算机科学前沿技术等。提供对计算机科学理论的概览,使读者能够对这一学科的基本理论、学科知识体系、思维方法以及与其他学科之间的关系有所了解,为学习后续课程和献身计算机科学事业奠定方法论基础。

本书可作为高校计算机类专业计算机科学导论课程的教材,也可作为电气信息类专业学生或其他计算机爱好者了解、学习计算机科学知识的参考书。

图书在版编目(CIP)数据

计算机科学导论 / 邹海林等编著. —2 版. —北京:科学出版社,2014.9
"十二五"普通高等教育本科国家级规划教材
ISBN 978-7-03-041880-7

Ⅰ. ①计… Ⅱ. ①邹… Ⅲ. ①电子计算机-高等学校-教材 Ⅳ. ①TP3

中国版本图书馆 CIP 数据核字(2014)第 206264 号

责任编辑:于海云 张丽花 / 责任校对:张怡君
责任印制:赵 博 / 封面设计:迷底书装

科 学 出 版 社 出版
北京东黄城根北街 16 号
邮政编码:100717
http://www.sciencep.com
天津市新科印刷有限公司印刷
科学出版社发行 各地新华书店经销
*
2008 年 5 月第 一 版   开本:787×1092 1/16
2014 年 9 月第 二 版   印张:25 1/2
2024 年 7 月第十五次印刷   字数:604000

定价:79.00 元

(如有印装质量问题,我社负责调换)

《计算机科学导论》第一版于2008年5月出版后，先后被全国多所高校选为"计算机科学导论"课程的教材或教学参考书。该教材先后获得2009年山东省高等教育教学优秀成果三等奖和2011年山东省高校优秀教材一等奖，并被列入首批"十二五"普通高等教育本科国家级规划教材。

党的二十大报告指出："加快建设国家战略人才力量，努力培养造就更多大师、战略科学家、一流科技领军人才和创新团队、青年科技人才、卓越工程师、大国工匠、高技能人才。"为了更好地培养高素质的科技人才，本书的编写遵循科学知识与人文教育结合、思维训练与知识传授结合、理论与实践结合、传统理论与科技发展成果结合的原则，并注重知识的科学性、系统性和先进性。对第一版结构及内容进行了较大的调整和增删，重写了大部分章节的内容，补充了一些新的内容，增加了计算机科学前沿技术一章。

第二版的修订工作由邹海林、柳婵娟、潘辉、周树森、周红志等5位老师完成，具体分工如下：第3、4章由潘辉编写，第5章由周红志编写，第8、9章由柳婵娟编写，第6、10章由周树森编写，其余内容和全书的统稿工作由邹海林负责。

限于水平，本书虽经认真修订，缺点错误仍在所难免，欢迎读者批评指正，以期不断改进和完善。

作者邮箱：zouhailin7631@sina.com

作　者
2023年5月

"计算机科学导论"是计算机科学与技术专业学生的一门必修课，也是电气信息类专业学生了解计算机科学的内容、方法及其发展的导引性课程。从 1996 年开始，我们为电气信息类本科专业（包括计算机专业）一年级学生开设"计算机科学导论"课程，按照计算机学科的历史渊源、发展变化和学科知识体系来组织教学，并一直在研究探索"计算机科学导论"课程教学的有效模式，取得了良好的效果。十几年来，随着计算机科学技术不断深入发展，教学内容也在不断充实、更新，逐渐形成了比较完善的教学体系。为了适应更广泛的读者需要，结合多年的教学实践，我们在原讲义的基础上进行重新编写、充实，形成了这本既适合大学电气信息类专业低年级学生又适合其他领域计算机爱好者学习的《计算机科学导论》。

作为大学一年级的计算机专业的学生，他们对计算机科学的理解就是编程。其实，计算机科学远不止于此。像其他学科一样，计算机科学有一个诞生、发展和完善的过程，它有着较为系统的知识体系结构、基本理论、核心概念及典型方法，它与数学、物理学、电子学等学科有着密切的联系。本书的主要目的就是扩展学生的视野，一方面，提供对计算机科学理论的概览，在保持对每个知识点讨论的深度的同时，最大限度地提供这一学科更多的知识背景，使学生能够对这一学科的基本理论、内容体系、方法以及与其他学科之间的关系有一个比较全面和整体上的了解。另一方面，介绍计算机科学与技术发生、发展的历史背景和过程，让学生了解半个世纪以来，计算机科学发展所经历的曲折、困难以及科学家为此而进行的艰苦选择与努力，以激发和增强学生学习计算机科学的兴趣和积极性，为学习后续课程和献身计算机科学奠定方法论基础。

从学科发展综合化趋势来看，计算机科学与技术作为实现手段和工具已渗透到其他众多学科领域，因此对于其他学科的大学生，同样希望了解和学习计算机科学的基本知识和基本应用技术。为他们提供一本非专业性质的计算机科学概论性课程，使他们能更容易理解计算机学科的基本概念、基本知识，了解整个学科发展的历史过程以及与其他学科之间的关系，进而掌握必备的计算机应用技能，也是我们编写本书主要目的之一。

也许有人会问，作者为何要以这样的体系编写本书？在介绍计算机科学理论的同时，为何要用如此多的篇幅介绍计算机科学发展的历史？了解科学的历史有什么用？这的确是一个必须回答的问题。

第一，计算机科学技术史是人类文明发展史的重要组成部分，学习和研究计算机科学技术史是学习汲取前人智慧精华的一种途径。科学史中所蕴涵的科学思想、科学方法及科学精神在人才培养中具有十分重要的作用和意义。

计算机科学技术史不只是单纯的计算机科学技术成就的编年记录，它的发展也绝不是一帆风顺的，而是充满着艰难和曲折，甚至是面临危机的。三百多年来，有众多科学先贤为计算机科学事业进行了艰苦卓绝的探索甚至付出了毕生的心血。计算机科学技术史揭示了这一历史发展进程，包括问题的提出、经过的曲折和反复、理论的逐步成熟和完善，以及现在还遗留的问题，等等。

其次，计算机科学技术史也是科学家们克服困难、战胜危机的奋斗史，它可以使人们深入了解科学家的科学思想、科学方法以及为科学而献身的奋斗精神。纵观计算机科学发展的历史，不难发现，正是"为科学而科学"的精神在激励着一批又一批的科学家，为探求终极原因而在崎岖的道路上跋涉、攀登。科学的崇高地位孕育了科学家的理想、气质和追求，科学家的科学精神、科学思想和科学方法，引领科学从无到有，铸就了现代科学的辉煌成就。

科学家的科学研究活动在有些情况下也是充满困惑、犹豫和徘徊的，经历着痛苦，有成功的经验，更有许许多多失败和失误的教训。学习科学发展的历史，可以从正反两方面了解科学家在研究活动中所展现出的科学思想和科学方法。可以看到科学理论发展的真实历史过程，更好地理解科学理论；从中还可以看到科学家的思想发展脉搏，看到科学家们为摆脱陈旧观念的束缚和困扰，摆脱愚昧与无知所进行的艰苦奋斗的场面；看到科学家为了探寻真理为科学事业而英勇献身的伟大壮举，以及科学家严谨的治学态度和高尚的科学道德等。科学史中所包含的这些生动的史实和蕴涵的深刻的科学思想，对于培养具有创造精神和创新能力的科技人才来说，都是非常必需的。

英国科学家巴贝奇以其毕生的精力和全部的财产投入到机械计算机的研制中，克服了常人难以想像的困难，设计出一系列完整的计算机结构图纸。由于当时技术条件的限制，巴贝奇的设想未能实现。但巴贝奇提出的将程序编制在穿孔卡片上，用以控制计算机工作的设想以及计算机结构的构思为现代计算机的研制奠定了基础。巴贝奇富有传奇色彩而悲壮的人生，充分体现了一名科学家为科学而勇于献身的崇高精神，同时也昭示了科学技术的发展与社会经济基础、科学研究体制、人文环境以及其他诸多相关因素有着必然的联系和影响。关系数据库的发明者科德当时已在 IBM 公司事业有成，但在工作中深感自己计算机知识的欠缺，年近 40 的他毅然决定重返大学校园，继续学习，并先后获得硕士和博士学位，这使他终于在 1970 年迸发出智慧的闪光，为数据库技术开辟了一个新时代。FORTRAN 语言的发明者巴克斯从一个纨绔子弟成长为一代计算机语言大师；Pascal 语言的发明者沃思成名后毅然回到自己的祖国，投身教育事业；弗洛伊德最初学的是文学，后来对计算机产生了兴趣，他利用业余时间自学计算机知识，最终成为计算机的行家，并因在计算机程序设计和算法设计方面所作出的突出贡献而获得 1978 年图灵奖。他们身上所闪现的勤奋严谨的学风和不怕困难积极进取的精神，无不令人感动和振奋。有心的读者会在思考和理解科学知识的同时，分享他们成功的喜悦，体验学习的乐趣，汲取成长的养分和增强战胜困难的信心与力量。

从我国目前的教育现状看，科学思想、科学精神和人文素质教育常常被忽视和弱化，功利性教育、分数教育的做法仍然比较普遍，这种行为的直接后果则使培养的学生追求最终结果、注重实用而忽视科学发展的过程，忽视科学基础的作用，缺乏脚踏实地的科学探索精神和创新意识。这种使高等教育符合简单的实用主义的观点和做法是不可取的。

从大学教育的内容看，完整意义上的科学教育，包括两个层面的涵义：一是具体层面的科学知识、科学方法的传授；一是抽象层面的科学思想、科学精神的培养。如果说科学知识、科学方法的传授是科学教育的实体的话，那么科学思想、科学精神的培养则是科学教育的灵魂。也就是说大学教育不只是教给学生思考什么，而是应更多地教给学生怎样去思考。科学史则是实施科学思想、科学方法、科学精神教育的最直接、最有效的途径。

科学史镌刻着人类的智慧，记载着人类文明的进程。我们应该认真审视科学的历程，不断汲取经验、教训和前进的力量，只有这样我们才能站得高、立得稳、扎得实、看得远。如果忽视科学的历史，面对未来科学发展日益复杂化、综合化的趋势，我们就会缺乏充分的思想准备，也不会有成熟的方法选择，甚至有迷失方向和落伍的风险。也正是基于以上原因，国外高校都非常重视研究和学习科学发展的历史，注重发挥科学史在人才培养中的教育功能。

第二，学习和研究计算机科学技术史可以让学生了解计算机科学理论从何处来、如何而来、又向何处发展；计算机科学的内容、方法是什么，等等，这对于学生从整体上了解计算机科学知识体系，学习和掌握计算机科学理论知识具有积极意义。

大学教育在传授知识的同时，更重要的任务是培养学生掌握思考、分析、探索的方法。目前大学课堂的理论教学比较注重理论知识的传授和最终结论，而忽视理论的来龙去脉、思考方法以及与此相关的历史背景。这种教育的直接后果是，面对教科书中大量的概念、公式、定律，学生变得唯唯诺诺，逐渐形成了机械的思维定式，书中所说的一切都是正确的，只能接受它。久而久之，历史的、发展的科学理论被神圣化、教条化，学生不知道这个理论从何而来，为什么会是这样，不知道这一理论源于哪些问题，有多少种解决问题的方案，为什么形成了今天的科学理论。这对知识的理解和学生创新意识的培养是不利的甚至是有害的。

大家都知道"图灵机"的概念，可图灵机理论的最终建立有赖于多位科学家的研究和共同努力。美籍奥地利数学家哥德尔关于形式系统"不完备性定理"的提出，宣告了"希尔伯特纲领"的失败，同时启发人们避免花费大量的精力去证明那些不能判定的问题，而把精力集中于解决具有能行性的问题。在哥德尔研究成果的影响下，英国数学家图灵从计算一个数的一般过程入手对计算的本质进行了研究，并提出了图灵机模型。至此，"计算机"到底是怎样一种机器，应该由哪些部分组成，如何进行计算和工作等一系列概念才明晰起来。之后，围绕着怎样判断一类数学问题是否机械可解的问题，诸多数学家从不同角度考察探讨计算这一概念。美国数学家克林在哥德尔原始递归函数基础上提出了一般递归函数，丘奇引进 λ-可定义函数以及波斯特提出规范系统的计算模型。后来，图灵进一步证明了图灵机可计算函数与 λ-可定义函数是一致的，丘奇遂断言一切算法可计算函数都和一般递归函数等价。这样一来，丘奇论题和图灵论题也就是一回事了，合称为"丘奇-图灵论题"，即直观的能行可计算函数等同于一般递归函数、λ-可定义函数和图灵机可计算函数。丘奇-图灵论题的提出，标志着人类对可计算函数与计算本质的认识达到了空前的高度，成为数学史上一块夺目的里程碑。了解这一背景，对学习和研究计算科学理论是非常必要的。

第三，学习和研究计算机科学技术史，可使学生进一步体会到创新在科学发明中的作用。

计算机科学的历史，就是一部不断创新的英雄史诗。从机械计算机、电磁计算机到今天的数字电子计算机,从 FORTRAN、ALGOL、Simula、Smalltalk 到今天的 C++、Java;从最初的 ARPANET 联网实验到今天的 Internet,……每一点改进,每一步成功无不是创新的结果。计算机科学发展的历史证明,创新是科学家的灵魂,创新是科学发展的动力,阅读本书将会深刻体会到这一点。

第四,计算机科学技术史可以使学生对计算机科学本身及其相关因素有一个全面、深刻的了解和认识。

今天,计算机科学技术已经渗透到社会生活的各个领域,正在使我们的这个世界经历一场巨大的变革,并深刻地反映在社会经济、文化和人们生活的各个层面。但我们应清醒地看到,像其他高科技一样,计算机科学技术是一柄双刃剑,它在给人类创造财富、为改造自然提供巨大能力的同时,它的某些不合理应用也带来了一系列法律、道德、文化和资源浪费问题。

不可否认,当信息革命的浪潮来临的时候,我们对信息技术给人类社会将带来的深刻变革和巨大影响,在思想认识和应对策略上准备不足,例如,对计算机技术发展应用所衍生出的"网络文化"、"信息安全"、"计算机犯罪"、"知识产权保护"等一系列现象和行为,缺乏有力的监督、规范和惩治机制,相应的法律法规建设相对滞后。

现在,网络虚拟世界呈现杂乱无序的状态,网络游戏与网络淫秽色情内容像"精神鸦片"一样正在腐蚀、毒害着青少年,引起人们的极大焦虑与不安;网络诈骗、网络病毒无时无刻不在发生和蔓延,给社会造成极大的危害,人们也为此付出了巨大的代价;网络环境下的知识产权问题远比工业时代复杂得多,网络专利、数字产品的版权、信息的公平使用、现有知识产权法律法规在网络时代的使用等一系列问题都需要认真研究。如何规范网络言论自由、抵御防范网络病毒,建立一个人们所期望的有序、健康、文明和法制的网络世界是一个全球性的难题,需要世界各国共同协作和努力。

深刻反思信息技术革命及其存在的问题,有助于人们对科学本身及其相关因素有更全面、更深刻的认识,以期更好地发展科学、应用科学;有助于人们充分认识和把握科学技术自身发展的规律和特点,去创造科技发展、科技创新的良好体制和环境;有助于人们坚持科学发展观,处理协调好科技进步、经济发展之间的关系,促进全人类的可持续发展。这也是作者多年来一直提倡在计算机专业教学中开展相应的人文素质和科学技术史教育,以及在本书中用较多的文字介绍计算机科学发展历史的原因之一。

本书在写作过程中,突出以下几个特点:

(1) 按照年代顺序和学科内容体系,通过介绍历史上各个时期计算机科学理论的重要进展和技术发明、主要科学家的科学研究活动与成就,来阐述计算机科学的基本理论体系的形成和技术发展过程。阅读本书,将使读者对计算机科学技术学科的历史渊源、核心概念、理论基础和相关知识能有一个基本了解。

(2) 采用史论结合、以史引论的方式,从计算机科学发展的历史特点、规律和科学研究的经验教训等方面,阐述计算机科学发展过程中的规律特点、与其他学科之间的关系及对社会和经济发展的推动作用,有重点地介绍分析科学家的科学思想和科学方法,力争在科学思维和科学方法方面给读者以启迪。

（3）计算机科学技术与计算机产业是紧密联系在一起的。计算机产业与计算机科学发展史一样，是一个充满神奇与激情、艰难与曲折的过程。半个多世纪以来，计算机产业界不断演绎着一个又一个成功与失败的故事。本书用了较大的篇幅有重点地介绍了欧美国家计算机产业发展的历程，试图探讨计算机产业发展的经验教训，特别是考察计算机技术及产业发展过程中一些失败的案例，以期从中得到一些有益的启示。

（4）针对一年级学生的基础知识掌握的状况，在保证科学性和系统性的前提下，力求内容深入浅出，通俗易懂。书中配有 700 余幅相关图片，以增加本书的生动性和可读性。为了方便读者阅读，对书中所涉及的地名、人名及组织机构名称均用中英文标出。

（5）根据本书的内容，作者开发了相应的多媒体课件，有需要的读者请通过电子邮件与作者联系。

本书共 16 章。第 1 章计算的起源与早期的计算工具，第 2 章机械计算机的研制，第 3 章电磁计算机的研制，第 4 章电子计算机时代，第 5 章电子计算机的发展与应用，第 6 章计算机科学理论的形成，第 7 章微处理器及其发展，第 8 章微型计算机及其发展，第 9 章数据表示与数据组织，第 10 章数据存储技术，第 11 章程序设计语言原理及其发展，第 12 章操作系统及其发展，第 13 章数据库技术及其发展，第 14 章计算机网络及其发展，第 15 章计算机科学理论的进一步发展，第 16 章计算机产业的崛起与发展。

在编写过程中，我们参考和借鉴了许多专家学者的研究成果，在书后均一一列出；同时也参考和选用了许多组织机构网站中有关科学家生平简历、图片及相关实物图片，由于数量太多没能全部列出，在此，向这些成果的所有者和组织机构表示诚挚的谢意。

在作者从教生涯中，原校党委书记、校长曲建新教授在各方面给予了充分理解、支持和帮助，在此向曲书记表示崇高的敬意。

几年来，青岛大学党委书记徐建培教授，对作者的工作、学习自始至终给予许多的关心、指导和帮助，使我获益匪浅，感激之情，无以言表。

感谢清华大学张大力教授、北京科技大学杨炳儒教授、中国矿业大学（北京）彭苏萍院士和钱旭教授、核工业地质研究院何钟琦教授、山东科技大学亓学广教授和郑永果教授、山东工商学院张兆响教授、山东经济学院张新教授和韩作生教授、山东建筑大学李盛恩教授、青岛科技大学孟祥忠教授、中国矿业大学（北京）苏红旗教授和杨峰副教授、中国人民公安大学刘克俭博士给予作者的热心帮助。

也感谢和作者朝夕相处的许多同事、朋友和学生的鼎力帮助和支持。多年以来，很多同事和学生对这门课程的教学及本书的内容提出过建议和意见，使作者获益匪浅，也正是他们的鼓励和支持，才使作者能顺利完成本书的写作任务。在此向我的同事、朋友和学生表示由衷的感谢。

本书的编写分工如下：

全书策划和大纲编写工作由邹海林、刘法胜负责。第 3、4 章由张奎平副教授编写，第 5 章由贾世祥老师编写，第 6 章由赵永升副教授编写，第 7 章由贾代平副教授编写，第 9 章和第 11 章 11.2 节、11.5 节由张小峰老师编写，第 10 章由汤晓兵老师编写，第 12 章由范辉教授编写，第 15 章由朱智林教授编写，第 16 章由杨家珍教授编写，张小峰协助绘制了书中的有关插图。与本书配套的多媒体课件由张小峰、贾世祥老师开发。其余内容的编写和全书的统一定稿工作由邹海林负责。

山东科技大学郑永果教授、中国矿业大学（北京）苏红旗教授分别对书稿进行了认真审阅，并提出诸多建议。赵小芳、王增锋老师以及杜俊楠、郝俊虹、王艳丽、贾慧等同学在文字录入、书稿校对方面付出了辛勤劳动，在此向他们表示感谢。

特别感谢科学出版社，感谢责任编辑及其他参与此书编辑工作的各位老师为本书顺利出版而付出的辛勤劳动。

限于作者学识水平，书中在具体内容的选择取舍、专业术语的翻译等方面肯定存在着缺点和错误，我们恳请专家和读者批评指正。

作者邮件地址：zouhailin7631@sina.com

作　者

目 录

第 1 章

计算机的产生与发展

计算机的诞生与发展经历了艰苦的探索过程。随着人类生产活动的发展，特别是天文学、航海遇到的大量烦琐的计算，迫切需要研制先进的计算工具。17 世纪，钟表制造技术尤其是齿轮传动技术的发展，为机械计算机器的研制提供了重要的技术基础。19 世纪中期到 20 世纪初，随着精密机械制造技术和工艺水平的提高，以及物理学特别是电磁学等学科的发展，在纯机械计算机的基础上，出现了用电气元件制造的电磁式计算机。这些电磁式计算机的研制为后来电子计算机的诞生积累了重要经验。20 世纪 20 年代以后，电子科学技术和电子工业的迅速发展为制造电子计算机提供了可靠的物质基础和技术条件；巴贝奇提出的通用计算机结构、图灵机模型及布尔逻辑代数的创立奠定了现代电子计算机的理论基础；社会经济发展、科学计算及国防军事上的迫切需要，成为电子计算机产生的直接动力。第一台数字电子计算机——ENIAC 就是在这样一种背景下诞生的，它为现代计算机科学与技术的发展奠定了基础。从此之后，计算机科学与技术开始应用于军事、经济和社会各个方面，人类社会进入了信息时代。

1.1 计算的起源

计算机的诞生源于人类对"计算"的需求。在人类文明发展的历史长河中，人类对计算方法和计算工具的研究和探索从来都没有停止过。远古时代，人类从长期的生产实践中，逐渐形成了数的概念，从"手指记数"、"石子记数"、"结绳记数"、"刻痕记数"到使用"算筹"进行一些简单运算，形成了实用的记数体系和关于数的运算方法。尽管这些知识还是零碎的，没有形成严密的理论体系，但它作为计算的萌芽，现代计算机科学与技术的发展成就，都是开始于这一时期人类对计算方法、计算工具的长期探索和研究。

1.1.1 数的概念及记数方式的诞生

数的概念的形成经历了一个缓慢渐进的过程。原始人在采集、狩猎等生产活动中，注意到一只羊与许多羊、一只狼与一群狼在数量上的差异。通过一只羊与许多羊、一只狼与一群狼的比较，逐渐看到其中的某种共同的东西，即它们的单位性。同样，人们注意到其他特定的物群相互间也可构成一一对应的关系。这种为一定物群所共有的抽象性质，就是数。数的概念的形成对人类文明的意义不亚于火的使用。在人类漫长的进化和文明发展过程中，人类的大脑逐渐具有了把直观的形象变成抽象数字的能力，开始进行抽象思维活动，这种抽象的思维活动标志着人类具备了认识世界的基本能力。

在数的概念出现之后，就开始有了数的计算和记数。人类社会发展的初期，常常遇到各种各样的计算问题，如计算捕捉到的猎物的数量、计算天数等。

计算需要借助一定的工具来进行，人类最初的计算工具是人类的双手。10 个手指是最简单的、随时"携带"的计算工具，掰指头算数就是最早的计算方法。用手指计算比较直观，而且可靠，所以这种方法被广泛应用，并延续了若干个世纪。"手指计数"在数学发展中起了很大的作用，因此十进制是人们最熟悉、最常用的进制计数方法。

随着社会的发展，需要进行的计算越来越复杂。由于手指计算有其无法克服的局限性，人类开始学习用小木棍、石子等身外之物作计算工具。

后来记数方式发展到结绳记数、刻痕记数等。所谓结绳记数，就是在一根绳子上打结来表示事物的多少。这种记数方法在没有掌握文字的民族中曾经被广泛地采用，有些少数民族在后来很长岁月中仍然采用这种记数方式。

经过数万年的发展，大约距今 5000 多年前，出现了书写记数及相应的记数体系。

1.1.2 古埃及算术及记数体系

居住于尼罗河岸的古埃及人，创造了以象形文字和金字塔为代表的灿烂文明。古埃及象形文字产生于公元前 3500 年左右，如图 1-1 所示。

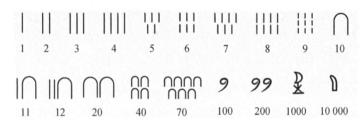

图 1-1　公元前 3500 年左右的古埃及象形数字

公元前 2500 年左右，古埃及象形文字演化为一种简便的象形数字体系——"僧侣体"，如图 1-2 所示。古埃及人就用这种僧侣文在纸莎草（Papyrus）压制成的草片上来做日常书写。在这种数字体系中，从 1～9 的每一个数字都有一个特定的符号，从 10～90 的每一个 10 的倍数以及从 100～900 的每一个 100 的倍数也都有自身特定的符号。

图 1-2　僧侣文中表示前 10 个正整数及 20 的记号

古埃及算术主要是加减法，将乘除化为加减法。分数算法是古埃及算术的一大特色。从纸草书中的记载可以看出埃及人对分数研究的较为透彻，且被广泛使用，这成为埃及数学一个重要而有趣的特色。所有的分数先拆成单位分数（分子为 1 的分数）再进行加减运算。为了方便运算，他们设计了一个形如 $\dfrac{2}{k}$ 数表（k 为从 5～101 的奇数），从表中可以很方便地查出拆分方法。例如，利用该表可以将 $\dfrac{7}{29}$ 表示成单位分数之和的形式：$\dfrac{7}{29}=\dfrac{1}{6}+\dfrac{1}{24}+\dfrac{1}{58}+\dfrac{1}{87}+\dfrac{1}{232}$。这种烦琐的运算方式在一定程度上阻碍了埃及算术的发展。同时，古埃及几何学研究也较发达，在纸草书中可以找到计算正方形、矩形、等腰梯形等图形面积的公式。可以看出，古埃及人在体积计算中达到了很高水平，这表现在对金字塔的建造及计算方面。

1.1.3 古巴比伦算术及记数体系

位于底格里斯河与幼发拉底河流域的美索不达米亚平原，也是人类文明的发祥地之一。早在公元前 4000 年前，苏美尔人就在这里建立起城邦国家并创造了文字。

在这一时期，苏美尔人基于对量的认识，建立了数的概念，有了自己的数学。他们的记数方法有十进位制和六十进位制，制订了乘法表，学会了计算面积和体积。后来苏美尔人创造出一种楔形文字，并把这种文字和自己的科学技术传给了后来的古巴比伦人。

公元前 2500 年，古巴比伦人不仅会乘除法，而且还有平方表、平方根表、立方表，用来解二次方程和三次方程。从大约公元前 1800 年开始，古巴比伦人已经使用较为系统的以 60 为基数的楔形文字记数体系。

古巴比伦人擅长计算，具备较高的解题技巧，能解一些一元二次、多元一次和少数三、四次方程。几何上掌握了一些不规则多边形的面积及一些锥体的体积的计算公式，并已知半圆内接三角形是直角三角形，了解并会利用图形的相似性概念。

另外，古巴比伦人还经常利用各种数表来进行计算，使计算更加简捷，在现有出土的 300 多块数学泥板文书中，就有 200 多块是数学用表，包括乘法表、倒数表、平方表、立方表、平方根表、立方根表，甚至还有指数（对数）表。

总的来说，古代美索不达米亚数学与埃及数学一样主要是解决各类具体问题的实用知识，处于原始算法积累时期。埃及纸草书和古巴比伦泥板文书中汇集的各种几何图形面积、体积的计算法则，本质上属于算术的应用。

1.1.4 中国古代算术及记数体系

在古巴比伦和古埃及文明建立的同时，东方的中国和印度也创造了灿烂的数学文化。与以证明定理为中心的古希腊数学不同，中国古代数学是以创造算法特别是各种解方程的算法为主要特征。从线性方程组到高次多项式方程，中国古代数学家创造了一系列先进的算法，他们用这些算法求解相应类型的代数方程，从而解决导致这些方程的各种各样的科学和实际问题。因此，中国古代数学具有明显的算法化、机械化的特征。

1. 中国古代的记数方法

中国古代记数方法的起源是很早的。原始社会末期，私有制和货物交换产生以后，数与形的概念就有了一定的发展。有数的观念和数字符号之后，便产生了原始的记数方法。

西安半坡出土的距今 6000 年前的陶器上的几何花纹，提供了一个由物体形象到抽象的几何图案的演变过程的线索，如由鱼形变成梭形、菱形、三角形、长方形等几何图案。

除此之外,半坡人还有了数目的观念。例如,在一个陶钵上有用 1~8 个圆点组成的等边三角形和分正方形为 100 个小正方形的图案。半坡遗址的房屋基址都是圆形和方形的。

为了画圆作方、确定平直,人们还创造了规、矩、准、绳等作图与测量工具。据《史记·夏本纪》记载:夏禹治水"左规矩,右准绳"。说明在当时已使用了这些几何工具。在甲骨文和金文中都有数学方面的资料的记载。

根据河南安阳出土的殷墟甲骨文及周代金文的考古证明,中国当时已经采用"十进位值记数法",并有十、百、千等专用的大数名称,如图 1-3 所示。商代中期,在甲骨文中已产生一套十进制数字和记数法,其中最大的数字为万,如图 1-4 所示。与此同时,殷人用十个天干和十二个地支组成甲子、乙丑、丙寅、丁卯等 60 个名称来记 60 天的日期。在周代,又把以前用阴(--)、阳(—)符号构成的八卦表示 8 种事物发展为六十四卦,表示 64 种事物。

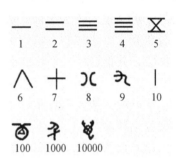

图 1-3 商代记数甲骨文   图 1-4 甲骨文中的数的记法

公元前 1 世纪的《周髀算经》提到西周初期用矩测量高、深、广、远的方法,并举出勾股形的勾三、股四、弦五以及环矩可以为圆等例子。除此之外,中国古代对分数概念的认识也比较早,分数概念及其应用在《管子》、《墨子》、《商君书》、《考工记》等春秋战国时代的书籍中都有明确记载。到春秋战国时代,算术四则运算已经成熟。据汉时燕人韩婴所著《韩诗外传》记载,标志乘除法运算法则的"九九歌"在春秋时代已相当普及。

2. 中国古代算术

中国古代数学与希腊数学相比,表现出强烈的算法精神。从线性方程组到高次多项式方程,乃至不定方程,中国古代数学家创造了一系列先进的算法(中国数学家称之为"术")。他们用这些算法去求解相应类型的代数方程,从而解决导致这些方程的各种各样的科学和实际问题。特别是,将几何问题也归结为代数方程,然后用程式化的算法来求解。

到春秋末年,人们已经掌握了完备的十进位和位值制的记数方法,普遍使用了算筹这种中国特有的计算工具,人们的筹算技能水平很高。《管子》等典籍中有各种分数,说明分数概念和分数运算已经形成。

《周髀算经》既是我国现有最早的天文学著作,也是流传至今最早的算学著作,其中叙述了勾股定理与勾股测量等数学问题及其在天文、生产中的应用。

汉代初期数学名著《九章算术》反映的是中国先民在生产劳动、丈量土地和测量容积等实践活动中所创造的数学知识,是中国古代算法的基础。它含有上百个计算公式和 246 个应用问题，有完整的分数四则运算法则、比例和比例分配算法、若干面积和体积公式、开平方和开立方程序、方程术——线性方程组解法、正负数加减法则、解勾股形公式和简单的测望问题算法，其中许多成就在当时处于世界领先地位。

《九章算术》"方程术"的消元程序，在方程系数相减时会出现较小数减较大数的情况，由此引进了负数，并给出了正、负数的加减运算法则，即"正负术"。对负数的认识是人类数系扩充的重大步骤。公元 7 世纪印度数学家也开始使用负数，但负数的认识在欧洲却进展缓慢，甚至到 16 世纪，法国数学家韦达（F.Vieta，1540～1603 年）的著作里还回避负数这个问题。

公元 3 世纪，刘徽在长期精心研究《九章算术》的基础上，为其撰写注解文字，潜心编写了《九章算术注》。在《九章算术注》中，刘徽发展了中国古代"率"的思想和"出入相补"原理。用"率"统一证明《九章算术》的大部分算法和大多数题目，用"出入相补"原理证明了勾股定理以及一些求面积和体积的公式。创立了基于极限思想的割圆术，并应用割圆术，从圆内接正 6 边形出发，依次计算出圆内接正 12 边形、正 24 边形、正 48 边形，直到圆内接正 192 边形的面积，然后使用现在被称为"外推法"的近似计算方法，得到了圆周率的近似值 $\pi \approx 3.14$，化成分数为 $\dfrac{157}{50}$，即为著名的"徽率"。"外推法"是现代近似计算技术的一个重要方法，它奠定了中国圆周率计算长期在世界上领先的基础。

宋、元时代，我国以算筹为计算工具的传统数学达到了其发展的高峰，最突出的是关于高次方程的数值解法，比欧洲早 400 多年。

宋元数学发展中另一个突出成就是符号化，即"天元术"和"四元术"的发明。天元术和四元术都是用专门的记号来表示未知数，这是中国数学史上首次引入符号，并用符号运算来解决建立高次方程的问题。把天元术推广到二元、三元和四元的高次联立方程组，是宋元数学家的又一项杰出创造。

"天元术"和"四元术"是以创造算法特别是解方程的算法为主线的中国古代数学的一个高峰。这方面比欧洲的同类成就早出 470 多年。这些成绩不仅是中国古代数学史上辉煌的著章，同时也是中世纪世界数学史上最丰富多彩的一页。

我国数学体系的形成经过漫长时间，到宋元时代达到巅峰，许多重要发现和成果走在世界的前面，但自明代后几乎陷于停顿。有学者认为，就整个中国数学文化的发展来看，与中国的传统科技特点及发展路径密切相关。而与古希腊数学相比，明显带有偏重应用、缺少理论概括与归纳的不足，重在操作的适用性、少一些高屋建瓴的意识境界。但是以数学家吴文俊为代表的一些学者认为：中国古代数学重视机械化计算，以解决问题为中心，特别适合于现代电子计算机技术发展的需要，若将其精神特质和方法论思想加以运用和改造，中国数学必将在未来世界数学界占有重要地位。

1.1.5 古印度算术及计数体系

在古印度，大约在公元前 3 世纪，就已经出现了关于数的记载。印度数学最早有可考文字记录的是吠陀时代，其数学材料混杂在婆罗门教的经典《吠陀》之中。目前流传下来的有 7 种，关于庙宇、祭坛的设计与测量的部分《测绳的法规》，即《绳法经》，大约完成于公元前 8 世纪至 2

世纪。《绳法经》中所含的法则规定了祭坛形状和尺寸所应满足的条件。《绳法经》里使用了圆周率的近似值 $\pi = 4\left(1 - \dfrac{1}{8} + \dfrac{1}{8 \times 29} - \dfrac{1}{8 \times 29 \times 6} - \dfrac{1}{8 \times 29 \times 6 \times 8}\right)^2 = 3.0883$，此外还用到 $\pi = 3.004$ 和 $\pi = 4\left(\dfrac{8}{9}\right)^2 = 3.16049$。在关于正方形祭坛的计算中，给出了 $\sqrt{2} = 1 + \dfrac{1}{3} + \dfrac{1}{3 \times 4} - \dfrac{1}{3 \times 4 \times 34} = 1.414215686$。

由几何计算导致了一些求解一次、二次代数方程的问题，印度人用算术方法给出了求解公式。

印度人发明了现代记数法。到公元 3 世纪前后，出现了十进制数学符号。开始用圆点表示 0，后来演变为用圆圈表示 0 的方法，是印度数学的一大发明。我们通常使用的 0,1,2,3,4,5,6,7,8,9 这些数字，是印度人最先使用的符号和记数法。印度数码在公元 8 世纪传入阿拉伯国家，而后又通过阿拉伯人传至欧洲。而且，印度人还有了分数的表述法，把分子分母上下放置，但中间没有横线，后来是阿拉伯人加入了中间那一条线，成为今天分数的一般表示方法。

1.2 早期的计算工具

自古至今，计算工具在经济和社会发展中具有重要的地位和作用。为了提高计算的速度和精度，人们对计算工具进行了不懈的研究和探索。中国春秋战国时代的算筹是计算工具的最初形态，后来又发明了简便实用的珠算盘。17～18 世纪发展起来的计算尺，成为当时一种被广泛使用的计算工具。

1.2.1 世界最早的计算工具——中国算筹

图 1-5　中国出土的汉代算筹

人类发明的计算工具，最早的可能要算是中国春秋战国时代的算筹了（图 1-5）。它是用来记数、列式和进行各种数与式演算的一种工具，可以进行加、减、乘、除、开平方、开立方及解多元一次方程组。从春秋战国到元代末期，算筹在我国沿用了 2000 多年。

用算筹摆成数字进行计算被称为筹算。算筹记数分为纵横两种形式。表示一个多位数字时，各位值的数目从左到右排列，纵横相间。其规则是：任何一个数都是由 9 个纵排数字和 9 个横排数字组成，并按个位、百位、万位等用纵筹，十位、千位等用横筹的方式来表示。各位纵横相间，界限分明，不致混淆，如图 1-6 所示。算筹为建立高效的加、减、乘、除等运算方法奠定了基础。

筹算记数完全采用十进位位值制，满十进一，是当时世界上最简便的计算工具和最先进的记数体制。这种位值制计数与计算方法，在 12 世纪、13 世纪后通过阿拉伯人传到欧洲，对后来欧洲数学的兴起与发展起到了关键作用。

负数出现后，算筹分红黑两种，红筹表示正数，黑筹表示负数。对于复杂的乘除运算，人们在实践中创造了运算口诀，使它们的变化规律容易掌握。后来还出现了平方、开方等更为复杂的运算口诀。中国古代数学家正是用"算筹"写下了数学史上光辉的一页。

公元 500 年前，中国南北朝时期的数学家祖冲之（429～500 年）（图 1-7），借助算筹成功地将圆周率π值计算到小数点后的第七位，即 3.1415926～3.1415927，比法国数学家韦达的相同成就早了 1100 多年。中国古代的天文学家运用算筹，总结出了精密的天文历法。

图 1-6　算筹记数的表示方法　　　　　　　　　图 1-7　祖冲之

继算筹之后，中国人又发明了更为方便的珠算盘。它结合了十进制计数法和一整套计算口诀进行运算，使用起来方便、快捷。算盘帮助中国古代数学家取得了不少重大的科技成果，在人类计算工具史上具有重要的地位。许多人认为算盘是最早的数字计算机，而珠算口诀则是最早的体系化的算法。由于算盘制作简单，价格便宜，口诀便于记忆，运算简便，所以逐渐被传入日本、朝鲜、越南、泰国等地，后经一些商人和旅行家带到欧洲，逐渐传播到西方，对世界文明的发展产生了重要的影响，被世界公认为现代计算机的起源。

其时，西方也出现了类似算筹的计数工具——筹码。筹码是一种小的木棍，在上面可以用刀划出各种形状的道痕来表示不同的数字。人们利用它来计算天数、收成、牧畜数量、债务等。但西方筹码的主要功能停留在记录数字方面。

1.2.2　耐普尔算筹

进入 17 世纪，生产力的发展和科学技术的进步促进了变量数学即近代数学的诞生，与此同时计算工具也有了长足发展。1617 年，对数的发明者英国数学家耐普尔（J. Napier，1550～1617 年）（图 1-8）根据"格子乘法"发明了一种计算工具——"耐普尔算筹"，如图 1-9 所示。耐普尔算筹与中国古代算筹在原理上大相径庭，已经显露出对数计算方法的特征。

图 1-8　耐普尔

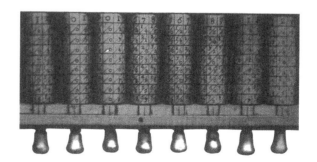

图 1-9　耐普尔算筹

1.2.3　计算尺

对数发明之后，对数计算尺随之出现。1621 年，英国人埃德蒙·冈特（E. Gunter，1581～

1626 年）根据对数的原理，制成了刻度计算尺，如图 1-10 所示。刻度尺从一端开始将 1 和 10 间各个数的对数成比例地截取线段，每一线段的端点标上该线段等于其对数的那个数。这样，计算尺两端所标的数字就是 1 和 10。线段在尺上的加和减等于相对应的数的乘除。这些运算借助一个分规来进行。冈特计算尺还有按同样原理标度的线，表示三角函数的对数，适用于航海计算。这种刻度尺没有滑动部件，严格地说并不算真正意义上的计算尺。

图 1-10   冈特计算尺

与冈特同时代的英国数学家威廉·奥特雷德（W. Oughtred，1575～1660 年）受耐普尔对数概念及算筹的启发，设计、制作了直尺型计算尺。他放弃了冈特的分规，代之以使一把对数分度的冈特尺在另一把同样的冈特尺上滑动，两把尺一起握在手里使用。

此外，1622 年奥特雷德还设计了一种圆形计算尺，刻度标在两个同心圆盘的边缘上。计算时借助两根可绕圆心转动并横跨这两把圆尺的指针来进行，实现了对数运算。与此同时，伦敦的一位数学教师理查德·德拉曼（R. Delamain）也独立发明了圆形计算尺。1878 年，爱尔兰发明家富勒（G.Fuller）试制出一种具有螺旋状刻度的圆柱型计算尺。它的精度比一般计算尺高。其中最大的进展是在 1891 年开始使用的双面计算尺，成为计算尺后来流行的式样。当时，欧洲许多国家都在生产和改进多种型号的计算尺。在工程计算领域，奥特雷德发明的对数计算尺不仅能做加、减、乘、除、乘方、开方运算，甚至可以计算三角函数、指数函数和对数函数，它一直使用到袖珍电子计算器面世为止。

1.3   机械计算机的研制

随着齿轮传动技术的产生和发展，计算机进入机械时代。早在 15～16 世纪，意大利著名画家达芬奇（L.da Vinci，1452～1519 年）发明了被看作是第一个机械计算机的齿轮装置。到 17 世纪，在计算工具和钟表等自动制造技术的基础上，西方出现了最早的机械计算机。人们大都认为世界上第一台机械计算机的发明者是法国数学家帕斯卡（B. Pascal，1623～1662 年），其实在此之前，德国图宾根大学天文学和数学教授契卡德（W. Schickard，1592～1635 年）（图 1-11）就提出了一种能实现加法和减法运算功能的机械计算机的构思。1623 年，在写给其挚友、天文学家开普勒（J. Kepler，1571～1630 年）的一封信中，他提出了一台机械计算机的设计构思及示意图，如图 1-12 所示。它主要由加法器、乘法器和记录中间结果的机构 3 部分构成。可惜契卡德的计算机还未完成，便于一场大火中被毁掉了，其思想也很少为后人所知晓。

1960 年，契卡德家乡的人根据他留下来的示意图重新制作出契卡德计算机，发现它确实可以进行计算工作。1993 年 5 月，德国举办契卡德诞辰 400 周年展览会，隆重纪念这位一度被埋没的计算机先驱。

图 1-11　契卡德

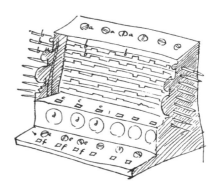

图 1-12　契卡德计算机结构示意图

1642 年，法国数学家帕斯卡发明了世界上第一台真正的机械计算机，如图 1-13 所示。它长 20 英寸，宽 4 英寸，高 3 英寸，能实现 8 位数加、减法的计算。它通过齿轮的位置来描述数据，而数据则通过机械的方式输入。帕斯卡机械计算机在今天看来虽然简单，但它的设计思想成为后来广泛使用的手摇计算机的基本原理。

帕斯卡机械计算机引起了众多科学家的兴趣，其中包括德国著名的哲学家、数学家和物理学家莱布尼茨（G. W. Leibniz，1646～1716 年）。莱布尼茨敏锐地觉察到计算机的价值，他从 1671 年开始着手设计研制计算机，并于 1673 年在帕斯卡计算机的基础上，制成了一台可进行四则运算的机械计算机，如图 1-14 所示。

图 1-13　帕斯卡发明的机械计算机

图 1-14　莱布尼茨研制的机械计算机

无论是契卡德、帕斯卡，还是莱布尼茨，他们发明的计算机都缺乏程序控制功能。18 世纪初期，工业社会首次大规模应用程序控制的机器不是计算机，而是纺织行业中的提花编织机。提花编织机对计算机程序设计的思想产生了巨大的影响。

1801 年，法国工程师雅克特（J. M. Jacquard，1752～1834 年）发明了一种提花织布机，如图 1-15 所示。在织布过程中，执行步骤由纸卡片上穿孔的方式控制，从而可实现不同的提花编织。

雅克特提花编织机拉开了 19 世纪机器自动化的序幕，为程序控制计算机提供了思想基础。雅克特提花编织机所蕴含的程序控制的自动化思想，启发了英国剑桥大学的数学家巴贝奇（C. Babbage，1792～1871 年），他首先提出了一种带有程序控制的完全自动计算机的设想。

图 1-15　雅克特提花机局布

这个设想是向现代计算机过渡的关键一步。

巴贝奇发现当时流行的由机械运算产生的各类数表错误很多，给应用带来很大麻烦，甚至损失。他设想研制一种机器，能运算和编制出可靠的数据表。1821 年，巴贝奇开始研制计算机。他提出了几乎是完整的程序自动控制的设计方案，并于 1822 年利用多项式数值表的数值差分规律，设计出一台计算机模型——"差分机 1 号"（Difference Engine No.1），如图 1-16 所示。它不仅能每次完成一个算术运算，而且还能按预先安排自动完成一系列算术运算，已经包含有程序设计的萌芽。出于经济上的考虑，巴贝奇差分机使用的是十进制系统，采用齿轮结构。十进制数字系统的每一组数字都刻在对应的齿轮上，每项计算数值由相啮合的一组数字齿轮的旋转方位显示。

在制造差分机期间，巴贝奇也在设计一种能进行任何程序运算的计算机。受雅克特自动提花织布机的启发，巴贝奇提出了把程序编制在穿孔卡片上用以控制计算机工作的设想。为此，他于 1834 年完成了新的设计，称之为"解析机"或"分析机"（Analytical Engine），如图 1-17 所示。在分析机的设计中，巴贝奇第一次将计算机分为输入器、输出器、存储器、运算器、控制器 5 个部分。从这一点上，我们可以说巴贝奇分析机是现代计算机结构模式的最早构思形式。

图 1-16　巴贝奇发明的差分机模型　　　　图 1-17　巴贝奇发明的分析机模型

由于巴贝奇的设想太超前，人们根本无法理解其价值，他一度遭人嘲笑、讥讽，被说成是"幻想家"、"疯子"。但巴贝奇毅然坚持完成了一系列完整的图纸。但由于当时技术条件的限制，更主要的是那个时代对这一类机器还没有需求，巴贝奇的设想未能实现。

在巴贝奇制造分析机失败之后，大型数字计算机的研制停滞了大约 70 年之久，但促使数字计算机发展的各种因素仍在孕育之中。19 世纪末，为了满足美国人口普查的需要，受雅克特发明的自动提花机思想启发，美国工程师霍勒里斯（H. Hollerith，1860～1929 年）（图1-18）在 1888 年发明了统计机，如图 1-19 所示。它是一台具有使用价值的卡片程序控制计算机。他把信息用穿孔的方式记录在卡片上，再利用弱电流技术将信息识别和传递到机器中。尽管这台机器的计数器仍然采用机械原理和机械结构工作，但实际上还是一台电动的机械计算机。不过这为以后深入研究穿孔卡片程序控制计算机打下了基础。

1896 年霍勒里斯在他的发明基础上，创办了一家专业"制表机公司"，1911 年与另外两家公司合并改组，组成了一个名叫 CTR 的公司，生产时钟、天平、磅秤、制表机等产品，CTR即为"国际商用机器"公司（International Business Machines，IBM）的前身。

图 1-18　霍勒里斯　　　　　　　　　图 1-19　霍勒里斯发明的统计机

1.4　电磁计算机

19 世纪中期到 20 世纪初是人类历史上一个重要时期，以电能的开发和应用为标志，人类进入了电气时代。随着精密机械制造技术和工艺水平的提高，以及物理学特别是电磁学等学科的发展，用电能做动力，将电气元件应用于计算工具成为当时科学家研究的重点。

1937 年 11 月，美国 AT&T 贝尔实验室研究人员斯蒂比兹（G. R. Stibitz，1904～1995 年）（图 1-20）在研究电话机上的继电器装置过程中受到启发，设计制造了一种电磁式数字计算机 Model-K，如图 1-21 所示。

图 1-20　斯蒂比兹　　　　　　　　　图 1-21　Model-K 计算机

1939 年 9 月，斯蒂比兹在贝尔实验室同事的协助下研制出 Model-1 型计算机。这台计算机开始只能作复数的乘除，进行一次复数乘法大约需要 45 秒的时间。1940 年 9 月，由美国数学学会 AMS（American Mathematical Society）在达特茅思学院（Dartmouth College）举行的一次学术会议上，斯蒂比兹通过远程通信把会场的一台电传打字机和贝尔实验室的 Model-1 连起来进行演示，取得成功，开创了计算机远程通信的先河。

1943 年，斯蒂比兹把 U 型继电器装入计算机中，制成了 Model-2 型计算机，这是最早的编程计算机之一，它还能进行误差检测，这是现代微型计算机所具有的一项标准功能。1944 年和 1945 年，斯蒂比兹又先后研制出 Model-3 型与 Model-4 型计算机，此后又推出了 Model-5 型机。斯蒂比兹所研制的 Model 系列继电器计算机，是从机械计算机发展到电子计算机的重要桥梁。

20 世纪 40 年代，人们开始探索利用电器元件来制造计算机。第一个采用电器元件制造计算机的是德国工程师朱斯（K. Zuse，1910～1995 年）（图 1-22）。1938 年，朱斯制作了一台全部采用继电器的计算机 Z-1，这是一种纯机械式的计算装置，并且有可存储 64 位数的机械存储器。之后他先后研制出 Z-2 和 Z-3 型计算机。Z-3 是世界上第一台采用电磁继电器进行程序控制的通用自动计算机，它用了 2600 个继电器，能储存 64 个 22 位的数，用穿孔纸带输入，如图 1-23 所示。

图 1-22　朱斯　　　　　　　　　　　　　图 1-23　1960 年复制的 Z-3 计算机

　　完成 Z-3 以后，在德国军方的资助下，朱斯开始研制更快、功能更强的计算机 Z-4。1943 年 2 月，由于战争形势的逆转，朱斯及其研究小组不得不多次转移，新型计算机的研制进程受到极大影响。但 Z-4 仍然是当时欧洲大陆唯一具有解决数学与工程问题能力的计算机。

　　1937 年，美国哈佛大学教授艾肯（H. Aiken，1900～1973 年）（图 1-24）由于撰写博士论文求解非线性常微分方程的需要，在深入研究了巴贝奇计算机工作原理的基础上，提出了自动计算机的第一份建议书，即 Proposed Automatic Calculating Machine。在这份文件中，艾肯提出了他的设计目标，也就是后来被称为 Mark-I 的计算机的 4 个特征：① 既能处理正数，也能处理负数。② 能解各类超越函数，如三角函数、对数函数、贝塞尔函数、概率函数等。③ 全自动，即处理过程一旦开始，运算就完全自动进行，不需人的参与。④ 在计算过程中，后续的计算取决于前一步计算所获得的结果。

　　由于当时 IBM 正致力于从单纯制造办公设备向计算机制造业转型，艾肯的设想得到 IBM 公司领导人沃森的全力支持，并慷慨提供 100 万美元予以支持。经过艾肯和 IBM 公司长达五六年的合作与努力，终于在 1944 年建成了"自动程序控制计算机"（哈佛 Mark-I），如图 1-25 所示。Mark-I 是一种完全机电式的计算机，它长 15 米，高 2.4 米，有 15 万个元件，还有 800 千米导线，使用了 3000 多个继电器，重量达 5 吨。其核心是 72 个循环寄存器，每个可存放一个正或负的 23 位的数字。数据和指令通过穿孔卡片机输入，输出则由电传打字机实现。其加法速度是 300 毫秒，乘法速度是 6 秒，除法速度是 11.4 秒。IBM 公司把它命名为 ASCC，即 Automatic Sequence Controlled Calculator。Mark-I 是世界上最早的通用型自动机电式计算机之一，是计算机技术史上的一个重大突破。

　　1946 年，艾肯制成速度较快的 Mark-II，它同 Mark-I 一样，仍是一种机电式计算机。1949 年制成使用一部分电子管的 Mark-III 计算机，但并没有完全实现电子化，它除了使用 5000 个电子管外，还使用了 2000 个继电器。Mark-III 是艾肯研制的第一台内存程序的大型计算机，他在这台计算机上首先使用了磁鼓作为数与指令的存储器。这是计算机发展史上的一项重大改进，从此磁鼓成为第一代电子管计算机中广泛使用的存储器。1952 年又制成 Mark-IV，这些计算机仍然采用继电器而不是电子管作开关元件。但后来 IBM 公司没有继续资助这些项目的开发。

图 1-24　艾肯

图 1-25　哈佛 Mark-I 计算机

继电器计算机虽然比机械计算机运算速度快，但仍满足不了实际需要，它注定要被电子计算机所取代。但应当承认继电器计算机为电子计算机的研制积累了重要经验。

1.5　电子计算机的发明

20 世纪 20 年代后，电子技术和电子工业的迅速发展为研制电子计算机提供了可靠的物质基础。

1905 年，英国物理学家弗莱明（J.A.Fleming，1849～1945 年）发明了电子管；1906 年，美国物理学家德福雷斯特（L. De Forest，1873～1961 年）发明真空三极管，这些都为电子计算机的制造奠定了物质基础。

多年来，人们习惯认为世界上第一台电子计算机是 1946 年宾夕法尼亚大学的莫克莱和埃克特制造的 ENIAC。事实上 ENIAC 也凝聚了阿塔诺索夫（J. V. Atanasoff，1903～1995 年）（图 1-26）和贝瑞（C. E. Berry，1918～1963 年）（图 1-27）的研究成果，可以说 ENIAC 是在阿塔诺索夫研究工作的基础上制造的。

图 1-26　阿塔诺索夫

图 1-27　贝瑞

1930 年 7 月，获得威斯康星大学理论物理博士学位的阿塔诺索夫回到他的母校艾奥瓦州立学院（Iowa State College）任教。在他的研究工作中，常常有大量的计算问题，而当时的机械计算机却难以满足需要。他试图开发计算工具帮助解线性代数方程。他深信采用数字式机器比采用那些又慢又不精确的模拟式机器更有优势。20 世纪 30 年代末期，阿塔诺索夫决定研制电子数字计算机以从根本上改善计算工具。为此他提出了自己的设计方案，并在他的学生贝瑞的协助下开始实施。

1939 年 12 月，他们开始试验开发电子数字计算机的原型机，经过几年的努力，于 1942 年 10 月全部完成。这是第一台完全采用真空管作为存储与运算元件的计算机。由于是由两人共同完成的发明，因此在命名上就被称为"阿塔诺索夫-贝瑞计算机"（Atanasoff-Berry Computer），简称 ABC 计算机，如图 1-28 所示。ABC 计算机中有两个长 11 英寸、直径 8 英寸的酚醛塑料做成的鼓，保存数据的电容就放在这两个鼓上，鼓的容量是 30 个二进制数（每个含 15 个十进制数），当鼓旋转时，就可以把这些数读出来。输入采用穿孔卡片，每张卡片上放 5 个数。机器中包含 30 个加减器，共用了 300 多个电子管，这些加减器接收从磁鼓上读出的数并进行运算，实现了对微分方程的求解。尽管 ABC 计算机还不够完善，但它证明了用电子电路构成灵巧的计算机确实是可能的。ABC 计算机被认为是最早的电子管计算机。

此外，阿塔诺索夫在研制 ABC 机的过程中，提出了计算机的 3 条原则：① 以二进制的逻辑基础来实现数字运算，以保证精度。② 利用电子技术来实现控制、逻辑运算和算术运算，以保证计算速度。③ 采用把计算功能和二进制数更新存储功能相分离的结构。阿塔诺索夫提出的计算机三原则，对后来计算机体系结构及逻辑设计具有重要影响。

第二次世界大战期间，英国政府组织力量研制可以破译德军密码的计算机。图灵（A.M.Turing，1912～1954 年）、古德（I. J. Good，1916～）、纽曼（M. Newman，1897～1984 年）等众多科学家参与了这项工作。

1943 年 10 月，第一台 Colossus（巨人）译码计算机开始在英国投入运行，如图 1-29 所示。它破译密码的速度快，性能可靠。Colossus 机内部有 1800 只电子管，配备 5 个以并行方式工作的处理器，每个处理器以每秒 5000 个字符的速度处理一条带子上的数据。Colossus 机上还使用了附加的移位寄存器，在运行时能同时读 5 条带子上的数据，纸带以每小时 50 千米以上的速度通过纸带阅读器。Colossus 机没有键盘，它用一大排开关和话筒插座来处理程序，数据则通过纸带输入。1944 年 6 月，第 2 台 Colossus 计算机开始运转，内部有 2400 个电子管，12 个旋转式开关和 800 个左右的继电器。它的速度比第一台 Colossus 机快 4 倍，它还包含一些特殊的电路，这些电路能自动更换它自身程序的顺序，从而提高破译密码的效率。

图 1-28　ABC 计算机

图 1-29　Colossus 计算机

第二次世界大战期间，由于军事的需求，计算需要与计算能力之间的矛盾日益突出，计算工具的改进同样成为燃眉之急。美国设在马里兰州阿伯丁试验基地（Aberdeen Proving Ground，Maryland）的弹道研究室每天要为陆军提供 6 张火力表，每张表都要计算几百条弹道。当时一个熟练的计算人员用台式计算机计算一条飞行时间 60 秒的弹道需要 20 多小时。为此阿伯丁实验室聘用了 200 多名计算人员。可见，改革当时机械计算机的结构，提高计算速度，已迫在眉睫。这种需求成为电子计算机诞生的推动力。第一台计算机正是在这样一种情况下，由阿伯丁弹道研究室与宾夕法尼亚大学莫尔学院电工系合作研制完成的。

1942 年 8 月，阿伯丁实验室的戈德斯坦（H. H. Goldstine，1913～2004 年）（图 1-30）与宾夕法尼亚大学莫尔学院电工系工程师莫克莱（J. W. Mauchly，1907～1980 年）（图 1-31）一起，起草了一份题为《高速电子管计算装置的使用》的报告，提出了电子计算机的设计方案，它是一台"电子数值积分计算机（Electronic Numerical Integrator And Calculator）"，简称 ENIAC。

1943 年 6 月，莫尔学院年仅 24 岁的硕士研究生埃克特（J. P. Eckert，1919～1995 年）（图 1-32）担任总工程师。整个 ENIAC 的实施方案先后修改了 20 多次，经费总额超过 48 万美元。1945 年底，这台标志人类计算工具的历史性变革的电子计算机终于试制成功，1946 年 2 月 15 日正式举行揭幕典礼。

图 1-30　戈德斯坦　　　　图 1-31　莫克莱　　　　图 1-32　埃克特

ENIAC 包括控制部分、高速存储部分、运算部分和输入输出部分，采用十进制运算，运算部件通过直接计数而不是利用逻辑电路进行加、减、乘、除等四则运算和开平方运算，其累加器则具有加法运算和存储功能。输入输出采用 IBM 的穿孔卡片机，每分钟能输入 125 张卡片，输出 100 张卡片。ENIAC 中还有只读存储器 ROM，通过 ROM、累加器和程序面板一起实现程序控制，通过改变面板插接线来改变程序。ENIAC 中的基本电路包括门（逻辑与）、缓冲器（逻辑或）和触发器，这些都是后来计算机的标准元件。除了没有存储程序的功能以外，它几乎体现或包括现代计算机的一切主要概念和组成部分。ENIAC 主频 100 kHz，加法时间 0.2 毫秒，乘法时间 2.8 毫秒。ENIAC 重达 30 吨，占地 170 平方米，共用了 18600 个电子管，运算速度达到每秒 5000 次，比当时的计算机快 1000 倍，如图 1-33 所示。

ENIAC 也存在着严重的不足：① 使用十进制，一方面造成数据存储十分困难，因为很难找到具有 10 种不同稳定状态的电气元件；另一方面十进制运算电路比较复杂，影响了计算速度。② 无程序存储功能，ENIAC 为外插接型计算机，所有计算的控制需要通过手工与其板面开关和插接导线来完成。③ 存储容量小，只有 20 个字节的寄存器存储数字。④ 故障率高，维护量大。ENIAC 由近 20000 只电子管组成，电子管工作时散发的热量很大，影响了电子管的使用寿命。⑤ 功耗大，ENIAC 工作时耗电量为每小时 150 千瓦。

针对 ENIAC 的不足，埃克特和莫克莱开始考虑对其进行改造。1944 年夏天，时任阿伯丁弹道实验室顾问的著名数学家冯·诺依曼（J. von Neumann，1903～1957 年）参加到该计算机研究小组，并参与了 ENIAC 完成前的改进工作。诺依曼与埃克特、莫克莱等认真讨论了 ENIAC 的不足，拟定了存储程序式电子计算机方案。他们把这一方案称为 EDVAC（Electronic Discrete Variable Automatic Computer）。其中一项重大的革新就是"程序存储"的思想，即程序设计者可以事先按一定的要求编制好程序，把它和数据一起存储在存储器中，使全部运算自动执行。

由于设计组内部对发明权存在争议，致使研制工作进展缓慢。在此期间，英国剑桥大学的计算机科学家威尔克斯（M.V.Wilkes，1913～2010）带领的研究小组捷足先登，在 EDVAC 方案基础上，于 1949 年研制成功了世界上第一台存储程序计算机——EDSAC（Electronic Data Storage Automatic Computer），如图 1-34 所示。而直到 1952 年 EDVAC 计算机才面世。EDVAC 由计算器、逻辑控制装置、存储器、输入、输出 5 部分组成，较 ENIAC 有两个重大改进：① 采用二进制，以充分发挥电子器件的高速度。② 设计了存储程序，可以自动地从一个程序指令进入下一个程序指令。

图 1-33　ENIAC　　　　　　　图 1-34　EDSAC 计算机

在冯·诺依曼提出 EDVAC 方案中，正式提出了存储程序的概念，因此存储程序式计算机被称为"冯·诺依曼结构"。

在此之前，图灵也曾提出了存储程序的思想及计算模型，后人把它称为"图灵机"。图灵有关存储程序的思想体现在他的 ACE（Automatic Computing Engine）计算机方案中。ACE 字长 32bit，主频 1MHz，采用水银延迟线作为存储器，是一种存储程序计算机。

1.6　电子计算机的发展与应用

1.6.1　电子计算机的发展阶段

自 1946 年第一台电子计算机问世以来，以构成计算机硬件的逻辑单元为标志，大致经历了从电子管、晶体管、中小规模集成电路到大规模、超大规模集成电路计算机等四个发展阶段。

第一阶段——电子管计算机时代（1946～1957 年），也称为第一代计算机。使用电子管作为逻辑元件，采用磁鼓和磁芯作主存储器，主要用于科学计算，程序主要用机器代码和汇编语言编写。

1951 年 6 月 14 日，由莫克莱和埃克特设计的世界上第一台通用自动计算机 UNIVAC I（Universal Automatic Computer）投入使用。这是唯一采用汞延迟线作为主存储器的计算机。第一台 UNIVAC I 成功地处理了美国 1950 年人口普查资料。第二台 UNIVAC I 曾用于处理 1952 年美国总统选举资料。UNIVAC 作为世界上最早的商用计算机，共生产了 46 台。1963 年 10 月，第一台 UNIVAC 在使用了 73000 小时后退役。最后一台 UNIVAC 则一直运行到 1969 年才退役，标志着第一代计算机的结束。

1955 年，IBM 研制成功的 IBM 650 计算机，使用磁鼓作为主存，并装备了穿孔卡片输入输出系统，获得了巨大成功，如图 1-35 所示。1950 年，美籍华裔物理学家王安（1920～1990 年）提出了利用磁性材料制造存储器的思想。1951 年，麻省理工学院的福雷斯特（Jay W. Forrester，1918～）发明了磁芯存储器。从 20 世纪 50 年代中到 70 年代，磁芯一直被用作计算机的主存储器。

第二阶段——晶体管计算机时代（1957～1964 年），也称为第二代计算机。采用晶体管作为逻辑单元、磁芯作主存，外存多用磁盘，程序使用高级语言和编译系统。

1948 年 6 月，美国贝尔电话实验室的科学家巴丁（J.Bardeen，1908～1991 年）、布拉顿（W. Brattain，1902～1987 年）和肖克利（W. Shockley，1910～1989 年）研制成功了晶体管，为计算机革命奠定了基础。

20 世纪 50 年代中期，美国贝尔实验室及 IBM 等公司先后研制成功用晶体管构成的计算机。到 1960 年，原联邦德国、日本、法国都先后批量生产晶体管计算机。至此，计算机进入第二代。第二代计算机的速度从电子管的每秒几千次提高到几十万次以上，但重量、体积、功耗却成倍减少。所以说晶体管计算机的出现是计算机技术发展史上的一次伟大革命。

第三阶段——集成电路计算机时代（1964～1972 年），也称为第三代计算机。开始使用半导体存储器作主存储器。在器件上，第三代计算机最突出的特点是使用集成电路。在体系结构上，其最重要的特点是系列兼容，采用微程序设计。

1961 年，得克萨斯仪器公司与美国空军共同研制成功第一批试验性集成电路计算机。1964 年 4 月 7 日，IBM 公司历时 4 年耗资 50 亿美元研制的 360 系统计算机诞生，如图 1-36 所示。IBM 360 共有 6 个型号的大、中、小型计算机和 44 种新式的配套设备，包括多种外部设备，如大容量磁盘存储器、字符显示器、图文显示器、字符识别装置等，以便人机交互。软件也配备齐全，配上了操作系统和汇编语言，FORTRAN、ALGOL、PL/I 等程序设计语言。

图 1-35　IBM 650（第一代计算机）

图 1-36　IBM 360 计算机系统

IBM 360 系列计算机在性能、成本、可靠性等方面都比以往的计算机更进一步，是迄今历史上获得最大成功的一个通用计算机系列。IBM 360 的乘法运算速度达到 305000 次/秒，同时性能价格比大幅度下降，通用性提高。IBM 360 以其通用化、系列化和标准化的特点，对全世界计算机产业的发展产生了深远而巨大的影响，以至于被认为是划时代的杰作。

1970 年，IBM 又研制成功 IBM 370 系列计算机。在与 IBM 360 系列兼容的前提下，IBM 370 系列机采用了虚拟存储结构，使 370 用户像使用大型机一样享受极大的存储容量。以后陆续生产的 370 系列的 158/168 机型采用了速度更快、体积更小、功耗更低的半导体存储器。IBM 360/370 系列机的研制成功标志着第三代计算机技术全面成熟。

图 1-37　PDP-8 小型机

第三代计算机发展的另一个标志是小型机的发展。20 世纪 60 年代中期，集成电路出现以后，小型机因其维护简单、可靠性较高等特点而得到较大发展。美国数字计算机设备公司（Digital Equipment Company，DEC）于 1965 年研制成功的 PDP-8 计算机是第三代小型机的代表，如图 1-37 所示。

第四阶段——中大型计算机时代 （1972 年至今），也称为第四代计算机。进入 20 世纪 80 年代，中大型计算机开始了崭新时代。

1961 年，美国仙童公司和得克萨斯仪器公司制造出电阻耦合的逻辑集成电路 RTL。20 世纪 60 年代中期，双极型集成电路工艺日臻成熟。同时，单极型集成电路-金属-氧化物-半导体（Metal Oxide Semiconductor，MOS）集成电路也在发展之中。由于 MOS 集成电路具有制造工艺简单、能耗低和集成度高的优点，使得集成电路业进入大规模集成电路时代。1968 年，美国又研制出互补金属-氧化物-半导体（Complementary Metal Oxide Semiconductor，CMOS）。单极型集成电路的发展所带来的大规模集成电路的出现，为 70 年代第四代计算机的产生，也为半导体存储器和微处理器等的发展奠定了实质性的基础。

由美国国防部资助，伊利诺依大学（University of Illinois）和巴勒斯公司合作生产的第一台全面采用大规模集成电路作为逻辑元件和存储器的计算机 ILLIAC-IV，是第四代计算机诞生的标志。另外，1975 年，美国阿姆达尔公司研制成功的 Amdahl 470V/6 和随后日本富士通生产的 FACOM M-190，是全面采用大规模集成电路的比较有代表性的第四代计算机。

与以往各代计算机不同，第四代计算机在处理方式、体系结构、机器性能、逻辑和存储器件等方面，都有极其明显的标志：① 面向终端用户的综合分布式处理方式。② 体系结构具有虚拟机器、网络管理、数据库管理、文字处理、图形与图像处理，乃至声音处理等功能。③ 逻辑元件使用双极型 LSI 门阵列电路，存储器件利用 VLSI DRAM（超大规模集成电路动态随机存取存储器）电路。④ 存储器多层次化，如超高速缓存、主存、系统存储器、半导体磁盘、大容量光盘及磁带库。⑤ 追求可靠性、可用性、可维修性、完整性和安全性。

第四代计算机与以往各代计算机在基本原理上相同，仍然是利用传统的冯·诺依曼体系结构。

仍在研制中的第五代计算机（20 世纪 80 年代初开始研制）试图从基础结构上突破冯·诺依曼机的模式，最大限度地采用并行操作，以利于运行人工智能软件。

1.6.2 巨型机的研究与发展

巨型机是指运算速度快、存储容量大的计算机，专门用于国防科研、航空航天和气象预报等需要高速处理大量复杂计算问题的领域。

1957 年，巨型机之父西蒙·克雷（S. R. Cray，1925～1996 年）（图 1-38）协助威廉·诺雷斯（W. C. Norris，1911～2006 年）（图 1-39）等创办 CDC（Control Data Corporation）公司，并担任 CDC 系列大型机的总设计师。当时的计算机市场分为两大块，一块是科学计算，另一块是商业数据处理。计算机的制造与销售也是按照这两块来划分的。商业数据处理是 IBM 公司的强项。

图 1-38 克雷　　　　　　　　　图 1-39 诺雷斯

在克雷的主持下，CDC 在 1958 年推出了第一个产品——CDC 1604 机，这是世界上最早的晶体管计算机之一，是当时功能最强大、运算速度最快的大型计算机，如图 1-40 所示。

1963 年 8 月，CDC 公司为美国原子能委员会交付了世界上第一台巨型机 CDC 6600，运算速度达每秒 300 万次，而价格仅有 300 万美元。一时间，各大机构争相订购。1965 年，CDC 6600 正式投产，前后售出 400 台之多，奠定了 CDC 公司在巨型机市场的地位。

1969 年，在克雷的主持下，CDC 公司又向市场推出 CDC 7600 巨型机，每秒运算能力提高到 1000 万次，这是一台真正意义上的"超级计算机"。

1972 年，克雷提出"向量计算机"的概念，即把 CDC 6600/7600 采用的单个数据输入方式改为同时输入一组数据的"向量方式"，大大提高了运算速度。1976 年 3 月，世界上第一台具有向量处理能力的计算机 Cray-1 研制成功，如图 1-41 所示。8MB 内存，使用半导体存储器，字长 64bit，时钟周期 12.5ns，共用 20 万块半导体芯片，有 3400 块印刷电路板，内部连线长度 100 千米左右。它占地仅 7 平方米，重量不足 5 吨，持续运算能力为每秒 1 亿次，最高运算速度可达每秒 2.5 亿次，比当时世界上最快的计算机还快 10 倍。Cray-1 的结构打破了传统的"立柜"式，其形状像围绕着立柱的转椅。后来的巨型机，包括我国的银河机，大多仿效了克雷创造的这种结构。

之后，克雷公司相继推出了系列巨型机。1983 年生产的 CRAY X-MP，向量运算速度达到每秒 4 亿次。1985 年，速度比 CRAY-1 快 6～12 倍的 CRAY-2 巨型机诞生。CRAY-2 采用了新型的氟化碳溶液浸泡芯片进行冷却，运算速度可达每秒 12 亿次。几年以后，克雷又推出了他研制的 CRAY-3 巨型机，运算速度高达每秒 100 亿次，是 CRAY-2 的 10 倍。1992 年克雷公司的 CRAY Y-MP 巨型机速度达到每秒 240 亿次。

图 1-40 CDC 1604 计算机

图 1-41 CRAY-1 巨型计算机

作为生产商业处理计算机的 IBM，从未放弃巨型机市场。2000 年，IBM 公司设计制造了世界上功能最强的超级计算机——ASCI White，它主要用来模拟核武器发射，如图 1-42 所示。其价值 1.1 亿美元，重 106 吨，每秒能够运算 12.3 万亿次，其功能几乎相当于 5 万台便携台式计算机，比 1997 年击败过棋王卡斯帕罗夫的"深蓝"还要强大 1000 倍。它可以存储容量相当于 3 亿本书或 6 座美国国会图书馆馆藏图书的内容，内置 8192 个微处理器。

图 1-42 ASCI White 超级计算机

中国于 1978 年由国防科学技术大学开始研制"银河-I"巨型机，由慈云桂（1917～1990年）（图 1-43）和陈火旺（1936～2008 年）（图 1-44）担任总设计师。

图 1-43 慈云桂

图 1-44 陈火旺

经过 5 年的艰苦努力，1983 年"银河-I"巨型机研制成功，如图 1-45 所示。它以向量运算为主，字长 64bit，每秒可完成 1 亿次浮点运算。"银河-I"在技术上有两项创新：素数模和向量流水多阵列。1992 年，国防科学技术大学研制出每秒能进行 10 亿次浮点运算的"银河-II"巨型机。

1994 年，中国科学院李国杰（1943 年～）（图 1-46）院士领导的国家智能计算机研究开发中心研制成功"曙光 1 号"全对称多处理机，为我国智能计算机的发展奠定了基础。1995 年，又研制成功"曙光 1000"大规模并行处理机群，运算速度峰值达到每秒 25 亿次，可以求解含 1.5 万个未知数的方程组。1996 年，由中国航空计算机技术研究所推出每秒运算速度可达 32 亿次的 PAR95 大规模可伸缩并行处理机。

图 1-45　中国"银河-I"巨型计算机　　　　　　图 1-46　李国杰

1997 年，国防科学技术大学进一步推出每秒运算 130 亿次的"银河-III"型机。1998 年，我国又研制成功每秒运算 200 亿次的"曙光 2000I"巨型机，属商品化的超级服务器，整体性能达到国际先进水平。2000 年 1 月 28 日，"曙光 2000II"超级服务器通过了国家科技部的鉴定。"曙光 2000II"超级服务器由 82 台结点计算机组成，峰值计算速度突破每秒 1000 亿次，内存 50GB，有强大的信息服务能力，达到了 20 世纪 90 年代末国际同类产品的先进水平。

2001 年 2 月，中国科学院计算所研制的"曙光 3000"超级服务器通过中国科学院组织的鉴定，如图 1-47 所示。"曙光 3000"是国家 863 计划和中国科学院知识创新工程的重大成果，是我国高性能计算机领域新的里程碑。它是一种通用的超级并行计算机系统，该系统峰值浮点运算速度为每秒 4032 亿次，内存 168GB。它在科研、网络信息服务、电子商务、气象、金融等各个领域有广泛的应用前景。曙光机群超级服务器的起步比国际上同类产品（如 IBM RS6000SP 系列）晚 3～4 年，但目前已能做到与 IBM 同步推出新产品，在市场上具有较强竞争力。这一切表明，我国已经掌握了高量级计算机的关键技术，具备了研制高性能巨型机的能力。

2010 年，"天河一号"由国防科学技术大学研制成功，其运算速度达到每秒 2507 万亿次。2013 年，国防科学技术大学研制的"天河二号"运算速度达到每秒 3.39 亿亿次，成为全球运算速度最快的超级计算机。

图 1-47　曙光 3000-1 超级服务器

1.6.3 微型计算机的发展

个人计算机的发展得益于微处理器的诞生。而微处理器与微型计算机的产生与发展都与英特尔（Intel）公司密不可分，这不仅是因为第一台微处理器是由 Intel 公司发明的，而且 Intel 公司迄今仍然是世界上微处理器的最大厂商。

Intel 公司是 1968 年 8 月由诺伊斯（R.N.Noyce，1927～1990 年）、摩尔（G. Moore，1929 年～）和格鲁夫（A. Grove，1936 年～）等在美国加州的一所小房子里成立的小公司，如图 1-48 所示。摩尔和诺伊斯都是与晶体管发明家肖克利一起工作过的著名半导体专家，诺伊斯还是集成电路的发明者之一。

1969 年，日本商业通讯公司要求 Intel 公司为它的一个高性能可编程计算器设计一组芯片，日方这种计算器的原始设计至少需要 12 个专用芯片，但 Intel 公司青年工程师、物理学博士霍夫（Ted Hoff，1937 年～）（图 1-49）拒绝了这个笨拙的建议，而代之以一种可从半导体存储器中检索其应用指令的单一芯片。这一芯片不仅满足日方对计算器的要求，而且可以插接在多种应用产品中而无需进行再设计。

图 1-48　Intel 创始人诺伊斯（中）、摩尔（右）和格鲁夫

图 1-49　霍夫

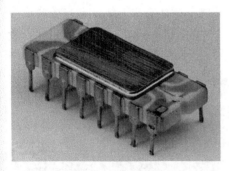

图 1-50　Intel 4004 微处理器

这一构想得到了 Intel 公司的大力支持，经过一年多的艰苦努力，霍夫研制小组终于在 1971 年 1 月生产出世界上第一块能够真正运行的微处理器芯片（Central Processing Unit，CPU）——4004 型，如图 1-50 所示。4004 型芯片有 4 个加法器、16 个存储器、一个累加器，包含了 2300 个晶体管。这个价值只有 200 美元的芯片相当于 ENIAC 的计算能力。

随后，Intel 公司相继研制出 8008、8080、8086、8088 等一系列微处理器芯片，为个人计算机（Personal Computer，PC）的发展和普及奠定了基础。

1977 年，由乔布斯（S. Jobs，1955～2011 年）和沃兹尼亚克（S. G.Wozniak，1950～）创办的美国苹果计算机公司研制出 Apple II 个人计算机，如图 1-51 所示。这种个人计算机很快畅销起来，创造了美国经济史上的奇迹。1980 年，一向以生产大型机著称的 IBM 注意到个人计算机广阔的前景，于当年 7 月组织开发个人计算机。1981 年 12 月，IBM 生产出采用 Intel 8088 微处理芯片的 16 位微机 IBM PC，如图 1-52 所示。IBM PC 的字长、内存容量等主要性能指标都超过 Apple II。IBM 很快又为微机装上硬磁盘，并提供多种应用软件，IBM PC 迅速占领了世界微机市场。

图 1-51 Apple II 个人计算机

图 1-52 IBM PC

自 IBM PC 机问世后，个人计算机开始以每两三年升级一代的速度发展。1982 年，Intel 80286 微处理器问世，1984 年，采用这种微处理器的新一代个人计算机—PC-AT 上市。1985 年，32 位的 Intel 80386 微处理器问世，高性能的新一代个人计算机出现。1988 年，价格与 80286 相仿的低价微处理器 80386SX 问世。1989 年，集成了大约 200 万只晶体管、功能强大的 Intel 80486 问世。1991 年，低价的 Intel 80486SX 问世，使个人拥有"大型计算机"成为可能。与此同时，美国的 AMD 公司、Cyrix 公司、德州仪器公司（TI）也推出了自己的 486CPU。1992 年，全面超越 486 的新一代芯片问世，Intel 公司将其命名为 Pentium（奔腾），以与 AMD 和 Cyrix 的产品区别。个人计算机开始进入 Pentium 时代。1996 年，Intel 公司发明了 MMX（Multi Media Extensions，即多媒体扩展指令集）技术，并生产出 Pentium MMX CPU，使计算机进入多媒体时代。自 1998 年后，Intel 公司相继推出了 Pentium III、Pentium IV 处理器，以及高性能的 Celeron 系列、Core 系列、Pentium E 系列、Pentium D 系列处理器，引领着微处理器产业不断向前迈进。

参 考 文 献

［1］李文林. 数学史概论（第二版）[M]. 北京：高等教育出版社，2002

［2］邹海林，徐建培. 科学技术史概论[M]. 北京：科学出版社，2004

［3］王渝生. 中国算学史[M]. 上海：上海人民出版社，2006

［4］李佩珊，许良英. 20 世纪科学技术简史（第二版）[M]. 北京：科学出版社，1999

［5］亚·沃尔夫（英）. 十六、十七世纪科学、技术和哲学史（上、下）[M]. 北京：商务印书馆，1997

［6］亚·沃尔夫（英）. 十八世纪科学、技术和哲学史（上、下）[M]. 北京：商务印书馆，1997

第 2 章

计算机科学

计算机科学是关于计算和计算机械的数学理论。19 世纪中期至 20 世纪中期诞生的布尔逻辑代数、图灵机模型和存储程序思想，促进了现代电子计算机的诞生，也构成了现代计算机科学的理论基础。

数学是计算机科学的主要理论基础，与物理学、电子科学共同构成了今天计算机系统的基础。半个多世纪来，计算机无论是运算速度还是功能都得到空前的提高，计算机的这种变革与进步，又极大地推动了计算机科学理论及相关数学理论的深入发展。

本章主要介绍计算机科学的基本内容、典型问题与基本方法，布尔代数、图灵机等计算理论基础，最后介绍人工智能、神经网络的发展和应用。

2.1 计算科学的基本内容

2.1.1 计算科学的基本问题

为了实现自动计算，人们首先想到了要发明和制造自动计算机器，不仅从理论上提供计算的平台，或者证明问题本身不可解，而且要实际制造出针对各种待处理问题特点和要求的自动计算机器。进一步，从广义计算的概念出发，计算的平台在使用上还必须比较方便，于是派生出计算环境的概念。理论研究中提出的各种计算模型，各种实际的计算机系统、高级程序设计语言、计算机体系结构、软件开发工具与环境、编译程序、操作系统及数据库系统等，都是围绕这一基本问题发展而来的，其内容实质可归结为计算的模型问题，也就是说，这个基本问题实际上关心的是计算过程在理论上是否可行的问题。

计算过程的可操作性与效率问题也是学科的基本问题之一。一个问题在判断为可计算的性质后，从具体解决这个问题着眼，按照可以被构造的特点与要求，给出实际解决该问题的具体操作步骤，同时还必须确保该过程的开销成本是人们能够承受的。围绕这一问题，科学家建立和发展了大量与之相关的研究内容与分支学科方向，例如，数值与非数值计算方法，算法设计与分析，结构化程序设计技术与效率分析，以计算机部件为背景的集成电路技术，密码学与快速算法，演化计算，数字系统逻辑设计，程序设计方法学，人工智能的逻辑基础等。

计算的正确性是任何计算工作都不能回避的问题，特别是使用自动计算机器进行的各种计算。一个计算问题在给出了可行性操作序列并解决了其效率问题之后，必须确保计算的正确性，否则，计算是无意义的，也是容易产生不利影响的。围绕这一基本问题，长期以来，科学家发展了一些相关的分支学科与研究方向，例如，算法理论（数值与非数值算法设计的理论基础），程序理论（程序设计方法学），程序设计语言的语义学，进程代数与分布式事件代数，程序测试技术，电路测试技术，软件工程技术（形式化的软件开发方法学），计算语言学，容错理论与技术，Petri 网理论，CSP 理论，CCS 理论，分布式网络协议等。

2.1.2 计算科学的基本内容

1. 构造性数学基础

数理逻辑与抽象代数是计算科学最重要的数学基础，它们的研究思想和研究方法在计算科学许多有深度的领域中得到了广泛的应用。数理逻辑是研究推理的科学，它与哲学有着密切的联系，其在哲学方面是形式逻辑，而在形式逻辑的数学化方面构成了数理逻辑的研究内容。

除了数理逻辑以外，计算科学最重要的数学分支是代数，特别是抽象代数。抽象代数是关于运算的学问，是关于计算规则的学说。与古典代数不一样，抽象代数不局限在字母的运算性质上，而是研究在更具有一般性的元素上的运算及其性质。在计算科学中，代数方法被广泛应用于许多分支学科，例如，可计算性与计算复杂性、形式语言与自动机理论、密码学、算法理论、数据表示理论、网络与通信理论、Petri 网理论、形式语义学等，这些方面都离不开代数。

2. 计算的数学理论

所谓计算的数学理论是指一切关于可行性问题的数学理论的总和，另一种更具体的定义是指一切关于计算与计算模型问题的数学理论的总和。

随着计算科学研究的不断深化，计算的数学理论的内容日益丰富，主要包括计算理论（可计算性与计算复杂性）、高等逻辑、形式语言与自动机、形式语义学、Petri 网、进程代数等。

3. 计算机组成原理、器件与体系结构

计算机组成原理与设计是计算机发展的一个主流方向。这一方向的主要任务是根据各种计算模型研究计算机的工作原理，按照器件、设备和工艺条件，设计并制造具体的计算机。早期的计算机设计建立在分离元器件的基础之上，这方面的工作更多地集中在对各个部件微观的精细分析。后来，随着集成电路技术的进步，工作的重点转到计算机的组织结构。集成电路对电路和功能部件的高集成度，以及计算机设计与软件开发之间建立的密切关系，使这一方向逐步发展为计算机体系结构方向。

4. 计算机应用基础和应用技术

要开展各个领域的各种计算机具体应用，首先就必须要有一些计算机应用基础知识。对计算机科学专业的学生来说，计算机应用基础知识包括算法基础、程序设计、数据结构、数据库基础、微机原理与接口技术等。

计算机应用技术包括数值计算、信号处理技术、图形学与图像处理技术、网络技术、多媒体技术、计算可视化与虚拟现实技术、人工智能技术、办公自动化技术、计算机仿真技术、计算机辅助设计/测试/制造/教学等辅助系统。

5. 软件基础

软件是计算机科学一个较大的学科门类，包括众多的分支学科方向，主要有高级程序设计语言、数据结构理论、程序设计原理、编译程序原理与编译系统实现技术、数据库原理与数据库管理系统、操作系统原理与实现技术、软件工程技术、程序设计方法学、各种应用软件等。

6. 新一代计算机体系结构与软件开发方法学

所谓新一代计算机体系结构是相对于过去的体系结构而言的。目前，对这类体系结构的研究内容很多，主要是各种新型并行计算机的体系结构、集群式计算机体系结构，体系结构的可扩展性、任务级并行性、指令级并行性、动态可改变结构等方面的内容，也有一些内容还不成熟，正在发展之中。

2.1.3 计算科学与其他相关学科的关系

我们对计算机科学与数学的关系已经有了比较清楚的认识。总的说来，数学是计算机科学的主要基础，数学与电子科学构成了我们今天计算机系统的基础，也构成了计算科学的基础。但是，与数学相比，电子技术基础地位的重要性不及数学，原因是数学提供了计算机科学最重要的学科思想和学科的方法论基础，而电子技术主要提供了计算机的实现技术，它仅仅是对计算机科学许多数学思想和方法的一种最现实、最有效的实现技术。

同时，计算科学的发展也必然受制于其他科学技术的发展，这早已为计算机的发展历史所证实。为了将计算科学推向更高的层次和水平，它的发展近年来正在更多地依赖其他学科的发展和进步，参照和利用其他学科的思想、方法和成果。例如，在新一代计算机系统的研制中，科学家正在考虑将光电子技术应用于计算机的设计和制造；医学中脑细胞结构、脑神经应激机制的研究及认知心理学的研究都在影响着计算科学一些方向的发展，如体系结构、神经元网络计算等。就目前可以预见的对计算科学可能产生较大影响的学科而言，物理学中的光学、精细材料科学，哲学中的科学哲学，生物科学中的生物化学、脑科学与神经生理学、行为科学等都可能会对计算科学产生较大影响。

尽管如此，我们应该清楚地认识到，与计算机科学联系最紧密的学科是哲学中的逻辑学、数学中的构造性数学和电学中的电子科学。在不远的将来可能是光电子科学、生物科学中的遗传学和神经生理学，物理和化学科学中的精细材料科学，其影响的切入点主要集中在信息存储、信息传递、认知过程、大规模信息传输的介质和机理方面。

2.2 计 算 理 论

20 世纪 70～80 年代，计算机技术得到了迅猛发展，并开始渗透到许多学科领域。1985年春，ACM 和 IEEE-CS 组成的联合工作组，提交了《计算机作为一门学科》的报告，对计算机学科作了以下定义：计算机学科是对描述和变换信息的算法过程，包括对其理论、分析、设计、效率、实现和应用等进行的系统研究。它来源于对算法理论、数理逻辑、计算模型、自动计算机器的研究，并与存储电子计算机一起形成于 40 年代中期。下面仅简要介绍布尔逻辑代数和图灵机模型。

2.2.1　布尔代数

布尔代数是英国数学家布尔（G.Boole，1815～1864 年）为了研究思维规律于 1847 年和 1854 年提出的数学模型，其思想集中体现在他 1847 年出版的《逻辑的数学分析》和 1854 年出版的《思维规律研究》两部著作中。斯通（M.H.Stone，1903～1989 年）在 1935 年将布尔代数与环、集域及拓扑空间上的闭开代数联系起来，使得布尔代数在理论上有了一定的发展。作为一种形式逻辑数学化的方法，布尔代数在创立时与计算机无关，但它的理论和方法为后来的数字电子学、自动化技术及电子计算机的逻辑设计等提供了重要的理论基础。

布尔代数是一个满足一定性质的四元组 $\langle A, \wedge, \vee, \neg \rangle$，其中 A 是非空集合，$\vee$ 和 $\wedge$ 是该集合上的二元运算，$\neg$ 是该集合上的一元运算，这些运算称为布尔运算。基本的布尔运算包括："与"（AND，符号为 $\wedge$）、"或"（OR，符号为 $\vee$）和"非"（NOT，符号为 $\neg$）。其他运算，如"异或"（XOR，符号为 $\oplus$）、等价（Equivalence，符号为 $\leftrightarrow$）、"蕴含"（Implication，符号为 $\rightarrow$）运算均可以用这 3 种基本运算来表示。

到了 20 世纪，人们利用布尔代数成功地解决了一些技术问题。20 世纪 30 年代后期，美国麻省理工学院的香农（C. E. Shannon，1916～2001 年）开始系统地研究用布尔代数计算电网的问题。1938 年，年仅 22 岁的香农在硕士论文的基础上，写就了一篇著名的论文《继电器开关电路的分析》，首次用布尔代数进行开关电路分析，并证明布尔代数的逻辑运算可以通过继电器电路来实现，明确地给出了实现加、减、乘、除等运算的电子电路设计方法。香农把布尔代数用于以脉冲方式处理信息的继电器开关，从理论到技术彻底改变了数字电路的设计方向。同时，建立起布尔代数和继电器开关电路之间的联系，将布尔代数引入了计算科学领域。自此之后，人们在计算机的设计中开始采用逻辑代数来分析和设计逻辑电路。

如图 2-1 所示的串联电路就是一个"与"逻辑运算（逻辑乘）。电源通过开关 A 和 B 向灯泡供电，只有 A 与 B 同时闭合时，灯才亮。A 和 B 中只要有一个断开或者两者均断开时，灯不亮。开关 A、B 与灯 L 的逻辑关系为："只有当一件事的几个条件全部具备之后，该事件才发生"。这种关系称为"与逻辑"。假设开关闭合状态为"1"，断开为"0"；灯亮的状态为"1"，不亮为"0"，则得到"与"运算状态表如表 2-1 所示。如果用逻辑表达式来描述，则可写为 L=A∧B，也可写为 L=A·B。

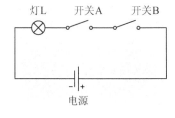

图 2-1　串联电路

表 2-1　与运算状态表

开关 A	开关 B	灯 L
0	0	0
0	1	0
1	0	0
1	1	1

图 2-2 所示的并联电路就是一个"或"逻辑运算（逻辑加）。在该电路中，开关 A、B 与灯 L 的逻辑关系是："当一件事情的几个条件中只要有一个条件得到满足，该事件就会发生"。这种逻辑关系称为"或逻辑"。表 2-2 所示是"或"运算状态表。如果用逻辑表达式来描述，则可写为 L＝A∨B，也可写为 L＝A＋B。

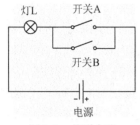

图 2-2 并联电路

表 2-2 或运算状态表

开关 A	开关 B	灯 L
0	0	0
0	1	1
1	0	1
1	1	1

自从香农通过继电器开关电路实现了布尔代数运算之后，人们在计算机的设计中开始采用逻辑代数来分析和设计逻辑电路。今天，电子计算机芯片里使用的成千上万的微小逻辑部件，都是由各种逻辑门电路和触发器组成的。其中逻辑门电路是遵循一定的规则对输入信号（高电平或低电平）进行简单的布尔逻辑运算，产生输出信号（高电平或低电平）的逻辑电路。

2.2.2 图灵机

图灵机模型是由图灵于 1936 年在论文《论可计算数及其在判定问题中的应用》（On Computable Numbers with an Application to the Encryption Problem）中提出的。直观上，图灵机可以看成一个附有两端无穷的带子（磁带）的黑箱，带子由连成串的方格组成，黑箱和带子由一指针相连。图灵机包含有穷多个状态和有穷多的指令。计算的每一步中，根据机器所处的状态和指针所指的方格上的符号，指令可决定机器干什么事并转入什么状态。开始计算时，机器处于开始状态，然后一步步地根据指令进行计算，直到无法继续时停止。带子上的信息即为计算的结果。图灵机的物理模型如图 2-3 所示。

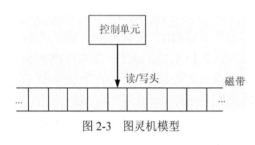

图 2-3 图灵机模型

图灵机的每一个移动与所读的符号、所处的状态有关。读头每次读一个符号，则在所读符号所在的磁带的方格中写入一个符号。一个移动将完成 3 个动作：① 改变有限状态控制器的状态。② 在当前所读符号所在的磁带方格中写入一个符号。③ 将读头向右或向左移动一格。图灵认为，凡是可计算的函数都可以用他的图灵机来计算。

图灵机的结构和工作过程可以从几个方面来理解：① 图灵机的带子相当于存储器，它是无限长的，即图灵机有一个无限大的存储器，可以存储计算的中间结果，并作为输入输出的媒介。② 读写头与带子的关系相当于磁带与磁头的关系，利用它们可以进行输入输出。③ 控制装置相当于控制器，它可以控制读写头不断地在无限长的磁带上来回移动并切换状态，控制器的命令相当于指令。④ 图灵机是可编程控制的。为了用图灵机计算，就要对它编程，并把程序和数据存储在带子上，机器开始计算时，读写头从程序的开始处执行（把读写头置于带子中的某个符号上面），计算期间，根据程序的控制执行不同的任务（图灵机不断地移动并切换状态），一旦图灵机执行程序结束（切换到结束状态），那么，计算任务宣告完成（图灵机停机），结果输出在存储器中（写在带子上）。实践证明，对于图灵机不能解决的计算问题，那么实际计算机也不能解决；只有图灵机能够解决的计算问题，实际计算机才有可能解决。但必须注意，有些问题是图灵机可以计算而实际计算机还不能实现的。

下面来看一个特殊图灵机的例子。我们把机器的磁带看作一个长条，而这个长条被分成很多单元，数据可以按机器字长的大小存储进去。通过在适当的单元存放一个指针来确定当前读写磁头的位置，这个单元称为当前单元。这个例子的字中包含了 0、1 和*。机器的磁带可以描绘如下：

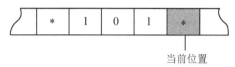

当前位置

通过解释磁带上用来表示二进制数字的字符串，并且每个字符由星号分隔，我们识别出磁带表示的值为 5。图灵机被设计用来对磁带上的值加 1。更精确地讲，它从 0、1 序列的最右端星号处开始扫描，并且不断向左扫描来描述下一个字符。

这台机器的状态有 START、ADD、CARRY、OVERFOLW、RETURN 和 HALT 几种，用来与这些状态通信的操作和当前单元的内容如表 2-3 所示。假设机器始终从 START 状态开始。

表 2-3 用来实现加法的图灵机

当前状态	当前单元内容	要写的值	移动方向	要输入的新状态
START	*	*	Left	ADD
ADD	0	1	Right	RETURN
ADD	1	0	Left	CARRY
ADD	*	*	Right	HALT
CARRY	0	1	Right	RETURN
CARRY	1	0	Left	CARRY
CARRY	*	1	Left	OVERFLOW
OVERFLOW	*	*	Right	RETURN
RETURN	0	0	Right	RETURN
RETURN	1	1	Right	RETURN
RETURN	*	*	No move	HALT

在 START 状态时，当前单元的内容包含星号，我们根据表格来重写星号，将读/写头的一个单元移到左边，进入 ADD 状态。做完这些工作后，机器进入如下格局：

机器状态: ADD   当前位置

我们来看一下如果当前扫描单元为 1 且机器处于 ADD 状态时，机器将会怎样继续运行？状态表告诉我们要把当前扫描单元中的 1 替换为 0，将读/写头向左移一个单元，进入 CARRY 状态。因此，机器进入如下格局：

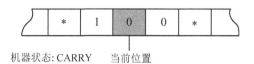

机器状态: CARRY   当前位置

我们再次查表来看看下一步机器要做什么。我们发现处在 CARRY 状态并且当前扫描单元是 0 的时候，应该用 1 来替换 0，将读/写头向右移一个单元，进入 RETURN 状态。本步过后，机器进入如下格局：

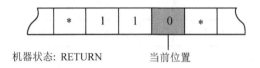

机器状态: RETURN   当前位置

在当前情况下，状态表规定应该将当前扫描单元中的 0 保持不变，同时将读/写头向右移一个单元，仍然处于 RETURN 状态。机器进入如下格局：

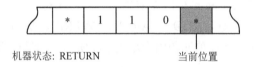

机器状态: RETURN   当前位置

现在，我们从状态表中可知在当前的单元中应该重写星号并进入 HALT 状态。机器停在如下的状态（磁带上现在的符号表示数值 6）：

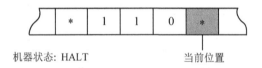

机器状态: HALT   当前位置

在上述例子中，图灵机可以用来实现加一函数，这个函数在每一个输入值 n 的基础上加 1，得到的结果为 $n+1$。我们只需要向机器的磁带上输入某个值的二进制形式，运行机器直到它停止，然后从磁带上读出输出值。

图灵猜想，任何可由图灵机计算的函数都与可计算函数等价。换句话说，图灵机具有包含任何代数系统或与之等价的能力，也就是说图灵机可以处理所有可计算问题的算法。在图灵发表《论可计算数及其在判定问题中的应用》一文的同时，围绕着怎样判断一类数学问题是否机械可解的问题，诸多数学家从不同角度探讨计算这一概念。美国数学家克林（S. C. Kleene，1909～1994 年）在哥德尔（K. Gödel，1906～1978 年）原始递归函数基础上提出了一般递归函数，丘奇（A. Church，1903～1995 年）引进 λ- 可定义函数，波斯特（E. L. Post，1897～1954 年）提出了规范系统的计算模型。后来，图灵进一步证明了图灵机可计算函数与 λ- 可定义函数是一致的，丘奇断言一切算法可计算函数都和一般递归函数一致、等价。于是，表面上不同的 4 类可计算函数在本质上就是一类。这样一来，丘奇论题和图灵论题也就是一回事了，合称为"丘奇-图灵论题"（Church-Turing Thesis），即直观的能行可计算函数等同于一般递归函数、λ- 可定义函数和图灵机可计算函数。

2.3 计算科学中的典型问题

在人类社会的发展过程中，人们提出过许多具有深远意义的科学问题，它们对计算学科的一些分支领域的形成和发展起到了重要的作用。另外，在计算学科的发展过程中，为了便于理解计算学科中的有关问题和概念，人们还给出了不少反映该学科某一方面本质特征的典型实例，如图论中的哥尼斯堡七桥问题、算法与算法复杂性领域的 Hanoi 塔问题、进程同步中的生产者-消费者问题、哲学家进餐问题等。这些典型问题的提出和研究，不仅有助于我们深刻理解计算科学，而且还对该学科的发展有着十分重要的推动作用。

2.3.1 哥尼斯堡七桥问题

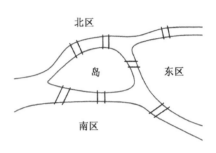

17 世纪时，在东普鲁士有一座哥尼斯堡桥（Königsberg）城（现为俄罗斯的加里宁格勒（Kaliningrad）城），城中有一座岛，普雷格尔（Pregol）河的两条支流环绕其旁，并将整个城市分成北区、东区、南区和岛 4 个区域，由 7 座桥将 4 个区连接起来，如图 2-4 所示。人们常通过这 7 座桥到各城区游玩，于是产生了一个有趣的数学难题：寻找一条路径，走遍这 7 座桥，且只许走过每座桥一次，最后又回到原出发点。该问题就是著名的"哥尼斯堡七桥问题"。

图 2-4　哥尼斯堡地图

l736 年，瑞士数学家欧拉（L. Euler，1707～1783 年）（图 2-5）发表了关于哥尼斯堡七桥问题的论文——《与位置几何有关的一个问题的解》。他在文中指出，从一点出发不重复地走遍七桥，最后又回到原出发点是不可能的。

为了解决哥尼斯堡七桥问题，欧拉用 4 个字母 A、B、C、D 代表 4 个城区，并用 7 条线表示 7 座桥，于是哥尼斯堡七桥问题就变成了图 2-6 中是否存在经过图中每条边一次且仅一次，并经过所有顶点的回路问题了。欧拉在论文中论证了这样的回路是不存在的。后来，人们把有这样回路的图称为欧拉图。

图 2-5　欧拉

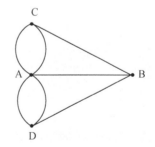

图 2-6　哥尼斯堡七桥问题抽象图

欧拉在论文中将问题进行了一般化处理，即对给定的任意一个河道图与任意多座桥，判定能否恰好走过每座桥一次。并用数学方法给出了以下 3 条判定的规则：

(1)如果通奇数座桥的地方不止两个，满足要求的路线是找不到的。

(2)如果只有两个地方通奇数座桥，可以从这两个地方之一出发，找到所要求的路线。

(3)如果没有一个地方通奇数座桥，则无论从哪里出发，所要求的路线都能实现。

欧拉的论文为图论的形成奠定了基础。今天图论已广泛地应用于计算科学、运筹学、信息论、控制论等学科之中，并且已经成为我们对现实问题进行抽象的一个强有力的数学工具。

2.3.2 四色问题

"四色问题"又称为"四色猜想"或"四色定理",是 1852 年首先由英国的一位大学生古思里(F. Guthrie)提出来的。古思里在给一幅英国地图着色时发现,只要 4 种颜色就可以使任何相邻的两个郡不同色。他推断任何地图的着色也只需要 4 种颜色就够了,但他未能给出证明。1878 年,英国数学家凯利(A. Cayley,1821～1895 年)对此问题进行了认真分析,认为这是一个不可忽视的问题,他正式向伦敦数学学会提出这个问题,于是四色猜想成为世界数学界关注的问题。

世界上许多一流的数学家都纷纷参加了四色猜想的大会战。1879 年,英国律师兼数学家肯普(A. B. Kempe,1849～1922 年)发表了证明四色猜想的论文,宣布证明了四色定理。11 年后,即 1890 年,年轻的数学家赫伍德(P. J. Heawood,1861～1955 年)以自己的精确计算指出肯普的证明有误。赫伍德在肯普的方法的基础上证明了用 5 种颜色对任何地图着色都是足够的,即"地图五色定理"是成立的。

肯普的证明虽然失败了,但其中却提出了后来被证明对四色问题的最终解决具有关键意义的两个概念:① "不可避免构形集"或简称为"不可避免集"。② 所谓的"可约性"。为了证明四色定理,肯普使用了反正法,假定存在有需要用 5 种颜色着色的正规地图,它们包含的国家不同,其中至少有一张包含的国家数量最少,称之为"最少正规地图"。而根据不可避免性,这张最少正规地图必定包含有一个至多只有 5 个邻国的国家。肯普进一步论证说:如果一张需要用 5 种颜色着色的最少正规地图包含一个至多只有 5 个邻国的国家,那么它就是"可约的",即可以将它约简成有较少国家的正规地图,对这个较少国家的地图着色仍需要用 5 种颜色。这样就产生了矛盾——可以用 5 种颜色着色的正规地图包含的国家数比最少正规地图还要少。肯普的论证对有 2 个、3 个和 4 个邻国的国家来说是正确的,但他对有 5 个邻国的处理是错误的。这一错误被赫伍德指出,在很长时间内没有人能纠正。

进入 20 世纪以后,科学家们对四色猜想的证明基本上是按照肯普的想法进行的。有些数学家对平面图形的可约性进行了深入分析。1969 年,德国数学家希斯(H. Heesch)第一次提出了一种具有可行的寻找不可避免可约图的算法,希斯的工作开创了研究的新思路。

1970 年,美国伊利诺依大学的数学教授哈肯(W.Haken)与阿佩尔(K.Appel)合作从事这一问题研究。他们注意到,希斯的算法可以被大大地简化和改进。从 1972 年他们开始用这种简化的希斯算法产生不可避免的可约图集,他们采用了新的计算机实验方法来检验可约性。1976 年 6 月,哈肯和阿佩尔终于找到了一组不可避免的可约图,这组图一共有 2000 多个,即证明了任意平面地图都能够用 4 种颜色着色。他们的证明需要在计算机上计算 1200 小时,程序先后修改了 500 多次。后来,Appel-Haken 的证明被其他学者进行了简化,不过简化了的证明仍然比较烦琐。

2.3.3 36 军官问题

36 军官问题是由欧拉于 18 世纪作为一个数学游戏提出来的。问题的大意是:设有分别来自 6 个军团共有 6 种不同军衔的 36 名军官,他们能否排成 6×6(6 行 6 列)的编队使得每行每列都有各种军衔的军官 1 名,并且每行和每列上的不同军衔的 6 名军官还分别来自不同的军团？

如果将一个军官用一个序偶 (i, j) 表示，其中 i 表示该军官的军衔（$i = 1,2,\cdots,6$），而 j 表示他所在的军团（$j = 1,2,\cdots,6$），于是，这个问题又可以变成：

36 个序偶 (i, j)（$i = 1,2,\cdots,6$；$j = 1,2,\cdots,6$）能否排成 6×6 阵列，使得在每行和每列，这 6 个整数 $1,2,\cdots,6$ 都能以某种顺序出现在序偶第一个元素的位置上，并以某种顺序出现在序偶第二个元素的位置上？

36 军官问题提出后，很长一段时间没有得到解决，直到 20 世纪初才被证明这样的方队是排不出来的。将 36 军官问题中的军团数和军衔数推广到一般的 n 的情况，相应的满足条件的方队被称为 n 阶欧拉方。经过多次尝试，欧拉猜测：对任何非负整数 k，$n = 4k + 2$ 阶欧拉方都是不存在的。

1901 年，法国数学家塔里（G.Tarry，1843～1913 年）用枚举法证明了欧拉猜想对于 $n = 6$ 是成立的；大约在 1960 年前后，3 位统计学家 R.C.Bose、E.T.Parke 和 S.S.Shrikhande 成功地证明了欧拉猜想对于所有的 $n > 6$ 都是不成立的，也就是说 $n = 4k + 2$（$k \geqslant 2$）阶欧拉方是存在的。

2.3.4　哈密尔顿回路及旅行推销员问题

在图论中还有一个很著名的"哈密尔顿回路问题"。该问题是爱尔兰数学家哈密尔顿（W. R. Hamilton, 1805～1865 年）于 1859 年提出的一个数学问题。其主要意思是：在某个图 G 中，能否找到这样的路径，从一点出发不重复地走过所有的结点，最后又回到原出发点。欧拉回路是对边进行访问的问题，哈密尔顿回路是对点进行访问的问题。对图 G 是否存在"欧拉回路"已经证明出充分必要条件，而对图 G 是否存在"哈密尔顿回路"至今未找到满足该问题的充分必要条件。

哈密尔顿回路问题进一步被发展成为所谓的"旅行推销员问题"（Traveling Salesman Problem，TSP，又称为货郎担问题），其大意是：有若干个城市，任何两个城市之间的距离都是确定的，现要求一旅行推销员从某城市出发，必须经过每一个城市且只能在该城市逗留一次，最后回到原出发城市。问如何事先确定好一条最短的路线，使其旅行的费用最少。

人们在考虑解决这个问题时，一般首先想到的最原始的一种方法就是：列出每一条可供选择的路线（即对给定的城市进行排列组合），计算出每条路线的总里程，最后从中选出一条最短的路线。假设现在给定的 4 个城市分别为 A、B、C 和 D，各城市之间的距离为已知数，如图 2-7 所示。可以通过一个组合的状态空间图来表示所有的组合，如图 2-8 所示。从图中不难看出，可供选择的路线共有 6 条，从中很快可以选出一条总距离最短的路线。由此推算，若设城市数目为 n 时，那么组合路径数则为 $(n-1)!$。很显然，当城市数目不多时要找到最短距离的路线并不难，但随着城市数目的不断增大，组合路线数将以指数级数急剧增长，达到无法计算的地步，这就是所谓的"组合爆炸问题"。假设现在城市的数目增为 20 个，组合路径数则为 $(20-1)! \approx 1.216 \times 10^{17}$，如此庞大的组合数目，若计算机以每秒 1000 万条路线的速度计算，也需要花上 386 年的时间。

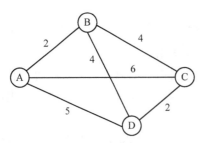

图 2-7　城市交通图

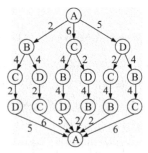

图 2-8　组合路径图

据文献介绍，1998 年，科学家们成功地解决了美国 13509 个城市之间的 TSP 问题，2001 年又解决了德国 15112 个城市之间的 TSP 问题。但这一工程代价也是巨大的，据报道，为解决 15112 个城市之间的 TSP 问题，共使用了美国赖斯大学（Rice University）和普林斯顿大学之间网络互连的、由速度为 500MHz 的 Compaq EV6 Alpha 处理器组成的 110 台计算机，所有计算机花费的时间之和为 22.6 年。

TSP 是最有代表性的优化组合问题之一，它的应用已逐步渗透到各个技术领域和我们的日常生活中，有不少学者在从事这方面的研究工作。在大规模生产过程中，寻找最短路径能有效地降低成本，这类问题的解决还可以延伸到其他行业中，如运输业、后勤服务业等。然而，由于 TSP 会产生组合爆炸的问题，因此寻找切实可行的简化求解方法就成为问题的关键。

2.3.5　Hanoi 塔问题

相传印度教的天神在创造世界时，建了一座神庙，庙里竖立了 3 根柱子。天神将 64 个直径大小不一的金盘子，按照从大到小的顺序依次套放在第一根柱子上，形成了一座 Hanoi 塔，如图 2-9 所示。天神让庙里的僧侣们将第一根柱子上的盘子借助第 2 根柱子全部移到第 3 根柱子上。同时规定：每次只能移动一个盘子；盘子只能在 3 根柱子上来回移动而不能放在他处；在移动过程中，3 根柱子上的盘子必须始终保持大盘在下、小盘在上。天神说当这 64 个盘子全部移到第三根柱子上后，世界末日就要到了。这就是著名的 Hanoi 塔问题。

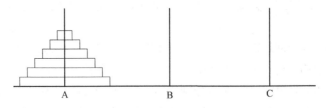

图 2-9　Hanoi 塔问题

Hanoi 塔是一个典型的只有用递归方法才能解决的问题。递归是计算科学中一个重要的概念，所谓递归就是将一个较大的问题归约为一个或多个相对简单的子问题的求解方法。在这里，我们先设计它的算法，进而估计它的复杂性。

设 n 表示 A 上盘子的总数。当 $n=2$ 时，第一步先把最上面的一个圆盘套在 B 上；第二步把下面的一个圆盘转移到 C 上；最后再把 B 上的一个圆盘转移到 C 上。到此转移完毕。

假定 $n-1$ 个盘子的算法已经确定。

对于一般 n 个盘子问题，先把上面的 $n-1$ 个盘子转移到 B 上，再把最后一个盘子转移到 C 上，然后把 B 上的 $n-1$ 盘子转移到 C 上，这样 n 个盘子的转移就完成了。

在此，令 $h(n)$ 表示盘子所需要的转移盘次。根据前面的算法分析，则有

$$
\begin{aligned}
h(n) &= 2h(n-1)+1 = 2(h(n-2)+1)+1 \\
&= 2^2 h(n-2)+2+1 = 2^3 h(n-3)+2^2+2+1 \\
&= \cdots \\
&= 2^n h(0) + 2^{n-1} + \cdots + 2^2 + 2 + 1 \\
&= 2^{n-1} + \cdots + 2^2 + 2 + 1 = 2^n - 1
\end{aligned}
$$

当 $n=64$ 时，要完成 Hanoi 塔的搬迁，需要移动盘子的次数为

$$2^{64} - 1 = 18446744073709551615$$

如果每秒移动一次，一年有 $365 \times 24 \times 3600 = 31536000$ 秒，僧侣们一刻不停地来回搬运，也需要花费大约 5849 亿年的时间。假定计算机以每秒 1 亿个盘子的速度进行搬迁，则需要花费大约 5849 年的时间。通过这一例子，我们可以了解到：理论上可以计算的问题，实际上并不一定能实现。

Hanoi 塔问题主要讲的是算法的时间复杂性。其复杂度可以用一个指数函数 $O(2^n)$ 来表示，显然当 n 很大时，计算机是无法处理的。相反，当算法的时间复杂度的表示函数是一个多项式，如 $O(n^2)$ 时，则计算机可以处理。因此，一个问题求解算法的时间复杂度大于多项式（如指数函数）时，算法执行时间将随 n 的增加而急剧增长，以致使问题难以求解出来。在计算复杂性中，将这一类问题称为难解性问题。

2.3.6 生产者-消费者问题与哲学家共餐问题

1965 年，荷兰计算机科学家狄克斯特拉（E.W. Dijkstra，1930～2002 年）（图 2-10）在他著名的论文《协同顺序进程》（Cooperating Sequential Processes）中利用生产者-消费者问题（Producer-Consumer Problem）对并发程序设计中进程同步的最基本问题，即对多进程提供（或释放）及使用计算机系统中的软硬件资源（如数据、I/O 设备等）进行了抽象的描述，并使用信号灯的概念解决了这一问题。

在生产者-消费者问题中，所谓消费者是指使用某一软硬件资源时的进程，而生产者是指提供（或释放）某一软硬件资源时的进程。同时，在生产者-消费者问题中有一个重要的概念，即信号灯，它借用了火车信号系统中的信号灯来表示进程之间的互斥。

在提出生产者-消费者问题后，狄克斯特拉针对多进程互斥地访问有限资源（如 I/O 设备）的问题又提出并解决了一个被人称为"哲学家共餐"（Dining Philosopher）的多进程同步问题。

对哲学家共餐问题可以作这样的描述：5 个哲学家围坐在一张圆桌旁，每个人的面前摆有一碗面条，碗的两旁各摆有一只筷子（注：狄克斯特拉原来提到的是叉子和意大利面条，因有人习惯用一个叉子吃面条，于是后来的研究人员又将叉子和意大利面条改写为中国筷子和面条）。

假设哲学家的生活除了吃饭就是思考问题（这是一种抽象，即对该问题而言其他活动都无关紧要），而吃饭的时候需要左手拿一只筷子，右手拿一只筷子，然后开始进餐。吃完后又

将筷子摆回原处，继续思考问题（图 2-11）。那么，一个哲学家的生活进程可表示为：

图 2-10　狄克斯特拉

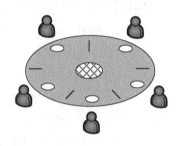

图 2-11　哲学家共餐问题

(1) 思考问题。

(2) 饿了停止思考，左手拿一只筷子（如果左侧哲学家已持有它，则需等待）。

(3) 右手拿一只筷子（如果右侧哲学家已持有它，则需等待）。

(4) 进餐。

(5) 放右手筷子。

(6) 放左手筷子。

(7) 重新回到思考问题状态(1)。

现在的问题是：如何协调 5 个哲学家的生活进程，使得每一个哲学家最终都可以进餐。考虑下面的两种情况：

(1) 按哲学家的活动进程，当所有的哲学家都同时拿起左手筷子时，则所有的哲学家都将拿不到右手的筷子，并处于等待状态，那么哲学家都将无法进餐，最终饿死。

(2) 将哲学家的活动进程修改一下，变为当拿不到右手的筷子时，就放下左手的筷子。这种情况是不是就没有问题？不一定，因为可能在一个瞬间，所有的哲学家都同时拿起左手的筷子，则自然拿不到右手的筷子，于是都同时放下左手的筷子，等一会，又同时拿起左手的筷子。如此这样永远重复下去，则所有的哲学家一样都吃不到面。

以上两个方面的问题，其实质是程序并发执行时进程同步的两个问题，一个是死锁（Deadlock），另一个是饥饿（Starvation）。

为了提高系统的处理能力和机器的利用率，并发程序被广泛地使用，因此，必须彻底解决并发程序中的死锁和饥饿问题。于是，人们将 5 个哲学家问题推广为更一般性的 n 个进程和 m 个共享资源的问题，并在研究过程中给出了解决这类问题的不少方法和工具，如 Petri网、并发程序语言等。

与程序并发执行时进程同步有关的经典问题还有：读-写者问题（Reader Writer Problem）、理发师睡眠问题（Sleeping Barber Problem）等。

2.4　计算机学科的典型方法

在计算机学科的发展中，围绕解决学科的一系列问题而形成了一些有效的、典型的方法，如证明方法、公理化方法、形式化方法、系统科学方法、结构化方法、面向对象的方法等。下面对其中的典型方法进行简要介绍。

2.4.1 抽象方法

所谓抽象是一种思考问题的方式，它隐藏了复杂的细节，只保留实现目标所必需的信息。在我们的日常生活中充满了抽象，例如，开车时不必知道发动机的工作机理。

计算机学科的基本工作流程方式是：首先对现实世界中的研究对象进行抽象，建立必要的基本概念，然后运用数学工具和方法研究概念的基本性质、概念与概念之间的关系，揭示研究对象发展变化的内在规律，为实验设计或工程设计提供必要的方法和技术思想，最后开展实验、工程设计与实现工作。

计算机系统的分层表现了抽象的概念。当我们与计算机系统的某一个分层打交道时，没有必要考虑其他分层。例如，用高级语言编写程序时，我们不必关心硬件是如何执行指令的。同样，在运行程序时，我们也不必关心程序是如何编写的。

程序设计语言的发展也表现了抽象的概念。程序设计语言每前进一个阶段，语言自身就变得更抽象一些，也就是说，用语言中的一个语句可以表达的处理会更复杂。这种从具体到抽象的深化过程反映的正是软件开发的历史。

展开与归约是一对技术概念，是在处理实际事务的过程中对两个相向的处理活动所作的一般化的方法学概括。展开是从一个较为抽象的目标（对象）出发，通过一系列的操作或变换，将抽象的目标（对象）转换为具体的细节描述。例如，在程序设计方法中，从一个程序的规范出发，运用程序推导技术，可以将一个程序一步一步地自动设计出来，这样就实现了对该程序的展开。理论上，一个具体的程序与该程序的规范指的是同一个对象，语义完全相同，只是表现形式不同。从描述与理解的角度看，前者较为具体，后者较为抽象。归约方法可以视为展开的逆过程。

2.4.2 构造性方法

构造性方法是整个计算机学科最本质的方法。这是一种能够对论域为无穷的客观事物按其有限构造特征进行处理的方法。

构造是计算机软硬件系统的最根本特征，递归和迭代是最具代表性的构造性方法，广泛应用于计算机学科的各个领域。递归和迭代是基于一个事实：很多序列项是按照由 a_{n-1} 得到 a_n 的方式产生的，按照这样的规则，可以从一个已知的首项开始，有限次地重复下去，最后得到一个序列。例如，对于大多数程序设计语言，表达式的形成规则可定义为：

(1)变量、常数是表达式。

(2)若 e_1、e_2 是表达式，θ 是一个二元运算符，则 $e_1 \theta e_2$ 是表达式。

(3)若 e 是表达式，θ 是一个一元运算符，则 θe 是表达式。

(4)若 e 是表达式，则 (e) 是表达式。

2.4.3 公理化方法

公理化方法是一种构造理论体系的演绎方法，是从尽可能少的基本概念、公理出发，运用演绎推理规则，推导出一系列的命题，从而建立起整个理论体系的思想方法。用公理化方法构建的理论体系称为公理系统，它需要满足以下条件：

(1)无矛盾性。这是公理系统的科学性要求，它不允许在一个公理系统中出现相互矛盾的命题。

(2)独立性。公理系统中所有的公理都必须是独立的，即任何一个公理都不能从其他公理推导出来。

(3)完备性。公理系统必须是完备的，即从公理系统出发，能够推导出该领域所有的命题。

例如，平面几何的公理化概括。在欧几里得的《几何原本》中，以点、线、面为原始概念，以5条公设和5条公理为原始命题，给出了平面几何中的119个定义、465条命题及其证明，构成了历史上第一个公理化体系。

公理化方法能够帮助我们认识一个系统如何严格表述，认识完备性和无矛盾性对一个公理系统的重要性，认识每一条公理深刻的背景、独立性和它的作用。遗憾的是，公理化方法主要用于计算机学科理论形态方面的研究，其深刻的哲学意义、学术深度和理解上的困难使得公理化方法在计算机专业本科的课程中较少出现。近年来，这一方法出现在一些学科的前沿研究中，例如，形式语义学的研究、开放信息系统的思想和设计、自定义逻辑框架系统的研究，以及分布式代数系统的研究都采用了公理化方法或吸取了公理化方法的思想。随着计算学科研究的深化，这一方法将在一些分支方向上得到应用，并推动学科进一步深入发展。

2.4.4 形式化方法

在欧几里得几何公理系统中，所有的原始概念和原始命题都有直观的背景或客观意义，这样的公理系统称为具体公理系统。由于非欧几何的出现，人们感到具体公理系统过于受直观的局限，因而，在19世纪末20世纪初，一些数学家和逻辑学家开始了对抽象公理系统的研究。

在抽象公理系统中，原始概念的直观意义被忽视，甚至可以没有任何预先设定的意义，原始命题也无需以任何实际意义为背景，它们是以一些形式约定的符号串。所谓形式是事物存在的外在方式、形状和结构的总和，形式化是将事物的内容与形式相分离，用事物的某种形式来表示事物。例如，形式化的运算规则"1+1"可以解释为一个苹果加上一个苹果，也可以解释为一本书加上一本书。形式化方法是在对事物描述形式化的基础上，通过研究事物的形式变化规律来研究事物变化规律的全体方法的总称。形式化方法得到的就是抽象公理系统，也称形式系统。例如，布尔代数抽象公理系统可以解释为有关命题真值的命题代数，抽象符号 X 可以看作电路，"1"和"0"分别表示命题的"真"和"假"，也可以解释为有关电路设计的开关代数，此时抽象符号 X 可以看作电路 X，"1"和"0"分别表示电路的"闭"和"开"。

计算机系统就是一种形式系统，计算机系统的结构可以用形式化方法来描述，程序设计语言更是不折不扣的形式语言系统。

2.4.5 原型方法与演化方法

原型方法的思想最初出现在软件工程的研究中，其主要内涵是：在软件开发的进程中，随着程序代码量的日渐庞大，开发费用和周期的不断增长，人们迫切需要在软件开发中引入新思想、新原理，对采用的新方法、新技术的可行性进行验证，通过验证提出改进意见，为实际产品的工程技术开发提供原理性的指导。原型方法事实上是一种低成本、验证性的实验方法。

　　演化方法也叫进化方法，是一种模拟事物演化过程进而求解问题的方法，其主要思想是：针对具体问题，首先找到解决该问题的办法（或算法、程序、电路等），然后通过各种有效的技术方法改进解决问题的办法（或算法、程序、电路等）进而改进求解的结果。

　　演化方法在使用时常常与其他典型方法结合在一起。例如，与原型方法结合，可以开发一类特殊软件的程序自动生成系统，如人机界面自动生成系统。

科学人物

　　1. 乔治·布尔（G. Boole，1815～1864 年）

　　布尔是英国数学家、逻辑学家（图 2-12），1815 年出生于英格兰的林肯。家境贫寒，父亲是位鞋匠，无力供他读书，他的学问主要来自于自学。年仅 12 岁时，布尔就掌握了拉丁文和希腊语，后来又自学了意大利语和法语，16 岁成为一名中学教师。从 20 岁起，布尔对数学产生了浓厚兴趣，并广泛涉猎了著名数学家牛顿（I. Newton，1643～1727 年）、拉普拉斯（P.S. Laplace，1744～1827 年）、拉格朗日（J.L. Lagrange，1736～1813 年）、高斯（C.F. Gauss，1777～1855 年）等的数学著作，还写下了大量笔记。这些笔记中的思想集中体现在布尔 1847 年的第一部著作《逻辑的数学分析》之中。

图 2-12　布尔

　　1839 年，24 岁的布尔决心尝试接受正规教育，并申请进剑桥大学。当时《剑桥大学期刊》（Cambridge Mathematical Journal，布尔曾投稿的杂志）的主编格雷戈里（D.F.Gregory）表示反对他上大学，他说："如果你为了一个学位而决定上大学学习，那么你就必须准备忍受大量不适合于习惯独立思考的人的思想戒律。这里，一个高级的学位要求在指定的课程上花费的辛勤劳动与才能训练方面花费的劳动同样多。如果一个人不能把自己的全部精力集中于学位考试的训练，那么在学业结束时，他很可能发现自己被淘汰了。"于是，布尔放弃了接受高等教育的念头，而潜心致力于自己的数学研究。1854 年，布尔发表了一部主要的著作——《思维规律研究》。在这部著作里，布尔将形式逻辑归结为代数演算，即现在的布尔代数（也称逻辑代数）。以上两部著作标志着一门新学科的诞生。

　　逻辑是一门探索、阐述和确立有效推理原则的学科，它利用计算的方法来代替人们思维中的逻辑推理过程，最早是由古希腊学者亚里士多德（Aristotle，公元前 384～前 322）创立的。17 世纪，德国数学家莱布尼茨就曾经设想创造一种"通用的科学语言"，能将推理过程像数学一样利用公式来进行计算，从而得出正确的结论。由于当时社会条件的限制，他的想法并没有实现，但其思想却是现代数理逻辑部分内容的萌芽，从

图 2-13　香农

这个意义上讲，莱布尼茨的思想可以说是布尔代数的先驱。

　　布尔一生发表了 50 多篇科学论文、两部教科书和两卷数学逻辑著作。为了表彰他的卓越贡献，都柏林大学和牛津大学先后授予这位自学成才的数学家荣誉学位，他还被推选为英国皇家学会会员。1864 年 12 月 8 日，布尔因患肺炎（这是由于他坚持上课，在 11 月的冷雨中步行 3 千米而受凉引起的），不幸于爱尔兰的科克去世，终年 59 岁。

　　2. 克劳德·香农（C. E. Shannon，1916～2001 年）

　　香农（图 2-13）出生于美国密歇根州，从小热爱机械和电器，表现出很强的动手能力。他 1936 年毕业于密歇根大学（University of Michigan）工程与数

学系，工程与数学是他一生的兴趣所在。在麻省理工大学攻读硕士期间，他选修了布尔代数，并且幸运地得到微分分析仪研制者布什博士的亲自指导。布什曾对他预言说，微分分析仪的模拟电路必定可以用符号逻辑替代。从布尔的理论和布什的实践里，香农逐渐悟出了一个道理——前者正是后者最有效的数学工具。

1938 年，年仅 22 岁的香农在硕士论文的基础上，发表了一篇著名的论文《继电器开关电路的分析》，首次用布尔代数进行开关电路分析，并证明布尔代数的逻辑运算可以通过继电器电路来实现，明确地给出了实现加、减、乘、除等运算的电子电路设计方法。布尔代数只有 0 和 1 两个值，恰好与二进制数对应。在香农的线路中，按布尔代数逻辑变量的真或假对应开关的闭合或断开。他提出，可将任意布尔代数表达式转化为一系列开关布局。若命题为真，线路建立连接；若命题为假，则断开连接。这种结构意味着：任意用布尔逻辑命题精确描述的功能都可用模拟的开关系统来实现。香农把布尔代数用于以脉冲方式处理信息的继电器开关，从理论到技术彻底改变了数字电路的设计方向。因此，这篇论文在现代数字电子计算机史上具有划时代的意义。哈佛大学的 Howard Gardner 教授说，"这可能是本世纪最重要、最著名的一篇硕士论文。"

1940 年香农取得了博士学位，在 AT&T 贝尔实验室里度过了硕果累累的 15 年。他用实验证实，完全可以采用继电器元件制造出能够实现布尔代数运算功能的计算机。1948 年，香农又发表了另一篇至今还在闪烁光芒的论文——《通信的数学基础》，创立了"信息论"。

1956 年，他参与发起了达特茅斯人工智能会议，成为这一新学科的开创者之一。他不仅率先把人工智能运用于计算机下棋方面，而且发明了一个能自动穿越迷宫的电子老鼠，以此证明人工智能的可行性。

图 2-14　图灵

3. 阿兰·图灵（A.M.Turing，1912～1954 年）

图灵是英国数学家、计算机科学家（图 2-14），1912 年出生于伦敦郊区的帕丁顿（Paddington）。图灵的父亲是英国在印度的行政机构的一名官员，母亲平常也在印度陪伴其丈夫。1926 年，图灵的父亲退休以后，因为退休金不高，为了节省，他们夫妇又选择在生活费用较低的法国居住，因此图灵和他的哥哥很少见到父母亲，他们是由从军队中退休的沃德（Ward）夫妇带大的。图灵 13 岁进入一所寄宿中学读书，学习成绩一般，但表现出很强的数学演算能力。1931 年中学毕业后，图灵进入剑桥大学国王学院（King's College）学习数学。4 年的大学学习给他打下了坚实的数学基础。1935 年，图灵开始对数理逻辑（mathematical logic）发生兴趣。数理逻辑又叫形式逻辑（formal logic）或符号逻辑（symbolic logic），是逻辑学的一个重要分支。数理逻辑用数学方法，也就是用符号和公式、公理的方法去研究人的思维过程、思维规律，其目的是建立一种精确的、普遍的符号语言，并寻求一种推理演算，以便用演算去解决人如何推理的问题。自 17 世纪以来，许多数学家和逻辑学家进行了大量的研究，使数理逻辑逐步完善和发展起来，许多概念开始明朗起来。但是，"计算机"到底是怎样一种机器，应该由哪些部分组成，如何进行计算和工作，在图灵之前没有任何人清楚地说明过。

1936 年，图灵发表了著名的论文《论可计算数及其在判定问题中的应用》（On Computable Numbers with an Application to the Encryption Problem），在这篇论文中图灵第一次回答了这些问题，图灵提出的计算抽象模型被后人称为"图灵机"（Turing Machine）。图灵的论文发表后，立刻引起计算机科学界的重视。美国普林斯顿大学向图灵发出邀请，图灵首次远涉重洋，来到美国与丘奇合作开展研究，同时于 1938 年在普林斯顿大学取得博士学位。他博士论文课题是"基于序数的逻辑系统"（Systems of Logic Based on Ordinals）。在此期间，图灵还研究了布尔逻辑代数，自己动手用继电器搭建逻辑门电路组成了乘法器。在美国期间，图灵还与计算机科学家冯·诺依曼相识。之后图灵回到剑桥大学。

第二次世界大战爆发后，图灵正值服兵役年龄而参军，受聘于英国外交部通信处，主要从事破译德军密码的工作。他用继电器研制的译码机（后来改用电子管，命名为 Colossus）破译了德军不少 Enigma 密报，为盟军夺取最后的胜利作出了贡献，图灵也因此而受勋。战后，图灵来到了英国国家物理实验室 NPL（National Physical Laboratory）新建立的"数学部"（Mathematics Division）工作，开始了设计与建造电子计算机的宏大工程。他根据自己在计算模型方面的理论研究成果，提出了一个计算机设计方案——ACE（Automatic Computing Engine），经过英国皇家学会的专家评审，通过了这一设计方案。根据图灵的设计，ACE 是一台串行定点计算机，字长 32bit，主频 1 MHz，采用水银延迟线作存储器，是一种存储程序式计算机。图灵在设计 ACE 时的存储程序思想并非受冯·诺依曼论文的影响，而是他自己的　　构思。

1948 年，在设计 ACE 时因与电子学小组负责人在工作配合上产生摩擦，再加上人员不足、资金不到位等问题，图灵离开了国家物理实验室（NPL），去了曼彻斯特大学皇家学会计算实验室工作（Royal Society Computing Laboratory）。图灵离开 NPL 以后，由詹姆斯·威尔金森（James H. Wilkinson，1919～1986 年）负责 ACE 项目，ACE 样机（Pilot ACE）于 1950 年 5 月完成。虽然图灵没有把 ACE 的开发负责到底，但图灵关于 ACE 设计思想及在 ACE 研制初期所作出的贡献是有目共睹的。

在曼彻斯特大学期间，图灵参与了 Mark I 计算机的研制工作，与他人合作设计了纸带输入/输出系统，还编写了程序设计手册。在此期间，图灵为计算机科学作出的另一重要贡献是他在 1950 年 10 月发表的《计算机与智能》（Computing Machinery and Intelligence）论文。在这篇经典论文中，图灵进一步阐明了计算机可以具有智能的思想，并提出了一个测试机器是否有智能的方法，即"图灵测试"，为人工智能的建立作出了贡献。

为表彰图灵的一系列杰出贡献和创造，1951 年图灵被选为英国皇家科学院院士。但此后，他因同性恋问题陷入困境。1954 年 6 月 7 日，图灵因吃了带毒药的苹果而去世，终年 42 岁。一个划时代的科学奇才就这样在他年富力强的时候无声无息地离开了这个世界，令世人惋惜。2001 年 6 月，人们为了纪念他，在曼彻斯特的 Sackville 公园为他建造了一尊真人大小的青铜坐像。手拿一个苹果的图灵安详地坐在一条长靠背椅上，似乎在思考着什么。

在图灵去世后 12 年，美国计算机学会（Association for Computer Machinery，ACM）设立了以图灵名字命名的计算机科学界的第一个奖项——"图灵奖"，专门奖励那些在计算机科学研究中作出创造性贡献、推动计算机科学技术发展的杰出科学家。奖金在设立初期为 2 万美元，从 1989 年起增至 2.5 万美元。目前，图灵奖由英特尔公司和 Google 公司赞助，奖金为 25 万美元。图灵奖对获奖者要求极高，评奖程序又很严格，一般每年只奖励一名计算机科学家，只有极少数年度有两名合作者或在同一方面作出贡献的科学家共享此奖。因此，它是计算机界最负盛名、最崇高的一个奖项。虽然没有明确规定，但从实际执行过程来看，图灵奖偏重于在计算机科学理论和软件方面做出贡献的科学家。

2.5 人 工 智 能

人工智能（Artificial Intelligence，AI）是 20 世纪中叶兴起的一个新的科学技术领域，它研究如何用机器或装置去模拟或扩展人类的某些智能活动，如推理、决策、规划、设计和学习等。人工智能作为计算机学科的一个分支，它的研究不仅涉及计算机科学，还涉及信息论、控制论和系统论，以及数学、神经心理学、脑科学、哲学、语言学等许多科学领域，是一门新兴的边缘学科。本节将简要介绍人工智能的基本概念、研究方法、基本内容、研究范畴及应用领域等。

2.5.1 人工智能的产生

1. 人工智能的概念

人类唯一了解的智能是人本身的智能，但是我们对自身智能及其构成要素的了解都非常有限，因此人工智能的研究往往涉及对人的智能本身的研究，但其他关于动物或人造系统的智能的研究也普遍被认为是人工智能相关的研究课题。

人工智能的定义可以分为两个部分，即"人工"和"智能"。"人工"是考虑什么是人力所能及制造的，或者人自身的智能程度有没有高到可以创造人工智能的地步等问题。"智能"一词来源于拉丁语，字面意思是采集、收集、汇集，并由此进行选择，形成一个东西。它的定义涉及其他诸如意识（consciousness）、自我（self）、思维（mind）（包括无意识的思维（unconscious mind））等问题。一般地说，智能是人类在认识世界和改造世界的活动中，由脑力劳动表现出来的能力。通俗地讲，智能是个体认识客观事物并运用知识解决问题、有效适应环境的综合能力，具体包括：通过视觉、听觉、触觉等感官活动，接收并理解文字、图像、声音、语言等各种外界的"自然信息"，认识和理解世界环境的能力，即感知能力；通过人脑的生理与心理活动及有关的信息处理过程，将感性知识抽象为理性知识，并能对事物运动的规律进行分析、判断和推理，也就是提出概念、建立方法，进行演绎和归纳推理、做出决策的能力，即记忆思维能力；通过教育、训练和学习过程，日益丰富自身的知识和技能，即学习能力；对变化多端的外界环境条件，如干扰、刺激等作用能灵活地做出反应，即自我适应的能力；预测、洞察事物发展变化的能力，即联想、推理、判断、决策的能力。总之，智能体现在知识表示和知识运用上。

"人工智能"通过研究如何用智能机器或装置等人工的方法和技术，去模拟、延伸或扩展人类的某些智能活动，实现智能行为和"机器思维"活动，解决需要人类专家才能处理的问题。其中智能行为包括：感知（perception）、推理（reasoning）、学习（learning）、通信（communicating）和复杂环境下的动作行为（acting）。作为一门学科，人工智能主要研究智能行为的计算模型，研制具有感知、推理、学习、通信、联想和决策等思维能力的计算系统。从本质上讲，人工智能是研究怎样让计算机模拟人脑从事推理、规划、设计、思考和学习等思维活动，解决人类智能才能处理的复杂问题。

2. 人工智能的产生

人类很早以前就设想制造代替人类工作的机器，历史上也曾经有歌舞机器人的记载。然而，在电子计算机没有出现之前，人工智能还只是幻想，无法成为现实。人工智能实际上是在计算机上实现的智能或者说是人类智能在机器上的模拟，又被称为机器智能。因此，人工智能的真正实现要从计算机的诞生开始算起，这时人类才有可能以机器的形式实现人类的智能。AI 这个英文单词最早是在 1956 年夏天于美国的达特茅斯学院的一次会议上提出的，从此以后，人工智能作为一个专业名词登上了计算机科学界的舞台。在之后的 60 多年的发展历史中，人工智能的研究取得过很多重大的成果，也遭受过巨大的挫折。从它的历史发展来看，大致分为三个阶段。

1）第一阶段——孕育时期（1956 年之前）

追溯人工智能的历史，曾有许多伟大的思想家、科学家为此作出了贡献，他们为人工智能的研究积累了充分的条件和基础理论。

古希腊学者亚里士多德（Aristotle，约公元前 384～前 322）为形式逻辑奠定了基础。他的著作《工具论》最早给出了形式逻辑的一些基本规律，如矛盾律、排中律，详细地研究了概念、概念的分类及其概念之间的关系。他还研究了判断、判断的分类以及它们之间的关系，最为著名的是其创造的"三段论"法。"三段论"至今仍是演绎推理的基本依据。

英国哲学家弗兰西斯·培根（F.Bacon，1561～1626 年）系统地提出了归纳法，成为与亚里士多德的演绎法相辅相成的思维法则。他强调了知识的重要作用，其思想对人工智能转向以知识为中心的研究产生了重要的影响。

德国物理学家、数学家莱布尼茨（G.W.Leibniz）提出的"通用符号"和"推理计算"的概念，是关于"机器思维"研究的萌芽。后来数理逻辑的产生和发展，基本上走的是莱布尼茨提出的道路，他被认为是数理逻辑的奠基人。

19 世纪中叶，英国数学家布尔则初步实现了莱布尼茨关于符号化和数学化的思想。1847 年，布尔发表了《逻辑的数学分析，论演绎推理演算》一文，1854 年，又出版了《思维规律研究》一书，用符号语言描述了思维活动中推理过程的基本规律，创立了逻辑代数。

1879 年，德国逻辑学家弗雷格（G.Frege，1848～1925 年）提出用机械推理的符号表示系统，从而发明了我们现在熟知的谓词演算。

美籍奥地利数学家哥德尔（K.Gödel）研究了数理逻辑中一些带根本性的问题，即形式系统的完备性和可判定性问题。他在 1930 年证明了一阶谓词逻辑的完备性定理；1931 年证明了：任何包含初等数论的形式系统，如果它是无矛盾的，那么它一定是不完备的；他的第二条不完备性定理是：如果这种形式系统是无矛盾的，那么这种无矛盾性一定不能在本系统中得到证明。哥德尔的这两条定理彻底摧毁了希尔伯特建立的无矛盾数学体系的纲领。它们对人工智能研究的意义在于，指出了把人的思维形式化和机械化的某些极限，在理论上证明了有些事情是做不到的。

英国科学家图灵关于计算本质的思想对于形式推理概念，与当时即将发明的计算机之间联系的揭示，为人工智能的产生提供了思想基础。图灵在 1936 年发表了《论可计算数及其在判定问题中的应用》一文，提出了一种理想计算机的模型，后人称之为图灵机。图灵论证了任何需要加以精确确定的计算过程都能够由图灵机来完成。1947 年，图灵写了一份关于人工智能的内部报告。1950 年，他发表了著名论文《计算机能思维吗?》，明确提出了"机器能思维"的观点，并设计了关于智能的"图灵测验"，为人工智能的研究提供了理论依据和检验方法，开辟了用计算机从功能上模拟人的智能的道路，直接促进了人工智能的发展还有当时创立不久的控制论和信息论。

1946 年，由美国科学家莫克莱和埃克特制造出了世界上第一台电子数字计算机 ENIAC，这项重要的研究成果为人工智能的研究提供了物质基础，对我们全人类的生活影响至今。

由上面的叙述不难看出，人工智能的产生和发展绝不是偶然的，它是科学技术发展的必然产物，是历史赋予科学工作者的一项光荣而艰巨的使命，客观上的条件已经基本具备。

2）第二阶段——人工智能基础技术的形成时期（1956～1969）

1956年夏天，由麦卡锡（J.Mc Carthy）、明斯基（M. Lee Minsky，1927年～）、香农等发起，数十名来自数学、心理学、神经学、计算机科学与电气工程等各个领域的学者聚集在位于美国新罕布什尔州汉诺威市的达特茅斯学院，召开了世界第一次人工智能学术研讨会，就如何使用机器模拟人类智能的问题进行了比较深入的研讨，讨论如何用计算机模拟人的智能。

会议上，科学家们运用数理逻辑和计算机科学的成果，提出了关于形式化计算和处理的理论，模拟人类某些智能行为的基本方法和技术，构造具有一定智能的人工系统，让计算机去完成需要人的智力才能胜任的工作。其中明斯基的神经网络模拟器、麦卡锡的搜索法、西蒙（H.Simon，1916～2001年）和纽厄尔（A. Newell，1927～1992年）的"逻辑理论机"成为讨论会的3个亮点。

在这次讨论会上，根据麦卡锡的建议，正式把这一学科领域命名为"人工智能"（Artificial Intelligence，AI），标志着人工智能学科的诞生。

在1956年后的十几年间，人工智能的研究开始有了新的成就，人工智能科学分别向以下3个方面发展：① 机器思维，如机器证明、机器博弈、机器学习等；化学分析、医疗诊断、地质勘探等专家系统及知识工程。② 机器感知，如机器视觉、机器听觉等文字、图像识别，自然语言理解的理论、方法和技术，感知机和人工神经网络。③ 机器行为，具有自学习、自适应、自组织特性的智能控制系统、智能控制动物和智能机器人等。

1957年，塞缪尔（A. Samuel）和西蒙等的心理学小组编制出一个称为逻辑理论机（The Logic Theory Machine）的数学定理证明程序，当时该程序证明了罗素（B.Russell）和怀特赫德（A.N.Whitehead）的《数学原理》一书第2章中的38个定理（1963年修订的程序证明了该章中全部52个定理）。这一活动被认为是人工智能的真正开端。同年，罗森勃拉特（F.Rosenblatt）提出著名的感知机（perceptron）模型，试图模拟人脑感知能力和学习能力。该模型是第一个完整的人工神经网络，也是第一次将人工神经网络研究付诸于工程实践。

1958年，美籍华人数理逻辑学家王浩在IBM-704计算机上用不到5分钟的时间证明了《数学原理》中有关命题演算的全部定理（220条），之后还进一步证明了谓词演算中150条定理的85%。在这一年，明斯基和麦卡锡在麻省理工学院创建了世界上第一个人工智能实验室。

1959年，麦卡锡开发出著名的表处理语言LISP（List Processor），LISP语言是函数式符号处理语言，其程序由一些函数子程序组成。LISP语言自发明以来广泛用于数学中符号微积分计算、定理证明、谓词演算、博弈论等领域，至今仍然是建造智能系统的重要工具。

1960年，香农等人开发了通用问题求解程序GPS（General Problem Solver），可以用来求解11种不同类型的问题。他们发现，人们求解问题时的思维活动分为三个步骤，并首次提出了启发式搜索的概念。

1962年，美国工程师威德罗（B.Windrow）和霍夫（E.Hoff）提出了自适应线性单元ADALINE（Adaptive Linear Element）。它可用于自适应滤波、预测和模式识别，从而掀起了人工神经网络研究的第一次高潮。

1965年，鲁滨孙（Robinson）提出了归结原理，为定理的机器证明做出了很大的贡献。同年，美国斯坦福大学的费根鲍姆（E. A. Feigenbaum，1936年～）开始了对化学分析专家系统 DENDRAL 的研究，1968 年该系统完成并投入使用。该专家系统能根据质谱仪的实验，通过分析推理决定化合物分子结构，其分析能力已接近、甚至超过相关化学专家的水平，并在美、英两国得到了实际应用，开创了以知识为基础的专家咨询系统研究领域。DENDRAL 专家系统的研制成功不仅为人们提供了一个实用的智能系统，而且对知识的表示、存储、获取、推理及利用等技术是一次非常有益的探索，为以后专家系统的建造树立了榜样，对人工智能的发展产生了深刻的影响，其意义远远超出了系统本身在实用上所创造的价值。

1969 年，明斯基出版了《感知机》（《Perceptron》）一书，对感知机进行了深入分析，并从数学上证明了这种简单人工神经元网络功能的局限性，即感知机只能解决一阶谓词逻辑问题，不能解决高阶谓词逻辑问题。同时，还发现有许多模式是不能用单层网络训练的，而多层网络是否可行还值得商榷。从此，人工神经网络的研究进入低潮，而专家系统的研究进入高潮。

除此之外，还有其他一些重要的研究成果，这里就不一一列举了。值得一提的是，1969 年成立的国际人工智能联合会议（International Joint Conference on Artificial Intelligence，IJCAI）是人工智能发展史上一个重要的里程碑，标志着人工智能学科已经取得了世界的肯定和公认。

3）第三阶段——发展和实用化时期（1970 年至今）

1970 年之后，人工智能开始从理论走向实践，解决了一系列实际问题。但人工智能的发展并不是一帆风顺的，困难接踵而至。例如，在塞缪尔的下棋程序中，计算机程序同世界冠军对弈时，5 局中败了 4 局。机器翻译的结果也不尽如人意。1965 年发明的归结原理曾给人们带来了希望，可很快就发现了消解法的能力也有限，证明"连续函数之和仍连续"是微积分中的简单事实，可是用消解法（归结法）来证明时，推了 10 万步（归结出几十万个子句）仍无结果。尽管如此，科学家仍然没有放弃，以斯坦福大学计算机科学系的费根鲍姆为首的一批年轻科学家改变了人工智能研究的战略思想，开展了以知识为基础的专家咨询系统的研究与应用。

1972 年，伍兹（W.Woods）开发了基于知识的自然语言理解系统 LUNAR。LUNAR 用于查询月球地质数据，协助地质学家查询分析阿波罗 11 号在月球采集的岩石标本的成分，回答用户的问题。该系统的数据库中有 13000 条化学分析规则和 10000 条文献论题索引，是第一个采用扩充转移网络 ATN 和过程语义学的思想，也是第一个用普通英语与机器对话的人机接口。

1973 年，法国马赛大学教授考尔麦劳厄（A.Colmerauer）的研究小组实现了英国伦敦大学学生柯瓦连斯基（R.Kowaiski）提出的逻辑式程序设计语言 PROLOG（Programming in Logic）。它和 LISP 一起，几乎成了人工智能工作者不可缺少的工具。

1975 年，明斯基提出表示知识的另一种方法框架（Frame）理论，框架理论以框架形式来表示知识，能较好地描述范围较广泛的一类问题，所以一经提出就得到了广泛的应用。同年，美国密歇根大学教授霍兰德（J.H.Holland）提出了遗传算法（Genetic Algorithm，GA），该算法用于处理多变量、非线性、不确定，甚至混沌的大搜索空间的有约束的优化问题。

1976 年，纽厄尔和西蒙提出了物理符号系统假设，认为物理符号系统是表现智能行为必要和充分的条件。这样，可以把任何信息加工系统看成是一个具体的物理系统，如人的神经系统、计算机的构造系统等。

20 世纪 70 年代出现的专家系统首次让人们认识到了计算机可代替人类专家工作的可能性。由于计算机硬件性能的提高，人工智能得以完成一系列重要的工作，如分析统计数据、参与医疗诊断等，它作为生活的重要方面开始改变人类生活。在理论方面，20 世纪 70 年代也是人工智能大发展的一个时期，计算机开始有了简单的思维和视觉。这一时期学术交流的发展对人工智能的研究起了很大的推动作用。1969 年国际人工智能联合会成立，并举行了第一次学术会议 IJCAI-69，以后每两年召开一次。随着人工智能研究的发展，1974 年又成立了欧洲人工智能学会，并召开了第一次会议 ECAI（European Conference on Artificial Intelligence），以后每相隔两年召开一次。此外，许多国家也成立了本国的人工智能学术团体。1977 年，费根鲍姆在第五届国际人工智能联合会议上提出了"知识工程"的概念，对以知识为基础的智能系统的研究和构建起了重要作用。在人工智能刊物方面，1970 年创办了国际性期刊 Artificial Intelligence，爱丁堡大学还不定期出版 Machine Intelligence 杂志，还有 IJCAI 会议文集、ECAI 会议文集等。此外，ACM、AFIPS 和 IEEE 等刊物也刊载了人工智能的论著。

人工智能开始逐步进入人们的生活，模糊控制、决策支持等方面都有人工智能应用的影子。

从 20 世纪 80 年代中期开始，有关人工神经元网络的研究取得了突破性的进展。1982 年，美国生物物理学家霍普菲尔德（J.J.Hopfield）提出了一种新的全互联的神经元网络模型，被称为 Hopfield 模型。该模型的能量单调下降特性，可用于求解优化问题的近似计算。1984 年，霍普菲尔德又提出了网络模型实现的电子电路，为人工神经网络的工程实现指明了方向，他的研究成果开拓了人工神经网络用于联想记忆的优化计算的新途径，并为神经计算机研究奠定了基础。

1984 年，希尔顿（G.Hinton）等将模拟退火算法引入人工神经网络中，提出了波尔兹曼（Boltzmann）机网络模型，玻尔兹曼机网络算法为人工神经网络优化计算提供了一个有效的方法。

1986 年，鲁姆尔哈特（D.E.Rumelhart）和麦克莱伦（J.L.Mcclelland）提出了多层网络的误差反向传播（Back Propagation，BP）学习算法，解决了多层人工神经元网络的学习问题，成为广泛应用的神经元网络学习算法。从此，国际上掀起了新的人工神经元网络的研究热潮，很多新的神经元网络模型被提出，并被广泛地应用于模式识别、故障诊断、预测和智能控制等多个领域。

1987 年 6 月，第一届人工神经网络会议在美国召开，宣告了这一新学科的诞生。此后，各国在人工神经网络领域研究方面的投入逐渐增加，相关研究得到迅速发展。

进入 20 世纪 90 年代，机器学习、计算智能、人工神经网络等和行为主义的研究深入开展，形成高潮。同时，各人工智能学派间的争论也非常热烈。这些都推动了人工智能研究的进一步发展。现在许多国家已经开始了人工智能的研究，继美国、英国之后，日本和西欧一些国家也加入了研究的行列，虽然起步较晚，但是发展很快。我国从 1978 年起开始进行人工智能课题的研究，主要集中在汉语自然语言理解、机器人、模式识别及专家系统等方面。我国也先后成立了中国人工智能学会、中国计算机学会人工智能和模式识别专业委员会，此外，还建立了若干个与人工智能相关的国家重点实验室。

人工智能是计算机研究中一个非常重要的领域，在 20 世纪，40 位图灵奖获得者中有 6 位人工智能学者。其中，明斯基在 1969 年获奖，麦卡锡在 1971 年获奖，西蒙和纽厄尔在 1975 年获奖，费根鲍姆和雷迪（R.Reddy，1937 年～）在 1994 年获奖。随着计算机科学技术的快速发展，人工智能将逐步与数据库、多媒体等主流技术相结合，在各种领域发挥重大作用。

2.5.2 人工智能主要研究内容

1. 人工智能研究主要学派

人工智能在发展过程中，由于人们对人工智能本质的不同理解和认识，形成了人工智能研究的多种不同途径，进而形成了不同的学派，主要有符号主义、连接主义和行为主义三大学派。

1）"符号主义"学派

符号主义又称逻辑主义，是目前影响最大的学派。其主要观点是：人的智能表现为认知，而认知的基元是符号，认知过程就是符号操作过程，所以能够用计算机的符号操作模拟人的智能行为。知识作为信息的主要形式，是构成智能的基础，所以人工智能的核心问题是知识表示、知识推理和知识运用。知识可以用符号表示，也可以用符号进行推理，因而有可能建立起基于知识的人类智能和机器智能的统一理论体系。在人工智能的发展过程中，符号主义取得了很大成就，但是，在视觉理解、语音感知、语言获取及学习等方面也暴露出自身的局限性。

符号主义的主要科学方法是基于实验心理学与计算机软件技术相结合的，以思维过程的功能模拟为重点的"黑箱"方法。其代表人物有 1978 年诺贝尔经济学奖获得者美国心理学家赫伯特·西蒙（H. A. Simon，1916～），美国计算机科学家爱德华·费根鲍姆及纽厄尔等。

2）连接主义学派

连接主义学派又称为仿生学派和生理学派。它认为人的思维单元是神经元，而不是符号，人的智能行为不能单纯归结为符号信息处理。人脑不同于计算机，人脑的结构、功能和智能行为密切相关，不同的结构表现出不同的功能和行为。所以，人工智能的研究应该着重于结构模拟，即模拟人的生理神经网络结构。

其主要科学方法是从仿生学观点出发，基于神经生理学与生理学的、以神经系统的结构和功能模拟为重点的数学模型与物理模型方法。

其代表人物有美国神经生理专家麦卡洛克（W.S.Mc Culloch）、匹茨（W.H.Pitts），生理学家罗森勃拉特（F.Rosenblatt）和物理学家霍普菲尔德等。

3）行为主义学派

行为主义学派认为，智能行为是以"感知—行动"的反应模式为基础的，智能系统的智能水平和智能特性，可以在真实世界的复杂境域中进行学习和训练，在与周围环境的信息交互与适应过程中不断进化和体现出来。其主要科学方法是从控制论出发，基于控制理论、技术和行为科学，以生物控制系统的智能行为特性的物理模拟和技术模型为重点，研究智能控制系统的理论、方法和技术，用于模拟、延伸和扩展人在控制过程中体现的智能行为特性和能力。其代表人物有信息论创始人香农、美籍华裔科学家傅京孙和美国麻省理工学院教授布鲁克斯（R.A.Brooks，1941 年～）。

图 2-15　香农研制的机器老鼠模型

为了模拟动物的智能行为，探讨有关的控制与信息传递、变换和处理过程的机理，人们研制了某些机器动物模型，特别是物理模型和工程技术模型，称之为"控制论动物"。如 1952 年，香农研制的机器老鼠模型，可以模拟老鼠在"迷宫"（未知的环境）中寻找通路的条件反射行为和积累经验，修正其动作的学习功能，如图 2-15 所示。

20 世纪 60 年代，美籍华裔科学家傅京孙研究了自学习控制系统，如拟人控制系统，模拟和探讨在控制过程中的学习方法和策略。并提出了人工智能与自动控制相结合，发展了智能控制的思想。

20 世纪 70 年代，关于智能控制的研究开始从"控制论动物"向"智能机器人"发展。美国科学家对此进行了研究试验。20 世纪 70 年代后期到 80 年代，日本日立公司研制的机器人，用于制造水泥杆，能够由视觉自动地识别螺钉的形状和位置，用触觉确认后，再用碰撞扳手将螺钉紧固。

1991 年，美国麻省理工学院的布鲁克斯研制的新型智能机器人，拥有 150 多个各种类型的传感器，20 多个执行机构，有 6 条腿，能够在未知的动态环境中进行自由漫游。

上述人工智能的 3 个学派，由于其研究对象和内容的侧重点不同而导致学术观点和研究方法也各有不同。符号主义学派侧重于研究人的思维过程模拟与机器思维方法和技术，主要探讨人的高级智能活动与心理过程，如逻辑推理、分析判断、对策决策等，符号处理系统和神经网络模型的结合是一个重要的研究方向；连接主义学派侧重于研究人的识别过程模拟与机器感知的方法和技术，主要探讨视觉、听觉等感知神经系统活动机理，及文字、图像、声音识别问题；行为主义学派侧重于研究人和动物的智能行为特性模拟、智能控制的方法和技术。以上 3 种研究从不同侧面研究了人的自然智能，与人脑的思维模型有着一定的对应关系。

2. 人工智能主要研究内容

尽管人工智能研究的对象和内容的侧重点有所不同，但一般来说，人工智能研究的内容主要包括以下几方面：知识表示、问题求解、逻辑推理和定理证明、自然语言理解、自动程序设计、机器学习及人工神经网络。

知识是智能的基础，所以知识表示方法便成为人工智能研究的中心内容之一。目前在人工智能中常用的几种知识表示方法是：状态空间法、问题归约法、谓词逻辑法、语义网络法、框架表示法、剧本表示法和过程表示法。

问题求解是一个内涵广泛的研究领域，它涉及归约、推断、决策、规划、常识推理、定理证明和相关过程的核心概念。问题求解一般包括问题表示和对解答的搜索两个方面。问题表示同知识表示方法相关联，问题表示的状况直接决定求解空间的大小，对求解结果和求解工作量影响很大。人们对问题求解过程进行了深入研究，探讨了盲目搜索（包括宽度优先搜索、深度优先搜索和等代价搜索等）、启发式搜索（主要有有序搜索和最优搜索、正向搜索和逆向搜索）等一般搜索策略，也发展出比一般搜索方法具有更高搜索效率的高级求解系统，如规划演绎系统、专家系统、系统组织技术、不确定性推理和非单调推理等。

人工智能关于问题求解的研究取得了引人注目的成绩，专家系统具有重要的实用价值，能够求解难题的下棋（如国际象棋）程序设计水平不断提高。1997 年 5 月，IBM 研制的计算机"深蓝"与白俄罗斯国际象棋世界冠军卡斯帕罗夫对弈，最终以 3.5 比 2.5 的总比分获胜，引起了世人的极大关注，如图 2-16 所示。

图 2-16　卡斯帕罗夫（左）与 IBM 机器人"深蓝"大战

逻辑推理是人工智能研究中最持久的领域之一，与之密切相关的是运用计算机来进行定理的证明。这方面的研究在人工智能方法的发展中曾经产生过重要的影响。西蒙等建立的逻辑理论机成功地证明了《数学原理》一书中的 38 个定理，这一工作对于人工智能学科的产生和发展具有重要推动作用。

语言处理也是人工智能的早期研究领域之一，而且现在越来越引起人们的重视。目前语言处理研究的主要课题是：在翻译句子时，以主题和对话情况为基础，注意大量的一般常识——关于生活和世界的基本知识与期望的重要性。人们的研究表明，能理解自然语言信息的计算机系统如同人一样需要有上下文知识，以及根据这些上下文知识运用信息发生器进行推理的技术和能力。

学习是人类智能的主要标志和获得知识的基本手段。机器学习（自动获取新的事实和新的推理算法）是使计算机具有智能的根本途径。所以在人工智能发展过程中，机器学习是一个始终得到重视的研究领域。现在这方面理论正在创立，方法日臻完善，但远未达到理想境地。从理论上讲，学习过程本质上是学习系统将导师提供的信息转换成能被系统理解并应用的形式。学习方法大体可以分成：① 机械式学习；② 讲授式学习；③ 类比学习；④ 归纳学习；⑤ 观察发现式学习。目前运用后 3 种方法开发学习系统还处于探索阶段。此外，近年来还发展了一些新的学习方法，如基于解释的学习、基于事例的学习、基于概念的学习和基于神经网络的学习等。

由于现行的冯·诺依曼体系计算机无法快速处理非数值计算的形象思维问题，所示无法求解那些信息不完整、具有不确定性和模糊性的问题。而且这种计算机不能应付环境的变化，不能经受内部元件损坏所造成的影响，但人脑在这方面却显示出无比的优越性。正因为这样，人们始终在思考现行的计算机模式是否合适的问题。

人们试图寻找新的信息处理机制。人工神经网络的研究是其中非常重要的一个方面。研究结果已经表明，运用神经网络处理直觉和形象思维信息具有比传统处理方式好得多的效果，神经网络的发展既具有广泛的背景，又具有广阔的前景。对神经网络模型、算法、理论分析和硬件实现的大量研究，已经为神经网络计算机走向应用提供了物质基础。现在，神经网络在模式识别、图像处理、组合优化、自动控制、机器人学和人工智能的其他领域获得日益广泛的应用。人们期望神经网络计算机将在更多方面取代传统的计算机，使人类智能向更深的层次发展。

人工智能的研究对人类生产和生活方式的改变有深远影响。人工智能不是人类智能在机器中的简单复制，而是人类智能某些属性的延伸和加强，是人类智能的必要补充，所以发展人工智能有着重要的意义。

2.5.3　人工智能发展与应用展望

从人工智能的发展历史可以看出，人们从不同的侧面、不同的深度对智能进行了研究。在人工智能的研究中，一方面要研究人工智能的基本技术和方法，另一方面要研究人工智能的应用问题，还要进行基础研究，研究智能的本质和思维模型等。

伴随着网络计算和信息技术的快速发展，人类社会正在走向信息时代，这些为 AI 提出了新的课题，如分布式人工智能、Internet 及数据挖掘、智能系统之间的交互与通信、智能系统之间的合作等。

数据挖掘是在数据库基础上实现的一种知识发现系统，是人工智能、机器学习与数据库技术相结合的产物。数据挖掘通过综合运用统计学、粗糙集、模糊数学及机器学习、专家系统等多种技术手段和方法，从数据库中提炼和抽取知识，从而揭示蕴涵在这些数据背后的客观世界的内在联系和本质原理，实现知识的自动获取。

传统的数据库技术仅限于数据的查询和检索等应用，但是随着 Internet 的发展，数据量剧增，如何从这些海量的数据中获得有用的信息，以发现未知的科学规律，并用来指导工作、生产、决策，已成为人类迫切需要解决的问题。以数据库为知识源来抽取知识，不仅可以提高数据库的利用率，而且可以为专家系统的知识获取开辟一条新的途径。

分布式人工智能是伴随着计算机网络、计算机通信和并发程序设计而发展起来的一个新的人工智能研究领域，主要研究逻辑上或物理上分散的智能系统如何并行地、相互协调地实现问题求解。随着新的基于计算机的信息系统、决策支持系统和知识系统在规模、范围和复杂程度上的增加，分布式人工智能技术的开发和应用越来越成为这些系统成功的关键，这也使得分布式人工智能成为当前人工智能研究的一个热点。分布式人工智能的研究目前可以分为分布式问题求解和多 Agent 系统两个方面。早期对分布式人工智能的研究主要关心分布式问题的求解，到了 20 世纪 90 年代，多 Agent 系统的研究成为分布式人工智能研究的热点。多 Agent 系统主要研究自治的智能 Agent 之间智能行为、知识、目标、技巧和规划的协调，共同处理单个或多个目标。基于智能 Agent 的概念，人们提出了一种新的人工智能的定义："人工智能是计算机科学的一个分支，它的目标是建造能表现出一定智能行为的 Agent"。所以，Agent 的研究应该是人工智能的核心问题。这方面的研究主要包括 Agent 的交互、通信和 Multi-Agent 体系结构等。

此外，当今人工智能研究主攻方向还包括：知识的获取、表示、更新和推理新机制，主要包括新的知识获取方法，常识性知识的表示、更新与推理，大型知识库的组织与维护，新一代逻辑处理机制等；多功能感知技术，包括对语言文字、图形图像等信号的获取、识别、压缩与转化，以及多媒体输出和虚拟现实技术等。

总之，人工智能已经从以往追求自主的系统改变为人机结合的系统，即计算机的定量与人的定性信息处理相结合。传统的人工智能研究的是基于逻辑的、深思熟虑的智能；而现代人工智能研究的是基于直觉、顿悟、形象思维的智能。人工智能已经成为计算机科学研究中一个非常重要的领域，人工智能的研究已经与具体的应用领域结合起来，主要有专家系统、模式识别、机器人学、自动定理证明、自然语言理解、博弈、智能检索、自动程序设计、组合调度问题、软计算、分布式人工智能和数据挖掘等。

目前，人们已经创建了人工智能程序，如通过预测股市趋势产生投资策略，诊断病人并给出治疗建议，以及控制工厂中的装配机器人。如最近很热门的火星探测机器人就采用了人工智能系统。这样的系统有的已经存在，有的在将来会被设计出来。下面是一些人工智能系统的具体实例。

1）语言翻译系统

现在已经有了一些人工智能翻译器，可将人们对它们讲的话翻译成另一种语言。最先进的系统可以根据文中所说的内容回答问题，并作出有效的总结。

2）监控系统

现在大型的公共场合，如写字楼、购物中心等，越来越需要公共设施控制系统。人工智能监控系统可以控制电梯、电力、空调，也可以胜任安保监控、来宾引导等任务。

3）空中交通管制系统

随着空中旅行的普及，机场上空变得越来越拥挤。跟踪数千架次的航班、管理人员、维护时刻表，这些对于人来说是非常困难的工作。现在，计算机可以帮助安排和调度飞机的起飞和降落，从而最大限度地确保飞行安全并减少延误。

4）智能公路

交通拥挤是一个日益严重的问题，拓宽道路和修建新的道路开销太大，对于城市来说由于空间有限又不可行。现在正大力研制人工智能系统，通过发布交通预告、引导车辆改道、控制车速等办法来优化现有公路的使用。将来人们出行时，汽车将由自动化公路管理系统进行协调，然后规划出最优出行路线。

5）人脸识别

人脸识别软件已经引起了人们关注。其最令人感兴趣的是用于安全方面，识别出恐怖分子或罪犯。当然还有很多潜在的应用，有些是很有争议的。例如，当你走进一家商店时，如果一个系统认出了你，就可以将你的购买习惯通知销售人员，并由此确定他们的推销方式。

6）危险环境作业机器人

用于有毒废物清理的机器人（尤其在核工业中）会变得越来越重要，在医院的有害生物垃圾处理、井下采矿、水下采矿、水下营救和水下建筑等场合也有重要应用。对于那些虽然不危险但令人乏味的工作，如垃圾收集、庄稼收割等，也可以利用智能机器人来完成。

所有这些程序通常都需要与自然智能相关的技术。自主机器人在新的、未预料的情况下

计算机科学导论

必须能够解决问题并正确地做出反应。语言翻译系统为了回答用不同措辞提出来的问题，必须运用通用的常识性概念；空中交通管制系统必须在限定时间内做出复杂的决策；软件机器人应该通过学习和经验来提高搜索能力以满足用户需求。解决这些技术的实现问题是人工智能的很大一部分研究内容。

2.6 人工神经网络

神经网络是由大量人工神经元（处理单元）按照一定的拓扑结构相互连接而成的一种具有并行计算能力的网络系统。它是在现代神经生物学和认知科学对人类信息处理研究的基础上提出来的，具有很强的自适应和学习能力、非线性映射能力、鲁棒性和容错能力。它反映了人脑功能的许多基本特性，是对人脑神经网络系统所作的某种简化、抽象和模拟。研究神经网络系统的目的在于探索人脑加工、存储和处理信息的机制，进而研制基本具有人脑智能的机器。

一般认为，神经网络系统是一个高度复杂的非线性动力学系统。虽然每个神经元的结构和功能十分简单，但由大量神经元构成的网络系统的行为却是丰富多彩和十分复杂的。由于目前神经网络已被分解为极简单的神经元，并且神经元之间的连接已经建立，因此研究方法上强调综合而不是分解。目前的问题是如何把这些极简单的神经元构成一个复杂的具备多方面功能的系统，这也是神经网络所要研究的问题。

人工神经网络是一个并行和分布式的信息处理网络结构，该结构一般由多个神经元组成，每个神经元有一个单一的输出，它可以连接到很多其他的神经元。其输入有多个连接通路，每个连接通路对应一个连接权系数，这个加权系数起着生物神经系统神经元的突触强度的作用，它可以加强或减弱上一个神经元的输出对下一个神经元的刺激。这个加权系数通常称为权值（或称为连接强度、突触强度）。如图 2-17 所示为一个简单的神经网络，其中每一个小圆圈表示一个神经元（又称处理单元和结点），每个神经元之间相互连接形成一个网络拓扑，这个网络拓扑的形式称为神经网络的互连模式。不同的神经网络模型对神经网络的结构和互连模式都有一定的要求或限制，如允许是多层次的、是全互连的等。

权值并不是固定不变的，相反，这些权值可以根据经验或学习来改变。这样，系统就可以产生所谓的"进化"。神经网络中，修改权值的规则称为学习算法，常见的学习算法有：无监督 Hebb 学习规则，有监督 δ 学习规则或 Widow-Hoff 学习规则，有监督 Hebb 学习规则等。

典型的神经网络有多层感知网络（BP 网络）、Hopfield 网络和 Kohonen 网络。

2.6.1 多层感知网络

多层感知网络是一种具有 3 层或 3 层以上的阶层型神经网络。相邻层之间的各神经元实现全连接，即下一层的每一个神经元与上一层的每个神经元都实现全连接，而且每层各神经元之间无连接，如图 2-18 所示。它以一种有教师示教的方式进行学习。首先由教师对每一种输入模式设定一个期望输出值，然后对网络输入实际的学习记忆模式，并由输入层经中间层向输出层传播（称为"模式顺传播"）。实际输出与期望输出的差即是误差。按照误差平方最

52

小这一规则，由输出层往中间层逐层修正连接权值，此过程称为"误差逆传播"。所以误差逆传播神经网络也简称 BP（Back Propagation）网。由于 BP 网及误差逆传播算法具有中间隐含层并有相应的学习规则可循，使得它具有对非线性模式的识别能力。特别是其数学意义明确、步骤分明的学习算法，更使其具有广泛的应用前景。目前，在手写字体的识别、语音识别、文本、语言转换、图像识别及生物医学信号处理方面已有实际的应用。但 BP 网并不是十分的完善，它存在以下一些主要缺陷：学习收敛速度太慢；网络的学习记忆具有不稳定性，即当给一个训练好的网提供新的学习记忆模式时，将使已有的连接权值被打乱，导致已记忆的学习模式的信息消失。

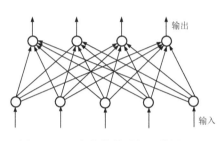

图 2-17　一个简单的神经网络图

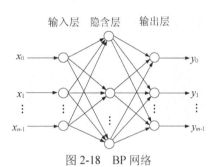

图 2-18　BP 网络

2.6.2　竞争型神经网络

竞争型（Kohonen）神经网络是一种以无教师方式进行网络训练的网络。它通过自身训练，自动对输入模式进行分类。竞争型神经网络及其学习规则与其他类型的神经网络和学习规则相比，有其自己的鲜明特点。在网络结构上，它既不像阶层型神经网络那样各层神经元之间只有单向连接，也不像全连接型网络那样在网络结构上没有明显的层次界限。它一般是由输入层（模拟视网膜神经元）和竞争层（模拟大脑皮层神经元，也叫输出层）构成的两层网络，如图 2-19 所示。两层之间的各神经元实现双向全连接，而且网络中没有隐含层。有时竞争层各神经元之间还存在横向连接。自组织竞争型（Kohonen）神经网络

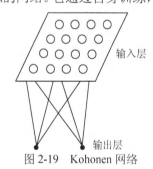

图 2-19　Kohonen 网络

的基本思想就是，网络竞争层各神经元竞争对输入模式的响应机会，最后仅有一个神经元成为竞争的胜者，并且只将与获胜神经元有关的各连接权值进行修正，使之朝着更有利于它竞争的方向调整。神经网络工作时，对于某一输入模式，网络中与该模式最相近的学习输入模式相对应的竞争层神经元将有最大的输出值，即以竞争层获胜神经元来表示分类结果。这是通过竞争得以实现的，实际上也就是网络回忆联想的过程。这种方法常常用于图像边缘处理，解决图像边缘的缺陷问题。竞争型神经网络的缺点和不足是：因为它仅以输出层中的单个神经元代表某一类模式，所以一旦输出层中的某个输出神经元损坏，将导致该神经元所代表的该模式信息全部丢失。

2.6.3　Hopfield 神经网络

基本的 Hopfield 神经网络是一个由非线性元件构成的全连接型单层反馈系统。网络中的

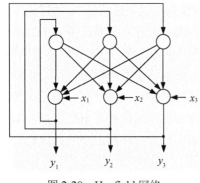

图 2-20　Hopfield 网络

每一个神经元都将自己的输出通过连接权传送给所有其他神经元，同时又都接收所有其他神经元传递过来的信息，如图 2-20 所示。网络中的神经元 t 时刻的输出状态实际上间接地与自己的 $t-1$ 时刻的输出状态有关。所以 Hopfield 神经网络是一个反馈型的网络。反馈型网络的一个重要特点就是它具有稳定状态，当网络达到稳定状态的时候，也就是它的能量函数达到最小的时候。这里的能量函数不是物理意义上的能量函数，而是在表达形式上与物理意义上的能量概念一致，表征网络状态的变化趋势，并可以依据 Hopfield 工作运行规则不断进行状态变化，最终能够达到的某个极小值的目标函数。网络收敛就是指能量函数达到极小值。如果把一个最优化问题的目标函数转换成网络的能量函数，把问题的变量对应于网络的状态，那么 Hopfield 神经网络就能够用于解决优化组合问题。Hopfield 神经网络的能量函数是朝着梯度减小的方向变化的，但它仍然存在一个问题，那就是一旦能量函数陷入局部极小值，它将不能自动跳出局部极小点，到达全局最小点，因而无法求得网络最优解。

存储能力与计算能力构成了现在的计算机科学中两个最基本的问题，因此神经网络的能力包含两个基本问题：① 神经网络的信息存储能力。② 神经网络的计算能力。传统计算机中，它的计算与存储是完全独立的两个部分，也就是说计算机在计算之前要从存储器中取出指令和待处理的数据，然后进行计算，最后又将结果放入存储器中。这样，两个独立部分——存储器与运算器之间的通道就成为提高计算机能力的瓶颈，并且只要这两个部分是独立存在的，就始终存在这一问题，对不同的计算机而言只是这一问题严重的程度不同而已。而神经网络则从本质上解决了这个瓶颈问题，它将信息的存储和信息的处理完美地结合在一起。这是因为神经网络的运行是从输入到输出的值传递过程，在值传递的同时就完成了信息的存储和计算，从而将信息的存取和计算有机结合在一起。

神经网络所适应的应用领域与其本身所具有的能力，特别是其本身所具有的计算能力密切相关，例如信号处理、自动控制、知识处理、市场分析、运输与通信、电子学、神经科学等。随着神经网络理论研究的深入及网络计算能力的不断拓展，神经网络的应用领域将会不断拓广，应用水平将会不断提高，最终达到可将神经网络系统用来做人所能做的许多事情的目的，这也是神经网络研究的最终目标。

科学人物

1. 麦卡锡、明斯基与人工智能

在人工智能发展过程中，美国计算机科学家约翰·麦卡锡（J. McCarthy，1927 年～）与马文·明斯基（M. Lee Minsky，1927 年～）作出了突出贡献。是他们发起了达特茅斯会议，提出了"人工智能"的概念，并使之成为一个重要的学科领域。麦卡锡开发的 LISP 语言（LISt Processing language）成为人工智能界第一个最广泛流行的语言；明斯基建立了框架理论，开发出世界上最早的机器人，为人工智能的建立与发展作出了多方面的贡献。

麦卡锡（图 2-21）生于美国波士顿，从小勤奋好学，上初中时，他自学了加州理工大学低年级的高等数学。1948 年他大学毕业后，到普林斯顿大学研究生院深造，正是在这里，麦卡锡开始对人工智能产生了兴趣。1948 年 9 月，他参加了一个 "脑行为机制" 的专题讨论会。会上，冯·诺依曼发表了一篇关于自复制自动机的论文，提出了可以复制自身的机器的设想。这激起了麦卡锡的极大兴趣和好奇心，自此他开始尝试在计算机上模拟人的智能。在达特茅斯会议前后，麦卡锡的主要研究方向是计算机下棋。下棋程序的关键之一是如何减少计算机需要考虑的棋步。经过艰苦探索，终于发明了著名的 $\alpha-\beta$ 搜索法。在 $\alpha-\beta$ 搜索法中，

图 2-21　麦卡锡

麦卡锡将结点的产生与求评价函数值（或称返上值或倒推值）两者巧妙地结合起来，从而使某些子树结点根本不必产生与搜索。$\alpha-\beta$ 搜索法至今仍是解决人工智能问题中一种常用的有效方法。

1951 年麦卡锡取得数学博士学位，留校工作两年后转至斯坦福大学，也只工作了两年就去了达特茅斯学院任教。1958 年麦卡锡到 MIT 任职，与明斯基一起组建了世界上第一个人工智能实验室，并第一个提出将计算机的批处理方式改造成为能同时允许数十甚至上百用户使用的分时方式（time-sharing）的建议，推动 MIT 成立相关组织开展研究。实现了世界上最早的分时系统——基于 IBM 7094 的 CTSS 和其后的 MULTICS。

1959 年，麦卡锡基于阿隆索·丘奇的 λ-演算和西蒙、纽厄尔首创的 "表结构"，开发了著名的 LISP 语言，成为人工智能界第一个广泛使用的语言。

除了人工智能方面的研究和贡献之外，麦卡锡也是最早对程序逻辑进行研究并取得成果的学者之一。1963 年他发表的论文 "计算的数学理论的一个基础" 一文集中反映了他这方面的成果。这篇论文系统地论述了程序设计语言语义形式化的重要性，以及它与程序正确性、语言的正确实现等问题的关系，并提出在形式语义研究中使用抽象语法和状态向量等方法，开创了 "程序逻辑"（logic of programs）研究的先河。研究程序的逻辑对于帮助人们了解软件是否合理十分重要，它可以用于程序验证（program verification）、自动程序设计、程序分析等方面。

麦卡锡因在人工智能领域的贡献，获得了多种奖励。1990 年，他获得美国全国科学奖章（National Medal of Science）。1987 年他当选美国工程院院士，1989 年又当选美国科学院院士。

图 2-22　明斯基

明斯基（图 2-22）生于美国纽约。中学时代，他就对电子学和化学表现出兴趣。1945 年高中毕业后明斯基应征入伍。退伍后，他进入哈佛大学主修物理，但他选修的课程相当广泛，从电气工程、数学，到遗传学等，涉及多个学科专业。1950 年毕业之后他进入普林斯顿大学研究生院深造。第二次世界大战以前，图灵在这里开始研究机器是否可以思考这个问题时，明斯基也在这里开始研究同一问题。1951 年他提出了关于思维如何萌发并形成的一些基本理论，并建造了一台学习机——Snarc。在 Snarc 的基础上，明斯基综合利用他多学科的知识，解决了使机器能基于对过去行为的知识预测其当前行为的结果这一问题，并以 "神经网络和脑模型问题"（Neural Nets and the Brain Model Problem）为题完成了他的博士论文。1954 年取得博士学位以后，他留校工作，其间与麦卡锡、香农等人一起发起并组织了成为人工智能起点的 "达特茅斯会议"。在这个具有历史意义的会议上，明斯基的 Snarc、麦卡锡的 $\alpha-\beta$ 搜索法，以及西蒙和纽厄尔的 "逻辑理论机"（Logic Theorist）成为会议的 3 个亮点。1958 年，明斯基从哈佛大学转至 MIT，同时麦卡锡也由达特茅斯学院来到 MIT 与他会合，他们在这里共同创建了世界上第一个人工智能实验室。

明斯基在人工智能方面的贡献是多方面的。1975 年，他首创框架理论（Frame Theory）。框架理论的核心是以框架这种形式来表示知识。框架的顶层是固定的，表示固定的概念、对象或事件。下层由若干槽（slot）组成，其中可填入具体值，以描述具体事物特征。每个槽可有若干侧面（facet），对槽作附加说明，如槽的取值范围、求值方法等。这样，框架就可以包含各种各样的信息，如描述事物的信息，如何使用框架的信息，对下一步发生什么的期望，期望如果没有发生该怎么办，等等。利用多个有一定关联的框架组成框架系统，就可以完整而确切地把知识表示出来

明斯基还把人工智能技术和机器人技术结合起来，开发出了世界上最早的能够模拟人活动的机器人 Robot C，使机器人技术跃上了一个新台阶。明斯基的另一个大举措是创建了著名的"思维机公司"（Thinking Machines, Inc.），开发具有智能的计算机。

明斯基是美国科学院和美国工程院院士。曾出任美国人工智能学会 AAAI 的第三任主席（1981～1982 年），为推动人工智能的建立和发展作出了重要贡献。

2. 西蒙和纽厄尔对人工智能的研究

西蒙（图 2-23）是一个令人敬佩而惊叹的学者，具有传奇般的经历。作为科学家，他涉足的领域之多，成果之丰，影响之深远，令人叹为观止。1975 年，因在创立和发展人工智能方面的杰出贡献，他和纽厄尔（图 2-24）同获图灵奖。1978 年，他荣获诺贝尔经济学奖。西蒙和纽厄尔在人工智能研究方面的主要成果：① 人工智能系统的实现和开发。② 提出了物理符号系统假说。③ 发展完善了语义网络的概念和方法。

西蒙生于美国威斯康星州密歇根湖畔的密尔沃基（Milwaukee）。他从小就很聪明好学。在芝加哥大学（University of Chicago）注册入学时年仅 17 岁。还在上大学时，西蒙就对密尔沃基市游乐处的组织管理工作进行过调查研究，这项研究激发了西蒙对行政管理人员如何进行决策这一问题的兴趣，这个课题从此成为他一生事业中的焦点。1936 年他从芝加哥大学毕业、取得政治学学士学位以后，应聘到国际城市管理者协会 ICMA（International City Managers Association）工作，很快成为用数学方法衡量城市公用事业的效率方面的专家。

图 2-23　西蒙　　　　　　　　图 2-24　纽厄尔

1939 年，他转至加州大学伯克利分校，负责由洛克菲勒基金会资助的一个项目，是对地方政府的工作和活动进行研究。这期间，他完成了博士论文，内容就是关于组织机构是如何决策的。他通过芝加哥大学组织的论文评审答辩，并获得政治学博士学位。

1942 年，在完成洛克菲勒基金项目以后，西蒙来到伊利诺依理工学院（Illinois Institute of Technology）政治科学系工作了 7 年，期间还担任过该系主任。1949 年他来到卡耐基-梅隆大学，在新建的经济管理研究生院任教。他一生中最辉煌的成就就是在这里做出的。20 世纪 50 年代，西蒙和纽厄尔以及另一位著名学

者约翰·肖（John Cliff Shaw）一起，成功开发了世界上最早的启发式程序"逻辑理论机"LT。逻辑理论机证明了数学名著《数学原理》一书第 2 章 52 个定理中的 38 个定理，1963 年对逻辑理论机进行改进后可证明全部 52 个定理，受到了人们的高度评价，认为是用计算机探讨人类智力活动的第一个真正的成果，也是图灵关于机器可以具有智能这一论断的第一个实际的证明。同时，逻辑理论机也开创了机器定理证明（mechanical theorem proving）这一新的学科领域。

在 1956 年夏天的达特茅斯会议上，西蒙和纽厄尔带到会议上去的"逻辑理论机"是当时唯一可以工作的人工智能软件，引起了与会代表的极大兴趣与关注。因此，西蒙、纽厄尔以及达特茅斯会议的发起人麦卡锡和明斯基被公认为是人工智能的奠基人，被称为"人工智能之父"。

1960 年，西蒙夫妇做了一个有趣的心理学实验，这个实验表明人类解决问题的过程是一个搜索的过程，其效率取决于启发式函数（Heuristic Function）。在这个实验的基础上，纽厄尔、西蒙和肖又研制成功"通用问题求解程序"GPS（General Problem Solver）。GPS 是根据人在解题中的共同思维规律编制而成的，可以解 11 种不同类型的问题，从而使启发式程序有了更普遍的意义。

纽厄尔生于旧金山。第二次世界大战期间，纽厄尔在海军服了两年预备役。战后他进入斯坦福大学学习物理，1949 年获得学士学位。之后在普林斯顿大学研究生院攻读数学，一年以后辍学到兰德（RAND）公司工作，和空军合作开发早期预警系统。系统需要模拟在雷达显示屏前工作的操作人员在各种情况下的反应，这导致纽厄尔对"人如何思维"这一问题发生兴趣。也正是从这个课题开始，纽厄尔和卡耐基-梅隆大学的西蒙建立起了合作关系，提出了"中间结局分析法"（means-ends analysis）作为求解人工智能问题的一种技术。这种方法找出目标要求与当前态势之间的差异，选择有利于消除差异的操作以逐步缩小差异并最终达到目标。利用这种方法，他们研制成最早的启发式程序——"逻辑理论机"（Logic Theory Machine—简称 LT）。在开发逻辑理论机、通用问题求解器的过程中，纽厄尔所表现出的才能与创新精神深得西蒙的赞赏，在西蒙的竭力推荐下，纽厄尔得以在卡耐基-梅隆大学注册为研究生，并在西蒙指导下完成了博士论文，于 1957 年获得卡耐基-梅隆大学博士学位。

1961 年纽厄尔离开兰德公司，正式加盟卡耐基-梅隆大学，和西蒙、佩利（Alan J. Perlis）一起筹建了卡耐基-梅隆大学的计算机科学系，这是美国甚至全世界第一批建立的计算机系之一。纽厄尔为卡耐基-梅隆大学计算机科学系的建设与发展作出了巨大贡献。正是由于他们出色的工作，卡耐基-梅隆大学曾经研制与开发过一些著名的计算机系统，对计算机技术的发展产生了重要的影响。

纽厄尔生前是美国科学院院士和美国工程院院士，是美国人工智能学会 AAAI 的发起人之一，并曾任该会主席（1979~1980 年）。他还曾出任美国认知科学学会（Cognitive Science Society）的主席。1992 年 6 月，他获得"全国科学奖章"（National Medal of Science）。一个月后，纽厄尔因癌症去世，享年 65 岁。

纽厄尔和西蒙在人工智能中做出的另一贡献是他们提出的"物理符号系统假说"PSSH（Physical Symbol System Hypothesis），他们成为人工智能中影响最大的符号主义学派的创始人和代表人物。所谓物理符号系统，按照西蒙和纽厄尔 1976 年给出的定义，就是由一组称为符号的实体所组成的系统，这些符号实体都是物理模型，可作为组分出现在另一符号实体之中。任何时候，系统内部均有一组符号结构，以及作用在这些符号结构上以生成其他符号结构的一组过程，包括建立、复制、删除这样一些过程。所以，一个物理符号系统也就是逐渐生成一组符号的生成器。根据这一假设，物理符号系统也就是对一般智能行为具有充分而必要手段的系统，即任一物理符号系统如果是有智能的，则必能执行对符号的输入、输出、存储、复制、条件转移和建立符号结构这样 6 种操作。反之，能执行这 6 种操作的任何系统，也就一定能够表现出智能。根据这个假设，我们可以获得以下 3 个推论：① 人是具有智能的，因此人是一个物理符号系统。② 计算机是一个物理符号系统，因此它必具有智能。③ 计算机能模拟人，或者说能模拟人的大脑。

3. 费根鲍姆、雷迪与大型人工智能系统的研究

在人工智能领域，如何用机器模拟人的思维，在科学研究方法和系统开发策略上的重大转变是"专家系统"的问世。所谓专家系统是基于专家的专业知识和工作经验，用于求解专门问题的计算机系统。20 世纪 60 年代中期，美国斯坦福大学计算机科学家费根鲍姆（图 2-25）研制成功世界上第一个专家系统。

费根鲍姆生于美国新泽西州的威霍肯（Weehawken）。1952 年费根鲍姆进入卡耐基理工学院（现卡耐基-梅隆大学）电气工程系学习。在那里，他遇到了诺贝尔奖得主西蒙。在他的指导下，费根鲍姆实现了一个模拟人在刺激-反应环境中记忆单词时的反应的程序——基本识别和存储设备系统 EPAM（Elementary Perceiver And

图 2-25 费根鲍姆

Memorizer），并以此为题完成了他的博士论文。这个系统用计算机模拟人如何对无意义的话语死记硬背，除了引起心理学家的兴趣外，还引起了计算机科学界的重视，因为它提出了一种叫做"辨识网"（discrimination net）的机制。这种机制通过协作过程，可以比较简单而灵活地识别和存储信息。获得博士学位之后，费根鲍姆来到英国国立物理实验室 NPL 工作了一段时间。

回到美国以后，费根鲍姆进入斯坦福大学继续其人工智能的研究。在人工智能初创的第一个 10 年中，人们看重的是问题求解和推理的过程。费根鲍姆的重大贡献在于：通过实验和研究，证明了实现智能行为的主要手段在于知识，在多数实际情况下是特定领域的知识，从而在 1977 年举行的第五届国际人工智能联合会议上，最早提出了"知识工程"（Knowledge Engineering）概念，并使知识工程成为人工智能领域中取得实际成果最丰富、影响也最大的一个学科分支。

1965 年，费根鲍姆和斯坦福大学遗传系主任、诺贝尔奖获得者莱德伯格（Joshua Lederberg）等人合作，开发出了世界上第一个专家系统 DENDRAL。DENDRAL 中保存着化学家的知识和质谱仪的知识，可以根据给定的有机化合物的分子式和质谱图，从几千种可能的分子结构中挑选出一个正确的分子结构。

DENDRAL 的成功不仅验证了费根鲍姆关于知识工程的理论的正确性，还为专家系统软件的发展和应用开辟了道路，逐渐形成具有相当规模的市场，其应用遍及多个领域和部门。因此，DENDRAL 的研究成功被认为是人工智能研究的一个历史性突破。费根鲍姆领导的研究小组后来又为医学、工程和国防等部门研制成功一系列实用的专家系统，其中尤以医学专家系统方面的成果最为突出，最负盛名，例如，用于帮助医生诊断传染病和提供治疗建议的著名专家系统 MYCIN 等。目前，学术界公认，在将人工智能技术应用于医学方面，斯坦福大学处于世界领先地位，这和费根鲍姆是分不开的。

费根鲍姆除在斯坦福大学计算机科学系任教授外，还是美国空军的首席科学家，1986 年当选为美国工程院院士。

除了费根鲍姆之外，美籍印度计算机科学家雷迪（R. Reddy，1937～ ）（图 2-26）对大型人工智能系统的研究也作出了贡献。

雷迪本是印度人，1958 年毕业于印度大学。取得学士学位后，去澳大利亚留学，在新南威尔士大学（The University of New South Wales）获硕士学位，之后再到美国斯坦福大学深造，师从麦卡锡和明斯基，并于 1966 年获得博士学位并加入美国国籍。学成以后，雷迪来到卡耐基-梅隆大学工作。这里的人工智能研究是居世界前列的，

图 2-26 雷迪

雷迪有幸与纽厄尔和西蒙一起工作,得到他们的指点和帮助。环境的因素加上雷迪自己的努力,使他成为 AI 研究领域的佼佼者。

雷迪主持过许多大型人工智能系统的开发,取得了一系列引人注目的成就。其中主要项目如下:

(1)Navlab。这个项目是美国国防部高级研究计划署(ARPA)的 ALV(Autonomous Land Vehicle)项目的一部分,开始于 1984 年,目标是开发出能在道路上行驶并可跨越原野的自动驾驶车辆,要求车速达到 80 km/h。Navlab 的原型于 1986 年完成,最新完成的 Navlab II 是野战救护车,测试时最高时速达到 110km。这个项目在计算机视觉、机器人路径规划、自动控制、障碍识别等诸多方面有许多重大的技术突破,使智能机器人技术跃上了一个崭新的台阶。

(2)LISTEN。这个项目的核心是一个名为 Sphinex II 的语音识别系统。系统类似于一个文化教员,可以"听"孩子念课文,念错了或不会念时提供帮助。试验证明,LISTEN 可以大大减少孩子在朗读中的错误,并帮助孩子掌握更多课文。

(3)以意大利诗人但丁(Dante)的名字命名的火山探测机器人项目。这是卡耐基-梅隆大学(CMU)和美国航空航天局(NASA)的合作项目。

雷迪是许多著名学术团体如 IEEE、ACM、AAA(美国声学会)的高级会员。1979 年他担任国际 AI 联合会议主席时,又带头发起成立了美国人工智能协会 AAAI,并于 1987~1989 年任 AAAI 会长。他是美国科学院院士和国家工程院院士。

参 考 文 献

[1] 董荣胜. 计算机科学导论——思想与方法[M]. 北京:科学出版社,2007

[2] 胡明,王红梅. 计算机学科概论[M]. 北京:清华大学出版社,2008

[3] J. Glenn Brookshear. 计算机科学概论(第 10 版)[M]. 刘艺,肖成海,马小会译. 北京:人民邮电出版社,2009

[4] 左孝凌,李为鑑,刘永才. 离散数学[M]. 上海:上海科学技术文献出版社,1982

[5] 张素琴,吕映芝,蒋维杜等. 编译原理[M]. 北京:清华大学出版社,2005

[6] 王晓东. 计算机算法设计与分析(第 3 版)[M]. 北京:电子工业出版社,2007

[7] Robert L. Ashenhurst,Susan Grapham. ACM 图灵奖演讲集[M]. 苏运霖译. 北京:电子工业出版社,2005

[8] 刘瑞挺. 计算机大师风采录[M]. 北京:中国铁道出版社,2007

[9] 李国勇,李维民. 人工智能及其应用[M]. 北京:电子工业出版社,2009

[10] 赵致琢. 计算科学导论(第二版)[M]. 北京:科学出版社,2001

[11] Michael Sipser. 计算理论导引[M]. 张立昂,王捍贫,黄雄译. 北京:机械工业出版社,2002

[12] 陆汝钤. 人工智能(上册)[M]. 北京:科学出版社,1995

[13] 吴鹤龄,崔林. ACM 图灵奖——计算机发展史的缩影(第二版)[M]. 北京:高等教育出版社,2002

[14] Nils J. Nilsson. 人工智能[M]. 郑扣根,庄越挺译. 北京:机械工业出版社,2000

第3章

计算机数字逻辑

现代数字电子计算机是由具有各种逻辑功能的逻辑部件组成的，这些逻辑部件分为组合逻辑电路和时序逻辑电路。组合逻辑电路由各种门电路构成；时序逻辑电路由门电路和触发器构成。通过这些逻辑电路就可以表示和实现布尔代数的基本运算。

本章主要介绍数据的二进制表示方法及逻辑运算，包括各种数制与编码、二进制逻辑运算、门电路的基本原理，以及译码器、加法器、计数器等基本逻辑部件的构成与工作原理。

3.1 数 制

计算机的硬件基础是逻辑电路，而逻辑电路通常只有两个状态：开关的接通与断开。这两种状态正好可以用来表示二进制数"1"和"0"，这就是计算机内部表示数据的基本方法，称之为"位"（bit，binary digits 的缩写）。存储一位需要用一个有两个状态的设备，如晶体管的导通和截止、电压的高和低、电灯的亮和灭、电容的充电和放电、磁盘或磁带上磁脉冲的有和无、穿孔卡片或纸带上的有孔和无孔等，其中一个状态用来表示 0，而另一个则表示 1。

位的 0 和 1 只是形式，它在不同的应用中可以有不同的含义，有时用位的形式表示数值，有时表示字符或其他符号，有时则表示图像或声音。用 0 和 1 来表示各种信息主要涉及 "数制"和"编码"两个问题。

3.1.1 进位计数制

在用数码表示数量大小时，仅一位数码往往不够用，因此需要用进位计数制的方法组成多位数码使用。多位数码中每一位的构成方法及从低位到高位的进位规则称为数制。在数字系统中，经常使用的数制除了日常生活中最熟悉的十进制以外，更多的是使用二进制和十六进制，也有八进制。

在十进制中，任何数都是用 10 个数字符号（0，1，2，3，4，5，6，7，8，9）按逢十进一的规则组成的；而在二进制中，任何数都是用两个数字符号（0，1）按逢二进一的规则组成的。尽管这些进位制所采用的数字符号及进位规则不同，但有一个共同的特点，即数是按进位方式计量的。表 3-1 列出了十进制、二进制及 R 进制的特点，及根据这些特点组成的表示式。

表 3-1　进位制数

	十进制	二进制	R 进制
特点	1. 具有 10 个数字符号 0,1,2,…,9 2. 由低向高位是逢十进一	1. 具有两个数字符号 0,1 2. 由低向高位是逢二进一	1. 具有 R 个数字符号 0,1,2,…,R-1 2. 由低向高位是逢 R 进一
举例	$198.3 = 1 \times 10^2 + 9 \times 10^1$ $+ 8 \times 10^0 + 3 \times 10^{-1}$	$10.01 = 1 \times 2^1 + 0 \times 2^0$ $+ 0 \times 2^{-1} + 1 \times 2^{-2}$	$a_2 a_1 a_0 . a_{-1} = a_2 \times R^2 + a_1 \times R^1$ $+ a_0 \times R^0 + a_{-1} \times R^{-1}$
一般形式	$S = (K_{n-1} \cdots K_0 K_{-1} K_{-m})_{10}$ $= \sum_{i=n-1}^{-m} K_i (10)_{10}^i$ 式中，m, n 为正整数 $K_i = 0,1,\cdots,9$	$S = (K_{n-1} \cdots K_0 K_{-1} K_{-m})_2$ $= \sum_{i=n-1}^{-m} K_i (10)_2^i$ 式中，m, n 为正整数 $K_i = 0,1$	$S = (K_{n-1} \cdots K_0 K_{-1} K_{-m})_R$ $= \sum_{i=n-1}^{-m} K_i (10)_R^i$ 式中，m, n 为正整数 $K_i = 0,1,\cdots,(R-1)$
基数	$(10)_{10}$	$(10)_2 = (2)_{10}$	$(10)_R = (R)_{10}$
权	$(10^i)_{10}$	$(10)_2^i = (2^i)_{10}$	$(10)_R^i = (R^i)_{10}$

不难看出，每种进位制都有一个基本特征数，称为进位制的"基数"，基数表示了进位制所具有的数字符号的个数及进位的规则。显然，十进制的基数为"10"，二进制的基数为"2"，R 进制的基数为 R。

同一进位制中，不同位置上的同一个数字符号所代表的值是不同的。例如：

	1	1	1	1	.	1	1
	↓	↓	↓	↓		↓	↓
十进制中	10^3	10^2	10^1	10^0		10^{-1}	10^{-2}
二进制中	2^3	2^2	2^1	2^0		2^{-1}	2^{-2}

为了描述进位制数的这一性质，定义某一进位制中各位"1"所表示的值为该位的"权"，或称"位权"。基数和权是进位制的两个要素，理解了它们的含义，便可掌握进位制的全部内容。

任何进位制数都可以表示成两种形式。例如，在十进制中，数值"一千九百八十二点三二"可以表示为 1 982.32 或

$$1 \times 10^3 + 9 \times 10^2 + 8 \times 10^1 + 2 \times 10^0 + 3 \times 10^{-1} + 2 \times 10^{-2}$$

一般地，在 R 进制中有

$$
\begin{aligned}
(S)_R &= (K_{n-1} K_{n-2} \cdots K_0 K_{-1} K_{-2} \cdots K_{-m})_R \\
&= K_{n-1} \times R^{n-1} + K_{n-2} \times R^{n-2} + \cdots + K_0 \times R^0 + K_{-1} \times R^{-1} + K_{-2} \times R^{-2} \\
&\quad + \cdots + K_{-m} \times R^{-m} \\
&= \sum_{i=n-1}^{-m} K_i R^i
\end{aligned}
$$

式中，n 表示整数的位数；m 表示小数的位数；$K_i = 0,1,2,\cdots,R-1$。通常把 $(K_{n-1} K_{n-2} \cdots K_0 K_{-1} K_{-2} \cdots K_{-m})_R$ 称为并列表示法或位权记数法，把 $\sum_{i=n-1}^{-m} K_i R^i$ 称为多项式表示法或按权展开式。

3.1.2　不同进位制数的转换

将数从一种数制转换为另一种数制的过程称为数制间的转换。转换的前提是保证转换前

后所表示的数值相等。下面介绍几种不同进制之间的转换算法，并说明如何在转换过程中保证转换精度。

1. 多项式替代法

多项式替代法适合于将其他进制的数字转换为十进制数。

例 3-1 将二进制数 1011.101 转换为十进制数。

解 将二进制数的并列表示法转换为多项式表示法，则得

$$(1011.101)_2 = [1 \times (10)^{11} + 0 \times (10)^{10} + 1 \times (10)^1 + 1 \times (10)^0 \\ + 1 \times (10)^{-1} + 0 \times (10)^{-10} + 11 \times (10)^{-11}]_2$$

将等式右边的所有二进制数转换为等值的十进制数，则得

$$(1011.101)_2 = [1 \times 2^3 + 0 \times 2^2 + 1 \times 2^1 + 1 \times 2^0 + 1 \times 2^{-1} + 0 \times 2^{-2} + 1 \times 2^{-3}]_{10}$$

在十进制中计算等式右边之值，则得

$$(1011.101)_2 = [8 + 2 + 1 + 0.5 + 0.125]_{10} \\ = (11.625)_{10}$$

可见，将二进制数转换为十进制数的方法是，将二进制数的各位在十进制中按权展开相加。同样的方法可以将其他进制的数转换为十进制。

2. 基数除法

基数除法适合于将十进制的整数转换为其他进制的整数。

例 3-2 将十进制整数 92 转换为二进制数。

解 设转换结果为

$$(92)_{10} = (b_{n-1}b_{n-2}\cdots b_0)_2 \\ = \left[b_{n-1}2^{n-1} + b_{n-2}2^{n-2} + \cdots + b_0 2^0\right]_{10}$$

在十进制中计算该式，两边除以 2，则得

$$\frac{92}{2} = \frac{1}{2}(b_{n-1}2^{n-1} + b_{n-2}2^{n-2} + \cdots + b_0 2^0)$$

$$46 = \underbrace{b_{n-1}2^{n-2} + b_{n-2}2^{n-3} + \cdots + b_1 2^0}_{整数} + \underbrace{\frac{b_0}{2}}_{分数}$$

两数相等，则其整数与小数部分均相等，故有

$$0 = \frac{b_0}{2}$$

$$46 = b_{n-1}2^{n-2} + b_{n-2}2^{n-3} + \cdots + b_1$$

将上式两边分别除以 2，可得

$$\frac{46}{2} = \frac{1}{2}(b_{n-1}2^{n-2} + b_{n-2}2^{n-3} + \cdots + b_1)$$

$$23 = \underbrace{b_{n-1}2^{n-3} + b_{n-2}2^{n-4} + \cdots + b_2 2^0}_{整数} + \underbrace{\frac{b_1}{2}}_{分数}$$

因此

$$23 = b_{n-1}2^{n-3} + b_{n-2}2^{n-4} + \cdots + b_2$$

$$0 = \frac{b_1}{2}$$

可见，所要求的二进制数 $(b_{n-1}b_{n-2}\cdots b_1b_0)_2$ 的最低位 b_0 是十进制数 92 除 2 所得的余数。次低位 b_1 是所得的商 46 除以 2 所得的余数。以此类推，继续用 2 除，直至除到商为 0 为止，各次所得到的余数即为要求的二进制数的 $b_2\cdots b_{n-1}$ 之值。整个计算过程如下：

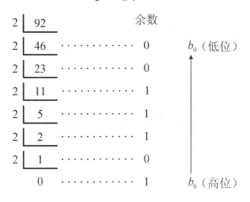

转换结果为

$$(92)_{10} = (1011100)_2$$

上述将十进制整数转换为二进制整数的方法可以推广到任何两个 α、β 进制数之间的转换。

3. 基数乘法

基数乘法适合于将十进制小数转换为其他进制的小数。

例 3-3　将十进制小数 0.6875 转换为二进制数。

解　设转换结果为

$$
\begin{aligned}
(0.6875)_{10} &= (0.b_{-1}b_{-2}\cdots b_{-m})_2 \\
&= \left(b_{-1}2^{-1} + b_{-2}2^{-2} + \cdots + b_{-m}2^{-m}\right)_{10}
\end{aligned}
$$

在十进制中计算该式，两边乘以 2，则得

$$0.6875 \times 2 = b_{-1} + b_{-2}2^{-1} + \cdots + b_{-m}2^{-m+1}$$

$$1.3750 = \underbrace{b_{-1}}_{\text{整数}} + \underbrace{b_{-2}2^{-1} + \cdots + b_{-m}2^{-m+1}}_{\text{小数}}$$

两数相等，则其整数部分与小数部分必分别相等，故有

$$b_{-1} = 1$$

$$0.3750 = b_{-2}2^{-1} + \cdots + b_{-m}2^{-m+1}$$

两边再分别乘以 2，可得

$$0.3750 \times 2 = b_{-2} + b_{-3}2^{-1} + \cdots + b_{-m}2^{-m+2}$$

因此有

$$b_{-2} = 0$$

$$0.75 = b_{-3}2^{-1} + b_{-4}2^{-2} + \cdots + b_{-m}2^{-m+2}$$

可见，要求的二进制数 $(0.b_{-1}b_{-2}\cdots b_{-m})_2$ 的最高位 b_{-1} 是十进制数 0.6875 乘 2 所得的整数部分，其小数部分再乘以 2 所得的整数部分为 b_{-2} 的值。以此类推，继续用 2 乘，每次所得之乘积的整数部分就是要求的二进制数的 $b_{-3}\cdots b_{-m}$ 之值，整个计算过程如下：

$$
\begin{array}{r}
0.6875 \\
\times \qquad 2 \\
\hline
1.3750 \\
\times \qquad 2 \\
\hline
0.7500 \\
\times \qquad 2 \\
\hline
1.5000 \\
\times \qquad 2 \\
\hline
1.0000
\end{array}
$$

整数部分

1 b_{-1}（高位）

0

1

1 b_{-4}（低位）

乘积的小数部分为 0 时结束，故转换结果为

$$(0.6875)_{10} = (0.1011)_2$$

上述将十进制小数转换为二进制小数的方法可以推广到任何两个 α、β 进制小数之间的转换。

4. 混合法

在进行任意 α、β 进制数之间的转换时，如果 α、β 进制都不是人们所熟悉的进位制，则可以采用多项式替代法把 α 进制数转换为十进制数；再采用基数乘法或基数除法把十进制数转换为 β 进制数，从而使 α 到 β 进制的转换过程都在十进制上进行。这种处理方法称为混合法，其本质上是多项式替代法和基数除/乘法的综合，其规则是：

(1) 用多项式替代法将 α 进制数 $(S)_\alpha$ 转换为十进制数 $(S)_{10}$。

(2) 用基数除/乘法将十进制数 $(S)_{10}$ 转换为 β 进制数 $(S)_\beta$。

例 3-4 将四进制数 1023.231 转换为五进制数。

解 用多项式替代法，将四进制数 1023.231 转换为十进制数：

$$
\begin{aligned}
(1023.231)_4 &= \left(1\times4^3 + 0\times4^2 + 2\times4^1 + 3\times4^0 + 2\times4^{-1} + 3\times4^{-2} + 1\times4^{-3}\right)_{10} \\
&= \left(64 + 0 + 8 + 3 + 0.5 + 0.1875 + 0.015625\right)_{10} \\
&= (75.703125)_{10}
\end{aligned}
$$

用基数除/乘法，将所得的十进制数转换为五进制数：

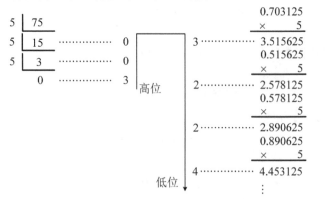

转换结果为

$$(1023.231)_4 = (300.3224)_5 \text{（取 4 位小数）}$$

5. 直接转换法

当数 S 由 α 进制转换为 β 进制，如果 α 与 β 进制的基数满足 2^k（k 为整数）关系，那么采用直接转换法要简单得多。

例 3-5 将二进制数 10000110001.1011 转换为八进制数。

解 该例中，$\alpha=2$，$\beta=8$。显然，$2^3=8$，其中 $k=3$。故可以按下列方法直接把二进制数转换成八进制数：

转换结果为

$$(10000110001.1011)_2 = (2061.54)_8$$

转换所用的规则是，以小数点为界，将二进制数的整数部分由低位到高位，小数部分由高位到低位，分为 3 位一组，头尾不足 3 位的补 0，然后将每组的 3 位二进制数转换为一位八进制数。

根据此规则，很容易把八进制数转换为二进制数。例如，可以将八进制数 1037.26 直接转换为二进制数：

现在，以整数为例证明上述二、八进制数之间的直接转换关系。设整数 S 的二进制多项式表示为

$$(S)_2 = a_{n-1}2^{n-1} + \cdots + a_3 2^3 + a_2 2^2 + a_1 2^1 + a_0 2^0$$

整数的八进制多项式表示为

$$(S)_8 = b_{m-1}8^{m-1} + \cdots + b_3 8^3 + b_2 8^2 + b_1 8^1 + b_0 8^0$$

令 $(S)_2 = (S)_8$，则得

$$a_{n-1}2^{n-1} + \cdots + a_3 2^3 + a_2 2^2 + a_1 2^1 + a_0 2^0 = b_{m-1}8^{m-1} + \cdots + b_3 8^3 + b_2 8^2 + b_1 8^1 + b_0 8^0$$

两边除以 8，得

$$(a_{n-1}2^{n-4} + \cdots + a_3 2^0) + \frac{1}{8}(a_2 2^2 + a_1 2^1 + a_0 2^0) = b_{m-1}8^{m-2} + \cdots + b_3 8^2 + b_2 8^1 + b_1 8^0 + \frac{1}{8}b_0$$

两数相等，则其整数部分与分数部分必分别相等，故得

$$\frac{1}{8}(a_2 2^2 + a_1 2^1 + a_0 2^0) = \frac{1}{8}b_0$$

$$a_2 2^2 + a_1 2^1 + a_0 2^0 = b_0$$

即

$$(a_2a_1a_0)_2 = (b_0)_8$$

同理，根据整数部分相等，两边再除以 8，便可求得

$$(a_5a_4a_3)_2 = (b_1)_8$$

以此类推，便证明了二、八进制数之间的直接转换规则。这一规则可推广至任何基数满足 $\alpha^k = \beta$（或 $\alpha = \beta^k$）的两个进位制之间的转换，如下所述：

（1）若 α 与 β 进制的基数满足 $\alpha^k = \beta$，则 k 位 α 进制数可直接转换为一位 β 进制数。

（2）若 α 与 β 进制的基数满足 $\alpha = \beta^k$，则一位 α 进制数可直接转换为 k 位 β 进制数。

（3）k 位一组的分组规则是，整数从低位到高位，小数从高位到低位，且头尾不足时补 0。

6. 转换位数的确定

在进行数制转换时，必须保证转换所得的精度。对于 α 进制上的整数，理论上总是可以准确地转换为有限位的 β 进制数，因而从原理上讲不存在转换精度问题。但对于 α 进制中的小数而言，却不一定能转换为有限位的 β 进制数，会出现无限位（循环或不循环）小数情况。例如：

$$(0.2)_{10} = (0.00110011\cdots\cdots)_2$$

因此，在实现小数转换时，必须考虑转换精度问题，即需根据精度要求确定转换所得的小数的位数。

设 α 进制小数为 k 位，为保证转换精度，需取 j 位的 β 进制小数，则必有

$$(0.1)_\alpha^k = (0.1)_\beta^j$$

将其转换为十进制中的等式，如下：

$$\left(\frac{1}{\alpha}\right)^k = \left(\frac{1}{\beta}\right)^j$$

对等式两边都取以 α 为底的对数，则得

$$k\log_\alpha\left(\frac{1}{\alpha}\right) = j\log_\alpha\left(\frac{1}{\beta}\right)$$

即

$$\begin{aligned} k &= j\log_\alpha\beta \\ &= j\frac{\lg\beta}{\lg\alpha} \end{aligned}$$

或

$$j = k\frac{\lg\alpha}{\lg\beta}$$

取 j 为整数，因此，j 应满足

$$k\frac{\lg\alpha}{\lg\beta} \leqslant j < k\frac{\lg\alpha}{\lg\beta} + 1$$

例 3-6 将十进制数 0.31534 转换为十六进制数，要求转换精度为 $\pm(0.1)_{10}^5$。

解 设转换所得的十六进制数为 j 位才能保证所需的精度，则 j 应满足

$$k\frac{\lg \alpha}{\lg \beta} \leqslant j < k\frac{\lg \alpha}{\lg \beta} + 1$$

其中，$k = 5$，$\alpha = 10$，$\beta = 16$，代入得

$$5\frac{\lg 10}{\lg 16} \leqslant j < 5\frac{\lg 10}{\lg 16} + 1$$

$$4.15 \leqslant j < 5.15$$

取 $j = 5$，转换结果为

$$(0.31534)_{10} = (0.50BA1)_{16}$$

3.2　编　　码

在计算机中，除了数值数据外，还要处理大量的字符、声音、图像等信息。这些信息在计算机中也必须使用二进制代码表示，这就需要先对这些信息进行编码。本节将简要介绍几种常用的编码，包括 BCD 码、字符、声音和图像的编码，以及为了应对通信差错而提出的可靠性编码。

3.2.1　BCD 码

在数字系统中，各种数据要转换为二进制代码才能进行处理，而人们习惯于使用十进制数，所以在数字系统的输入输出中仍采用十进制数，这样就产生了用 4 位二进制数表示一位十进制数的方法，这种用于表示十进制数的二进制代码称为二-十进制代码（Binary Coded Decimal），简称 BCD 码。它具有二进制数的形式以满足数字系统的要求，又具有十进制的特点。在某些情况下，计算机也可以对这种形式的数直接进行运算。常见的 BCD 码表示有 8421码、2421 码和余 3 码，如表 3-2 所示。

表 3-2　常见的 BCD 码

十进制数	8421 码	2421 码	余 3 码
0	0000	0000	0011
1	0001	0001	0100
2	0010	0010	0101
3	0011	0011	0110
4	0100	0100	0111
5	0101	1011	1000
6	0110	1100	1001
7	0111	1101	1010
8	1000	1110	1011
9	1001	1111	1100

1. 8421 码

8421 码用 4 位二进制数表示一位十进制数，是一种有权码，4 位二进制数的位权分别是 8、4、2、1，故称之为 8421 码。设 8421 码的各位为 $a_3a_2a_1a_0$，则它所代表的值为

$$N = 8a_3 + 4a_2 + 2a_1 + a_0$$

8421 码编码简单直观，可以很容易地实现 8421 码与十进制数之间的转换。例如，十进

制数 10.54 可以用 8421 码表示为

$$(10.54)_{10} = (\underline{0001}\,\underline{0000}.\underline{0101}\,\underline{0100})_{8421}$$

2. 2421 码

表 3-2 的第三列为 2421 码，它由权为 2、4、2、1 的 4 位二进制数组成。2421 码的特点与 8421 码相似，它也是一种有权代码，其所代表的十进制数可由下式算得：

$$N = 2a_3 + 4a_2 + 2a_1 + a_0$$

式中，a_3、a_2、a_1 和 a_0 为 2421 码的各位数（0 或 1）。与 8421 码不同的是，对同一个十进制数，2421 码可能有多种编码方法，如表 3-3 所示。

表 3-3 2421 编码

十进制数	2421 码	
	方案 1	方案 2
0	0000	0000
1	0001	0001
2	1000	0010
3	1001	0011
4	1010	0100
5	1011	0101
6	1100	0110
7	1101	0111
8	1110	1110
9	1111	1111

表 3-3 中的两种 2421 码都只用了 4 位二进制数十六种组合中的 10 种，方案 1 在十进制数 1 与 2 之间跳过 6 种组合，而方案 2 在十进制数 7 与 8 之间跳过 6 种组合。

需指出的是，表 3-2 第三列所给出的 2421 码是一种自反编码，或称对 9 自补代码。只要把这种 2421 码的各位取反，便可得到另一种 2421 码，而且这两种 2421 码所代表的十进制数对 9 互反。例如，2421 码 0100 代表十进制数 4，若将它的各位取反得 1011，它所代表的十进制数 5 恰是 4 对 9 的反。必须注意，并不是所有的 2421 码都是自反代码。

3. 余 3 码

表 3-2 第四列给出的是余 3 码，十进制数的余 3 码是由对应的 8421 码加上 0011 得到，故称余 3 码。显然，余 3 码 $a_3a_2a_1a_0$ 所代表的十进制数可由下式算得：

$$N = 8a_3 + 4a_2 + 2a_1 + a_0 - 3$$

余 3 码是一种无权代码，该代码中的各位 "1" 不表示一个固定值，因而不直观。余 3 码也是一种自反代码。由表 3-2 可知，4 的余 3 码为 0111，将它的各位取反得 1000，即 5 的余 3 码，而 4 与 5 对 9 互反。另一个特点是，两个余 3 码相加，所产生的进位相当于十进制数的进位。例如，余 3 码 1010 与 1000 相加，其结果如下：

$$
\begin{array}{cr}
1010 & 7 \\
+\ 1000 & +\ 5 \\
\hline
1\ \ 0010 & 12
\end{array}
$$

注意：产生进位后留下的和已经不是余 3 码，而是 8421 码了。

3.2.2 文本编码

1. 字符编码

为了表示文本形式的信息，通常为文本中的每一个不同的字符（字母、标点符号等）赋予一个唯一的二进制编码，这样整个文本就可以表示为一个二进制串。目前被广泛采用的字符编码是由美国国家标准学会（American National Standards Institute，ANSI）制定的美国信息交换标准码（American Standard Code for Information Interchange，ASCII）。该编码后来由国际标准组织（International Organization for Standardization，ISO）确定为国际标准字符编码。

ASCII 码采用 7 位二进制位编码，共可表示 128 个字符，包括 26 个英文字母的大小写符号、数字、一些标点符号、专用符号及控制符号（如回车、换行、响铃等）。计算机中常以 8 位二进制即一个字节为单位表示信息，因此将 ASCII 码的最高位取 0。而扩展的 ASCII 码取最高位为 1，又可表示 128 个符号，它们主要是一些制表符。常用的 ASCII 码如表 3-4 所示。

表 3-4 常用 ASCII 码表

低位\高位	0000	0001	0010	0011	0100	0101	0110	0111
0000	NUL	DLE	SP	0	@	P	`	p
0001	SOS	DC1	!	1	A	Q	a	q
0010	STX	DC2	"	2	B	R	b	r
0011	EXT	DC3	#	3	C	S	c	s
0100	EOT	DC4	$	4	D	T	d	t
0101	ENQ	NAK	%	5	E	U	e	u
0110	ACK	SYN	&	6	F	V	f	v
0111	BEL	ETB	'	7	G	W	g	w
1000	BS	CAN	(	8	H	X	h	x
1001	HT	EM	)	9	I	Y	i	y
1010	LF	SUB	*	:	J	Z	j	z
1011	VT	ESC	+	;	K	[	k	{
1100	FF	FS	,	<	L	\	l	|
1101	CR	GS	-	=	M	]	m	|
1110	SO	RS	.	>	N	^	n	~
1111	SI	US	/	?	O	_	o	DEL

按照表 3-4 提供的 ASCII 码，就可以把字符串"code"表示为

c	o	d	e
01100011	01101111	01100100	01100101

2. 汉字编码

1）区位码、国标码和机内码

8 位 ASCII 可以表示任何英文字符，而对中文来说，256 个编码是远远不够的。为了统一汉字的编码方案，1980 年国家公布了 GB 2312—80《信息交换用汉字编码字符集 基本集》（简称汉字标准交换码）。GB 2312 标准共收录 6 763 个汉字，其中一级常用汉字 3 755 个，二级

常用汉字 3 008 个，所收录的汉字已经覆盖中国大陆 99.75%的使用范围；同时还收录了包括拉丁字母、希腊字母、日文平假名及片假名字母、俄语西里尔字母在内的 682 个字符。

GB 2312 中对所收汉字进行了"分区"处理，每区含有 94 个汉字/符号，其中 01～09 区为特殊符号；16～55 区为一级常用汉字，按拼音排序；56～87 区为二级常用汉字，按部首/笔画排序。由于标准中收集的每一个字符都处在不同区的不同位置，因此可以对它们按位置进行编码，称为区位码。每个字符用 4 位十进制数编码，前两位表示区号，后两位表示位号。表 3-5 是 GB 2312 中 16 区的汉字，从表中可以看出"安"字的位号是 18，再加上区号 16，可以得到"安"字的区位码为"1618"。因为 GB 2312 支持的汉字太少，1995 年国家又制订了汉字内码扩展规范 GBK1.0。GBK1.0 中收录了 21886 个符号，分为汉字区和图形符号区，其中汉字区包括 21 003 个字符。2000 年推出的 GB 18030《信息交换用汉字编码字符集基本集的扩充》是取代 GBK1.0 的正式国家标准，该标准收录了 27484 个汉字，同时还收录了藏文、蒙文、维吾尔文等主要的少数民族文字。GB 18030 是我国计算机系统必须遵循的基础性标准之一，对嵌入式产品暂不作要求。

表 3-5 GB 2312 中 16 区的汉字

	0	1	2	3	4	5	6	7	8	9
0		啊	阿	埃	挨	哎	唉	哀	皑	癌
1	蔼	矮	艾	碍	爱	隘	鞍	氨	安	俺
2	按	暗	岸	胺	案	肮	昂	盎	凹	敖
3	熬	翱	袄	傲	奥	懊	澳	芭	捌	扒
4	叭	吧	笆	八	疤	巴	拔	跋	靶	把
5	耙	坝	霸	罢	爸	白	柏	百	摆	佰
6	败	拜	稗	斑	班	搬	扳	般	颁	板
7	版	扮	拌	伴	瓣	半	办	绊	邦	帮
8	梆	榜	膀	绑	棒	磅	蚌	镑	傍	谤
9	苞	胞	包	褒	剥					

国标码是汉字信息交换的标准编码，用两个字节来表示一个汉字，第一个字节称为"高位字节"，第二个字节为"低位字节"。国标码采用十六进制，它与区位码的转换关系是：国标码=(区位码)$_{16}$+(2020)$_{16}$。例如，"啊"字的区位码为"1601"，转换成 16 进制为(1001)$_{16}$，再加上(2020)$_{16}$，得到"啊"字的国标码为"3021"。

因为汉字处理系统要保证中英文的兼容，当系统中同时存在 ASCII 码和汉字国标码时，将会产生二义性。例如：有两个字节的内容为 30H 和 21H，它既可表示汉字"啊"的国标码，又可表示英文"0"和"!"的 ASCII 码。为此，应对国标码加以适当处理，处理后的编码称为汉字机内码。汉字机内码把国标码的每个字节的最高位置"1"，这样汉字的机内码每个字节都大于 128，解决了与 ASCII 码的冲突。汉字机内码与国标码的转换关系是：汉字机内码=(国标码)$_{16}$+(8080)$_{16}$。因此，"啊"字的汉字机内码为"B0A1"。

2）字形码

有了汉字机内码，就可以在计算机内部存储和处理汉字。为了在显示器或打印机上输出汉字，还需要汉字字形码。字形码就是描述汉字字形信息的编码，它主要分为两大类：字模编码和矢量编码。

字模编码是将汉字字形点阵进行编码，其方法是将汉字写在一个16×16 坐标纸上，在每个格子中就出现有墨和无墨两种情况。计算机就让每一个格子占一个二进制位，并规定有墨的地方用"1"表示，无墨的地方用"0"表示。然后将这些 1、0 按顺序排列下来，就成为汉字字模码。这样可以看出一个 16×16 汉字字模要占 256 个二进制位，即 32 字节。图 3-1 给出了一个汉字字形码的例子。通常把所有字形码

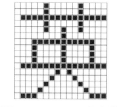

图 3-1　16×16 汉字字模

的集合称为字库，先把它存在计算机中。在汉字输出时，根据汉字机内码找到相应的字形码，然后再由字形码的 1、0 信息控制输出设备在相应位置的输出。在实际汉字系统中一般需要多种字体，如黑体、仿宋体、宋体、楷体等，对应每种字体都需要一个字库。当然为了不同需要也可以有不同大小的点阵字模，如 24×24、48×48、64×64 等，点阵的点越多，一个汉字的表示（显示或打印）质量就越高，所占存储空间也越大。

矢量汉字是将汉字的形状、笔画、字根等用数学函数进行描述，如 Windows 中使用的 TrueType 就是一种。这样的字形信息便于缩放和变换，并且字形美观。近年来开发的新的汉字操作系统常常采用矢量汉字表示法。

3）汉字输入码

该编码指在键盘上利用数字、符号或字母将汉字以代码的形式输入。由于存在多种输入编码方案，如区位码、首尾码、拼音码、简拼码、五笔字型码、电报码、郑码、笔形码等，因此对常用的 6000 多个汉字和符号各有一套汉字输入码。显然，一个汉字操作系统若支持几种汉字输入方式，则在内部必须具备不同的汉字输入码与汉字国标码的对照表。这样，在系统支持的输入方式下，不论选定哪种汉字输入方式，每输入一个"汉字输入码"，便可根据对照表转换成唯一的汉字国标码。

汉字输入技术是汉字信息处理技术的关键之一。与英文等拼音文字相比，用键盘输入汉字要困难得多。英文是拼音文字，每个单词的字母是按照自左向右的顺序排列的，只要按照单词的字母顺序按键，就能得到它们的编码。英文的字符，包括大小写字母、数字和符号一起总数不超过 96 个，因此采用键与字母一一对应的键盘，就能方便地将英文输入计算机。而汉字是方块图形文字，字数多，字形复杂，加之简、繁、正，总数不下 60000 个，即使是 GB 2312 中收集的汉字也有 6000 多个，这给汉字的输入带来了一定的困难。根据汉字的字形各异，每个字涵义独特，个性鲜明，有表形、表义、表音的功能，几个汉字组成汉字词组等特点，多年来，我国陆续开发出几百种基于普通西文键盘的汉字输入方法，常用的也有几十种，汉字输入技术已日趋成熟。汉字输入法主要分为：① 数字编码，如电报码、区位码，它无重码，但难记难用。② 基于字音的音码，如拼音、双拼，它易学，但重码率高。③ 基于字形的形码，如五笔字型等，它重码率不高、易学，但要记字根。④ 基于字音和形的音形混合码，如自然码，它综合了前两种码的特点。人们为了提高汉字输入速度对输入法进行了不断的改进，从开始时以单字输入为主，发展到以词组输入、整句输入为主，并向着以意义输入为主的方向发展。

3. ISO 10646 与 Unicode

为容纳全世界各种语言的文字和符号，建立一种统一的编码系统，国际标准化组织的一些会员国于 1984 年发起制定新的国际字符集编码标准。新标准由工作小组 ISO/IEC

JTC1/SC2/WG2（国际标准化组织与国际电气技术委员会的第一联合技术委员会的第二分组委员会的第二工作组）负责拟订,最后定案的标准命名为 Universal Multiple-Octet Coded Character Set（简称 UCS）,其编号为 ISO/IEC 10646。

ISO 10646 草案公布之后,其编码结构遭到美国部分计算机业者的反对。1988 年初,美国的 Xerox 公司倡议以新的编码结构,另外编订世界性字符编码标准。将计算机字符集编码的基本单位由现行的 7 或 8 位一举扩充为 16 位,并且充分利用 65 536 个编码位置以容纳全世界各种语言的文字和常用符号。新的字符集编码标准被命名为 Unicode。来自 Xerox 公司和 Apple 公司的一些工程师组成工作小组,负责 Unicode 的原始设计工作。1991 年 1 月,十几家计算机硬软件、网络和信息服务业者,包括:IBM、DEC、Sun、Xerox、Apple、Microsoft、Novell 等公司,共同出资成立 Unicode 协会（The Unicode Consortium）,并由协会设立非营利的 Unicode 公司。Unicode 协会成立之后,将原先的工作小组扩编为 Unicode 技术委员会（Unicode Technical Committee）,专门负责 Unicode 的字符搜集、整理、编码等工作。推动 Unicode 成为国际标准的工作,则由 Unicode 公司负责。

由于 Unicode 协会持续的游说和施压,ISO 放弃了原先的编码结构,采用 Unicode 的编码方式。1991 年 10 月,历经几个月的协商之后,ISO 和 Unicode 协会达成协议,共同制订一套适用于多种语文文本的通用编码标准。之后各国语言字符的搜集、整理和编码等工作转由 ISO 主导,而 Unicode 协会则积极协助 ISO,对这些字符及编码资料提出应用的方法及语义资料作补充。随着计算机处理能力的增强,Unicode 正在逐渐普及。

Unicode 的编码方式与 ISO 10646 的 UCS 相对应,它采用 32 位编码空间,可以为全世界每种语言的每个字符设定一个唯一的二进制编码,以满足跨语言、跨平台进行文本转换、处理的要求。目前实用的 Unicode 版本,使用 16 位的编码空间,实际上 Unicode 尚未填充满这 16 位空间,保留了大量空间作为特殊使用或将来扩展用。

Unicode 的实现方式不同于编码方式。一个字符的 Unicode 编码是确定的,但是在实际传输过程中,由于不同系统平台的设计不一致,以及出于节省空间的目的,对 Unicode 编码实现方式有所不同。Unicode 的实现方式称为 Unicode 的转换格式（Unicode Translation Format,UTF）。UTF-8 就是在互联网上使用最广的一种 Unicode 实现方式,其他实现方式还包括 UTF-16 和 UTF-32。

3.2.3 图像编码

在计算机中表示图像的方法有两种:位图和矢量图。

1. 位图

在位图技术中,图像被看作是点的集合,每个点称为一个像素。对黑白图像,每个像素用 1 个 bit 就可以表示了,1 表示黑色,0 表示白色。这与前面介绍的汉字字形码的表示是一样的。对彩色图像,每个像素用 1bit 就不够了,最常用的是将每个像素用 24bit 的 RGB 编码来表示。在 RGB 编码中,像素的颜色可以由红色（Red）、绿色（Green）、蓝色（Blue）这三基色根据不同的强度叠加而成。强度的范围为 0~255,从小到大颜色的强度递增,因此红、绿、蓝每种颜色的强度用 8 位表示,一个像素就用 24 位表示。例如一个像素,它的颜色是紫色,它的 RGB 值为（128,0,128）,表示成二进制为 10000000 00000000 10000000。一个像素用 24 位存储，用位图技术存储一张 1024×1024 大小的图片则需要 3MB 的空间。

2. 矢量图

矢量图（vector graphics）使用数学的方法构造一些基本几何元素，点、线、矩形、多边形、圆和弧线等，然后使用这些几何元素来构造计算机图形。由于矢量图形可通过公式计算获得，不需要像位图那样记录每个像素点的信息，所以矢量图形文件体积一般较小。例如，用矢量技术表示一个圆，计算机只需要两个信息——圆心的坐标和半径，然后再利用图形设备上相应的函数画出图形。矢量图形最大的优点是执行放大、缩小或旋转等操作均不会失真。

假设我们写了一首新的乐曲，要把它交给唱片公司，可以通过两种方式：把这首乐曲弹奏出来并录制在磁带上；把这首乐曲的乐谱写下来。这两种方式的最大区别在于记录的形式。前者是记叙性的，包含音频信息，其中的所有信息都是固定的，如演奏速度、乐器音色等。如果需要把笛子换成排箫，那就要重新录制一遍。后者是描述性的，不包含音频信息，只包含对乐曲音律的描述。如果要改变演奏速度或乐器音色，只要在乐谱中修改一下就可以。位图就属于记叙性，以点为记录的对象；而矢量图像属于描述性，以基本几何元素和计算公式作为记录的对象。

3.2.4 声音编码

对音频信息进行编码的常用方法是，按有规律的时间间隔采样声波的振幅，并记录所得的数值序列，如图 3-2 所示。这一转换过程包括"采样"和"量化"两个动作。

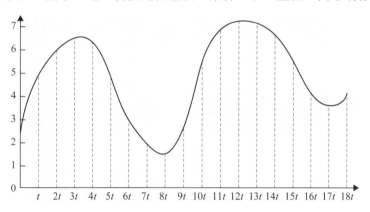

图 3-2 声波的采样和量化

采样就是等时间间隔地读取波形的幅值。采样频率就是每秒所抽取的样本次数，其单位为 kHz（千赫兹）。采样频率的高低影响了声音失真程度的大小。采样频率一般有三种，44.1kHz 是最常见的采样频率标准（用于 CD 品质的音乐）；22.05kHz（适用于语音和中等品质的音乐）；11.25kHz（低品质）。高于 48kHz 的采样频率人耳已无法辨别出来了。

量化是把读取的幅值进行分级量化，按整个波形变化的最大幅度划分成几个区段，把落在某区段的采样到的幅值归成一类，并给出相应的量化值。划分的区段越多，对幅值描述得越准确，录制和回放的声音也就越真实。

3.2.5 可靠性编码

信息在编码和传输过程免不了要发生错误。为了在出现错误时，能够发现和校正错误，人们开发了许多可靠性编码技术。目前，常用的可靠性编码有格雷码、奇偶校验码和海明码等。

1. 格雷（Gray）码

在一组数的编码中，若任意两个相邻数的代码只有一位二进制数不同，则称这种编码为格雷码。表 3-6 给出了十进制数 0~9 的两组可能的格雷码。由表可知，任意两个相邻的十进制数其格雷码只有一位二进制数不同。例如，4 和 5 的格雷码分别为 0110 和 0111（方案 1）或 0110 和 1110（方案 2）。方案 2 中十进制数的头尾两个数（0 与 9）的格雷码也只有一位不同，构成一个"循环"，故常把格雷码称为"循环码"。进一步分析表 3-6 中方案 2 的格雷码可以发现，该组格雷码相对于中线（4 与 5 之间）——"反射"：最高位相反而其余各位相同。通常，把这种具有反射性的格雷码称为反射码。

表 3-6　格雷码

十进制数	方案 1	方案 2
0	0000	0000
1	0001	0001
2	0011	0011
3	0010	0010
4	0110	0110
5	0111	1110
6	0101	1010
7	0100	1011
8	1100	1001
9	1101	1000

格雷码不仅能对十进制数进行编码，也能对任意二进制数进行编码。即若给定一组二进制码，则可以找出一组对应的格雷码，反之亦然。设二进制码为

$$B = B_{n-1} \cdots B_{i+1} B_i \cdots B_0$$

则其对应的格雷码为

$$G = G_{n-1} \cdots G_{i+1} G_i \cdots G_0$$

且

$$G_i = B_{i+1} \oplus B_i$$

式中 $\oplus$ 为"模 2 加"运算符，其规则是

$$0 \oplus 0 = 0, \quad 0 \oplus 1 = 1$$
$$1 \oplus 0 = 1, \quad 1 \oplus 1 = 0$$

可见，所谓模 2 加就是不计进位的二进制加法。该运算符在后面的逻辑运算中称为"异或"运算。

例如，给定二进制代码 1011001，则其格雷码可由下式算得：

$$\boxed{0} \ 1 \ 0 \ 1 \ 1 \ 0 \ 0 \ 1 \quad \text{二进制码}$$
$$1 \ 1 \ 1 \ 0 \ 1 \ 0 \ 1 \quad \text{格雷码}$$

注意在求格雷码的最高位时，二进制码应在其最高位前添一个 0。

反之，若已知一组格雷码，也可以方便地找出对应的二进制码。根据格雷码的定义，可以得到

$$G_{n-1} = 0 \oplus B_{n-1}$$
$$G_{n-2} = B_{n-1} \oplus B_{n-2}$$
$$\vdots$$
$$G_i = B_{i+1} \oplus B_i$$
$$\vdots$$
$$G_0 = B_1 \oplus B_0$$

则得

$$\begin{cases} B_{n-1} = G_{n-1} \\ B_{n-2} = B_{n-1} \oplus G_{n-2} = G_{n-1} \oplus G_{n-2} \\ B_{n-3} = B_{n-2} \oplus G_{n-3} = G_{n-1} \oplus G_{n-2} \oplus G_{n-3} \\ \quad\vdots \\ B_0 = G_{n-1} \oplus G_{n-2} \oplus G_{n-3} \oplus \cdots \oplus G_0 \end{cases}$$

例如，已知格雷码为 1110101，则其二进制代码可算得：

| 1 | 1 | 1 | 0 | 1 | 0 | 1 | 格雷码 |
| 1 | 0 | 1 | 1 | 0 | 0 | 1 | 二进制码 |

2. 奇偶校验码

奇偶校验码是在计算机存储器中广泛采用的可靠性编码，它由若干个信息位加一个校验位构成，其中校验位的取值将使整个代码（包括信息位和校验位）中"1"的个数为奇数或偶数。若"1"的个数为奇数称为奇性校验；若为偶数，则为偶性校验。表 3-7 给出了以 8421 码为信息位所构成的奇校验码及偶校验码。对于任意 n 位二进制数，只要增加一个校验位，便可构成 $(n+1)$ 位的奇性或偶性校验码。

表 3-7　8421 奇偶校验码

8421 码	8421 奇校验码 8 4 2 1　校验位	8421 偶校验码 8 4 2 1　校验位
0000	0 0 0 0　1	0 0 0 0　0
0001	0 0 0 1　0	0 0 0 1　1
0010	0 0 1 0　0	0 0 1 0　1
0011	0 0 1 1　1	0 0 1 1　0
0100	0 1 0 0　0	0 1 0 0　1
0101	0 1 0 1　1	0 1 0 1　0
0110	0 1 1 0　1	0 1 1 0　0
0111	0 1 1 1　0	0 1 1 1　1
1000	1 0 0 0　0	1 0 0 0　1
1001	1 0 0 1　1	1 0 0 1　0

奇偶校验码的一个主要特点是，它具有发现一位错误的能力。例如，约定计算机中的二进制代码都以奇性校验码存入存储器，那么当从存储器中取出时，若检测到某二进制代码中"1"的个数不是奇数，则表明该代码在存取过程中发生了错误。显然，若代码在存取过程中发生了两位错误，则奇偶校验码就无法发现。此外，奇偶校验码虽能检测一位错误，但不能确定究竟是哪一位出错，因而不具有自动校正的能力。由于两位出错的概率远小于一位出错的概率，因而奇偶校验码仍不失为一种简单实用的可靠性编码。

3. 海明码

为了便于讨论海明码的检错和校错能力，先给出以下几个定义。

(1)码字：表示一个数（或字符）的若干位二进制代码。

(2)码元：码字中的一位二进制数。

(3)码组：满足一定规则的码字集合。

(4)最小码距：一个码组中任何两个码字之间的不同码元的最小个数。

现以 8421 码为例，说明上述 4 个定义。如前所述，8421 码是用 0000～1001 表示十进制中 0～9 的一种编码。那么，0000～1001 就是一个码组；其中每个代码就是该码中的一个码字，如 0000、0001、…、1001；每个代码中的一位二进制数就是一个码元，如代码 0101 由 4 个码元组成。如果定义两个码字之间不同码元的个数为它们的码距，那么 8421 码的最小码距为 1（如 0000 和 0001 之间），最大码距为 4（如 0111 和 1000 之间）。

这样，就不难理解 8421 码为什么没有检错能力，原因就是它的最小码距为 1。当 8421 码中有一个码字出错时，所生成的错误代码可能为 8421 码中的另一个码字，这样就无法判断它的真伪。例如，若有一码字 0101 在传输过程中最低位出错，变为 0100。由于 0100 是 8421 码中的一个合法码字，机器就无法判断它是 0101 出错形成的还是传输前就是 0100。

8421 奇偶校验码的最小码距是 2，因此可以检测一位错。如果其中一位出错时，所生成的错误代码就不是原码组中的一个字，因而可以被检测出来。显然，如果要检测出两位错，必须构成一个最小码距为 3 的码组。由此，可推论一种编码的检错和校错能力与最小码距之间的关系为

$$L - 1 = C + D$$

式中，L 为码组的最小码距；D 为可检错的位数；C 为可校错的位数，且 $D \geq C$。

由上式可以得到下列 L 与 C、D 的关系：

L	1	2	3		4		5		
D	0	1	2	1	3	2	4	3	2
C	0	0	0	1	0	1	0	1	2

能够检错和校错的海明校验码就是按照码距至少为 3 的原则构成的。下面，以 8421 海明校验码为例，说明海明码的构成及检测并校正一位错的原理。

8421 海明校验码由 8421 码加上 3 位校验码组成，简称为 8421 海明码。设 8421 码为 $B_4 B_3 B_2 B_1$，所加的 3 位校验码为 $P_3 P_2 P_1$，则 8421 码为下列的一个 7 位代码：

位序	7	6	5	4	3	2	1
8421 海明码	B_4	B_3	B_2	P_3	B_1	P_2	P_1

其中 3 位校验码 $P_3 P_2 P_1$ 的值按下式确定：

$$\begin{cases} P_3 = 1 \bullet B_4 \oplus 1 \bullet B_3 \oplus 1 \bullet B_2 \oplus 0 \bullet B_1 \\ P_2 = 1 \bullet B_4 \oplus 1 \bullet B_3 \oplus 0 \bullet B_2 \oplus 1 \bullet B_1 \\ P_1 = 1 \bullet B_4 \oplus 0 \bullet B_3 \oplus 1 \bullet B_2 \oplus 1 \bullet B_1 \end{cases}$$

例如，已知 8421 码为 $B_4 B_3 B_2 B_1 = 0100$，代入上式便得

$$\begin{cases} P_3 = 0 \oplus 1 \oplus 0 \oplus 0 = 1 \\ P_2 = 0 \oplus 1 \oplus 0 \oplus 0 = 1 \\ P_1 = 0 \oplus 0 \oplus 0 \oplus 0 = 0 \end{cases}$$

与 8421 码 0100 对应的 8421 海明码为 0101010。

同理，可以推算出全部 8421 海明码如表 3-8 所示。

表 3-8　8421 海明码

位　序	7	6	5	4	3	2	1
十进制数	B_4	B_3	B_2	P_3	B_1	P_2	P_1
0	0	0	0	0	0	0	0
1	0	0	0	0	1	1	1
2	0	0	1	1	0	0	1
3	0	0	1	1	1	1	0
4	0	1	0	1	0	1	0
5	0	1	0	1	1	0	1
6	0	1	1	0	0	1	1
7	0	1	1	0	1	0	0
8	1	0	0	1	0	1	1
9	1	0	0	1	1	0	0

由表 3-8 明显可见，8421 海明码最小码距为 3，故可检测并校正一位错。那么，它是怎样发现并确定哪一位出错的呢？

分析一下确定 P_3、P_2、P_1 值的 3 个公式，便可以发现它们分别是 8421 码中若干码元的偶性校验位。例如，P_3 的取值将使 B_4、B_3、B_2、P_3 中"1"的个数为偶数，P_2 的取值将使 B_4、B_3、B_1、P_2 中"1"的个数为偶数，P_1 的取值将使 B_4、B_2、B_1、P_1 中"1"的个数为偶数。显然，如果 8421 海明码经过传输后不再满足约定的编码关系，便表明传输过程中出现了差错。例如，若上述 3 个关系都不满足，并假定只有一位出错，则可以判断出肯定是 B_4 出错，因为 B_4 包含于所有 3 个公式中。判断其他位出错的原理与此相同。据此，在接收端先算出校验和 S_3、S_2、S_1 如下：

$$\begin{cases} S_3 = B_4 \oplus B_3 \oplus B_2 \oplus P_3 \\ S_2 = B_4 \oplus B_3 \oplus B_1 \oplus P_2 \\ S_1 = B_4 \oplus B_2 \oplus B_1 \oplus P_1 \end{cases}$$

显然，只有当 $S_3 = S_2 = S_1 = 0$ 时，才表明传输过程中 8421 海明码的各位都没有出错。若 $S_3 = S_2 = S_1 = 1$，则表明传输过程中 B_4 位出错。也就是说，上式中某一个 S_i 值为 1，则其等号右边的诸码元中必有一位出错。于是，根据 $S_3S_2S_1$ 的二进制值便可确定上述 8421 海明码中位序为该值的那一位码元出了错，如表 3-9 表所示。

表 3-9　出错码元的确定

$S_3 =$	B_4	$\oplus B_3$	$\oplus B_2$	$\oplus P_3$			
$S_2 =$	B_4	$\oplus B_3$			$\oplus B_1$	$\oplus P_2$	
$S_1 =$	B_4		$\oplus B_2$		$\oplus B_1$		$\oplus P_1$
$S_3S_2S_1$	111	110	101	100	011	010	001
出错位序号	7	6	5	4	3	2	1
出错码元	B_4	B_3	B_2	P_3	B_1	P_2	P_1

设发送端发出的 8421 海明码为

位序	7	6	5	4	3	2	1
8421 海明码	0	1	0	1	0	1	0

经传输后，接收端的 8421 海明码为

位序	7	6	5	4	3	2	1
8421 海明码	0	0	0	1	0	1	0

由接收端的 8421 海明码算出各校验和为

$$\begin{cases} S_3 = 0 \oplus 0 \oplus 0 \oplus 1 = 1 \\ S_2 = 0 \oplus 0 \oplus 0 \oplus 1 = 1 \\ S_1 = 0 \oplus 0 \oplus 0 \oplus 0 = 0 \end{cases}$$

表明位序为 6（二进制 110）的码元 B_3 出错。现接收到的该位值为"0"，将其改为"1"，便得正确的传送代码。

3.3 二进制运算

3.3.1 二进制逻辑运算

前面几节讨论了各种信息的二进制表示，计算机的工作就是对这些二进制信息进行处理以完成指定的任务。计算机进行的二进制运算包括两类：逻辑运算和算术运算。常用的逻辑运算有"与"、"或"、"非"及"异或"等，算术运算则主要是"加"、"减"、"乘"、"除"。

1. 与运算

"与"（AND）运算的规则为

$$0 \wedge 0 = 0, \ 0 \wedge 1 = 0, \ 1 \wedge 0 = 0, \ 1 \wedge 1 = 1$$

式中，"$\wedge$"是"与"运算符号，通常也可用"•"代替。

"与"运算的一般式为 $C = A \wedge B$，只有当 A 与 B 同时为"1"时，结果 C 才为"1"；否则 C 为 0。例如，两个 8 位二进制数的"与"运算结果如下：

$$\begin{array}{r} 10110110 \\ \wedge \ 11010111 \\ \hline 10010110 \end{array}$$

2. 或运算

"或"（OR）运算的规则为

$$0 \vee 0 = 0, \ 0 \vee 1 = 1, \ 1 \vee 0 = 1, \ 1 \vee 1 = 1$$

式中，"$\vee$"是"或"运算符号，通常也可用"＋"代替。"或"运算的一般式为 $C = A \vee B$，只有当 A 与 B 同时为"0"时，结果 C 才为"0"；否则 C 为 1。例如，两个 8 位二进制数的"或"运算结果如下：

$$\begin{array}{r} 10110110 \\ \vee \ 10010111 \\ \hline 10110111 \end{array}$$

3. 非运算

"非"（NOT）运算的规则如下：

$$\overline{0} = 1, \ \overline{1} = 0$$

式中，"‾"代表"非"运算符号，"非"运算的一般式为 $C=\overline{A}$。对二进制数 11001010 进行"非"运算，则得到 00110101。

4. 异或运算

"异或"（Exclusive OR，EOR）运算的规则为

$$0\oplus 0=0,\ 0\oplus 1=1,\ 1\oplus 0=1,\ 1\oplus 1=0$$

式中，"$\oplus$"是"异或"运算符号。"异或"的一般式为 $C=A\oplus B$，当 A 与 B 值相异时，结果 C 才为"1"；否则，C 为"0"。例如，两个 8 位二进制数的"异或"运算结果如下：

$$
\begin{array}{r}
10100110\\
\oplus\ \ 11010111\\
\hline
01110001
\end{array}
$$

综上可知，计算机中的逻辑运算是按位计算，没有进位问题，是一种比较简单的运算。由于计算机中的基本电路都是两个状态的电子开关电路，这种极为简单的逻辑运算正是描述电子开关电路工作状态的有力工具。

3.3.2 二进制算术运算

1. 原码、反码及补码

日常生活中，用"+"表示正，用"−"表示负。它们仅仅是两个符号，如同计算机中用 0 和 1 一样。因此，计算机表示正负号的最简单的方法就是用 0 表示正号，用 1 表示负号。例如：

$$+101\rightarrow 0101$$
$$-101\rightarrow 1101$$

这样做将正负号"数值化"了，计算机所表示的数不再带有符号，但增加了一位表示符号的符号位。符号位为 0 表示其后数值为正；符号位为 1 表示其后数值为负。

为了区分正负号数值化前后的两个对应数，引入机器数和真值两个术语。所谓真值，就是适合于计算机表示的带有正负号的二进制数；所谓机器数，就是真值的正负号数值化后所得到的计算机实际能表示的数。

显然，计算机是对机器数进行运算的，而最终需要的又是真值。因此，希望机器数要尽可能地满足下列要求：

(1)机器数必须能被计算机表示，即机器数必须为一个不带有正负号的数。

(2)机器数与真值的转换要简单，辨认要直观。例如，按上述约定，只要把真值的正号以 0 代替；负号以 1 代替而数值位保持原样，便可立即得到相应的机器数。同理，由机器数辨认其对应的真值也很直观。

(3)机器数的运算规则要简单。例如，按上述约定得到的机器数，其符号位虽为数（0 或 1），但只有符号的含义，故这种机器数进行加减乘除运算时，符号位的数不能像数值位的数一样进行运算，需要单独处理。

综上所述，用 0 表示正号，用 1 表示负号的表示方法可以较好地满足前两个要求，但无法满足第三个要求。因此，要从另一途径来找机器数，可以认为计算机只能表示正数（无正负符号）。因而，对于为正的真值，其机器数就取真值；对于为负的真值，则通过某种变换将负真值变为正数，以得到对应的机器数。根据变换的公式不同，便可得到不同特点的机器数。目前常用

的机器数如原码、反码和补码就是按这一要求得到的。下面先给出原码、反码和补码的定义。

设真值 x 为定点整数（$-2^n < x < +2^n$），则原码、反码和补码的定义如下：

$$[x]_原 = \begin{cases} x, & 0 \leq x < 2^n \\ 2^n - x, & -2^n < x \leq 0 \end{cases}$$

$$[x]_反 = \begin{cases} x, & 0 \leq x < 2^n \\ (2^{n+1} - 1) + x, & -2^n < x \leq 0 \end{cases}$$

$$[x]_补 = \begin{cases} x, & 0 \leq x < 2^n \\ 2^{n+1} + x, & -2^n \leq x < 0 \end{cases}$$

根据上述 3 个定义，可列出原码、反码和补码的几个典型值，如表 3-10 所示。

表 3-10　原码、反码和补码的几个典型值

真值	机器数十进制	原码	反码	补码
$+\overbrace{11\cdots11}^{n}$	$+(2^n-1)$	$\overbrace{011\cdots11}^{n}$	$\overbrace{011\cdots11}^{n}$	$\overbrace{011\cdots11}^{n}$
$+10\cdots00$	$+2^{n-1}$	$010\cdots00$	$010\cdots00$	$010\cdots00$
$+00\cdots00$	$+0$	$000\cdots00$	$000\cdots00$	$000\cdots00$
$-00\cdots00$	-0	$100\cdots00$	$111\cdots11$	
$-10\cdots00$	-2^{n-1}	$110\cdots00$	$101\cdots11$	$110\cdots00$
$-11\cdots11$	$-(2^n-1)$	$111\cdots11$	$100\cdots00$	$100\cdots01$
$-100\cdots00$	-2^n			$100\cdots00$

由该表可以归纳出原码、反码和补码的几个性质：

(1) 当真值 x 为 n 位整数（$-2^n < x < +2^n$）时，其机器数的原码、反码和补码均为（$n+1$）位的正数，可为字长为（$n+1$）位的计算机所表示。

(2) 当真值 x 为正时，其机器数的原码、反码和补码的最高位都等于 0；当 x 为负时，该位都为 1。因此，根据最高位为 0 还是为 1，可以确定该数是正数还是负数。根据此，称最高位为符号位，其余位为数值位。有时为了区分符号位与数值位，在二者之间加以逗号，如

$$[x]_原 = 0,1110$$

(3) 当数为正数时，其原码、反码与补码完全相同；当数为负数时，原码保持原样，反码是数的各位取反，补码是在反码的基础上最低位加 1，称"按位取反，末位加 1"。

设 $x = \pm x_1 x_2 \cdots x_n$，则当 $x = +x_1 x_2 \cdots x_n$ 时

$$[x]_原 = [x]_反 = [x]_补 = 0x_1 x_2 \cdots x_n$$

当 $x = -x_1 x_2 \cdots x_n$ 时

$$[x]_原 = 1x_1 x_2 \cdots x_n$$

$$[x]_反 = 1\overline{x_1 x_2 \cdots x_n}$$

$$[x]_补 = 1\overline{x_1 x_2 \cdots x_n} + 1$$

式中，$\overline{x_i}$ 表示 x_i 的反，即 $x_i = 0$，则 $\overline{x_i} = 1$，反之亦然。

(4) 当真值为 0 时，原码和反码具有两种形式，而补码只有一种形式。因此，补码在真值为负时的定义域不包括 0，但包括 -2^n。这与原码、反码不同。

补码之所以能表示真值 $x = -2^n$，是因为它满足补码的定义：

$$[x]_补 = [-\underbrace{100\cdots00}_{n}]_补$$
$$= \underbrace{100\cdots00}_{n+1} - \underbrace{100\cdots00}_{n}$$
$$= \underbrace{100\cdots00}_{n}$$

而且这一机器数没有其他对应的真值。但需要注意的是，在 $[x]_补 = 100\cdots00$ 时，符号位"1"既表示了真值为负，又表示了数的真值为 2^n。

利用上述性质，可以方便地实现机器数与真值之间的转换。

例 3-7 已知 $x = +101101$，$y = -101101$，求 x 和 y 的原码、反码和补码。

解
$$[x]_原 = [x]_反 = [x]_补 = 0101101$$
$$[y]_原 = 1101101$$
$$[y]_反 = 1010010$$
$$[y]_补 = 1010011$$

例 3-8 已知 $[x]_补 = 1110001$，求 x。

解 方法一 先由补码求出反码，再由反码求出原码，即得真值，其过程如下：
$$[x]_反 = 1110000$$
$$[x]_原 = 1001111$$

即得 $x = -001111$。

方法二 将补码的数值按位取反，末位加 1，并把符号位改为相应正负号，即得 x。
$$[x]_补 = 1110001$$

各位取反，得 1001110，然后末位加 1 得
$$x = -001111$$

显然，方法二比方法一更简单，正确性证明如下所示。

设一数补码为 $[x]_原 = 1x_1x_2\cdots x_n$，其补码为 $[x]_补 = 1y_1y_2\cdots y_n$，则其原码可由下式得到：
$$[x]_原 = 1\overline{y_1}\overline{y_2}\cdots\overline{y_n} + 1$$

式中，$\overline{y_i}$ 表示 y_i 的反，即 $y_i = 0$，则 $\overline{y_i} = 1$，反之亦然。

2. 定点数与浮点数

在计算机中，小数点的表示通常有两种：① 定点表示法。② 浮点表示法。

1）定点表示法

假设计算机中用 16 个 bit 来存储一个机器数，其结构如下：

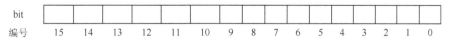

通常情况，最高位（第 15 位）用来表示数的正负号，其他各位用来表示数值。

所谓的定点表示法，就是计算机中数的小数点位置是固定的，一般固定在最高位以前或最低位以后，分别如下所示：

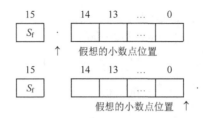

机器中小数点并不是由实际设备保存的，而是一个约定的假想位置。当小数点约定为最高位之前，即符号位 S_f 之后时，计算机只能表示小于 1 的小数，即 $-1<S<1$，称为定点小数表示；当小数点约定为最低位之后时，计算机只能表示绝对值大于 1 的整数，即 $-2^{15}<x<2^{15}$，称为数的定点整数表示。

实际的数既有整数又有小数，这需要对小数进行放大处理或对整数进行缩小处理，以使表示的数变为整数或小数，这一工作是由程序员完成的，称为选取"比例因子"。例如，为使二进制数 101.1 和 10.11 适用于定点小数表示，可以选取比例因子 2^{-3}，用该比例因子乘这两个数，得

$$101.1 \times 2^{-3} = 0.1011$$
$$10.11 \times 2^{-3} = 0.01011$$

在字长为 16 位的计算机中可以表示为：

		15	14	13	12	11	10	9		0
101.1	→	+	1	0	1	1	0	0	...	0
10.11	→	+	0	1	0	1	1	0	...	0

为使数 101.1 和 10.11 适用于定点整数表示，可选取比例因子 2^3，并用该比例因子乘 101.1 和 10.11，则得

$$101.1 \times 2^3 = 101100$$
$$10.11 \times 2^3 = 10110$$

它们在机器中的表示形式为

		15	14		6	5	4	3	2	1	0
101.1	→	+	0	...	0	1	0	1	1	0	0
10.11	→	+	0	...	0	0	1	0	1	1	0

2）浮点表示法

所谓的浮点表示法，就是计算机中数的小数点位置不是固定的，或者说是浮动的。此时，必须给出小数点位置的浮动情况。先介绍数的一种表示法，称为"记阶表示法"。如在十进制数中，5.863 可以表示为

$$5.863 = 10^1 \times 0.5863$$
$$= 10^2 \times 0.05863$$

数 0.005863 可表示为

$$0.005863 = 10^{-1} \times 0.05863$$
$$= 10^{-2} \times 0.5863$$

一般来讲，任何十进制数 N 可以表示为

$$N = 10^J \times S$$

其中 J 为一个正或负的整数，称为阶码；S 为一个正的或负的小数，称为尾数。

显然，作出上述定义后，数 N 可以用 J 和 S 的大小表示，而基数 10 可以不表示出来，如下所示：

		J	S
5.683	→	1	0.5683
	或	2	0.05683
0.005683	→	-1	0.05683
	或	-2	0.5683

类似地，二进制数也可以采用记阶表示法，只是 J 和 S 分别是二进制的正或负的整数和小数，基数 10 是二进制的基数 $(2)_{10}$。

例如，二进制数 101.1 和 10.11 可以表示为
$$(101.1)_2 = (10)_2^{11} \times (0.1011)_2$$
$$(10.11)_2 = (10)_2^{10} \times (0.1011)_2$$

因此，这两个二进制数可用阶码和尾数表示如下：
$$101.1 \to 11,0.1011$$
$$10.11 \to 10,0.1011$$

不难看出，由于这两个数的有效数字完全相同，仅小数点位置不同，因而其尾数完全相同，仅阶码不同。这种用阶码和尾数表示数的方法就是数的浮点表示法。显而易见，在浮点表示法中，数的小数点位置是随阶码的大小"浮动"的。

当计算机采用浮点表示法时，一个字长就需要划分为两部分，其中一部分表示阶码，另一部分表示尾数。而阶码的底预先约定为 2（也有的约定为 16），故不必表示出来。例如，假定给定 16 位字长的前 5 位表示阶码的符号及数值，后 11 位表示尾数的符号及数值，如下所示：

15	14	11	10	9	0
	...			...	
1 位	4 位		1 位	10 位	
J_f	J		S_f		

其中，J_f 为阶符，J 为阶码；S_f 为尾符，S 为尾数。

按此浮点表示方式，数+101.1 和+10.11 在机器中的实际表示为

15	14			11	10	9	8	7	6	5		0
+	0	0	1	1	+	1	0	1	1	0	...	0
+	0	0	1	0	+	1	0	1	1	0	...	0

3. 算术运算

二进制算术运算和十进制算术运算的规则基本相同，唯一的区别在于二进制是"逢二进一"而不是十进制的"逢十进一"。

例如，两个二进制数 1001 和 0101 的算术运算有

$$\text{加法运算}$$

$$
\begin{array}{r}
1\ 0\ 0\ 1 \\
+\quad 0\ 1\ 0\ 1 \\
\hline
1\ 1\ 1\ 0
\end{array}
$$

$$\text{减法运算}$$

$$
\begin{array}{r}
1\ 0\ 0\ 1 \\
-\quad 0\ 1\ 0\ 1 \\
\hline
0\ 1\ 0\ 0
\end{array}
$$

$$\text{乘法运算}$$

$$
\begin{array}{r}
1\ 0\ 0\ 1 \\
\times\quad 0\ 1\ 0\ 1 \\
\hline
1\ 0\ 0\ 1 \\
0\ 0\ 0\ 0 \\
1\ 0\ 0\ 1 \\
0\ 0\ 0\ 0 \\
\hline
0\ 1\ 0\ 1\ 1\ 0\ 1
\end{array}
$$

$$\text{除法运算}$$

$$
\begin{array}{r}
1.1\ 1\cdots \\
0\ 1\ 0\ 1\ )\overline{1\ 0\ 0\ 1} \\
0\ 1\ 0\ 1 \\
\hline
1\ 0\ 0\ 0 \\
0\ 1\ 0\ 1 \\
\hline
0\ 1\ 1\ 0 \\
0\ 1\ 0\ 1 \\
\hline
0\ 0\ 1\ 0
\end{array}
$$

从上面的例子中可以看出二进制算术运算的特点：二进制数的乘法运算可以通过若干次的"被乘数（或零）左移 1 位"和"被乘数（或零）与部分积相加"这两种操作完成；而二进制数的除法运算能通过若干次的"除数右移 1 位"和"从被除数或余数中减去除数"这两种操作完成。如果能设法将减法操作转化为某种形式的加法操作，那么加、减、乘、除运算就全部可以用"移位"和"相加"两种操作实现了。利用这一特点，可以使运算电路的结构大为简化，这也是数字电路中普遍采用二进制算术运算的重要原因之一。

计算机通常采用补码运算，这是因为补码的运算规则，特别是加减运算规则较反码和原码简单。

例 3-9 已知 $x = +1101$，$y = +0110$，用原码、反码及补码计算 $x - y$ 之值。

解 (1)原码运算。

计算机采用原码运算时，需将真值表示为原码：

$$[x]_原 = 0,1101, \qquad [y]_原 = 0,0110$$

原码运算的方法与手算相似，先要判别相减的两数是同号还是异号。若为同号，则进行减法；若为异号，则进行加法。本例给出的两个数 x、y 为同号，因此进行减法。接着要判别两个数谁大谁小，以确定谁减谁。本例中 $|x| > |y|$，故由 x 减去 y。机器内便进行 $[x]_原$ 减 $[y]_原$，结果符号与 $[x]_原$ 相同。算式如下：

$$
\begin{array}{r}
[x]_原 = 0,1101 \\
-\quad [y]_原 = 0,0110 \\
\hline
[x-y]_原 = 0,0111
\end{array}
$$

于是求得 $x - y = +0111$。

(2)反码运算。

计算机采用反码运算时，需将真值表示为反码：

$$[x]_反 = 0,1101, \qquad [y]_反 = 0,0110$$

由于反码加减运算具有下列规则：

$$[x+y]_反 = [x]_反 + [y]_反 + 符号位进位$$

故求 $x - y$ 时，可变换为

$$x - y = x + (-y)$$

...

为此，需求出 $(-y)$ 的反码：

$$[-y]_{反} = 1,1001$$

现在，可进行 $[x]_{反}$ 与 $[-y]_{反}$ 的加法运算：

$$[x]_{反} = 0,1101$$
$$+ \quad [-y]_{反} = 1,1001$$
$$10,0110$$
$$+ \qquad 1$$
$$[x-y]_{反} = 10,0111$$

由于符号位进位被丢掉，于是求得 $x-y = +0111$。

（3）补码运算。

计算机采用补码运算时，需将真值表示为补码：

$$[x]_{补} = 0,1101 , \qquad [y]_{补} = 0,0110$$

因补码加减运算的规则为

$$[x+y]_{补} = [x]_{补} + [y]_{补}$$

故有

$$[x-y]_{补} = [x+(-y)]_{补}$$
$$= [x]_{补} + [-y]_{补}$$

而本例中 $[-y]_{补} = 1,1010$，则

$$[x]_{补} = 0,1101$$
$$+ \quad [-y]_{补} = 1,1010$$
$$[x-y]_{补} = 10,0111$$

由于符号位进位被丢掉，于是求得 $x-y = +0111$。

在前面的例子中，没有考虑运算结果超出有效数字位所能表示的最大值或最小值的情况。下面以 5 个 bit 的二进制补码为例讨论一下溢出的情况，已知 5 个 bit 的表达范围为 $-16\sim+15$。如果计算（+9）+（+11）的运算结果，+9 的补码为 01001，+11 的补码为 01011，则

$$[x]_{补} = 0,1001$$
$$+ \quad [y]_{补} = 0,1011$$
$$[x+y]_{补} = 1,0100$$

结果是一个负数（符号位为 1），显然出错了。这是因为（+9）+（+11）的结果超出 5 个 bit 所能表示的最大正整数 01111（+15），这种现象称为溢出。结果过大，导致溢出问题，其检测机制很容易实现。因为两个正数相加，结果必然也是正数，如果给出的运算结果是负数，显然出错。同样，两个负数相加，得到和可能会小于有效数字位所能表示的最小值，也会产生溢出。注意，只有在两个操作数符号相同的情况下，才会发生溢出。一个正数和一个负数相加，永远不会溢出。

3.4 逻辑门电路

前面讨论了如何用二进制表示各种信息，以及基于二进制进行逻辑和算术运算，从本节

开始将介绍对二进制数据进行操作的数字系统。在数字系统中，各种功能部件都是由基本逻辑电路实现的。这些基本电路控制着系统中信息的传递，它们的作用和门的开关作用极为相似，故称为逻辑门电路，简称逻辑门或门电路。逻辑门是数字电路逻辑设计中的基本元件。

3.4.1 晶体管

随着微电子技术的发展，人们不再使用二极管、三极管、电阻、电容等分立元件设计各种逻辑器件，而是把实现各种逻辑功能的元器件及其连线都集中制造在同一块半导体材料基片上，并封装在一个壳体中，通过引线与外界联系，这就构成了所谓的集成电路。根据采用的半导体器件不同，目前常用的数字集成电路可以分为两大类：一类是采用双极型半导体器件作为元件的双极型集成电路；另一类是采用金属、氧化物、半导体场效应管（Metal-Oxide-Semiconductor Field Effect Transistor，MOSFET）作为元件的单极型集成电路，简称为 MOS 集成电路。

双极型集成电路又可分为 TTL（Transistor-Transistor Logic）电路、ECL（Emitter Coupled Logic）电路和 I^2L（Integrated Injection Logic）电路等类型。TTL 电路于 20 世纪 60 年代问世，经过电路和工艺的不断改进，具有速度快、逻辑电平摆幅大、抗干扰和负载能力强等优点，而且具有不同型号的系列产品，是应用比较广泛的一类集成电路。然而，TTL 电路的功耗比较大，因此只能做成小规模集成电路。ECL 电路的最大优点是速度快，平均传输延迟时间可降到 1ns 以下；主要缺点是制造工艺复杂、功耗大、抗干扰能力较弱，常用于高速系统中。I^2L 电路的主要优点是电路结构简单、功耗低，适合于构造大规模和超大规模集成电路；主要缺点是抗干扰能力较差，因而很少加工成中、小规模集成电路使用。

MOS 集成电路又可分为 PMOS、NMOS 和 CMOS 等类型。PMOS 管是早期产品，不仅工作速度低，而且由于电源电压为负压，构成的逻辑器件兼容性差，因而很少单独使用。相对而言，NMOS 工作速度较快，且电源电压为正压，构成的逻辑器件兼容性较好。CMOS 电路是由 PMOS 和 NMOS 管组成的互补 MOS 电路，它最突出的特点是功耗极低，所以非常适合于制作大规模集成电路。随着 CMOS 制作工艺的不断进步，无论在工作速度还是驱动能力上，CMOS 电路都已经不比 TTL 电路逊色。因此，CMOS 逐渐取代 TTL 电路而成为当前数字集成电路的主流产品。如今大多数的计算机，尤其是几乎所有的现代微处理器，都是 CMOS 工艺制造的。有关 MOS 晶体管的电气特性，属于电子学课程的知识，这里只介绍一下 MOS 晶体管的基本工作原理。

MOS 晶体管可以被模型化为一个 3 引脚的压控开关，3 个引脚分别称作"栅极"（gate）、"源极"（source）和"漏极"（drain），如图 3-3 所示。对于 N 型 MOS 管，如果在栅极接入一个适当的正电压，则在源极和漏极之间就会产生一条通路。这时候 N 型 MOS 管就等于一根连通线，称为"导通"状态。如果栅极电压是 0V，则源极和漏极之间断开，称为"断开"状态。P 型 MOS 管的工作机制和 N 型 MOS 管刚好相反。当 P 型 MOS 管的栅极电压是 0V 时，源极和漏极之间导通；当栅极接入一个正电压时，源极和漏极之间断开。

3.4.2 非门

如图 3-4 所示逻辑结构就是非门，也称为反相器。它由 T_1 和 T_2 两个晶体管组成，T_1 是 P 型 MOS 管，而 T_2 是 N 型 MOS 管。图中 V_{DD} 表示电源电压，而最下面的一条横线表示接地。

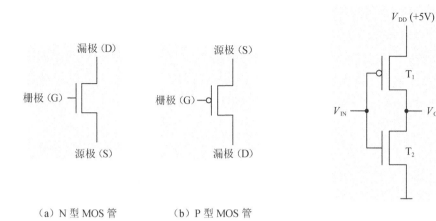

（a）N 型 MOS 管　　　（b）P 型 MOS 管

图 3-3　MOS 管　　　　　　　图 3-4　CMOS 反相器

CMOS 反相器的功能，可以分两种情况进行表述：

（1）V_{IN} 为 0V 时，下面的 N 型 MOS 管 T_2 "断开"，而上面的 P 型 MOS 管 T_1 "导通"，故输出电压为 5V。

（2）V_{IN} 为 5V 时，下面的 N 型 MOS 管 T_2 "导通"，而上面的 P 型 MOS 管 T_1 "断开"，故输出电压为 0V。

由上述功能特性可见，该电路为逻辑反相器，因为 0V 输入产生+5V 输出，而+5V 输入则产生 0V 输出。另外，无论 V_{IN} 是高电平还是低电平，P 型 MOS 管 T_1 和 N 型 MOS 管 T_2 总是工作在一个"导通"而另一个"断开"的状态，即所谓互补状态，这就是互补对称式金属-氧化物-半导体电路（Complementary-Symmetery Metal-Oxide-Semiconductor Circuit，CMOS）名称的由来。

3.4.3　与非门

如图 3-5 所示为一个 2 输入 CMOS 与非门，若任何一个输入（A 或 B）为 0V，则输出 Y 通过相应的"导通"的 P 型 MOS 管与 V_{DD} 连通，而对地的连接则被相应的"断开"的 N 型 MOS 管阻断，因此 Y 输出为 5V。若两个输入都为 5V，则 Y 与 V_{DD} 的通路被阻断，而对地则连通，因此输出为 0V。在与非门的后面再加一级反相器，就是与门，如图 3-6 所示。

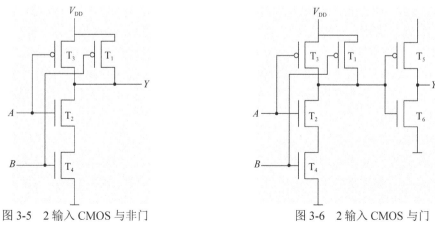

图 3-5　2 输入 CMOS 与非门　　　　　　图 3-6　2 输入 CMOS 与门

3.4.4 或非门

如图 3-7 所示为一个 2 输入 CMOS 或非门。若两个输入都为低电压，则输出 Y 通过两个"导通"的 P 型 MOS 管与 V_{DD} 连通，而对地的通路被"断开"的 N 型 MOS 管阻断，所以输出为 5V。若有任一个输入为高电压，则 Y 对 V_{DD} 的通路被阻断，而对地连通，因此输出为 0V。在或非门的后面再加一级反相器，就是与门，如图 3-8 所示。

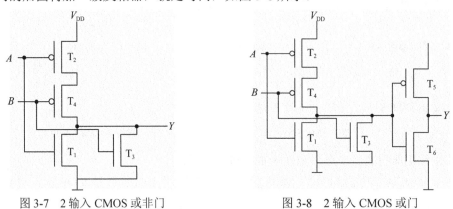

图 3-7 2 输入 CMOS 或非门　　　　　　图 3-8 2 输入 CMOS 或门

以上介绍的是在数字电路设计中常用的一些基本门电路。图 3-9 给出了这些门电路的标准符号。有了这些符号，在电路图中就不用画出具体晶体管了，可以采用这些符号来代替特定的逻辑功能。注意，在反相器、与非门和或非门的输出端之前，都有一个小圆圈，它表示取反操作。

　（a）与门　　　　（b）或门　　　　（c）反相器　　　　（d）与非门　　　　（e）或非门

图 3-9 常用逻辑门的符号

3.5 组合逻辑电路

利用门电路可以构建各种逻辑电路，计算机内部的逻辑电路分为两大类："组合的"和"时序的"。在组合逻辑电路（combinational logic circuit）中，任一时刻的输出仅取决于当时的输入，与电路原来的状态无关。而时序逻辑电路（sequential logic circuit）的输出不仅取决于当前的输入，还取决于电路原来的状态，或者说，还与以前的输入有关。本节主要介绍一些常用的组合逻辑电路。

3.5.1 逻辑函数

为了方便对比较复杂的逻辑进行描述，在介绍组合逻辑电路的分析和设计之前，先引入逻辑函数的概念。如果将逻辑变量作为输入，以对逻辑变量进行相关逻辑运算的运算结果作为输出，那么当输入变量（A，B，$C\cdots$）的值确定之后，输出的取值 Y 便随之而定。此时，

输出和输入是一种函数关系，称之为逻辑函数（logic function），记为

$$Y = F(A,B,C,\cdots)$$

一般情况下，任何因果关系都可以用逻辑函数来描述，如图 3-10 所示的举重裁判电路，可以用一个逻辑函数来描述它的逻辑功能。

比赛规则规定，在一名主裁判和两名副裁判中，必须有两人以上（必须包括主裁判）认为运动员的动作合格，试举才算成功。比赛时主裁判掌握着开关 C，两名副裁判分别掌握开关 A 和 B，当裁判认为运动员动作合格时就合上相应的开关，否则不合。显然，指示灯 Y 的状态是开关 A、B 和 C 的函数，即

$$Y = F(A,B,C)$$

在图 3-10 所示的电路中，要求 A 和 B 两个开关必须要合上一个，可以表示为逻辑或 $A+B$，同时要求合上开关 C，因此输出的逻辑函数式为：

$$Y = (A + B)C$$

将该逻辑函数式用基本门电路实现，可以用图 3-11 所示的逻辑图来表示。

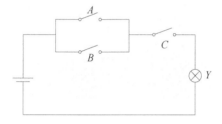 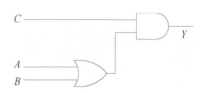

图 3-10　举重裁判电路　　　　图 3-11　实现逻辑函数 Y 功能的逻辑图

在该函数中，逻辑变量 A、B 和 C 的取值只能取 0 和 1，分别表示 3 个开关的断开与闭合，输出变量 Y 的取值也只能取 0 和 1，代表指示灯的灭与亮。将输入变量所有的取值下对应的输出量的值找出来，列成表格的形式，即可得到逻辑函数的真值表。表 3-11 就是举重裁判电路的逻辑函数真值表。

表 3-11　举重裁判电路的真值表

输入			输出
A	B	C	Y
0	0	0	0
0	0	1	0
0	1	0	0
0	1	1	1
1	0	0	0
1	0	1	1
1	1	0	0
1	1	1	1

3.5.2　译码器

由于人们在实践中遇到的逻辑问题层出不穷，因而为解决这些问题而设计的逻辑电路也

不胜枚举。有些逻辑电路大量地出现在各种数字系统当中，包括编码器、译码器、数据选择器、数值比较器、加法器、函数发生器、奇偶校验器等。为了使用方便，人们将这些逻辑电路制成了中小规模的标准化集成电路产品。在设计大规模集成电路时，也经常使用这些模块电路作为所设计电路的组成部分。

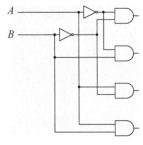

图 3-12　2 输入译码器

译码器的输入是一个 n 位的二进制数，根据二进制数的值选中 2^n 个输出信号中的一个，将其置为 1，如图 3-12 所示。译码器的两个输入 A 和 B 有 4 种组合（00，01，10，11），而任一输入组合下，只对应一个输出线为 1。例如在输入"10"时，将导致第 3 根输出线被置为 1。

译码器主要用于解释一个二进制数，在数字电路中应用广泛，如可以用于存储器芯片的选择。假设某存储器系统由 4 块存储芯片组成，每块的存储容量为 1MB。系统分配给芯片 0 的地址为 0~1MB，芯片 1 的地址为 1~2MB，依次类推。当主机系统向存储器发送一个地址后，地址的高 2 位就要用来从 4 个芯片中选择一个。我们可以用图 3-12 所示的电路来实现这个功能，地址的高 2 位就是图中的两个输入信号 A 和 B。根据不同的输入，4 个输出信号中将有且只有 1 个为 1。我们用每个输出信号分别作为一块存储器芯片的使能信号，由于只会有 1 个输出信号为 1，这样就只有 1 块芯片被选中工作。

3.5.3　多路复用器

如图 3-13 所示是一个 2 输入多路复用器的示意图。多路复用器的功能就是从多个输入中选择一个，并将其与输出相连。选择信号（图 3-13 中的 S）负责决定究竟选择哪一个。如果 S 为 0，则与门 T_1 的输出必然为 0，而此时与门 T_2 的输出则取决于 B 的值。在这种情况下，或门 T_3 的输出也与 B 的值完全相同。因此，在 S 等于 0 的情况下，输出 C 与输入 B 完全相同。相反，如果选择信号 S 等于 1，输出 C 就与输入 A 完全相同。

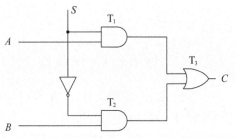

图 3-13　2 选 1 多路复用器

3.5.4　加法器

二进制的减、乘、除运算，都可以归结为加法和移位这两个基本操作，因此加法器是运算器的核心。如果不考虑有来自低位的进位将两个 1 位二进制数相加，称为半加，实现半加运算的电路称为半加器。按照二进制加法规则可以列出如表 3-12 所示的半加器真值表，其中 A、B 是两个加数，S 是相加的和，CO 是低位向高位的进位。

表 3-12　半加器的真值表

A	B	S	CO
0	0	0	0
0	1	1	0
1	0	1	0
1	1	0	1

根据该真值表,可以得到 S、CO 和 A、B 的逻辑关系如下:

$$\begin{cases} S = A'B + AB' = A \oplus B(\text{注}:A' \text{表示A的非}) \\ \text{CO} = AB \end{cases}$$

因此,半加器可以用一个异或门和一个与门实现,如图 3-14 所示。

在将两个多位二进制数相加时,除了最低位以外,每一位都应该考虑来自低位的进位,即将两个对应位的加数和来自低位的进位 3 个数相加。这种运算称为全加,所用的电路称为全加器。

根据二进制的加法运算可列出 1 位全加器的真值表,如表 3-13 所示。其中 CI 是来自低位的进位。

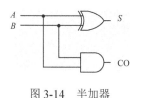

图 3-14 半加器

表 3-13 全加器的真值表

输入			输出	
CI	A	B	S	CO
0	0	0	0	0
0	0	1	1	0
0	1	0	1	0
0	1	1	0	1
1	0	0	1	0
1	0	1	0	1
1	1	0	0	1
1	1	1	1	1

根据真值表,再经过化简可以求出全加器的输出 S 和 CO 与输入之间的关系如下:

$$\begin{cases} S = (A'B'CI' + AB'CI + A'BCI + ABCI')' \\ \text{CO} = (A'B' + B'CI' + A'CI')' \end{cases}$$

全加器的逻辑电路如图 3-15 所示。

一位全加器的符号通常用图 3-16 中的图形符号表示。

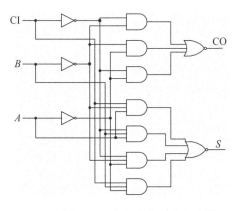

图 3-15 全加器的逻辑电路图

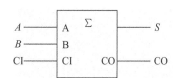

图 3-16 一位全加器的图形符号

两个多位数相加时每一位都是带进位相加的,因而必须使用全加器,只要依次将低位全加器的进位输出端 CO 接到高位全加器的进位输入端 CI，就可以构成多位加法器。

如图 3-17 所示就是根据该原理接成的 4 位加法器电路。显然，每一位的相加结果都必须等到低一位的进位产生以后才能建立起来，因此将这种结构的电路称为串行进位加法器。该加法器的最大缺点是运算速度慢。在最不利的情况下，做一次加法运算需要经过 4 个全加器的传输延迟时间才能得到稳定可靠的运算结果。但考虑到串行进位加法器的电路结构比较简单，因而在对运算速度要求不高的设备中，这种加法器仍不失为一种可取的电路。为了提高运算速度，可以设计逻辑电路提前求得每一位全加器的进位输入信号，这样就无需再从最低位开始向高位逐位传递进位信号了。采用这种结构形式的加法器称为超前进位（Carry Look-ahead）加法器。

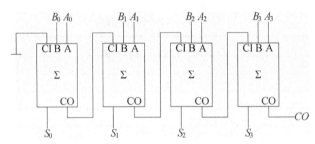

图 3-17　4 位串行进位加法器

3.6　时序逻辑电路

时序逻辑电路是与组合逻辑电路不同的另一类常用逻辑电路。组合逻辑电路在任何时刻产生的稳定输出信号仅与该时刻电路的输入信号相关；而时序逻辑电路在任何时刻产生的输出信号不仅与电路该时刻的输入信号有关，还与电路过去的输入信号有关。

3.6.1　存储单元

由于时序逻辑电路的输出与电路过去的输入有关，因此电路必须具有记忆功能，以便保存过去的输入信息。在讨论时序电路之前，先了解一下数字电路中的存储单元。

1. 锁存器

最简单的存储单元是 R-S 锁存器（Reset-Set latch），它也是构成各种触发器的基本部件。R-S 锁存器可由两个与非门交叉耦合构成，其逻辑图如图 3-18 所示。图中，Q 和 Q' 为锁存器的两个互补输出端；R 和 S 为锁存器的两个输入端，其中 R 称为置 0 端或者复位端，S 称为置 1 端或置位端。

根据与非门的逻辑特性，可分析出图 3-18 所示电路的工作原理如下：

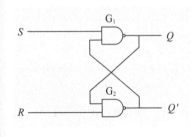

图 3-18　R-S 锁存器

（1）若 $R=1$，$S=1$，则锁存器保持原来状态不变。假定锁存器原来处于 0 状态，即 $Q=0$，$Q'=1$。由于与非门 G_1 的输出 Q 为 0，反馈到与非门 G_2 的输入端，使 Q' 保持 1 不变，Q' 为 1 又反馈到与非门 G_1 的输入端，使 G_1 的两个输入均为 1，从而维持输出 Q 为 0。假定锁存器原来处于 1 状态，即 $Q=1$，$Q'=0$，那么，Q' 为 0 反馈到与非门 G_1 的输入端，使 Q 保持 1 不变，此时与非门 G_2 的两个输入端均为 1，所以 Q' 保持 0。

（2）若 $R=1$，$S=0$，则锁存器置为 1 状态。此时，无论锁存器原来处于何状态，因为 S 为 0，必然使与非门 G_1 的输出 Q 为 1，且反馈到与非门 G_2 的输入端；由于门 G_2 的另一个输入 R 也为 1，故门 G_2 输出 Q' 为 0，使锁存器状态为 1 状态。该过程称为锁存器置 1。

（3）若 $R=0$，$S=1$，则锁存器置为 0 状态。与（2）的过程类似，不论锁存器原来处于 0 状态还是 1 状态，因为 R 为 0，必然使与非门 G_2 的输出 Q' 为 1，且反馈到与非门 G_1 的输入端，由于门 G_1 的另一个输入 S 也为 1，故使门 G_1 输出 Q 为 0，锁存器状态为 0 状态。这个过程称为锁存器置 0。

（4）不允许出现 $R=0$，$S=0$。因为当 R 和 S 端同时为 0 时，将使两个与非门的输出 Q 和 Q' 均为 1，破坏了锁存器两个输出端的状态应该互补的逻辑关系。此外，当这两个输入端的 0 信号同时被撤销时，锁存器的状态将是不确定的，这取决于两个门电路的时间延迟。若 G_1 的时延大于 G_2，则 Q' 端先变为 0，使锁存器处于 1 状态；反之，若 G_2 的时延大于 G_1，则 Q 端先变为 0，从而使锁存器处于 1 状态。通常，两个门电路的延迟时间是难以人为控制的，因而在将输入端的 0 信号同时撤去后锁存器的状态将难以预测，这是不允许的。因此，规定 R 和 S 不能同时为 0。

2. 触发器

触发器也是一种存储单元，为了能对锁存器的置 1 或置 0 操作采取一定的控制措施，触发器在锁存器的基础上又增加了一个触发信号输入端。只有触发信号变为有效电平后，触发器才能按照输入的置 1、置 0 信号置成相应的状态。通常将这个触发信号称为时钟信号（CLOCK），记做 CLK。当系统中有多个触发器需要同时动作时，就可以用同一个 CLK 信号作为同步控制信号。

图 3-19（a）是 $R\text{-}S$ 触发器的电路结构图。从电路结构可以看出触发器的工作特点如下：

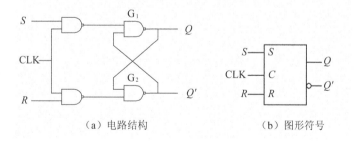

（a）电路结构　　　　　（b）图形符号

图 3-19　$R\text{-}S$ 触发器

（1）只有当 CLK 变为有效电平时，触发器才能接受输入信号，并按照输入信号将触发器的输出置成相应的状态。

（2）在 CLK=1 的全部时间内，S 和 R 状态的变化都可能引起输出状态的改变。在 CLK 回到 0 以后，触发器保存的是 CLK 回到 0 以前瞬间的状态。

为了能适应单端输入信号的需要，在一些集成电路产品中，把图 3-19 中触发器改成图 3-20 的形式，称为 D 触发器。由图可见，若 $D=1$，则 CLK 变为高电平以后触发器被置成 $Q=1$，CLK 回到低电平以后触发器保持 1 状态不变。若 $D=0$，则 CLK 变为高电平以后触发器被置成 $Q=0$，CLK 回到低电平以后触发器保持 0 状态不变。

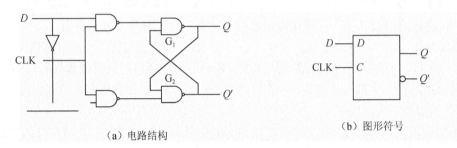

（a）电路结构   （b）图形符号

图 3-20 D 触发器

从上述触发器的工作特点可以看出，如果在 CLK=1 的期间 S、R 的状态多次发生变化，那么触发器输出的状态也将发生多次翻转，这就降低了触发器的抗干扰能力。人们希望能够找到一种触发器，它的下一个状态仅仅取决于 CLK 信号下降沿（或上升沿）到达时刻输入信号的状态。因此人们相继研制了各种边沿触发（edge-triggered）的触发器。如图 3-21 所示为用两个 D 触发器构造的一个上升沿触发的边沿触发器。

由图 3-21 中的电路结构可见，当 CLK 处于低电平时，CLK1 为高电平，因而第一个触发器的输出 Q_1 跟随着输入端 D 的状态而变化，始终保持 $Q_1=D$。与此同时，CLK2 为低电平，第二个触发器的输出 Q_2（也就是整个电路的输出 Q）保持原来的状态不变。当 CLK 由低电平跳变至高电平时，CLK1 随之变成了低电平，于是 Q_1 保持 CLK 上升沿到达前瞬间输入端 D 的状态，此后不再跟随 D 的状态而改变。与此同时，CLK2 跳变为高电平，使 Q_2 与它的输入状态相同。由于第二个触发器的输入就是第一个触发器的输出 Q_1，所以输出端 Q 便被置成了与 CLK 上升沿到达前瞬间 D 端相同的状态，而与以前和以后 D 端的状态无关。

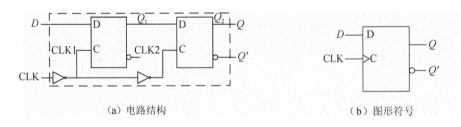

（a）电路结构   （b）图形符号

图 3-21 边沿触发器

3. 寄存器

计算机处理的数据基本都是由多个 bit 表示的，现代计算机经常用 32 个 bit 来表示并存储一个数据。因此，有必要将这些 bit 组织成一个独立的单元。寄存器（register）就是这样一种结构，它将多个 bit 组合成一个独立单元。寄存器的 bit 宽度可大可小，图 3-22 所示就是一个由 4 个 D 触发器组成的 4-bit 寄存器。将该寄存器存储的 4 个 bit 分别标识为 Q_3、Q_2、Q_1、

Q_0。当 CLK 信号有效时，D_3、D_2、D_1、D_0 被存入寄存器。

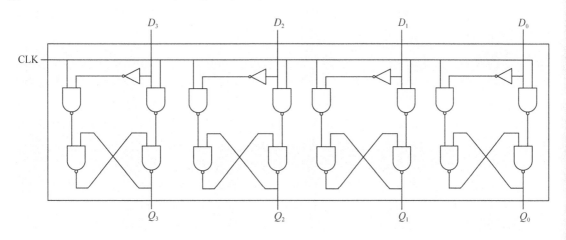

图 3-22　4-bit 寄存器

3.6.2　时序逻辑电路的结构

　　时序逻辑电路的一般结构如图 3-23 所示，它由组合逻辑电路和存储电路两部分组成，通过反馈回路将两部分连成一个整体。

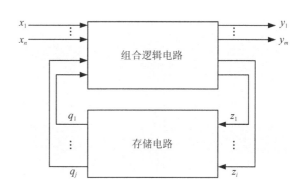

图 3-23　时序逻辑电路的一般结构

　　图 3-23 中的 X（x_1，x_2，…，x_n）代表输入信号，Y（y_1，y_2，…，y_m）代表输出信号，Z（z_1，z_2，…，z_i）代表存储电路的输入信号，Q（q_1，q_2，…，q_j）代表存储电路的输出。这些信号之间的逻辑关系可以用以下 3 个方程组来描述：

$$\begin{cases} y_1 = f_1(x_1,x_2,\cdots,x_n,q_1,q_2,\cdots,q_j) \\ y_2 = f_2(x_1,x_2,\cdots,x_n,q_1,q_2,\cdots,q_j) \\ \qquad\qquad\vdots \\ y_m = f_m(x_1,x_2,\cdots,x_n,q_1,q_2,\cdots,q_j) \end{cases}$$

$$\begin{cases} z_1 = g_1(x_1,x_2,\cdots,x_n,q_1,q_2,\cdots,q_j) \\ z_2 = g_2(x_1,x_2,\cdots,x_n,q_1,q_2,\cdots,q_j) \\ \qquad\qquad\vdots \\ z_i = g_i(x_1,x_2,\cdots,x_n,q_1,q_2,\cdots,q_j) \end{cases}$$

$$\begin{cases} q_1{}^* = h_1(z_1,z_2,\cdots,z_i,q_1,q_2,\cdots,q_j) \\ q_2{}^* = h_2(z_1,z_2,\cdots,z_i,q_1,q_2,\cdots,q_j) \\ \qquad\qquad\vdots \\ q_j{}^* = h_j(z_1,z_2,\cdots,z_i,q_1,q_2,\cdots,q_j) \end{cases}$$

第一个方程称为输出方程，第二个方程称为驱动方程，第三个方程称为状态方程。状态方程中的 q_1，q_2，$\cdots$，q_j 表示存储电路中每个触发器的现态，q_1^*，q_2^*，$\cdots$，q_j^* 表示存储电路中每个触发器的下一个新状态。

3.6.3　计数器

计数器是数字系统中使用得最多的时序电路之一，它不仅能用于对时钟脉冲计数，还可以用于分频、定时、产生节拍脉冲和脉冲序列及进行数字运算等。计数器中的"数"是用触发器的状态组合来表示的，在计数脉冲作用下使一组触发器的状态依次转换成不同的状态组合来表示数的变化，即可达到计数的目的。计数器在运行时，所经历的状态是周期性的，总是在有限个状态中循环，通常将一次循环所包含的状态总数称为计数器的"模"。

计数器种类繁多，如果按计数器中的触发器是否同时翻转分类，可以将计数器分为同步式和异步式；如果按计数器中数字的编码方式分类，可以将计数器分成二进制计数器、二一十进制计数器、格雷码计数器等。

二进制同步计数器是一种比较典型的计数器。根据二进制加法运算规则可知，在一个多位二进制的末位上加 1 时，若其中第 i 位（即任何一位）以下各位皆为 1 时，则第 i 位应改变状态（由 0 变成 1，或由 1 变成 0）。最低位的状态在每次加 1 时都要改变。例如，

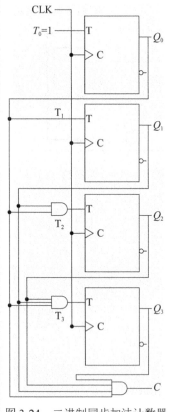

图 3-24　二进制同步加法计数器

$$
\begin{array}{r}
1\ 0\ 1\ 1\ 0\ 1\ 1 \\
+\quad\quad\quad\quad\quad 1 \\
\hline
1\ 0\ 1\ 1\ 1\ 0\ 0
\end{array}
$$

按照上述原则，最低的 3 位数都改变了状态，而高 4 位状态未变。根据这个规律，可以用 T 触发器来构造计数器，每个触发器存储一个数字位。当每次 CLK 信号到达时，使该翻转的那些触发器的 T 信号为 1，而不该翻转的 T 信号为 0。这样，就可以设计出如图 3-24 所示的 4 位二进制同步加法计数器。

由图 3-24 可见，因为最低位在每次输入计数脉冲时它都要翻转，故 $T_0 = 1$，另外几个触发器的驱动方程为

$$
\begin{cases}
T_1 = Q_0 \\
T_2 = Q_0 Q_1 \\
T_3 = Q_0 Q_1 Q_2
\end{cases}
$$

从驱动方程可以看出，每一个触发器的控制信号 T_i（$i \geqslant 1$）都是在它后面的低位触发器的输出全为 1 时才为 1。图 3-24 的 C 为进位信号。可以得到电路的状态转换表，如表 3-14 所示。从表中可以看出，每输入 16 个计数脉冲，计数器工作一个循环，并产生一个进位输出信号 C。

表 3-14 图 3-24 中电路的状态转换表

计数顺序	电路状态				等效十进制数	进位输出 C
	Q_3	Q_2	Q_1	Q_0		
0	0	0	0	0	0	0
1	0	0	0	1	1	0
2	0	0	1	0	2	0
3	0	0	1	1	3	0
4	0	1	0	0	4	0
5	0	1	0	1	5	0
6	0	1	1	0	6	0
7	0	1	1	1	7	0
8	1	0	0	0	8	0
9	1	0	0	1	9	0
10	1	0	1	0	10	0
11	1	0	1	1	11	0
12	1	1	0	0	12	0
13	1	1	0	1	13	0
14	1	1	1	0	14	0
15	1	1	1	1	15	1
16	0	0	0	0	0	0

3.6.4 内存

内存是计算机中用来存储程序和数据的部件，下一章将详细介绍内存在计算机系统中的重要作用和工作机制。内存是由一定数目（通常非常大）的"存储位置"（memory location）组成的，其中每个"位置"可以被单独识别并独立存放数据。通常，称位置识别符为"地址"，又称存储在各个"位置"中的 bit 数目为"寻址能力"（addressability）。一个 PC 机的销售商可能说"这个 PC 有 1GB（GigaBytes）的内存"，这句话的意思是，该计算机系统中有 1G（1024×1024×1024=1073741824）个内存位置，每个位置能容纳 1 个字节（8bit）的信息。内存中可独立识别的位置总数称为内存的"寻址空间"（address space）。计算机中所有的信息都采用 0、1 序列来表示，内存位置的标识方法自然也不例外。表示地址的 bit 数如果是 n，那就可以识别 2^n 个存储位置。

寻址能力是指每个内存位置中包含的 bit 数目。大多数内存是字节寻址的（byte-addressable），这是历史原因造成的。早期的计算机在数据处理或接收键盘输入值的时候，都会将其转换成 8bit 的 ASCII 码。如果内存是字节寻址的，那么每个 ASCII 码刚好占用一个存储位置。每个位置都有一个独立的地址标识，无疑方便了读写和修改操作。许多专用于科学计算的大型计算机采用 64bit 寻址，这是因为在科学计算中，数据大都是 64bit 浮点数。

图 3-25 是一个 $2^2 \times 3$ 大小的内存，其中 2^2 代表内存的地址空间大小为 4，3 代表寻址能力。地址空间为 2^2，则内存地址需要 2bit 来表示，寻址能力为 3，则意味着每个内存位置存储 3bit 信息。内存访问需要进行译码，即译码器将输入 $A[1:0]$ 译码为 4 个输出线，即 4 根"字线"（word line），如图 3-25 所示。内存中每个字线上包含 3 个 bit（即一个字），这就是"字线"名称的由来。读取内存时，只要设置地址值 $A[1:0]$，则对应的字线上的 3 个 bit 被选中输出。内存中每个 bit 的输出都与对应的字线相与，与其他字线上的相同 bit 相或。由于任一时刻同一列有且仅有一个字线被选中，所以每一列实际上就是一个 bit 选择的多路开关。3 个这样的 bit 级

多路开关并联在一起，就是一个字选择开关，即一次读出一个字。

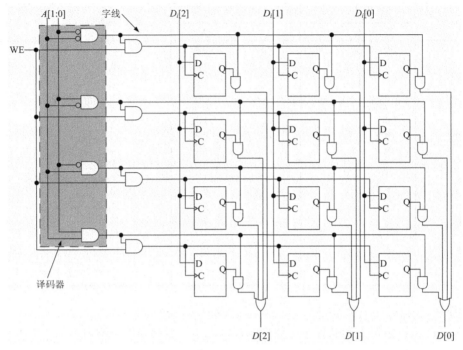

图 3-25 $2^2 \times 3$ 内存的逻辑示意图

在图 3-25 所示的图中，如果 $A[1:0]$ 的输入是 11，则经过译码后，最下面的字线被选中（该字线为 1，其他字线都是 0）。假设该字线上 3 个 bit 的内容为 "011"，这 3 个 bit 与字线相与之后，输出仍然为 "011"，进一步又输入给或门。由于其他 3 个字线信号都为 0，所以或门上其他 3 个输入必然为 0。结果数据线 $D[2:0]$ 的输出就是 "011"。内存的写操作过程与此类似，地址线 $A[1:0]$ 的内容经过译码后，选中相应字线，然后在 WE 信号的控制下，将 $D_i[2:0]$ 上的数据写入字线选中的触发器中。

阅读材料

1. 晶体管的发明

在晶体管诞生之前，半导体方面的理论和实验研究早已开始了。1833 年，英国物理学家法拉第在实验中最先发现，硫化银材料的电导率随着温度的上升而增加，而不像金属电导率那样随温度上升而减小。这是半导体现象的首次发现。1839 年法国的科学家发现半导体和电解质接触形成的结，在光照下会产生一个电动势，这就是后来人们熟知的 "光生伏特效应"。1873 年，英国科学家发现了硒晶体材料在光照下电导增加的 "光电导效应"，这是半导体又一个特有的性质。1874 年，德国科学家观察到某些硫化物的电导与所加电场的方向有关，即它的导电有方向性，在它两端加一个正向电压，它是导通的；如果把电压极性反过来，它就不会导电，这就是半导体的整流效应。这些理论为后来晶体管的发明奠定了理论基础。

1945 年下半年，美国贝尔实验室成立了一个由约翰·巴丁（J. Bardeen，1908～1991 年）、沃特·布拉顿（W. Brattain，1902～1987 年）、威廉·肖克利（W. Shocktey，1910～1989 年）等组成的固体物理学研究小组

（图 3-26），目的在于进一步研究半导体的特征。

肖克利凭着其深厚的物理学理论基础及敏锐的科学思维，提出了"场效应"半导体管实验方案。实验表明，只要将两根金属线的接触点尽可能地靠近，就有可能引起半导体放大电流的效果。他们在锗表面上做了两个间距不到 2 密耳（mil，1 mil 等于 10^{-3} 英寸）的接触点，而当时他们用于点接触的最细的金属丝直径是 5 密耳，于是布拉顿用刀片在三角形的顶点处仔细地将金箔切成两半，然后用弹簧加压的方法，把塑料片的顶端压在经过阳极氧化的锗片上。当它和金属的两端都发生接触时，就能使一个触点成为发射极，另一个触点成为集电极。这样就获得了一个放大倍数达 100 量级的放大器。他们在试验中发现了调制半导体电传导率的新方法——少数载流子注入法，并于 1947 年 12 月发明了第一只点接触晶体三极管（point-contact transistor），如图 3-27 所示。

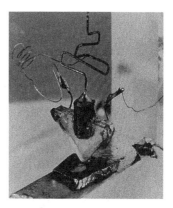

图 3-26　1974 年晶体管发明者肖克利（坐者）、　　　　图 3-27　贝尔实验室研制的
　　　　巴丁和布拉顿（右立者）　　　　　　　　　　　　　第一只点接触三极晶体管

1949～1950 年，肖克利创立了 P-N 结理论，提出了结型晶体管概念（sandwich transistor），那是一种更小、更易散热的硅晶片材料。它为晶体管的制造和半导体物理学的发展奠定了基础。1951 年他们发明了 NPN 型和 PNP 型晶体管。肖克利、巴丁、布拉顿也因此而获得 1956 年诺贝尔物理学奖。

晶体管发明后迅速取代了电子管作为计算机的基本元件，主要原因在于：① 晶体管可靠性好。机器的可靠性和所使用的电子元件的寿命有直接的关系，晶体管的平均寿命比电子管寿命高 100 倍以上，与电阻和电容的寿命相当。② 晶体管体积小。元器件的体积在很大程度上决定了计算机的体积，晶体管的平均装配密度比超小型电子管的装配密度高一个数量级。③ 晶体管功耗小。电子管在大电流和高电压下工作，热损耗占所需功率的 75%。在小功率线路中，电子管需要大约 0.1 瓦，比同样的晶体管大一个数量级。晶体管线路大大降低了计算机对通风冷却的要求。④ 晶体管有比较高的机械强度，提高了器件的可靠性，也更容易生产。⑤ 晶体管的开关速度比电子管的快。电子元件更快的开关速度意味着机器具有更快的计算速度。

随着晶体管的应用越来越广泛，人们不断改进晶体管的特性和生产工艺。由点接触式过渡到面式，又由面式过渡到片面扩散式晶体管，可靠性、速度不断提高，体积也越来越小。

晶体管的发明过程，是美国的贝尔实验室根据当时国内工业发展需要，提出用新的器件代替具有缺点的真空管的发展规划，以规划促进科研进展的范例。从晶体管的发明过程可以看到，社会的需要、技术应用上的可行性及半导体研究的理论成果这 3 个方面是晶体管产生的基本动因，而正确的选择发明课题、确立技术发明目标，是获得成功的关键。

2. 集成电路的诞生

晶体管取代电子管之后，电子计算机的体积大大缩小。但随着人们对计算机功能要求的不断提高，使用的晶体管、电阻和电容等元件越来越多。在一些复杂的电子设备中，用到的晶体管元件已经达到几十万，甚至几百万个。因此，在半导体技术的发展过程中，小型化、微型化成为电子元器件应用的必然要求。

20世纪50年代，英国学者达默（W. A. dummer，1909～2002年）提出了集成电路的设计思想：单独一个晶体管不宜做得太小，但可以将许多晶体管、电阻、电容等元件组合在一起，使用时可以少连很多线，这样就可以缩小体积、提高可靠性。

集成电路的发明者之一是美国得克萨斯仪器公司（Texas Instruments）的年轻工程师基尔比（J. St. Clair Kilby，1923～2005年）（图3-28）。1957年夏天，基尔比接受了一项设计电子微型组件的任务。所谓微型组件，就是把分立的电子元件尽可能做得小些，尽可能把它们紧密地封装在一个管壳内。在设计过程中基尔比敏锐地发现，这种微型组件的成本高得惊人，制造这种微型组件的打算不切实际。他按照达默理论，把包括电阻、电容在内的一切元件都用半导体材料制作，并连接起来，形成一块完整的微型固体电路。基尔比的实验分成两步进行：先把电阻、电容等元件改由硅材料制作，用腐蚀出的硅条作电阻，硅上的氧化层作电容；再把电阻、电容和晶体管做到一块硅片上，在不超过4平方毫米的面积上，集成了大约20余个元件。1958年9月12日，世界上第一批（共3块）平面型集成电路诞生，1959年2月，基尔比申报了专利。基尔比因发明集成电路荣获2000年诺贝尔物理学奖。

图3-28　基尔比　　　　　　　　　　　　　图3-29　诺伊斯

1958年，美国仙童半导体公司的罗伯特·诺伊斯（R. N. Noyce，1927～1990）（图3-29）、吉恩·赫尔尼（J.A. Hoerni, 1924～1997年）（图3-30）和戈登·摩尔（G. E. Moore, 1929年～）（图3-31）等发明了用平面工艺制作硅集成电路技术，奠定了半导体集成电路发展的基础。诺伊斯创造性地在氧化膜上制作出铝条连线，使元件和导线合成一体，从而为半导体集成电路的平面制作工艺、为工业大批量生产奠定了坚实的基础，如图3-32所示。比起基尔比的集成电路，诺伊斯的集成电路有两大优点：① 使用硅半导体，而不是锗半导体，硅在自然界中含量极其丰富。② 集成电路是将器件和导线全部集成在一块芯片上，而不是用手工将导线连接器件，这种设计一直沿用到今天。

后来，基尔比所在的得克萨斯仪器公司向法院起诉，控告诺伊斯和仙童公司侵犯了他们的专利权并要求赔偿损失。这桩官司拖了数年之久，结论是集成电路的发明专利分属两人，即集成电路的专利属于基尔比，集成电路内部连接技术专利属于诺伊斯。

图 3-30　赫尔尼

图 3-31　摩尔

1968 年，集成电路进入大规模发展阶段，从双极型集成电路发展到 MOS 型集成电路。标志集成电路水平的指标之一是集成度。所谓集成度就是指在一定尺寸的芯片上能做出多少个晶体管。也有用在一定尺寸的芯片上能做出多少个门电路（一个标准的门电路是由一个或几个晶体管组成）来衡量集成度。一般将集成 100 个晶体管以下的集成电路称为小规模集成电路（SSI）；把集成 100～1000 个晶体管的集成电路称为中规模集成电路（MSI）；集成 1000 个以上元器件的集成电路称为大规模集成电路（LSI）；集成 10 万个以上元器件的集成电路称为超大规模集成电路（VLSI）；到 20 世纪 80 年代中期更进一步发展了特大规模集成电路（ULSI），集成度达到 100 万个元器件以上。

图 3-32　1958 年仙童公司研制的
第一块集成电路

集成电路，特别是大规模和超大规模集成电路，可将传统电子装置的体积缩小几百倍至几百万倍（大功率部分除外），因而使过去因体积、能耗、速度、可靠性等原因无法实现的复杂信息处理装置得以造出，从而带动了信息技术的大发展。信息产业的迅速发展和计算机进入千家万户就是得益于集成电路技术的成熟和发展。

参 考 文 献

［1］董荣胜. 计算机科学导论——思想和方法[M]. 北京：高等教育出版社，2007

［2］鄂大伟，王兆明. 信息技术导论（第 2 版）[M]. 北京：高等教育出版社，2007

［3］王玉龙. 计算机导论（第 2 版）[M]. 北京：电子工业出版社，2006

［4］Yale N. Patt, Sanjay J. Patel. 计算机系统概论（第 2 版）[M]. 梁阿磊等译. 北京：机械工业出版社，2007

［5］阎石. 数字电子技术基础（第 5 版）[M] . 北京：高等教育出版社，2006

第4章

计算机组成与体系结构

计算机硬件系统由一系列电子器件按照一定的逻辑关系连接而成，是计算机的物理基础。计算机组成是指计算机主要功能部件的组成结构、逻辑设计及功能部件的相互连接关系。计算机体系结构是指计算机的功能特性和概念性结构，也称指令集体系结构。现代计算机自问世以来发展迅速，但其基本结构仍遵循冯·诺依曼计算机结构，由运算器、控制器、存储器、输入输出等基本部分组成。

本章主要介绍计算机系统中这些基本部件的组成结构、工作原理，以及各部件间的总线连接，介绍现代计算机中的 RISC、并行处理等技术，最后简要介绍计算机系统的另一种形式——嵌入式系统的相关知识。

4.1 概　　述

4.1.1 计算机系统的层次结构

计算机系统是由硬件和软件两部分组成的。硬件是计算机物理装置的总称，包括所有看得见、摸得着的实体器件，是计算机软件运行的载体。人们需要编写程序，命令计算机硬件按照解决问题的需要自动工作，逐步完成问题求解。硬件上运行的具备一定功能的程序及相关数据和文档，就是计算机软件。用于设计程序的语言称为"程序设计语言"，是人与计算机进行交流的手段，计算机硬件能够直接理解并执行的只有二进制形式的机器语言语句——机器指令。所有机器指令的集合，就是该计算机的指令系统，如果没有任何系统软件的帮助，人们就只能利用属于指令系统的机器指令编写程序，与计算机打交道，这无疑是非常困难的。为了方便人们的使用，简化编程，现代计算机系统通过翻译软件的支持，能够理解更为复杂的、接近于人类描述习惯的语言。这样，从程序员的角度来看，根据使用的编程语言，可以把计算机看成一个由硬件和各类软件采用层次化方式构建的分层系统。图 4-1 所示为常见的5 层现代计算机系统结构。

最底层的数字逻辑层，也就是计算机的硬件，位于这一层的设计者直接面对的是逻辑门，使用门电路构建各种数字器件，如运算器、存储器等，由这些器件组织成计算机的硬件系统。

计算机硬件能够直接理解的语言只有二进制形式的机器语言，因此硬件之上的第 1 层称为机器语言层。机器语言的指令能够直接命令计算机进行数据传送、数据处理或其他操作，计算机的控制器在获取机器指令之后，根据指令的要求按时间顺序发出一系列的控制信号，控制计算机内部的数据流动或器件的动作，完成相应的操作。控制信号的产生方法经历了硬件直接产生→微程序产生→硬件直接产生的发展历程。由于硬件处理速度优于微程序，因此现代计算机的处理器大多是由数字逻辑电路直接产生完成指令所需要的控制信号。值得注意的是，由于功能特性和逻辑结构的不同，不同的处理器所能理解的机器指令是不一样的，因此针对某种处理器编写的机器语言程序是无法在其他处理器上直接运行的。

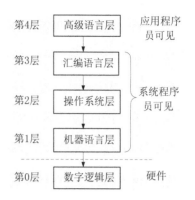

图 4-1　5 层结构的计算机系统

现代计算机系统中，大多引入了第 2 层——操作系统层，由操作系统管理计算机系统的软件和硬件资源，并以系统调用的形式向更高层的汇编语言和高级语言提供服务接口，包括文件管理的基本操作、多道程序及多重处理所用的某些操作（多线程）、基本输入输出操作等。操作系统通过软件的方式扩展了硬件的功能，典型的例子有两个，多进程和系统功能调用。多进程使用户感觉拥有多个处理器，可以同时进行多个不同程序的处理。系统功能调用则扩展了机器指令层的功能，使上层编程语言能够使用更为丰富、强大的指令（功能调用），而不必关注其在底层的实现细节。

第 3 层是汇编语言层。汇编语言就是用助记符形式表示的机器语言。例如，8086 处理器要执行 AL 和 BL 两个寄存器的内容相加，机器指令的形式为 0000 0010 1100 0011，对于程序员来说，使用这样一串二进制数编写、修改程序都非常困难，如果采用易记易懂的符号来代表，将上述 8086 机器指令的形式变为 "ADD AL, BL"，指令的功能和操作对象都变得明确了，程序写起来也不再那么的繁杂、易错，这样就诞生了汇编语言。除了部分操作系统提供的功能调用外，汇编语言支持的绝大部分指令与机器指令之间存在着一一对应的关系，因此，汇编语言无法脱离实际机器，没有通用性。不同处理器运行的程序必须重新编写，无法适应现代计算机广泛应用的需要，一般仅用于编写与底层硬件关联非常密切的少量程序，例如系统上电引导程序，硬件底层驱动程序等。

第 4 层是高级语言层。20 世纪 60 年代开始出现了各种高级语言，如早期的 FORTAN、BASIC、PASICAL，今天仍在普遍使用的 C 及各种面向对象语言 C++、Java、C#等。高级语言对问题的描述接近于人们的日常表达习惯（英语），并且高级语言与实际机器硬件之间的关联少，具有较好的通用性。运行在操作系统之上的各种应用程序主要采用高级语言开发，不仅能够简化程序开发，缩短开发周期，还有助于改善系统的可移植和可维护性。

在分层结构的计算机系统中，越靠近底层的语言功能越简单，越高层则功能越强大，利用这些语言编写程序的工作复杂性则恰恰相反。位于不同层次的程序员只要使用该层支持的语言编写程序，就可以控制计算机按照预期的要求运行，感觉就像计算机能够直接理解这一层次上的语言。但是，实际上，计算机硬件能够直接理解的语言只有机器语言，包括汇编在内的各种高层语言必须经过翻译程序翻译成机器语言后，才能被计算机理解并执行，如图 4-2 所示。

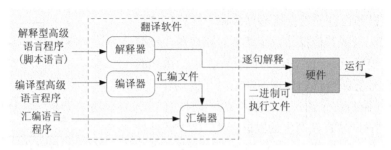

图 4-2   程序翻译过程

汇编语言使用的翻译程序叫做汇编器。汇编器将助记符形式的汇编指令转换为二进制形式的机器指令，形成计算机硬件的"可执行文件"。从事操作系统、编译程序等系统软件开发的"系统程序员"，需要熟悉计算机底层的相关硬件和系统结构，能够看到计算机系统的低3层，有些时候可能需要使用汇编指令控制计算机的硬件。例如，编写某种硬件设备的驱动程序，需要直接对I/O接口中的特殊功能寄存器进行控制和编程。

从事应用程序开发的"应用程序员"大多工作于计算机的第4层——高级语言层。利用高级语言编写的程序，有的通过"编译"方式，将整个程序翻译成硬件可执行文件形式保存，运行时直接调用该文件即可。大部分高级语言属于编译型语言，例如，C语言在Windows操作系统下，需要经编译器编译成EXE文件，方可执行。也有部分高级语言采用的是"解释"的翻译方式，程序不需要提前编译，执行时，通过解释器，逐条地边解释边执行。大部分脚本语言属于解释型语言，例如，网页中常用的JavaScript、VBScript脚本语言，含有这些脚本程序的网页在发往客户端前是不需要编译处理的，而是由客户端浏览器中的解释器直接解释执行。

不论是哪个层次、用哪一种语言编写的程序，最终的执行载体都是计算机的硬件。计算机的硬件能够完成数据的传送、存储、处理，以及各种动作的协调控制，从本质上讲，各种计算机的硬件结构是具有一定共性的。

4.1.2   计算机硬件

1. 冯·诺依曼机结构

1946年世界上第一台通用电子计算机ENIAC研制成功。经过将近70年的发展，计算机的硬件制造技术已经经历了5代，从电子管、晶体管到集成电路、大规模集成电路，再到超大规模集成电路，计算机的体系结构也已经取得了很大的发展，但是绝大部分计算机的硬件基本组成仍然遵循冯·诺依曼机的原理。

第一台计算机ENIAC为外插接型计算机，所有计算的控制必须手动编程，要通过设置分布在各处的6000多个开关以及连接众多的插头和插座来实现。如果程序能够以某种形式与数据一同存储于存储器中，计算机就可以通过在存储器中读取程序来获取指令，并执行相应动作。这样，编程的过程就可以简化，通过设置存储器的值就可以编写和修改程序。

这个被称为"存储程序"的思想主要归功于当时ENIAC项目的顾问——冯·诺依曼。冯·诺依曼在1945年的EDVAC计算机的计划中首次公布了这一构想。1946年，冯·诺依曼和他的同事们在普林斯顿高级研究院开始设计一种新的程序存储计算机。这种机器后来被称为 IAS 计算机，成为通用计算机的原型。图 4-3 给出 IAS 计算机的组成结构框架，它包括以下几个部分：

(1)存储器，用于存储数据和指令。

(2)算术逻辑单元，对二进制数进行操作，完成算术运算和逻辑运算。

(3)程序控制器，负责翻译存储器中的指令并执行。

(4)输入、输出设备，由控制器操纵，完成相应的输入输出功能。

除少数例子外，几乎所有计算机都有与 IAS 计算机相类似的结构和功能，因此它们被统称为"冯·诺依曼机"。冯·诺依曼机的主要特点如下：

(1)计算机由存储器、算术逻辑单元、控制器、输入设备、输出设备 5 大部件组成。

(2)指令和数据以同等地位存放于存储器中，并可按地址寻访。

(3)指令和数据均用二进制码表示。

(4)指令在存储器中按顺序存放，通常指令是顺序执行的，在特定条件下，可以根据运算结果或设定的条件改变执行顺序。

2. 现代计算机结构

典型的冯·诺依曼计算机以运算器为中心，输入、输出设备与存储器之间的数据传送都需要通过运算器，这使运算器不得不负担运算之外的工作，严重影响运算器的工作效率。因此现代的计算机已经转化为以存储器为中心，如图 4-4 所示。

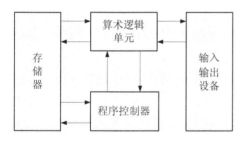

图 4-3　IAS 计算机的组成结构

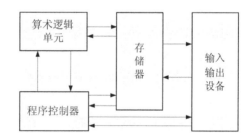

图 4-4　以存储器为中心的计算机组成结构

由于算术逻辑单元和控制器在逻辑关系和电路结构上的联系非常紧密，在大规模集成电路制作工艺出现后，Intel 公司发明了微处理器技术，将这两个部件制作在同一芯片上，通常将它们合起来统称为中央处理器（Central Processing Unit），简称 CPU。输入和输出设备通常简称为 I/O 设备（Input/Output equipment）。这样，现代计算机可认为由 3 大部分组成：CPU、存储器、I/O 设备。CPU 与存储器合起来又可称作主机，I/O 设备又被称作外部设备。

3. 程序与计算机硬件的关联

层次结构的计算机系统中，程序的开发和执行将贯穿较低的各层，最终被计算机的硬件理解执行。下面以一个简单的 C 语言求和程序为例，介绍该程序是如何被计算机硬件理解和执行的，以加深对计算机软、硬件间关系的认识。

```
1 #include <stdio.h>
2 void main()
```

```
3   {
4     int a,b;
5     int sum = 0;
6     scanf("%d",&a);
7     scanf("%d",&b);
8     sum=a+b;
9     printf("两个数的和是%d",sum);
10  }
```

首先，使用文本编辑器编写程序，其中的每一个字符以 ASCII 形式保存，生成了纯文本文件 sum.c。然后，利用编译链工具编译 sum.c 文件，如果不存在语法错误，将生成可执行文件。编译链由一系列的工具软件组成，包括预处理器、编译器、汇编器、连接器等。目前，应用程序员大多采用集成开发环境（Integrated Development Enviroment，IDE）进行编程工作，IDE 是将编辑器和上述编译链工具集成在一起构成的语言处理软件，常见的 Visual Stuido、Eclipse、Keil uVision 等都属于 IDE。通过应用 IDE，能够简化程序的编写、编译过程，实现"一键编译"。

编译生成的可执行文件是二进制文件，由计算机硬件能够直接识别的二进制机器指令构成，因此能够被硬件理解执行。下面详细解释例程 sum 在执行过程中涉及的计算机硬件组成部件。

(1) 变量定义与存储器。例程 sum 中，首先定义了 3 个变量 a、b、c，变量定义语句执行时，将根据它们的数据类型，在存储器部件中为它们分配一定大小的空间。这样变量就有了存储位置，以后对变量进行的读取/修改操作，本质上都是访问变量所在的存储空间。

(2) 标准输入输出函数与输入输出部件。因程序运行的过程中，常需要用户与计算机之间进行信息交流，所以标准输入输出库（stdio.h）是最常用的函数库之一。例程中使用了 scanf 函数从标准输入设备输入数据，键盘是计算机的标准输入设备，从键盘输入的数据存放在输入缓冲区中，scanf 函数根据数据类型，从该缓冲区中依次取出数据，存入&-取地址操作符指向的变量地址空间，为变量赋值。此外，例程中还通过调用 printf 函数，从标准输出设备——通常为显示器，输出运算结果。

(3) 数据处理与运算器部件。应用对数据的处理要求多种多样，但归结到底层硬件对数据的处理只有几种基本的方法和类型，即加、减、乘、除四则运算，移位操作，与、或、异或、取反逻辑操作，所有的算术和逻辑操作都是由运算器部件完成的。程序中，通过使用这些简单数据处理的组合，构造更为复杂的数据处理方法。例程 sum 中，对两个变量 a、b 的求和运算就是由运算器完成的。

(4) 程序运行与控制器部件。编译生成可执行文件后，用户通过在操作系统提供的命令行程序中输入可执行文件的名字运行程序。程序执行的过程中，逐条按顺序取出指令，分析指令的操作类型和操作对象，并发出相应的控制信号控制数据的传输和部件的动作，这一切处理能够顺利地进行都要归功于控制器部件。

计算机硬件是程序存储、运行的载体，深入的理解计算机软、硬件之间的关系，有助于理解程序的编写、编译、调试原理和方法，为写出更为可靠、高效的代码打下坚实的基础。

4.1.3 计算机硬件研究范畴

1. 计算机体系结构

计算机体系结构（Computer Architecture）是指底层程序员所见到的计算机系统的属性，这些属性直接影响到低级语言程序的编写与逻辑执行。体系结构的属性通常包括指令集、数据类型、存储器寻址技术、I/O 机制等，大都属于抽象的属性。由于计算机系统具有多级层次结构，因此，面向不同层次的程序员所看到的属性也各不相同。例如，高级语言通过编译程序或解释程序屏蔽了不同计算机体系结构之间的差异，因此使用高级语言编程的程序员可以把 IBM PC 和小型机 RS6000 看成是同一属性的机器。可是对使用汇编语言编程的程序员来说，IBM PC 和 RS6000 是两种截然不同的机器，因为程序员看到的这两种机器的属性，如指令集、数据类型、寻址技术等都完全不同。

2. 计算机组成

计算机组成（Computer Organization）是指计算机硬件结构的逻辑实现，即实现体系结构的具体功能单元及它们之间的相互连接，包含了许多对程序员来说透明的硬件细节。例如，一台计算机是否具备乘法指令是体系结构的设计问题，而这条指令是由特定的乘法单元实现，还是通过重复使用系统的加法单元来实现，则是一个计算机组成问题。

3. 计算机实现

计算机实现（Computer Implementation）指的是计算机组成的物理实现，包括各大组成部件的物理结构，集成度和速度，模块、插件、底板的划分与连接，信号传输，电源、冷却及装配技术等，着眼于器件制造技术、微组装技术等。

三者之间的区别与联系体现在计算机硬件设计的重要思想"软件兼容"方面。软件兼容是指软件可以在不加修改的情况下，运行于兼容计算机，是保障软、硬件产业化发展的重要思想。试想，如果一台新的计算机无法运行现有软件，是否还会有用户愿意更新计算机硬件呢？保持软件兼容的方法是让计算机之间能够相互理解对方的指令，即体系结构表现的属性具有一致性或者包含性。计算机制造商往往提供一系列型号的计算机，它们都有相同的体系结构，但是组成却不同，即使组成相同的计算机，实现技术随着工艺的发展也不一样。因而，同一系列中不同型号的计算机的价格和性能特点也不相同。一种计算机体系结构可能存在多年，而它的组成和实现则随着技术的进步而不断更新，一个典型的例子就是 IBM System/370 系列，如图 4-5 所示。

图 4-5 IBM 大型机 System/370-145

System/370 体系结构于 1970 年推出，包括了高端的 155、165、195、158、168 型号，中级的 135、145、138、148 型号，入门级的 115、125 型号，以及众多的兼容机型号。软件可以运行在该系列的任何一种机型上，唯一的区别仅在于速度。仅有最低要求的客户可以购买较便宜的、速度较慢的型号。如果以后要求提高了，可以升级到更贵的、速度更快的型号，而不必丢弃已经开发的软件。因为这些同一系列不同型号的计算机虽然组成和实现技术不同，却保留了同样的体系结构，从而保证了软件的兼容性。

4.1.4 计算机的分类

由于面向的应用不同，不同种类计算机的体系结构、组成、追求的性能指标都各不相同。20 世纪 60 年代，在计算机领域中占统治地位的是大型机，它们的典型应用是商业数据的处理和大规模科学计算。70 年代出现了小型机，它主要针对实验室中的科学应用，借助于分时操作系统，多个用户可以通过独立的终端共享一台小型机。同一时期也出现了面向科学计算的超级计算机。虽然数量不多，但超级计算机在计算机历史上却占据了重要地位，这是因为它所采用的多项创新技术后来被广泛应用到其他较廉价的计算机上。80 年代是基于微处理器的个人计算机崛起的时代，之后计算机在外观及使用方法上都发生了巨大的变化，这些变化推动了桌面计算机、服务器、嵌入式计算机 3 个细分产品市场的形成。

1. 桌面计算机

桌面计算机的范围涵盖了从几千元的低端计算机到超过几万元、拥有超高配置的工作站。在这个价格和性能区间，计算机市场的总体趋势是提高其性价比。性能（计算性能、图形性能等）和价格的综合因素是消费者最关心的，因此也就成为设计者关注的焦点。因此，桌面计算机往往是最新、最高性能的微处理器和低成本微处理器最先应用的领域。

2. 服务器

在桌面计算机流行的同时，服务器在提供更大规模以及更可靠文件、计算服务方面的重要性也日趋显现。万维网的出现，加速了这种趋势。这些服务器取代了传统的大型机成为企业进行大规模信息处理的中枢。服务器具有以下几个重要特性：

(1)可靠性。例如 Baidu 或者淘宝的服务器，必须确保每周 7 天、每天 24 小时连续运转。如果这样的服务器系统出现故障，其后果比一台桌面计算机的故障所带来的损失要严重得多。

(2)可扩展性。随着服务需求或功能需求的增加，服务器也应随之扩展。因此对于服务器，能够在计算能力、存储容量及 I/O 带宽等方面进行升级是至关重要的。

(3)高效的吞吐量，即服务器的整体性能。通常以每分钟处理的事务数或每秒所响应的页面请求数等参数来衡量。

3. 嵌入式计算机

嵌入式计算机是计算机市场中增长最快的领域。这种智能设备在日常生活中随处可见，从日常使用的电器（如微波炉、洗衣机、打印机、网络交换机、汽车）到手持数据设备（如手机和智能卡），以及视频游戏机和数字机顶盒等。嵌入式计算机的处理能力和价格覆盖的范围很广：从低端售价几元钱的 8 位和 16 位处理器，到售价几十元的每秒可以执行 1 亿条指令的 32 位微处理器，还有高端的价值几百上千元、能够为最新的视频游戏机或高端网络交换机提供每秒 10 亿条指令计算能力的嵌入式处理器。

嵌入式计算机以应用为中心,专用性强,设计的主要目标是以最低的价格满足实际的性能需求,而不追求用更高的价格来实现更高的性能。另外,由于应用场合比较特殊,嵌入式计算机经常对实时性、可靠性、体积和功耗等都有严格的要求。

4.2 中央处理器

中央处理器(Central Processing Unit,CPU)由运算器及控制器组成,是计算机的核心部件,计算机中的各种控制和运算都由 CPU 来完成。在微型计算机中,中央处理器被集成在一块超大规模集成电路芯片上,也称微处理器。

4.2.1 计算机指令

CPU 的操作是由它执行的指令所决定的,而 CPU 可完成的各类功能也都反映在 CPU 所支持的各类指令中。这些指令被称为机器指令,CPU 能执行的各种不同指令的集合称为 CPU 的指令集(instruction set)。

计算机的指令集是硬件和软件之间的接口,而计算机设计人员和编程人员对同一台计算机的关注点也是以指令集为界。以设计者的观点看,指令集提出了对 CPU 的功能性需求,后期 CPU 设计的主要任务是如何实现整个指令集。以编程者的观点来看,为了写出能够被计算机执行的程序,必须通晓机器的指令集、寄存器、存储器结构及数据类型等信息,而对底层指令集的实现毫不关心。当然,这里是指使用机器语言编程的编程者,高级语言诞生之后,得益于编译程序和解释程序,程序员对指令集也不再关心。

一条机器指令一般由操作码和地址码两部分组成,如图 4-6 所示。操作码用来指明该指令所要完成的操作典型,如加法、减法、传送、移位、转移等。通常其位

操作码	地址码

图 4-6 指令的一般格式

数反映了机器指令的数目。如果操作码占 4 位,则该机器最多包含 2^4 条指令。地址码用来指定该指令的源操作数的地址(一个或两个)、运算结果的地址及下一条要执行的指令的地址。源操作数和运算结果的地址可以是主存、寄存器或者 I/O 设备的地址。下一条指令的地址通常位于主存中,而且紧随当前指令之后,所以在当前指令中通常不必显式给出。如果指令不是顺序执行,则下一条指令的地址需要显式给出。

不同的计算机,其指令集相差很大,但几乎在所有的计算机上都支持以下几类指令。

(1)数据传送指令:把源地址的数据传送到目标地址,传送可以在寄存器与寄存器、寄存器与存储单元、存储单元与存储单元之间完成。

(2)算术指令:大多数计算机都提供了加、减、乘、除这样的基本算术指令。对于低档机,一般算术运算只支持最基本的二进制加减、比较、求补等,而高档机还支持浮点计算或十进制运算等。

(3)逻辑指令:大多数计算机都提供基本逻辑运算,包括与、或、非、异或等。除了按位的逻辑操作,大多数计算机还提供移位操作,包括算术移位、逻辑移位和循环移位 3 种。算术移位和逻辑移位分别可实现对有符号数和无符号数乘以 2^n(左移 n 位)或整除以 2^n(右

移 n 位）的运算，而移位操作比乘除操作所需的时间要短得多。

（4）转移指令：在大多数情况下，计算机是顺序执行程序中的指令，但有时需要改变这种顺序，就需要使用转移指令来完成。转移指令需要在指令中显式地给出转移地址，按其转移特征可分为无条件转移、条件转移、过程调用与返回等。

（5）I/O 指令：计算机中通常设有输入输出指令，用来从外设的寄存器中读入一个数据到CPU 的寄存器中，或将数据从 CPU 的寄存器输出到某外设的寄存器中。

（6）其他指令：一些杂项指令，包括等待指令、停机指令和空操作指令等。

4.2.2　CPU 的功能与组成

为了完成指令规定的任务，CPU 需要执行以下工作。

（1）取指令：从存储器中读取指令。

（2）解释指令：对指令进行译码，以确定指令所要求的动作。

（3）取数据：按指令的要求从寄存器或 I/O 模块读取数据。

（4）处理数据：按指令的要求对数据完成某些算术或逻辑运算。

（5）写数据：将执行的结果按要求写入存储器或 I/O 模块。

CPU 取出并执行一条指令所需的全部时间叫做指令周期。由于各种指令操作功能不同，不同指令的指令周期也不相同。例如乘法指令，其执行阶段所要完成的操作比加法指令多得多，故它的指令周期就比加法指令长。图 4-7 给出了一个典型的指令执行周期。

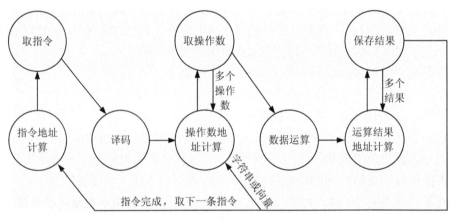

图 4-7　指令执行周期

从图 4-8 中可以看出，如果 CPU 要执行一条"ADD A,B,C"指令，将内存单元 B 和 C中的值相加，然后将和放入内存单元 A 中，则这一条指令的执行包括以下几步：

（1）取 ADD 指令，并进行译码。

（2）计算内存单元 B 的具体地址，并将对应存储单元的内容读入 CPU。

（3）计算内存单元 C 的具体地址，并将对应存储单元的内容读入 CPU。为了使 B 的内容不至于丢失，CPU 至少要有两个临时存储单元。

（4）将两个值相加。

（5）计算内存单元 A 的具体地址，并将计算结果写入存储单元 A 中。

为了完成这些工作，CPU 需要 2 个部件：完成数据的计算或处理的算术逻辑单元 ALU（Arithmetic Logic Unit）、控制数据和指令的移入移出并控制 ALU 操作的控制器 CU（Control Unit）。另外，CPU 需要暂时存储某些数据。例如，它必须记住最后执行的指令的位置，以便计算下一条指令的地址，在执行期间 CPU 也要暂时保存指令和数据，因此 CPU 还需要一些内部存储器，称为寄存器（Register）。

ALU 是 CPU 中执行各种算术和逻辑运算操作的部件。ALU 所支持的基本操作包括加、减、乘、除四则运算，与、或、非、异或等逻辑操作，以及移位、比较和传送等操作。如何使用基本的与、或、非门来实现这些算术与逻辑操作是数字逻辑层考虑的问题，而 ALU 能执行多少种操作及其操作速度，则标志着 ALU 能力的强弱。

从某种意义上说，ALU 是计算机中最核心的部件，计算机系统的其他部件（控制器、寄存器、存储器、I/O）主要是为 ALU 准备运算数据和从 ALU 取走运算结果。通常，数据由寄存器提交给 ALU，ALU 对输入数据进行算术和逻辑运算，然后将运算结果送到结果寄存器，经结果寄存器再存回到某个寄存器中，需要时也可以从寄存器写入内存中。图 4-8 给出了 ALU 进行加法运算的数据流程。

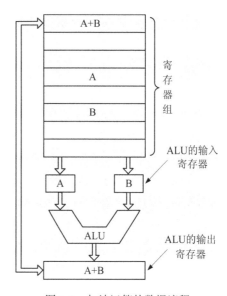

图 4-8 加法运算的数据流程

从另一方面说，ALU 只是一个数据加工处理部件，接受控制器的命令而进行动作。控制器要向 CPU 内部发送各种控制信号，控制数据在寄存器间流动，并引发 ALU 完成指定功能及其他内部调整操作。控制器还要向 CPU 外部发送控制信号，从而控制与存储器或 I/O 模块间的数据交换。

寄存器是 CPU 内部小容量、高速度的存储器，用来存放中间结果和一些控制信息。每个寄存器都有确定的存储容量和相应的功能，一般可以分为两大类：用户可见寄存器、控制和状态寄存器。

用户可见寄存器是指编程人员可利用机器语言或汇编语言进行访问的寄存器，通常可分为以下几类：

(1) 通用寄存器，可由程序员指定用于多种用途，包括存放操作数、存放各种地址等。

(2) 数据寄存器，用于存放操作数，其位数应满足多数据类型对数值范围的表示要求。

(3) 地址寄存器，用于存放各种地址，如可作为段指针、变址寄存器、栈指针等。

控制和状态寄存器用于控制 CPU 的操作和运算，它们中的大多数对用户是不可见的。对于指令的执行，有 4 种寄存器至关重要：程序计数器、指令寄存器、存储器地址寄存器、存储器数据寄存器。程序计数器存储一条指令的地址，一般每次取指令之后 CPU 会自动更改程序计数器的内容，使它总是指向下一条将被执行的指令。取来的指令被装入指令寄存器，在那里指令被进行译码。与存储器的数据交换使用存储器地址寄存器、存储器数据寄存器。

除了以上 4 种寄存器，CPU 中还包括程序状态寄存器，用来保存一些条件码和其他状态信息。条件码是 CPU 根据每次运算结果由硬件自动设置的标志位。例如，算术运算中如果产生正、负、零或溢出等结果，相应的标志位就会被设置。用户可以访问这些标志位，从而知道上次的运算结果是否为零、是否溢出等，进而控制程序的执行。图 4-9 给出了嵌入式微处理器 ARM9 中的当前程序状态寄存器（Current Program Status Register，CPSR）的详细组成。

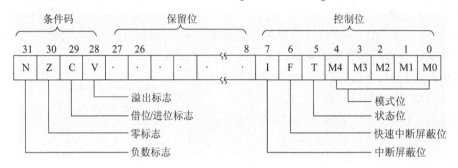

图 4-9　ARM9 中 CPSR 寄存器的组成

CPSR 的高 4 位都是条件码，其中 N 是运算结果为负标志位，Z 是结果为零标志位，C 是进位标志位，V 是溢出标志位。ARM9 的 ARM 指令集都是条件执行的，只有 CPSR 中的标志位满足指令中指定的条件，指令才会得到执行。例如跳转指令的结构如图 4-10 所示，指令的高 4 位（28~31 位）用来指定指令的执行条件。如果这 4 位的值为 0000，则指定该指令必须在 CPSR 的 Z 位值为 1 时才执行，从而实现了条件跳转。

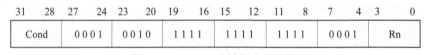

图 4-10　ARM9 跳转指令的结构

4.2.3　CISC 和 RISC

为了提高性能，处理器的指令集变得越来越丰富，指令的数目和复杂程度都不断增加。硬件设计师经常根据统计结果将使用频率高、执行时间长的操作或指令串直接定义为一条机器指令，单条指令的功能越来越强大。有了这些复杂指令，软件设计师就可以用更短的程序完成指定的功能，因为更多的工作交由硬件来完成，程序的执行速度也会得到提高。这种设计思路，导致计算机中的复杂指令越来越多。另外，为了达到程序兼容的目的，同一系列的新型机对旧型机的指令系统只能扩充而不能减去。这样一来，指令系统愈趋复杂，有的计算机指令甚至达到数百条。人们就称这种计算机为复杂指令系统计算机（Complex Instruction Set Computer，CISC）。Intel 80X86 系列中的 CPU，如 8086、80286 等都是按照 CISC 思想设计的。日益庞大的指令系统不仅使计算机研制周期变长，而且还有难以调试、维护困难等一系列缺点。如 Intel 80386 的研制耗资达 1.5 亿美元，开发时间长达 3 年多。

为了解决这些问题，20 世纪 70 年代中期，人们开始进一步分析研究 CISC。研究发现，处理器中占总指令数 80%的复杂指令，在程序运行的过程中用到的机会不是很多，大概只承担 20%的工作。然而处理器中 20%的简单指令集却承担着运算中 80%的计算量。这一点告诫人们，付出再大的代价增添复杂指令，也仅有 20%的使用概率。因此人们开始研制精简指令系统计算机 RISC（Reduced Instruction Set Computer）。

1975 年，IBM 公司研制出实验型小型机 801。虽然 IBM 从未把这种机型推向市场，但是 801 的研发提出了许多新的设计思想，采取了一系列新的技术措施：精简的指令系统，简洁规整的指令格式，面向寄存器的运算型指令，仅通过访存指令访问存储器，大量的寄存器，以及每个时钟周期出一个结果等。这些特点及设计思想与其后发展的 RISC 都是一致的。

1980 年，一个由加利福尼亚大学伯克利分校的大卫·帕特森（D. Patterson，1947 年~）和卡罗·塞奎因（C. Séquin，1941 年~）领导的研究小组开始设计不用解释器的超大规模集成电路 CPU 芯片。他们创造了术语 RISC 来描述这个概念，并把他们的 CPU 命名为 RISC I，紧跟着又推出了 RISC II。其后不久，斯坦福大学的 John Hennessy 于 1981 年设计和制造了称为 MIPS 的芯片，只和 RISC 稍微有些不同。这两种芯片分别引出了两种重要的商业芯片，即 SPARC 和 MIPS。

新处理器和当时的商业处理器有着很大的区别，向 CISC 提出了挑战。RISC 的支持者认为设计计算机的最佳途径就是指令集只保持少量能在一个周期内完成的简单指令。他们认为即使 RISC 需要 4 或 5 条指令来完成 CISC 的一条指令的功能，但如果 RISC 能比 CISC 快 10 倍的话（因为 RISC 译码、寻址简单，也不需要解释执行），那么还是 RISC 性能占优。

由于减少了容易造成错误的大量的复杂指令集的设计，大大地降低了工艺难度也降低了设计和生产成本。更重要的是 RISC 提供了更快的计算速度，而且更节能，可以更稳定的运行。RISC 是一项伟大的革新，今天几乎所有的高性能 CPU 都采用这种结构。20 世纪 90 年代初 Apple、Motorola 和 IBM 三家共同开发的 Power-PC，以及 DEC 的 Alpha、SUN 的 SPARC、HP 的 PA-RISC、MIPS 技术公司的 MIPS、ARM 公司的 ARM 等都采用 RISC 结构。RISC 微处理器被广泛应用在从服务器到嵌入式等各种领域。

RISC 刚开始推出时，引起大家注意的特点是指令集相对较小，一般为 50 条指令左右，比起当时 DEC 的 VAX 和 IBM 大型机的 200~300 条指令规模来说确实是小很多。实际上现在 RISC 的指令数目也越来越多，小指令集已经不再是其主要特点，一般认为 RISC 结构的 CPU 具有以下几个典型特点：

(1)固定指令长度。RISC 将指令的长度减短，许多在 CISC 中的复杂指令都被去除，剩下的是一些简单而常用的指令。原来在 CISC 的 CPU 中由复杂指令所完成的工作，在 RISC 的 CPU 中便由数条指令来完成。这可以简化指令的存取，并减少解码的时间与硬件电路设计上的困难。

(2)指令流水线处理。指令流水线（Pipeline）是 RISC 最重要的理论。一条指令的执行一般经过取指令、译码、取操作数、执行指令、回写等 5 个步骤。在没有设计指令流水线的 CPU 内，一条指令必须要等前一条指令完成了这 5 个步骤后才开始，而采用流水线的 CPU 多条指令可以同时执行，大大提高了 CPU 的处理速度。

(3)装入/存储结构。大多数指令都是对寄存器中的数据进行操作，对于内存只有装入（load）和存储（store）两个操作，需要专门的访存指令来完成。这样，加快了其他非访存指令的执行速度，也简化了对内存的管理。

(4) 单周期执行。由于大多数的指令属于非访存指令，只在寄存器上进行操作，这些指令在一个时钟周期内便可执行完毕。与 CISC 相比，指令的执行时间短而且固定。

发展到今天，CISC 与 RISC 之间的界限已经不再是那么泾渭分明，RISC 自身的设计正在变得越来越复杂。因为所有实际使用的 CPU 都需要不断提高性能，所以在体系结构中加入新的特性就在所难免。另一方面，原来被认为是 CISC 体系结构的处理器也吸收了许多 RISC 的优点。比如从 80386 开始，Intel 公司将 RISC 技术引进了 80X86 系列 CPU，使其本身具有 RISC 和 CISC 的特性。之后推出的 80486、Pentium 和 Pentium Pro 等微处理器，更加重了 RISC 技术的成分。

4.2.4 指令流水线

为了提高计算机的性能，最直接的办法是通过提高芯片的主频来使它运行得更快。但主频的提高都有个极限，因此，设计者开始采取并行处理的方法，以便在给定主频下取得更好性能。

从内存中取指令的过程一直是指令执行速度提高的瓶颈。为解决这个问题，早在 1959 年的 IBM Stretch 计算机中，就尝试将指令从内存中预取出来并供需要时使用。这些指令存放在一组称为预取缓冲的寄存器中，这样，需要指令的时候就可以直接从预取缓冲中取到。实际上，指令预取把指令执行分解成了取指令和实际执行指令两个部分。指令流水线的概念把这个策略又往前推进了一步，把指令执行分解成更多部分，每个部分由相应的硬件分别执行。

图 4-11 给出了将指令执行分解为 5 个阶段（stage）的流水过程。子过程 S_1 从内存中取指令放到缓冲寄存器中备用；S_2 对指令进行译码，判断指令类型和指令需要的操作数；S_3 从寄存器或内存中找到并取来操作数；S_4 完成实际的指令功能，得到运算结果；最后，S_5 将结果写回到指令规定的寄存器中。图 4-12 给出了随时间变化的流水线操作。

S_1	S_2	S_3	S_4	S_5
取指令	指令译码	取操作数	指令执行	回写

图 4-11 指令执行的 5 个子过程

	1	2	3	4	5	6	7	8	9	10	11	12	13
指令 1	S_1	S_2	S_3	S_4	S_5								
指令 2		S_1	S_2	S_3	S_4	S_5							
指令 3			S_1	S_2	S_3	S_4	S_5						
指令 4				S_1	S_2	S_3	S_4	S_5					
指令 5					S_1	S_2	S_3	S_4	S_5				
指令 6						S_1	S_2	S_3	S_4	S_5			
指令 7							S_1	S_2	S_3	S_4	S_5		
指令 8								S_1	S_2	S_3	S_4	S_5	
指令 9									S_1	S_2	S_3	S_4	S_5

t

图 4-12 指令 5 级流水时序

假设这台计算机的时钟周期为 2 ns，那么，一条指令经过完整流水线的 5 个子过程需要 10 ns。乍一看，一条指令需执行 10 ns，也就是该计算机的速度是 100 MIPS（millions of instructions per second，百万条指令/秒），可实际上它的速度要快得多。因为从第 5 个时钟周期开始，在每个时钟周期（2 ns），都有一条指令执行完毕，所以它的实际处理速度是 500 MIPS。如果将机器指令划分为更多级的操作，减轻每一级的复杂程度，这样流水线的每一步就可以在更短的时间内完成，CPU 速度得到进一步的提高。超流水线技术（Super Pipeline）使用的就是这种方法，Intel 的 Pentium 4 处理器流水线达到 20 级，甚至更高。但是流水线级数越多，重叠执行的指令就越多，发生竞争、冲突的可能性就越大，会影响流水线的性能。

既然一条流水线可以提高计算机的性能，那么两条流水线就更能提高性能了。超标量计算机就是利用这个原理，在其 CPU 内有多条并行处理的流水线，每个周期可以同时发起多条指令（2～4 条居多）。超标量机能同时对若干条指令进行译码，然后由硬状态记录部件和调度部件来进行指令调度，将可以并行执行的指令送往不同的执行部件，如图 4-13 所示。超标量处理器主要是借助硬件资源的重复来实现指令流水的并行操作。

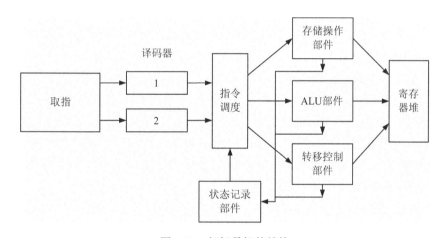

图 4-13 超标量机的结构

4.2.5 处理器的分类

自从 Intel 公司将控制器和运算器集成到同一块芯片中，诞生出世界上第一块微处理器，计算机中央处理器的存在形式就不再是分立器件，而是普遍采用了微处理器芯片，这样既缩小了计算机的体积，又降低了系统的功耗。微处理器发展到今天，根据应用的需要，出现了各种不同的类型，下面作简单的介绍。

1. 按照采用的指令集特点分类

处理器根据采用的指令集不同，可以分为 RISC 处理器和 CISC 处理器两类（4.2.3 节中介绍了两种指令集处理器的特点），但是随着技术的发展，两种指令集技术不断的相互借鉴，目前市场上已经很难见到纯粹的 RISC 处理器或者 CISC 处理器，只能说以某种指令集为主要特点的处理器。

Intel 公司的桌面机处理器及与其兼容的各种"X86 兼容机"都是以 CISC 技术为主的处理器，这些处理器在更新换代时，强调兼容性，指令集复杂，但也吸收了 RISC 技术的部分特点，如流水线技术，以提高自身性能。

著名的 RISC 处理器主要有 MIPS、PowePC、SUN 公司的 SPARC，以及现在非常流行的 ARM 系列处理器。这些处理器都具备 RISC 指令集的基本特点，如指令格式整齐、限制访存及硬件控制逻辑等。但实际上 ARM 处理器采用的是一种改进的 RISC 技术，如为了降低功耗和提高代码密度，ARM 指令并非都是单周期指令及支持条件指令等，所以说 ARM 处理器也不是纯粹的 RISC 处理器。

2. 按照结构设计分类

微处理器有两种典型的体系结构，即冯·诺依曼结构（又称普林斯顿结构）和哈佛结构，根据处理器采用的结构，相应地可分为两大类——冯·诺依曼结构处理器和哈佛结构处理器。冯·诺依曼结构与哈佛结构的最大不同在于对存储空间的管理，冯·诺依曼结构中程序和数据是存放在同一个存储空间的，而哈佛结构则是采用分离的程序存储器和数据存储器。

单一存储空间的优点在于存储灵活，不必对哪些是程序、哪些是数据进行判断，也不必在物理上设置两个独立的存储器件，因此，冯·诺依曼结构被广泛地应用于各种个人计算机处理器，如种类繁多的 X86 兼容处理器。

但是，冯·诺依曼结构中，访存速度受到单一存储器的限制，而哈佛结构中，由于程序存储器和数据存储器相互独立，并采用独立的总线进行访问，因此程序访问和数据访问可以同时进行，非常有利于指令流水，因此被广泛地应用于各种控制系统使用的嵌入式处理器、数字信号处理器。例如，ARM9 之后的所有 ARM 系列处理器都采用了哈佛结构。

值得一提的是，处理器采用的结构和指令集之间没有必然的联系，尽管 RISC 处理器强调指令流水技术，但是也有些 RISC 处理器，如 MIPS 处理器采用的是冯·诺依曼结构，而有些 CISC 处理器，如 51 系列处理器采用的则是哈佛结构。

3. 按照机器字长分类

机器字长是指 CPU 进行一次运算能够处理的最长二进制位数，由于运算是由 ALU 负责的，所以这一长度直接取决于 ALU 用于存放运算数的寄存器的长度。机器字长是衡量 CPU 运算能力的一个指标。举个例子，对两个 64 位数据进行加法处理，如果采用机器字长为 64 位的 CPU，ALU 只需要进行一次加法运算就能完成处理，但是如果是 32 位机器字长的 CPU，ALU 需要对运算数据的高、低 32 位进行两次加法运算，因此，运算速度必然要慢。

按照机器字长，处理器可分为 8 位、16 位、32 位和 64 位处理器。目前，一般服务器和桌面机采用的处理器都是 64 位处理器，8 位、16 位和 32 位处理器分别应用于各种不同档次的嵌入式系统。

4. 按照应用领域分类

按照处理器的应用领域，可以将处理器分为：台式机处理器、笔记本处理器、服务器处理器和嵌入式处理器。

台式机处理器一般性能优越、价格适宜。台式机处理器生产商主要是 Intel 公司和 AMD 公司，包括最新的苹果 iMAC 在内，各种台式机选用的大都是这两家公司生产的系列处理器。笔记本处理器，也称为移动处理器，与台式处理器采用不同的电源管理技术，工作电压比较低，功耗和散热也比台式处理器低得多，因此更适合于强调便携的笔记本电脑使用。

由于服务器对于速度和稳定性的要求较高,因此一般都会采用专用的服务器处理器,如 Intel 公司的安腾(Itanium)、至强(Xeon)、AMD 公司的皓龙(Operton)等都是专为服务器设计的处理器。嵌入式处理器主要是应用于各种嵌入式系统,与前几种处理器不同,嵌入式处理器的市场品种非常繁多,从 8 位到 32 位,从早期的 51 系列单片机到新型的 ARM Cortex 系列处理器,用户可根据各种不同的嵌入式系统应用需求,量体裁衣,选择性价比最佳的嵌入式处理器。

4.3　存　储　器

存储器是计算机系统中用来存储程序和数据的设备。随着计算机的发展,存储器在系统中的地位越来越重要,存储器的容量大小和性能在很大程度上影响着整个计算机系统的性能和工作效率。

4.3.1　存储器的分类

随着计算机系统结构和元器件的发展,存储器的种类日益增多。根据存储元件的构成材料、性能及使用方法等,存储器有各种不同的分类方法。

1. 按照存储介质分类

目前使用的存储介质主要是半导体器件和磁性材料。用半导体材料制造的存储器称为半导体存储器;用磁性材料做成的存储器称为磁表面存储器,如磁盘存储器和磁带存储器;激光存储器把信息以刻痕的形式保存在盘面上,用激光束照射盘面,靠盘面的不同反射率来读出信息。

2. 按照存取方式分类

1) 随机存储器

如果存储器中任何存储单元的存取时间与该单元的物理位置无关,即访问各存储单元所需的读/写时间相同,与地址无关,这种存储器称为随机存储器。半导体存储器一般都具有随机访问的特点。

根据读写特性,半导体存储器又分为两类:随机存取存储器(Radom Access Memory,RAM)和只读存储器(Read Only Memory,ROM)。RAM 存储器可以随意地进行读写操作,但是断电后信息会丢失,属于非永久性记忆存储器。ROM 存储器的数据一旦写入,不能随意更改,对这类存储器的写操作,通常叫做“编程”,需要先擦除原有数据后,才能够写入。与 RAM 类存储器不同,ROM 存储器具有掉电非易失性,属于永久记忆的存储器。

2) 顺序存储器

如果存储器只能按某种顺序来存取,也就是说存取时间和存储单元的物理位置有关,这种存储器称为顺序存储器。一般来说,顺序存储器的存取周期较长。

磁带是典型的顺序存储器。在磁带中,程序和数据按文件组织,每个文件可包含若干数据块,一个数据块又包含若干字节,它们顺序地记录在磁带之中。当要访问其中的某个文件、某个数据块时,必须让磁带正向或反向走带,顺序地找到所需的文件、数据块,并顺序地读出。写入的过程与此过程相似。所以访问某个文件的时间,视磁头与文件起始处的距离而定。

3. 按存储器的读写功能分类

如果存储器的内容不允许随意改变，只能读出其中的内容，这种存储器称为只读存储器（Read-Only Memory，ROM）。ROM 中数据一旦写入，不能随意更改。而前面介绍的半导体随机存储器 RAM 则可以随意进行读写。

4. 按信息的可保存性分类

断电后信息就消失的存储器，称为非永久记忆的存储器；断电后仍能保存信息的，则称为永久记忆的存储器。半导体随机存储器 RAM 属于非永久记忆的存储器，而磁性材料做成的存储器及半导体 ROM 等都属于永久记忆的存储器。

4.3.2 存储器的层次结构

计算机存储器的设计有 3 个关键指标：容量、速度和单位存储器的价格。一般这 3 个指标之间存在如下关系：① 存取速度越快，单位存储容量的价格越高。② 容量越大，单位存储容量的价格越低。③ 容量越大，存储速度就越慢。

显然，在存储器的设计过程中，需要在存储器的 3 个关键特性之间做一个均衡。解决这个难题的方法就是不依赖单一的存储部件或技术，而是构造一个存储层次结构。图 4-14 给出了一个通用的存储层次结构，在图中自上而下，各类存储器的单位存储容量的价格越来越低，速度越来越慢，容量越来越大，CPU 访问的频度也越来越低。最上层的寄存器通常制作在 CPU 芯片内部，CPU 内可以有几个或几十个寄存器，其字长与 CPU 字长相同，主要用来存放地址、数据及运算的中间结果，速度可与 CPU 匹配，但容量很小。

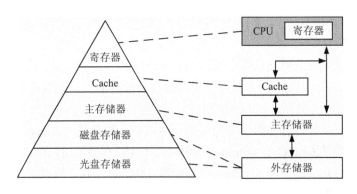

图 4-14 存储层次结构

主存储器是 CPU 能直接访问的存储器，用来存储计算机运行期间常用的指令和数据。由于它是计算机主机内部的存储器，故又称内存。对主存的要求是能随机访问、存储速度快和具有一定的存储容量。目前，一般采用容量大、速度相对较慢的动态 RAM（DRAM）充当主存器件。

计算机 CPU 工作速度与主存存取速度之间存在一定差距，为了解决这一矛盾，在 CPU 和主存之间设置一种高速缓冲存储器（Cache）。Cache 是计算机中的一个高速小容量存储器，其中存放的是 CPU 近期要执行的指令和数据，其速度可与 CPU 速度匹配。一般采用静态

RAM（SRAM）这种速度快、容量小的半导体存储器充当 Cache。

辅助存储器也叫外存储器，简称辅存或外存。它主要用来解决存储系统的容量问题，用于存放当前暂不参加运算的程序和数据。根据辅存担负的任务，它应具有很大的存储容量，但存取速度可低一些。目前广泛使用的辅存主要有磁盘存储器和光盘存储器等。

这样，在采用多种不同介质、容量、速度的存储器构造的存储层次系统中，Cache-主存层次使 CPU 访问存储器的速度接近于 Cache，有效地提高了访存的速度，主存-辅存层次使存储系统的容量接近于辅存的容量，有效地扩充了存储容量。因此，现代计算机系统普遍采用 Cache-主存-辅存 3 级存储系统，以解决存储系统的容量、速度和位价三者的矛盾。

4.3.3 半导体存储器

半导体存储器是用大规模集成电路芯片作为存储媒体、能对数字信息进行随机存储的存储设备，现代计算机系统中一般都采用半导体存储器芯片作为主存储器。半导体存储器可分成两大类：只读存储器和随机存取存储器。随着半导体和计算机技术的迅速发展，ROM 和 RAM 的含义都发生了一些变化，如以 Flash 为代表的 ROM 已经可以很方便地写入数据。现在 ROM 通常指永久记忆的存储器，即系统停止供电的时候它们仍然可以保持数据。所以光盘也有 CD-ROM 和 DVD-ROM 之称。而 RAM 通常是指非永久记忆的存储器，典型代表是计算机的内存。有的时候，如果数据可以擦写，也会借用 RAM 这个概念，如 DVD-RAM。

1. 只读存储器

ROM 一般由存储矩阵、地址译码器和输出控制电路组成，其结构如图 4-15 所示。ROM 存储器主要包括掩模只读存储器（Mask ROM，MROM）、可编程只读存储器（Programmable ROM，PROM）、可擦除的可编程只读存储器（Erasable Programmable ROM，EPROM）和快闪存储器（Flash Memory）几种不同类型。

掩模式 ROM 是生产厂家先按给

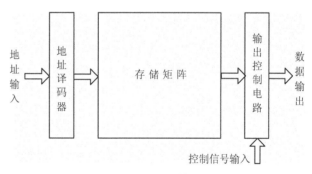

图 4-15 ROM 结构示意图

定的程序或数据对芯片图形进行 2 次光刻而成的，所以生产一片这样的 ROM 费用很大，但复制同样内容的 ROM 则很便宜，因而掩模式 ROM 适用于成批生产的定型产品。

PROM 的总体结构与掩模 ROM 一样，同样由存储矩阵、地址译码器和输出电路组成。不过在出厂时已经在存储矩阵的所有交叉点上全部制作了存储元件，即相当于在所有的存储单元中都存入了 1。存储单元由一只三极管和串在发射极的快速熔断丝组成。在写入数据时只要设法将需要存入 0 的那些存储单元的熔丝烧断就行了。可见，PROM 虽然可由用户编程，但只能有一次写入的机会，一旦编程之后，就如掩模式 ROM 一样，其内容就不能再更改了。

EPROM 是一种内容可以修改的存储器件。最早研究成功并投入使用的是用紫外线照射进行擦除的可编程只读存储器（Ultra-Violet Erasable Programmable Only Memory，UVEPROM）。UVEPROM 在总体结构形式上没有多大改变，只是采用了不同的存储单元。可利用高电压将资料编程写入，擦除时将线路曝光于紫外线下，则资料可被清空，并且可重复使用。通常在封装外壳上会预留一个石英透明窗以方便曝光。EPROM 芯片在写入资料后，还要以不透光的贴纸或胶布把窗口封住，以免受到周围的紫外线照射而使资料受损。

UVEPROM 具备了擦除重写的功能，但擦除操作复杂，擦除速度很慢，擦除时间约需20～30 分钟。为了克服这些缺点，人们又研制成功了可以用电信号擦除的可编程只读存储器（Electrically Erasable Programmable Read Only Memory，EEPROM）。在 EEPROM 的存储单元中使用了一种叫做浮栅隧道氧化层 MOS 管（Floating Gate Tunnel Oxide，Flotox）的材料。EEPROM 的擦除不需要借助于其他设备，而以电信号来修改其内容。由于 EEPROM 在擦除和写入时需要加特别的高电压脉冲，而且擦、写的时间较长，所以在系统的正常工作状态下，EEPROM 仍只能工作在它的读出状态，作 ROM 使用。为了提高擦除和写入的可靠性，EEPROM 的存储单元使用了两只 MOS 管。这限制了 EEPROM 集成度的进一步提高。为此，人们发明了一种类似于 EPROM 的单管叠栅结构、用电信号擦除的新一代可编程 ROM-快闪存储器（Flash Memory）。

快闪存储器是 1984 年发展起来的一种新兴的半导体存储器件，以其高集成度、大容量、低成本和使用方便等优点而引起普遍关注。快闪存储器既吸收了 EPROM 结构简单、编程可靠的优点，又保留了 EEPROM 用隧道效应擦除的快捷特性。

2. 随机存储器

随机存储器 RAM 在工作时可以随时从任何一个指定地址读出数据，也可以随时将数据写入任何一个指定的存储单元中去。它的最大优点是读写方便，使用灵活。但是，它也存在数据易失性的缺点。根据所采用的存储单元工作原理的不同，RAM 可分为动态随机存储器（Dynamic RAM，DRAM）和静态随机存储器（Static RAM，SRAM）。

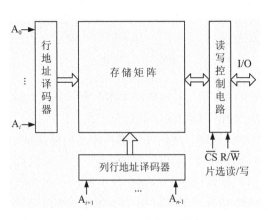

图 4-16　RAM 结构示意图

RAM 存储器电路通常由存储矩阵、地址译码器和读/写控制电路（输入/输出电路）3 部分组成，如图 4-16 所示。

存储矩阵由许多存储单元排列而成，每个存储单元能存储 1 位二进制数据，在译码器和读/写控制电路的控制下，既可以写入数据，也可以读出数据。地址译码器一般分为行地址和列地址两部分。行地址译码器将地址代码的若干位译成某一条字线的输出高、低电平信号，从存储矩阵中选中一行存储单元；列地址将输入地址代码的其余各位译成某一根输出线上的高、低电平信号，从字线选中的一行存储单元中再选 1 位或几位，使这些被选中的单元经读/写控制电路与输入/输出端接通，以便对这些单元进行读、写操作。读/写控制电路用于对电路的工作状态进行控制，将存储单元里的数据送至数据总线或将加到数据总线上的数据写入存储单元中。

静态随机存储器 SRAM 的存储矩阵使用触发器存储信息，只要不断电，信息就不会丢失，不需要刷新，但 SRAM 集成度低，功耗大。动态随机存储器 DRAM 用电容存储信息，为了保持信息必须每隔一段时间对高电平电容重新充电，因此必须含有刷新电路。DRAM 集成度高，且价格便宜。现代计算机系统一般会同时使用这两种 RAM，SRAM 用于制造 CPU 中对速度要求比较高的高速缓存，而 DRAM 则用来制造系统主存。

4.3.4 主存储器

早期的计算机曾使用延迟线、磁鼓存储器、磁芯存储器作为主存，现在几乎所有的主存都采用半导体芯片。计算机系统中需要同时具有随机读写特性的 RAM 类半导体存储器和掉电非易失性的 ROM 类半导体存储器。ROM 用于固化存储系统程序，这样在系统掉电之后，保持系统的程序不会丢失；RAM 用于存放用户数据，满足程序运行过程中对数据修改的需要。当前 PC 机中就广泛使用 DDR3 SDRAM 存储芯片构造的内存条，Flash Memory 存储器存放 BIOS 程序。

在半导体芯片内部一般包括存储体、各种逻辑部件及控制电路等。存储体由许多存储单元组成，每个存储单元又包含若干个存储位，每个存储位能存储一个二进制信息。现在几乎所有的计算机制造商都把存储单元标准化为 8 个存储位，即一个字节（Byte）。存储体中的每个存储单元有一个编号，称作存储单元的地址。

为了实现 CPU 对主存的访问，还需要两个寄存器：存储器地址寄存器（Memory Address Register，MAR）和存储器数据寄存器（Memory Data Register，MDR）。MAR 用来存放欲访问的存储单元的地址，MDR 则用来存放从存储体取出的数据或准备往存储体写入的数据。MAR 和 MDR 从功能上看属于主存，但通常放在 CPU 内。CPU 和主存之间的连接如图 4-17 所示。

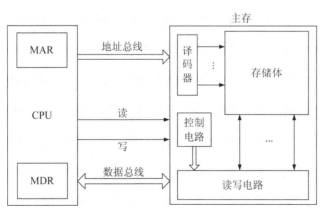

图 4-17 CPU 和主存的连接

当 CPU 要从主存读取某一信息字时，先将该字的地址送到 MAR，然后经地址总线送到主存，由主存中的地址译码器译码后选中要访问的存储单元。CPU 再向主存发出读命令，主存接到命令后，将选定的存储单元的内容读出，经数据总线送至 MDR。若要向主存存入一个信息字时，首先 CPU 将该字所在主存单元的地址经 MAR 送到地址总线，并将信息字送入 MDR，然后向主存发写命令。主存接到写命令后，便将数据线上的信息写入对应地址线指出的主存单元中。

4.3.5 Cache

CPU 和主存在速度上存在巨大的差距，现代计算机通常在它们中间设置一个小容量的高速缓冲存储器（Cache），其容量一般从几 KB 到几 MB。作为主存某些局部区域的副本，Cache 用来存放当前最活跃的程序和数据，运行程序时，在一个较短的时间间隔内，CPU 对主存的访问大部分集中在一个局部区域之中，这种现象称为程序访问的局部性原理。Cache 机制基于这一原理，将这一局部区域的内容从主存复制到 Cache 中，CPU 就可以高速地从 Cache 中读取程序与数据。随着程序的执行，Cache 中的内容也相应地被替换。

Cache 是按块进行管理的，Cache 和主存都被分割成大小相同的块，信息以块为单位调入 Cache。主存的地址分为两部分：块号和块内地址，如图 4-18 所示。当 CPU 访问主存时，主存-Cache 地址映像模块先检查该存储单元所在块是否已经在 Cache 中；如果在，地址映像模块把主存地址变换成 Cache 地址，并访问 Cache 相应存储单元，这种情况称为"命中"；如果访问的单元不在 Cache 中，这时就需要访问内存，并从内存中把该单元所在块整个调入 Cache，这种情况称为"未命中"。如果在需要调块的时候，Cache 中已满载，就会发生冲突，此时需要通过替换算法选择其中的某一块数据替换出去，并修改相关的地址映像关系。

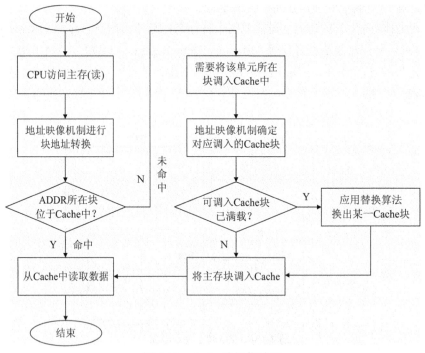

图 4-18　Cache 读操作过程

在增加了 Cache 的存储系统中，CPU 访存的速度可以通过"平均访问时间"这一性能指标进行衡量。当访存命中 Cache 时，CPU 的访存时间就等于访问 Cache 的时间，而如果未命中 Cache，则需要 CPU 访问主存，将内存块调入后，再访问 Cache，因此访存时间等于访问主存储器的时间加上访问 Cache 的时间。将访存操作命中 Cache 的几率定义为"命中率"，则平均访问时间可以表达为以下公式：

$$平均访问时间 = 命中率 \times Cache 访问时间 + (1-命中率) \times (主存访问时间 + Cache 访问时间)$$
$$= Cache 访问时间 + (1-命中率) \times 主存访问时间$$

从公式中可以看出，在 Cache-主存层次中，命中率决定了 Cache 的使用效率，是影响平均访问时间的关键因素。命中率越高，CPU 访存时间就越接近于高速缓冲器 Cache，命中率的高低直接关系到 Cache 的性能。命中率受到多种 Cache 设计因素的影响，主要包括 Cache 的容量、块的大小、地址映像方式、替换算法、写策略及其他因素。

1. 地址映像

Cache 和主存划分为大小相同的块，以块为单位进行管理，主存地址和 Cache 地址都可分为块号和块内地址两个域。在访存过程中，主存地址需要转换为 Cache 地址，此时块内地址不需要改变，只需要将主存块号转换为 Cache 块号。但是主存的容量远远大于 Cache 容量，因此主存的块数远多于 Cache 的块数，这就需要一种算法来确定主存块与 Cahce 块之间的对应关系，也就是将主存块号转换为 Cache 块号的方法，这就是 Cache 与主存之间的地址映像。常见的地址映像方式有直接映像、全相联、组相联和段相联等。

假设某机主存容量为 1MB，划分为 2048 块，每块 512B；Cache 容量为 8KB，划分为 16 块，每块 512B。以此为例介绍 3 种基本的地址映像方式。

1）直接映像

直接映像方式将主存储器的块映像到一个固定的 Cache 块。通过将主存地址的块号部分划分为高、低两个域，低位等于 Cache 块号长度，高位为剩余的主存块号。主存块直接根据低位部分映射到对应的 Cache 块。由于主存块数多于 Cache 块，就会出现多个主存块对应同一个 Cache 块的情况，那么某个 Cache 块中究竟存放的是哪一个主存块呢？方法是通过将主存块号的高位部分存储到 Cache 块的块标记寄存器中进行标识。

图 4-19 为直接映像方式，主存容量 1MB，所以地址共 20 位，Cache 容量 8KB，所以 Cache 地址有 13 位，主存和 Cache 都划分为 512B 大小的块，因此它们地址的低 9 位都是块内地址。主存块号有 11 位，Cache 块号有 4 位，根据直接映像的方法，主存块号又划分为两个部分，低 4 位为映像到的 Cache 块号，高 7 位为主存块的块标记。访存时，直接将主存地址的低 13 位作为 Cache 地址，访问对应的 Cache 块，由于多个主存块会映射到同一个 Cache 块，因此需要将主存的块标记字段与 Cache 块的块标记寄存器中存储的内容进行比较，如果匹配，那么该 Cache 块中就是本次访存的目的内存块；如果不匹配，说明 Cache 块中存放的是其他内存块，未命中，需要将待访问内存块调入该 Cache 块，这时即使 Cache 中仍有其他空块，也必须将该 Cache 块换出。

直接映像方式实现简单，映像速度快，但不够灵活。如果访存过程中，访问的不同内存块映射到同一个 Cache 块，那么此时，即使是 Cache 中有其他的空块，由于映像关系固定，也必须进行块的替换。最糟糕是，访存序列中反复出现这样的地址，造成块的不断换进换出，形成"抖动"现象，导致 Cache 的命中率低下。

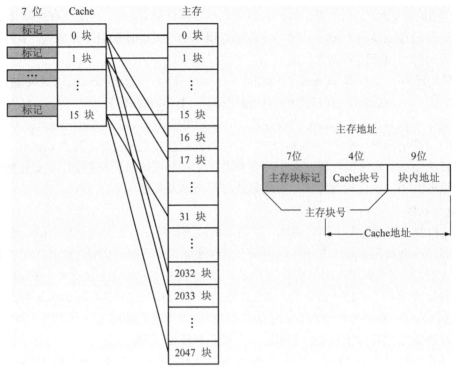

图 4-19 直接映像的 Cache 组织

2）全相联映像

全相联映像方式，即主存的每一块可以映像到 Cache 的任一块。如果淘汰 Cache 中某一块的内容，则可调入任一主存块的内容，因而较直接映像方式灵活，避免了"抖动"现象，Cach 的效率较高。但是在全相联映像方式中，由于主存块与 Cache 块之间无对应关系，因此整个主存块号都需要作为块标记存储。如图 4-20 所示为全相联映像方式，主存地址的 11 位块号部分全部作为标记位，存储到 Cache 块的块标记寄存器中，以表明该 Cache 块中存放的到底是哪一个主存块。

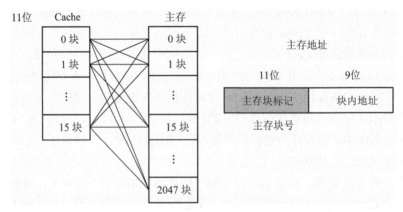

图 4-20 全相联映像的 Cache 组织

同时，在访存过程中，由于通过主存块号不能直接提取 Cache 块号，因而需将主存块标记与 Cache 各块的块标记逐个比较，直到找到标记符合的块（访问 Cache 命中），或者全部比较完后仍无符合的标记（访问 Cache 未命中）。因此这种映像方式的速度很慢，失掉了高速缓存的作用，这是全相联映像方式的最大缺点。

在实际应用中，常采用一种可按内容寻址的存储器件"相联寄存器"来存储各 Cache 块的块标记，以提高比较速度。这种寄存器的本质是可以同时对所有单元内容进行比较的比较器，因此比较单元的数量越多，构造逻辑就越复杂，成本就越高，因而限制了全相联 Cache 的容量。

3）组相联映像

组相联映像实际上是前两种方式的一种折中方案。在组相联映像方式中，将 Cache 块分组，每组包含 2 的整数次幂个 Cache 块。主存地址的块号部分根据 Cache 组号长度划分为两个域，映像时，根据与 Cache 组号同长的低位部分，将主存块固定地映像到一个 Cache 组，这一过程与直接映像方式相同。至于主存块映像到该 Cache 组内哪一块，则采用全相联方式，可自由映像到组内的任意一块。

图 4-21 所示的组相联映像方式，将 Cache 块分组，每组包含两个 Cache 块，Cache 的 4 位块号相应地划分为 Cache 组号（高 3 位）和组内块号（1 位）两个部分。进行地址映像时，主存块根据等于 Cache 组号长度的低位部分直接映像到 Cache 组，在组内任选一块存放，并将主存块号剩余的高位部分作为标记存到 Cache 块标记寄存器中。

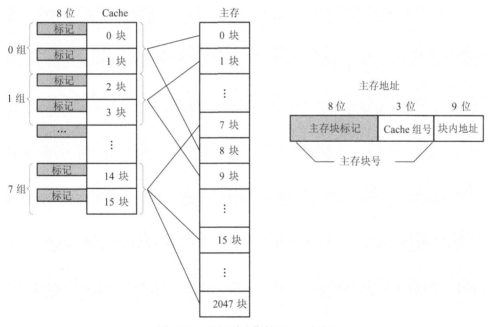

图 4-21　组相联映像的 Cache 组织

组相联地址映像的过程，在 Cache 组间采用的是直接映像方式，在 Cache 组内采用的是全相联方式。由于 Cache 中每组有多个可供选择的块，因而它在映像定位方面较直接映像方式灵活；而且，每组块数有限，所以进行块标记比较所付出的代价不是很大，可以根据设计目标选择组内块数。

2. 替换算法与更新算法

Cache 刚调入新内容时，访问成功率较高。随着程序的执行，访问频繁区域将逐渐迁移，Cache 中的内容逐渐变得陈旧，访问命中率下降，就需要更新内容。下面介绍两类常用的替换算法。

1）先进先出算法（First In First Out，FIFO）

FIFO 按调入 Cache 的先后决定淘汰的顺序，即在需要更新时，总是淘汰最先调入 Cache 的块。这种方法容易实现，系统开销（为实现替换算法而要求系统做的事、花费的时间）少，但不一定合理。因为有些内容虽然调入较早，但可能仍在使用。

2）近期最少使用算法（Least Recently Used，LRU）

为 Cache 的各块建立一个 LRU 目录，按某种方法记录它们的调用情况。当需要替换时，将在最近一段时间内使用最少的块予以替换。显然，这是按调用频繁程度决定淘汰顺序的，比较合理，有利于提高 Cache 的命中率，但较 FIFO 算法复杂一些，系统开销稍大。

在程序执行过程中，常需将信息写回主存，如果将数据写入 Cache 而不写入主存，主存中的数据和 Cache 中的相应数据就出现不一致。处理这种情况的方法称为 Cache 写策略，常用的有以下两种。

1）写回法（Write Back）

写回法先暂时只写入 Cache 有关单元，并用标志予以注明。直到该块内容需从 Cache 中替换出来时，才一次性将整块写回主存。这种方式不在快速写入 Cache 中插入慢速的写主存操作，可以保持程序运行的快速性；但在写回主存前，主存中没有这些内容，与 Cache 内容不一致，有可能导致工作失误。

2）写直达法（Write Through）

每次写入 Cache 时也同时写入主存，主存与 Cache 始终保持一致。这种方式比较简单，能保持主存与 Cache 副本的一致性，但要插入慢速的访存操作，而且有些写入过程有可能是不必要的，如暂存中间结果的写入操作。

4.3.6 磁盘存储器

磁盘存储器分硬磁盘和软磁盘，软磁盘现在已经淘汰，而硬磁盘仍是目前应用最广泛的外存储器。

1. 硬磁盘存储器

硬磁盘主要由磁记录介质、磁盘控制器、磁盘驱动器 3 部分组成。磁盘控制器包括控制逻辑与时序、数据并-串变换电路和串-并变换电路。磁盘驱动器包括写入电路与读出电路、读写转换开关、读写磁头与磁头定位伺服系统等。

硬磁盘里面是薄的、可以旋转的盘片，表面有磁介质的涂层用以存储数据。盘片的上下两面都能记录信息，通常把磁盘片表面称为记录面。记录面上一系列同心圆称为磁道，每个盘片表面通常有几十到几百个磁道，如图 4-22 所示。读/写磁头安装在盘片的上面和（或）下面，当盘片旋转时，磁头便可遍历整个磁道。因为一个磁道可以包含的数据通常比每一次要处理的数据多，所以每个磁道划分成若干个小弧区，称为扇区。在很多情况下，一个磁盘存储系统包含若干个安装在同一个主轴上的盘片，盘片之间留有足够的距离，使得磁头可以在盘片之间滑动。磁道的编址是从外向内依次编号，最外一个同心圆叫 0 磁道，最里面的一个同心圆叫 n 磁道，n 磁道以内的圆面积并不用来记录信息。扇区的编号有多种方法，可以连续编号，也可间隔编号。磁盘记录面经过这样编址后，就可用 n 磁道 m 扇区的磁盘地址找到实际磁盘上与之相对应的记录区。除了磁道号和扇区号之外，还有记录面的面号，以说明本次处理是在哪一个记录面上。盘面的信息串行排列在磁道上，以字节为单位，若干相关的字节组成记录块，一系列的记录块又构成一个"记录"，一批相关的"记录"组成了文件。

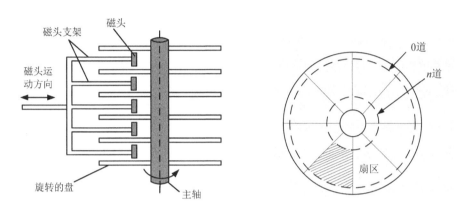

图 4-22　磁盘扇区示意图

2．RAID（磁盘冗余阵列）

磁盘系统中比较引人注目的是廉价磁盘冗余阵列（Redundant Arrays of Inexpensive Disks，RAID）的发展。磁盘阵列（Disk Array）的基本思想是使用多个磁盘（包括驱动器）的组合来代替一个大容量的磁盘。这不仅能比较容易地构建大容量的磁盘存储器系统，还可以提高系统的性能，因为磁盘阵列中的多个磁盘可以并行地工作。磁盘阵列一般是以带（strip）为单位把数据均匀地分布到多个磁盘上（交叉存放）。带存放可以使多个数据读/写请求并行地被处理，从而提高总的 I/O 性能。一方面，多个独立的请求可以由多个盘来并行处理，减少了 I/O 请求的排队等待时间；另一方面，如果一个请求需要访问多个块，可以由多个磁盘合作来并行处理，提高了单个请求的数据传输率。

阵列中的磁盘个数越多，性能的提高就越多。但是，磁盘数量的增加会导致磁盘阵列可靠性的下降。如果使用了 N 个磁盘，那么整个阵列的可靠性就降低为单个磁盘的 $1/N$。可以通过在磁盘阵列中设置冗余信息盘来解决这个问题。当单个磁盘失效时，丢失的信息可以通过冗余盘中的信息重新构建。这种磁盘阵列被称为廉价磁盘冗余阵列 RAID。

1987 年，加利福尼亚大学伯克利分校的大卫帕特森（David Patterson，1947 年～）等首先提出了 RAID 的概念，并根据采用技术的不同，把 RAID 分成了 RAID 0、RAID 1、RAID 2、RAID 3、RAID 4、RAID 5 几个层。其中 RAID 0 只是把数据分成块保存在不同磁盘上，没有冗余功能，也没有数据差错控制，不是严格意义上的 RAID。RAID 1 通过磁盘镜像实现了数据的冗余存储，但缺少差错控制。其他层次的 RAID 都采用数据交叉存储方式，把数据按块或按位分布存储于多个磁盘上，并采用海明码纠错或奇偶校验的方法提高可靠性。

RAID 可以达到很高的吞吐率，同时又能从故障中恢复数据，所以具有很高的可用性。RAID 在外存储系统中得到广泛应用，并相继出现了 RAID 6、RAID 10/01、RAID 50、RAID 53 等层次结构。随着技术的发展，RAID 也将像其他计算机外存一样，向着大容量、高传输率、高可靠性及体积更小、重量更轻、功耗更小的方向发展。

4.3.7　光盘存储器

光盘存储器是采用激光在盘式介质上进行高密度记录的信息存储装置。光盘存储器与磁盘存储器很相似，它也由盘片、驱动器和控制器组成。在信息分布上，光盘片也是划分为若干同心圆的光道，每个光道又划分为若干扇区，每个扇区中记录一个定长数据块。驱动器同样有读/写头、寻道定位机构、主轴驱动机构等。光盘的读写原理与磁盘有很大不同，它需要一个产生激光的半导体激光器，以及一套较复杂的光学系统。根据光存储性能和用途的不同，光盘存储器可分为 3 类：只读型光盘（CD-ROM）、一次写入多次读出光盘（Write Once Read Many，WORM）和可擦写型光盘。

对于只读型和只写一次型光盘，写入时，将光束聚焦成直径为小于 1μm 的微小光点，其能量高度集中，可以使记录介质上发生物理或化学变化，从而存储信息。例如，激光束以其热作用，熔化盘表面的光存储介质薄膜，在薄膜上形成小凹坑，有坑的位置表示记录"1"，没坑的位置表示"0"，如图 4-23 所示。读出时，在读出光束的照射下，在有凹处和无凹处反射的光强是不同的，利用这种差别，可以读出二进制信息。由于读出光束的功率只有写入光束的 1/10，因此不会使盘面熔出新的凹坑。

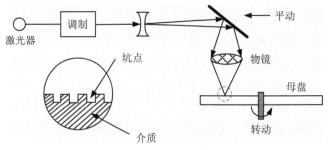

图 4-23　激光刻录原理

有些光存储介质在激光照射下，使照射点温度升高，冷却后晶体结构或晶粒大小会发生变化，从而导致介质膜光学性质发生变化（如折射率或反射率），利用这一现象便可记录信息。

可擦写光盘是利用激光在磁性薄膜上产生热磁效应来记录信息，称作磁光存储。由磁记录原理可知，在一定温度下，对磁介质表面加一个强度高于该介质矫顽力的磁场，就会发生磁通翻转，这便可用于记录信息。矫顽力的大小是随温度而变的。倘若设法控制温度，降低介质的矫顽力，那么外加磁场强度便很容易高于此矫顽力，使介质表面磁通发生翻转。磁光存储就是根据这一原理来存储信息的，它利用激光照射磁性薄膜，使其被照处温度升高，矫顽力下降，在外磁场 H 作用下，该处发生磁通翻转，并使其磁化方向与外加磁场 H 一致，这就可视为存储"1"；不被照射处，或 H 小于矫顽力处可视为存储"0"。通常把这种磁记录材料因受热而发生磁性变化的现象叫作热磁效应。

擦除信息和记录信息原理一样，擦除时外加一个和记录方向相反的磁场 H，对已写入的信息用激光束照射，并使 H 大于矫顽力，那么，被照射处又发生反方向磁化，使之恢复为记录前的状态。这种利用激光的热作用改变磁化方向来记录信息的光盘，叫作"磁光盘"（Magneto Optical，MO）。

以 CD、DVD（Digital Versatile Disk）光盘为代表的光记录介质具有记录密度高、容量大、随机存取、保存寿命长、稳定可靠、使用方便和价格便宜等一系列优点，特别适用于大数据量信息的存储和交换。目前的主要产品，CD 系列有 CD-ROM、CD-R、CD-RW 等，容量为 650～700MB；DVD 系列有 DVD-ROM、DVD±R、DVD±RW、DVD-RAM 等。单面单层（DVD-5）的存储容量为 4.7GB，双面双层（DVD-18）的存储容量则可达 17GB。第三代光盘，如蓝光光盘 BD（Blu-ray Disc）和 HD-DVD 已经面世，BD 的容量为 25GB，相当于普通 DVD 容量的 5 倍以上，接近 CD 容量的 40 倍。HD-DVD 虽然容量稍小（15GB），但通过使用 MPEG 压缩技术，也可记录一部时长为 2 小时的数字高清晰度电视节目。

随着光学技术、激光技术、微电子技术、材料科学、细微加工技术、计算机与自动控制技术的发展，光存储技术在记录密度、容量、数据传输率、寻址时间等关键技术上具有巨大的发展潜力，也将在信息产业中发挥更大的作用。

4.3.8　固态存储器

与传统的磁盘、光盘一类的外部存储器不同，固态存储器主要是采用半导体芯片构造的非易失性存储器件，不依靠机械臂和读写头的移动来改变介质的存储状态，因此在读写速度、稳定性和噪声等各方面优于传统外存，如图 4-24 所示。近年来，与传统磁盘存储系统性能的停滞不前相比，闪存等半导体存储器件的发展较快，鉴于其在速度、集成度和成本方面的优异表现，结合多年来这一领域的研究和发展，计算机系统中越来越广泛地采用固态存储器作为外部存储器，以取代传统磁盘存储系统，这为突破现有存储性能瓶颈带来了希望。

图 4-24　传统磁介质硬盘与固态硬盘内部结构对比

目前，固态存储器最常见的应用形式就是固态硬盘（Solid State Disk，SSD），其内部为半导体存储器芯片阵列。固态硬盘根据采用的半导体存储介质分为两类，一种是采用闪存（Flash Memory）作为存储介质，另外一种是采用动态 RAM（DRAM）作为存储介质。不论是哪种存储介质的固态硬盘，在操作系统层次上都表现为一块普通的硬盘，对一般用户而言，固态硬盘与一般的硬盘无异。但由于固态硬盘与传统的磁盘采用的介质和结构有较大的差异，使其具有以下优势：

（1）数据存取速度快。传统的磁盘采用直接存取方式进行数据读写，需要依靠机械传动装置，首先将磁头移动到数据所在的磁道，然后主轴旋转，将数据所在扇区移动到磁头的下方，继而读取数据。因此数据的读写时间包括寻道时间、等待时间和传输延迟 3 部分，其机械特性严重地限制了磁盘的性能。固态硬盘内部采用的是半导体存储芯片，具有随机访问的特性，访问时间与数据所在位置无关，读写速度更快、更可靠，也更节能。

（2）防震抗摔，稳定性好。与传统的旋转式、磁介质硬盘相比，因为全部采用了半导体芯片，固态存储器内部没有任何机械部件，因此，即使在高速移动甚至出现翻转倾斜的情况下，也不会影响正常使用。所以它能够在笔记本电脑发生意外掉落或与硬物碰撞时，将数据丢失的可能性降到最小。

（3）噪声小，重量轻。这得益于无机械部件以及闪存芯片发热量小、散热快等特点。SSD固态存储器因为没有机械马达和风扇，工作时噪声值为 0 分贝。此外，由于构造不同，一般的 SSD 固态存储器比常规 1.8 英寸硬盘重量轻 20～30 克，更小的重量有利于携带，因此在移动应用中具有优势。

当然，现有固态存储器技术也存在一些问题。DRAM 介质的固态硬盘必须依靠独立供电电源来确保数据的安全，一旦电源掉电，会出现数据丢失的问题，同时由于 DRAM 的价格较高，因此不利于广泛应用。大部分的固态硬盘采用 NAND Flash 作为存储介质，NAND Flash 具有集成度高、价格便宜的特点，但是 NAND Flash 的读、写过程不同，读数据的速度快，写数据时，需要先进行擦除操作，然后才能写入，因此速度慢得多。由于 NAND Flash芯片的可擦除次数是有限的，如果对某些单元的擦除次数达到了 10 万次，那么这些单元就无效了，因此 NAND Flash 介质的固态硬盘的使用寿命有限，寿命也是衡量 NAND Flash 介质固态硬盘的一个重要性能指标。NAND Flash 介质固态硬盘中需要使用一种"磨损均衡"算法，使写操作均匀分布到各闪存单元上，从整体上做一个平衡，以避免部分块因反复擦除而提前损坏，以致影响固态硬盘的使用寿命。但这一算法导致写入的数据按照块的使用程度存放，因此数据存放顺序混乱，进而降低了读数据的速度，因此 NAND Flash 固态硬盘的性能会随着使用时间而不断降低。

4.3.9 虚拟存储器

虚拟存储器（Virtual Memory）是建立在主-辅存层次结构上，由附加硬件装置和操作系统的存储管理软件组成的存储体系。采用虚拟存储器技术后，可将主存和辅存的地址空间统一编址。用户按其程序需要使用逻辑地址（即虚地址）进行编程。所编程序和数据在操作系统管理下先送入辅存（一般是磁盘），然后操作系统自动地将当前需要运行的部分调入主存，供 CPU 操作，其余暂不运行部分留在辅存中。随程序执行的需要，操作系统自动地按一定替换算法进行调换，将暂不运行部分由主存调往辅存，将新的模块由辅存调入主存。

CPU 执行程序时，按照程序提供的虚地址访问主存。因此，先由存储管理硬件判断该地址内容是否在主存中。若已调入主存，则通过地址变换机制将程序中的虚地址转换为主存的物理地址（即实地址），据此访问主存的实际单元。若尚未调入主存，则通过缺页中断程序，以页为单位进行调入或实现主存内容更换。

可以看出，虚拟存储器与 Cache 的管理方法有许多相似之处。但 Cache 的替换策略及其他管理是由硬件实现的，因此它的存在对所有的程序员都是透明的；而虚拟存储器则主要是由操作系统管理，因此它只对上层应用程序的程序员是透明的。编写操作系统的系统程序员，需考虑主存与辅存的空间如何分区管理、虚实之间如何映像、虚实地址如何转换、主存与辅存之间如何进行内容调换等问题。

虚拟存储器的管理方式主要有页式、段式和段页式 3 种方式。

1. 页式虚拟存储器

将虚存空间与主存空间都划分为若干大小相同的页，虚存的页称为虚页，主存（即实存）的页称为实页。每页大小固定，常见的有 512B、1KB、2KB、4KB 等。这种划分是面向存储器物理结构的，有利于主存与辅存间的调度。用户编程时也将程序的逻辑空间分为若干页，即占用若干虚页。相应的虚地址可分为两部分：高位段是虚页号，低位段是页内地址。

在主存中建立一种页表，提供虚实地址变换依据，并登记一些有关页面的控制信息。如果计算机采用多道程序工作方式，可为每个用户作业建立一个页表，在硬件中设置一个页表基址寄存器，存放当前运行程序的页表的起始地址，如表 4-1 所示。

表 4-1　页表示例

虚页号	盘页（块）号	控制位	实页号
0 页			
1 页			
⋮	⋮	⋮	⋮

表 4-1 给出了一种页表组织示例，每一行记录与某个虚页对应的若干信息。盘页号（块号）是该页在磁盘中的起始地址，表明该虚页在磁盘中的位置。控制位有若干位，例如：装入位（有效位）为 1，表示该虚页已调入主存，为 0 表示该虚页不在主存中；修改位指出对应的主存页是否被修改过；替换控制位为 1，表示对应的主存页需要替换；读写保护位指明该页的读写允许权限，如只允许读出（不能写入），或允许读出、允许写等。页表中必不可少的是实页号，如果该虚页在主存中，该项登记对应主存页号。

图 4-25 表明了访问页式虚拟存储器时虚实地址的转换过程。当 CPU 根据虚地址访存时，首先将虚页号与页表起始地址合成，形成访问页表对应行的地址，根据页表内容判断该虚页是否在主存中。若已调入主存，从页表中读得对应的实页号，再将实页号与页内地址合成，得到对应的主存实地址。据此，可以访问实际的主存单元。

若该虚页尚未调入主存，则产生缺页中断，以中断方式将所需页内容调入主存。如果主存空间已满，则需在中断处理程序中执行替换算法，将可替换的主存页内容写入辅存，再将所需页调入主存。

页面调进的方法可分为预调和请调两种。预调是指把不久即将用到的页面预先调进主存，在需要时就可立即访存。要预测哪些页面将要用到是比较困难的，因此，较多使用的是请调方式，即发现当前 CPU 访问的页面不在主存时，才产生缺页中断（或称调页中断），进行页面调进。这种方法比较容易实现，但在需要访存时插入至少一页的调进，有可能影响响应的速度。

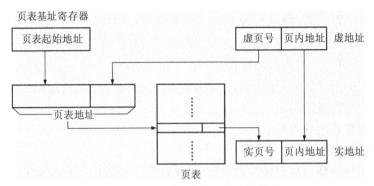

图 4-25　页式虚拟存储器的地址转换

页面调出的替换算法有先进先出算法 FIFO、近期最少使用算法 LRU 等，其算法思想与 Cache 替换算法相似。此外，还有一种最优算法 OPT（OPTimal replacement algorithm），即事先预测主存中各页将被访问的先后顺序，将最后才被访问的页面内容调出。这种算法虽然合理，但不易实现，因为预测是很困难的。

当 CPU 按虚地址访存时，首先得访问主存中的页表以进行虚实地址的转换，这就增加了访问主存的次数，降低了有效工作速度。为了将访问页表的时间降低到最低限度，许多计算机将页表分为快表与慢表两种。将当前最常用页面的页表信息存放在快表中，快表容量很小，只存放 8～16 个常用页面的页表信息。它存储在一个快速小容量存储器（一种可按内容查找的联想存储器）中，可按虚页号并行查询，迅速找到对应的实页号。完全由专用硬件构成的快表可以很快地实现虚实地址转换，比访问主存中的页表快得多。其他各页的页表信息则放在主存的慢表中。如果计算机采用多道程序工作方式，慢表可有多个，但快表只有一个。

采用快、慢表结构后，访问页表的过程如同 Cache 的工作原理，即快表是慢表当前活跃部分的副本。查表时，根据虚页号同时访问快表与慢表。若该页号在快表中，就能迅速找到实页号，并形成访问主存的实地址，对慢表的访问也就无效，不必等待；若该页号不在快表中，则依靠访问慢表的结果，并考虑更新快表的内容。

2. 段式虚拟存储器

在段式虚拟存储器中，将用户程序按其逻辑结构（如模块划分）分为若干段，各段大小可变。相应地，虚拟存储器也随程序的需要动态地分段，并将段的起始地址与段的长度写入段表之中。编程时使用的虚地址分为两部分：高位是段号，低位是段内地址。如 80386，段号 16 位，段内地址（又称偏移量）32 位，可将整个虚拟空间最多分为 64K 段，每段最大可达 4GB，使用户有足够大的选择余地。

典型的段表结构如表 4-2 所示。装入位为 1，表示已经调入主存；如果该段已在主存中，则该项段起点登记其在主存中的起始地址；与页不同，段长可变；其他控制位包括读、写、执行的权限等。

段式虚拟存储器的虚实地址变换与页式地址变换相似。当 CPU 根据虚地址访存时，首先将段号与段表本身的起始地址合成，形成访问段表对应行的地址，根据段表内装入位判断该段是否已调入主存。若已调入主存，从段表读出该段在主存中的起始地址，与段内地址（偏移量）相加，即可得到对应的主存实地址，如图 4-26 所示。

表 4-2　段表结构

段号	装入位	段起点	段长	其他控制位
⋮				⋮

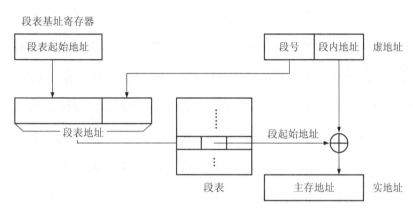

图 4-26　段式虚拟存储器的地址转换

　　注意，在页式虚拟存储器中，页的大小固定，且为 2^n 个字节（n 为整数），所以页的划分是固定的，只要将页号与页内地址两段拼装，即得到主存地址。而在段式虚拟存储器中，段的大小不固定，取决于程序模块的划分，因此在段表中给出的是段的起始地址，与段内偏移量相加，才能得到主存地址。

　　段式虚拟存储器的调进、调出及替换算法与页式虚拟存储器相似。

　　3．段页式虚拟存储器

　　如前所述，页的大小固定，且都取 2 的整数幂个字节。所以在页式虚拟存储器中，可以将虚拟空间与实存空间进行静态的固定划分，与所运行的程序无关。假定某程序需占用二页半，则可填满前两页，仅第三页留有半页空区，称为零头，其他的程序需从新的页面开始。由于页表可按页提供虚实映像关系，所以一个程序所占的各页之间不必连续，例如某程序占有的实页号为 0、2、5。当一个程序运行完毕后，所释放的页面可以按页为单位分配给其他程序。可见页式虚拟存储器是面向存储器自身的物理结构分页的，有利于存储空间的利用与调度。但是，页的划分不能反映程序的逻辑结构，一个在逻辑上独立的程序模块本该作为一个整体处理，但有可能被机械地按大小划分在不同页面上，这给程序的执行、保护与共享带来不便之处。

　　段式虚拟存储器是面向程序的逻辑结构分段，一个在逻辑上独立的程序模块可作为一段，可大可小。因此，存储空间的分段与程序的自然分段相对应，以段为单位进行调度、传送与定位，有利于对程序的编译处理、执行、共享与保护。但其段的大小可变，不利于存储空间的管理与调度。另外，当一个段的程序执行完毕，新调入的程序段可能小于回收的段空间，各段之间会出现空闲区（即所谓零头），造成浪费。

　　为了综合两种方式的优点，许多计算机采用段页式虚拟存储器。在这种方式中，将程序按其逻辑结构分段，每段再分为若干大小相同的页，主存空间也划分为若干同样大小的页。相应地建立段表与页表，分两级查表实现虚实地址的转换。以页为单位调进或调出主存，按段共享与保护程序及数据。

如果计算机采取单道程序工作方式，则虚地址包含段号、段内页号、页内地址 3 部分。如果采用多道程序工作方式，则虚地址包含基号、段号、段内页号、页内地址 4 部分，如图 4-27 所示。

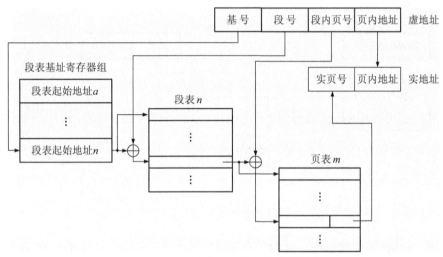

图 4-27　段页式虚拟存储器的地址转换

每道程序有自己的段表，这些段表的起始地址存放在段表基址寄存器组中。相应地，虚地址中每道用户程序有自己的基号（又称为用户标志号），根据它选取相应的段表基址寄存器，从中获得自己的段表起始地址。将段表起始地址与虚地址中的段号合成，得到访问段表对应行的地址。从段表中取该段的页表起始地址，与段内页号合成，形成访问页表对应行的地址，从页表中取出页号，与页内地址拼装，形成访问主存单元的实地址。

段页式虚拟存储器兼有页式与段式的优点，不足之处是要经过两级查表才能完成地址转换，费时多一些。

4.3.10　NAS 和 SAN

随着网络数据量的日益膨胀，海量数据存储已成为网络发展迫切需要解决的问题。以网络数据为中心的存储结构正在快速形成。目前，就存储系统结构而言主要有两种形式：网络附加存储（Network Attached Storage，NAS）和存储区域网络（Storage Area Network，SAN）。

1. 网络附加存储 NAS

NAS 是一种可以直接连到网络上的存储设备，有自己的简化实时操作系统，它将硬件和软件有机地集成在一起，用以向用户提供文件服务。

NAS 目前采用的协议是 NFS 和 CIFS，其中 NFS 应用在 UNIX 环境下，最早由 SUN 开发；而 CIFS 应用在 Windows 环境下，是由微软公司开发的。NAS 的结构及采用的协议使其具有以下优点：

(1) 可以实现异构平台下的文件共享，即不同操作系统平台下的多个客户端可以很容易地共享 NAS 中的同一个文件。

(2) 可以充分利用现有的网络结构。

(3) 容易安装，使用和管理都很方便，实现即插即用。

(4) 具有广泛的适用性，由于基于标准的 TCP/IP 和 NFS、CIFS 协议，可以适应复杂的网络环境。

(5) 总成本较低。

实际应用中，NAS 也表现出一些缺陷。NAS 的访问数据要经过网络传输，而且采用的是文件访问方式，不能直接访问物理数据块。因此 NAS 访问速度较慢，不适合应用于对访问速度要求高的场合，如数据库应用、在线事务处理等。另外，NAS 会占用网络带宽，而且 NAS 只能对单个存储设备之中的磁盘进行资源整合，目前还难以对多个 NAS 设备进行统一的集中管理。

2. 存储区域网络 SAN

SAN 的概念是在 20 世纪 90 年代中后期以 IBM、HP、SUN、COMPAQ 为首的多家存储公司共同提出的。按照全球网络存储工业协会 SNIA（Storage Networking Industry Association）的定义，SAN 是一种利用光纤通信等互联协议连接起来的、可以在服务器和存储系统之间直接传送数据的存储网络系统，如图 4-28 所示。

SAN 存储网络独立于原有的网络，存储设备和 SAN 中的服务器之间采用数据块 I/O 的方式进行数据交换。SAN 具有以下优点：

(1) 高性能，高速存取。目前光纤通信可以提供 2Gbit/s 的带宽，新的 10Gbit/s 的标准也正在制定当中。

(2) 高可用性。网络用户可以通过不止一台服务器访问存储设备，当一台服务器出现故障时，其他服务器可以接管故障服务器的任务。

(3) 集中存储和管理。通过整合可以很容易扩充。

(4) 高可扩展性。服务器和存储设备相分离，两者的扩展可以独立进行。

(5) 支持大量的设备，理论上具有 1500 万个地址。

(6) 数据备份不占用网络带宽。

(7) 支持更远的距离。通过光纤通道网卡、集线器、

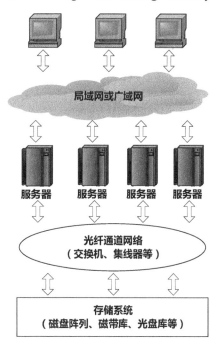

图 4-28　SAN 的典型结构

交换机等互联设备，用户可根据需要灵活地放置服务器和存储设备。

SAN 在数据库等面向事务处理的应用场合有明显优势，但在具体应用中 SAN 也有一些缺陷。SAN 采用的基于光纤通道的网络互连设备比较昂贵，构建和维护 SAN 也比较困难，需要专业人员，这些阻碍了 SAN 技术的普及和推广。不同的制造商，其光纤通道协议的具体实现是不同的，这在客观上造成不同厂商的产品之间难以互相操作。SAN 中存储

资源的共享一般指的是设备的共享，不能提供跨平台的文件共享，不同系统平台下的文件需要分别存储。

<h1 style="text-align:center">4.4 总 线</h1>

4.4.1 总线的基本概念

在计算机系统中，各个功能部件之间的连接和信息传送都是通过总线实现的。总线是由传输信息的物理介质（如导线）、管理信息传输的硬件（如总线控制器）及软件（如传输协议）等构成。简单从物理角度来看，总线就是一组电导线，许多导线直接印制在电路板上，

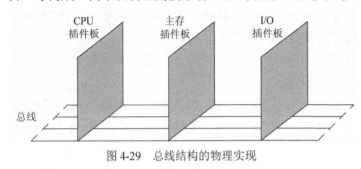

图 4-29 总线结构的物理实现

延伸到各个部件。图 4-29 形象地表示了各个部件与总线之间的物理摆放位置。图中 CPU、主存、I/O 都是部件插板，它们通过插头与水平方向的总线插槽（按总线标准用印刷电路板或一束电缆连接而成的多头插座）连接。

总线上的设备一般分为总线主设备和总线从设备。主设备是指具有控制总线能力的模块，通常是 CPU 或以 CPU 为中心的逻辑模块，在获得总线控制权之后能启动数据信息的传输；从设备是指能够对总线上的数据请求做出响应，但本身不具备总线控制能力的模块。一条总线上如果只有一个主设备，总线可以一直由它占用，技术简单，实现也比较容易。但是当总线上有多个主设备时，如在多处理机系统中，每个处理机都会随机地提出使用总线的要求，这就可能发生总线竞争现象。这时就需要在总线上设立一个处理上述总线竞争的机构，按优先级次序，合理地分配总线资源，这就是总线仲裁。

在计算机总线中，信息传输有两种基本方式：串行传输和并行传输。串行传输是指数据的传输在一条线路上按位进行。串行传输只需一条数据传输线，线路的成本低。在计算机中普遍使用串行的通信线路来连接慢速的外围设备，如键盘、鼠标等。并行传输是指在数据传输时，数据的每个数据位都单独占用一条传输线，所有的数据位同时进行传输。所以并行传输比串行传输快得多，但需要很多数据线。

4.4.2 总线的分类

总线的应用很广泛，从不同角度可以有不同的分类方法。按数据传送方式可分为并行传输总线和串行传输总线。若按总线的使用范围划分，则有计算机（包括外设）总线、测控总线、网络通信总线等。下面按连接部件的不同，分几类介绍一下计算机系统中使用的总线。

1. 片内总线

片内总线是指芯片内部的总线，如在 CPU 芯片内部，寄存器与寄存器之间、寄存器与算术逻辑单元 ALU 之间都有总线连接。

2. 系统总线

系统总线是指 CPU、主存、I/O（通过 I/O 接口）各大部件之间的信息传输总线，也称为板级总线。按传输信息的不同，系统总线又可分为 3 类：数据总线、地址总线和控制总线。

1）数据总线

数据总线在各功能部件之间传输数据信息，它是双向传输总线，其位数与机器字长、存储字长有关，一般为 8 位、16 位或 32 位。数据总线的条数称为数据总线宽度，它是衡量系统性能的一个重要参数。如果数据总线的宽度为 8 位，指令字长为 16 位，那么，CPU 在取指阶段，取一条指令必须访问主存两次。

2）地址总线

地址总线主要用来指出数据总线上的源数据或目的数据在主存单元的地址，它是单向传输的。例如，欲从存储器读出一个数据，则 CPU 要将此数据所在存储单元的地址送到地址总线上。又如，欲将某数据经 I/O 设备输出，则 CPU 除了需将数据送到数据总线外，同时还需将该输出设备的地址（通常都经 I/O 接口）送到地址总线上。地址线的根数决定存储单元的个数，如地址线为 20 根，则可访问的存储单元的个数为 2^{20} 个。

3）控制总线

控制总线是用来发出各种控制信号的传输线。由于数据总线、地址总线被挂在总线上的所有部件共享，为了使各部件能在不同时刻占有总线使用权，需要依靠控制总线来控制。对任一控制线而言，它的传输是单向的。命令存储器或 I/O 进行读写的信号都是由 CPU 通过某些控制线向外发出的，而 I/O 设备也会通过另外的控制线向 CPU 发出请求信号。所以，对于控制总线总体来说，又可认为它是双向的。此外，控制总线还起到监视各部件状态的作用，如查询某设备是处于"忙"还是"闲"，是否出错等。

3. 通信总线

这类总线用于计算机系统之间或计算机系统与其他系统（如控制仪表）之间的通信。由于这类通信涉及许多方面，如外部连接、距离远近、速度快慢、工作方式等，差别极大，因此通信总线的类别很多。

4.4.3 总线特性及性能指标

1. 总线特性

总线的基本特性有物理特性、电气特性、功能特性和时间特性等。

1）物理特性

物理特性是指总线在物理连接方式上的一些特征，如插头与插座使用的标准，它们的几何尺寸、形状、引脚的个数以及排列的顺序，接头处的可靠接触等。

2）电气特性

电气特性是指总线的每一根传输线上信号的传递方向和有效的电平范围等。通常规定由 CPU 发出的信号为输出信号，送入 CPU 的信号为输入信号。如地址总线属于单向输出线，数据总线属于双向传输线。控制总线的每一根都是单向的，但从整体看，有输入，也有输出。在总线上传输的信号，有的为高电平有效，有的为低电平有效，必须注意不同的规格。如 RS-232C（串行总线接口标准），其电气特性规定−3～−15V 表示逻辑"1"，+3～+15V 表示逻辑"0"。

3）功能特性

总线的功能特性包括总线的功能层次、资源类型、信息传递类型、信息传递方式和控制方式等。

4）时间特性

时间特性是指总线中的任一根线在什么时间内有效。每条总线上的各种信号，互相存在着一种有效时序的关系。因此，时间特性一般可用信号时序图来描述。

2. 总线性能指标

1）总线宽度

它是指数据总线的位数，用 bit（位）表示，如 8 位、16 位、32 位、64 位。

2）标准传输速率

即在总线上每秒能传输的最大字节数，用 MB/s（每秒多少兆字节）表示。如总线工作频率为 33MHz，总线宽度为 32 位，则它最大的传输率为 132MB/s。

3）同步/异步传输

在同步方式下，总线上主模块和从模块进行一次传输所需的时间（传输周期）是固定的，并严格按系统时钟来统一定时主、从模块之间的传输操作。在异步方式下，采用应答式传输技术，允许从模块自行调整响应时间，即传输周期是可以改变的。

4）总线复用

通常地址总线与数据总线在物理上是分开的两种总线。为了提高总线的利用率，可以让地址总线和数据总线共用一组物理线路，在某一时刻该总线传输地址信号，另一时刻传输数据信号或命令信号，这称为总线的多路复用。

5）总线控制方式

总线的控制方式包括并发工作、自动配置、仲裁方式、逻辑方式、计数方式等。

6）其他指标

如负载能力问题、电源电压、总线能否扩展等。

4.4.4 总线结构的演变

计算机的各大部件之间要实现信息的传输，必须有数据通路将它们连接在一起。数据通路的具体设计取决于各部件之间需要交换的信息类型、数量和速度。早期计算机采用分散连接的方法，数据通路采用点对点结构，随着部件复杂度、性能之间差异的不断拉大，以及微机系统出现后，计算机产业的快速发展，系统需要更为简洁、统一的互连方式，这就诞生了总线结构。

结构简单是总线的最大优点，设备只要按照总线信号的定义，一一对应连接，就可以挂接到总线上，因此非常利于系统进行设备扩展。同时，由于总线具有共享的特性，挂接到总线上的设备都可以通过总线顺畅地进行信息的交换。但是，如果将计算机的所有部件都挂接到同一条总线上，必然带来以下问题：

（1）争用问题。某一时间，只允许一个设备使用总线进行信息的发送，此时，如果有其他设备也需要通过总线进行信息传输，就要等待该设备释放总线控制权后，才能使用总线，这样，等待总线的这段时间无疑会影响系统的信息传输效率。总线上挂接的设备越多，争用的发生就越频繁。单一总线结构中挂接了各种不同速度的设备，还会出现高速设备等待低速设备释放总线的不合理情况，造成整机工作效率低下。

（2）总线传输率总量不足。总线的数据传输率应大于总线上挂接的各设备的数据传输率要求之和，如果不能满足这一要求，总线就会成为整个计算机系统性能的瓶颈。

（3）传输延迟高。将所有的设备挂接到同一条总线上，随着连接的设备增多，总线的物理通路不断延长，这样位于总线上的设备在进行通信时，信号在物理通路上的传输延迟较大，也会导致信息传输速度下降。

由于以上几个问题的存在，现代计算机系统中普遍采用了分层的多级总线结构，按照性质和速度将设备分类，分别挂接到速度不同的多条总线上。多级总线结构遵循的基本设计原则如下：

（1）多总线架构中包含多种不同传输速度的总线，根据设备对传输速度的要求，将速度相当的设备挂接到同一条总线上，即高速设备挂接到高速总线，低速设备挂接到低速总线。

（2）传输速度越快的总线距离 CPU 越近。CPU 作为系统中速度最快的设备，与高速模块（如高速缓冲器）交互的机会远远高于速度较慢的设备，减少这些设备与 CPU 之间的物理距离，以尽可能地降低总线传输距离延迟对工作效率的影响。

典型的多级总线结构如图 4-30 所示。系统中有 4 级总线，速度从高到低依次为局部总线、系统总线、高速 I/O 总线、扩展 I/O 总线。处理器通过局部总线直接连接到速度最快的高速缓冲器 Cache，其余总线传输速度与处理器的速度相差较大，需要通过桥进行总线控制、信号的转换及速度的匹配。速度最慢的一类低速 I/O 设备挂接在距离 CPU 最远的扩展 I/O 总线上，通过接口来缓冲与高速 I/O 总线之间的数据传输。

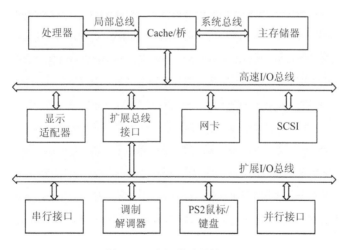

图 4-30　多级总线结构示例

由于传统总线采用一种共享的传输架构，信息传输过程中则要求独占传输通道，因此不仅总线带宽被挂接在总线上的所有设备共同分享，传输过程还需要加入总线申请、判优、释放等总线控制动作，这些都限制了传统总线架构传输速度的提升潜力。新一代的 PCI-Express（PCI-E）总线，采用的是点对点连接方式，它允许和每个设备建立独立的数据传输通道，不用再向整个系统总线请求带宽，这样也就轻松地到达了传统总线可望而不可及的高带宽。PCI-E 总线已逐渐淘汰 PCI 总线，成为个人计算机系统中最重要的通用标准总线。

随着半导体技术和移动应用的不断发展，计算机系统向着嵌入式、小型化的趋势发展，越来越多的外围器件和处理逻辑被集成到处理器的内部，不再需要通过总线的方式进行外围的扩展。可想而知，位于同一芯片内部的各个器件在进行信息传输时，不论是速度还是可靠性都是总线扩展方式无法比拟的。

图 4-31 和图 4-32 为 Intel 不同时代的主板架构框图。通过这两张图，能够看出多级总线结构在个人计算机中的典型应用情况，以及这种结构在未来的演变趋势。

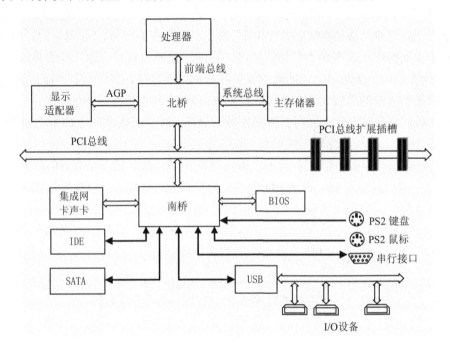

图 4-31　Intel 传统南北桥主板架构

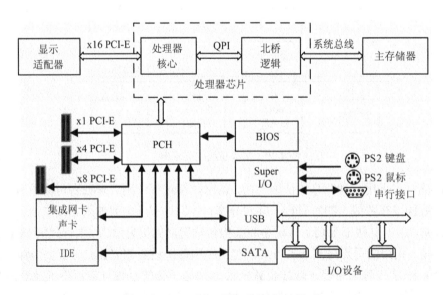

图 4-32　Intel 新一代集成南桥主板架构

4.4.5 总线标准

总线标准是指在通过总线进行连接和传输信息时，应遵守的一些协议和规范，包括硬件和软件两个方面，如总线工作时钟频率、总线信号定义、总线系统结构、总线仲裁机构、电气规范、物理规范及实施总线协议的驱动和管理程序等。下面介绍一些常用的总线标准。

1. 并行系统总线

（1）ISA（Industrial Standard Architecture）总线是 IBM 为了采用全 16 位的 CPU 而推出的，又称 AT 总线。ISA 使用独立于 CPU 的总线时钟，因此 CPU 可以采用比总线频率更高的时钟，有利于 CPU 性能的提高。由于 ISA 总线没有支持总线仲裁的硬件逻辑，因此它不能支持多台主设备系统。ISA 上的所有数据的传送必须通过 CPU 或 DMA（直接存储器存取）接口来管理，因此使 CPU 花费了大量时间来控制与外部设备交换数据。ISA 总线时钟频率为 8MHz，最大传输率为 16MB/s，数据线为 16 位，地址线为 24 位。

（2）EISA（Extended Industrial Standard Architecture）是一种在 ISA 基础上扩充开放的总线标准，它与 ISA 可以完全兼容，它从 CPU 中分离出了总线控制权，是一种具有智能化的总线，能支持多总线主控和突发方式的传输。EISA 总线的时钟频率为 8MHz，最大传输率可达 33MB/s，数据总线为 32 位，地址总线为 32 位。

（3）VL-BUS 是由视频电子标准协会（Video Electronic Standard Association，VESA）提出的局部总线标准。所谓局部总线是指在系统外，为两个以上模块提供的高速传输信息通道。VL-BUS 是由 CPU 总线演化而来的，采用 CPU 的时钟频率，可达 66MHz，数据线为 32 位，配有局部控制器。通过局部控制器的判断，将高速 I/O 直接挂在 CPU 的总线上，实现 CPU 与高速外设之间的高速数据交换。

（4）PCI（Peripheral Component Interconnect）外部设备互连总线是由 Intel 公司提供的总线标准，其结构如图 4-33 所示。它与 CPU 时钟频率无关，自身采用 33MHz 总线时钟，数据线为 32 位，可扩充到 64 位，数据传输率为 132～246 MB/s。具有很好的兼容性，与 ISA、EISA 总线均可兼容，可以转换为标准的 ISA、EISA。它支持读写突发方式，速度比直接使用 CPU 总线的局部总线快。它可视为 CPU 与外设间的一个中间层，通过 PCI 桥路（PCI 控制器）与 CPU 相连。PCI 控制器有多级缓冲，可把一批数据快速写入缓冲器中。在这些数据不断写入 PCI 设备过程中，CPU 可以执行其他操作，即 PCI 总线上的外设与 CPU 可以并行工作。

PCI 总线支持两种电压标准：5V 与 3.3V。3.3V 电压的 PCI 总线可用于便携式微机中。EISA 和 PCI 都具有即插即用（plug and play）的功能，即任何扩展卡只要插入系统便可工作。尤其是 PCI 采用的技术非常完善，它为用户提供了真正的即插即用功能。PCI 总线可扩充性好，当总线驱动能力不足时，可以采用多层结构。

2. 串行系统总线

（1）IIC（Inter-Integrated Circuit，经常简写为 I^2C）总线是一种由 Philips 公司开发的两线式串行总线，用于连接微控制器及其外围设备。I^2C 总线产生于 20 世纪 80 年代，最初为音频和视频设备开发，如今主要应用在对速度要求不高、更着重连接简单与低成本的通信场合，如 CPU 获得系统各个组件（内存、硬盘、网络、系统温度）的状态，访问低速的 A/D 与 D/A 转换设备，对系统电源进行控制等。

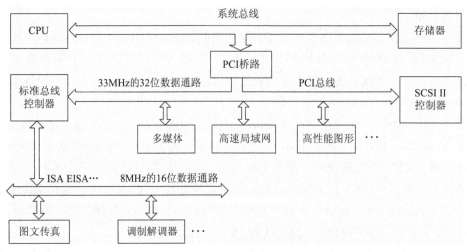

图 4-33　PCI 总线结构

I^{2}C 总线最主要的优点是其简单性和有效性。由于接口直接在组件之上,因此 I^{2}C 总线占用的空间非常小,减少了电路板的空间和芯片管脚的数量,降低了互联成本。总线的长度可达到 7 米多,并且能够以 10KB/s 的最大传输速率支持 40 个组件。I^{2}C 总线的另一个优点是支持多主控。

(2)SPI(Serial Peripheral Interface)是由 Motorola 公司开发、用来在微控制器和外围设备芯片之间提供一个低成本、易使用的接口,有时也被称为 4 线接口。这种接口可以用来连接存储器、A/D 与 D/A 转换器、实时时钟、LCD 驱动器、传感器、音频芯片,甚至其他处理器。支持 SPI 的元件很多,并且还一直在增加。

SPI 总线上所有的传输都参照一个共同的时钟,这个同步时钟信号由主机(处理器)产生,接收数据的外设(从设备)使用时钟来对串行比特流的接收进行同步化。可能会有许多芯片连到主机的同一个 SPI 接口上,这时主机通过触发从设备的片选引脚来选择接收数据的从设备,没有被选中的外设将不会参与 SPI 传输。

(3)PCI Express(简写为 PCI-E),它原来的名称为 3GIO,是由 Intel 提出的,很明显 Intel 的意思是它代表着下一代 I/O 接口标准。交由 PCI-SIG(PCI 特殊兴趣组织)认证发布后改名为 PCI Express。这个新标准的目标是全面取代现行的 PCI 和 AGP(Accelerated Graphics Port,一种从 PCI 标准上建立起来的显卡专用接口),最终实现总线标准的统一。它的主要优势就是数据传输速率高,目前最高可达到 10GB/s 以上,而且还有相当大的发展潜力。PCI Express 也有多种规格,从 PCI Express 1X 到 PCI Express 16X,能满足现在和将来一定时间内出现的低速设备和高速设备的需求。

PCI Express 采用了目前业内流行的点对点串行连接,与 PCI 以及更早期的计算机总线的共享并行架构不同,每个设备都有自己的专用连接,不需要向整个总线请求带宽,而且可以把数据传输率提高到一个很高的频率。相对于传统 PCI 总线在单一时间周期内只能实现单向传输,PCI Express 的双单工连接能提供更高的传输速率和质量。

PCI Express 的接口根据总线位宽不同而有所差异,包括 X1、X4、X8 及 X16,还有 X2 模式将用于内部接口而非插槽模式。PCI Express 规格从 1 条通道连接到 32 条通道连接,有非常强的伸缩性，可以满足不同系统设备对数据传输带宽的需求。此外，较短的 PCI Express 卡可以插入较长的 PCI Express 插槽中使用，PCI Express 接口支持热拔插。PCI Express X1 的 250MB/s 传输速度已经可以满足主流声效芯片、网卡芯片和存储设备对数据传输带宽的需求，但是还无法满足图形芯片对数据传输带宽的需求。因此，用于取代 AGP 接口的 PCI Express 接口位宽为 X16，能够提供 5GB/s 的带宽，即便有编码上的损耗仍能够提供约为 4GB/s 左右的实际带宽，远远超过 AGP 8X 的 2.1GB/s 的带宽。

3. 并行外部通信总线

(1)IEEE-488 总线是并行总线接口标准。1965 年，惠普公司（Hewlett-Packard）设计了惠普接口总线（HP-IB），用于连接惠普的计算机和可编程仪器。由于具有较高的转换速率，这种接口总线得到普遍认可，并被接收为 IEEE 标准 488-1975 和 ANSI/IEEE 标准 488.1-1987。后来，GPIB 比 HP-IB 的名称用得更广泛。ANSI /IEEE 488.2 -1987 加强了原来的标准，精确定义了控制器和仪器的通信方式。可编程仪器的标准命令（Standard Commands for Programmable Instruments，SCPI）采纳了 IEEE488.2 定义的命令结构，创建了一整套编程命令。

IEEE-488 总线按照位并行、字节串行双向异步方式传输信号，连接方式为总线方式，仪器设备直接并联于总线上而不需中介单元，总线上最多可连接 15 台设备。最大传输距离为 20 米，信号传输速度一般为 500KB/s，最大传输速度为 1MB/s。

(2)SCSI（Small Computer System Interface）小型计算机系统接口，是一种用于计算机和外部设备之间连接的接口总线。SCSI 具有应用范围广、多任务、带宽大、CPU 占用率低及热插拔等优点。

SCSI 是一种智能接口，由 SCSI 控制器进行数据操作。SCSI 控制器相当于一块小型CPU，有自己的命令集和缓存。在 SCSI 总线上可以连接主机适配器和 8 个 SCSI 外设控制器，外设可以包括磁盘、磁带、CD-ROM、可擦写光盘驱动器、打印机、扫描仪和通信设备等。SCSI 是多任务接口，设有总线仲裁功能，挂在一个 SCSI 总线上的多个外设可以同时工作。SCSI 接口可以同步或异步传输数据，同步传输速率可以达到 10Mbit/s，异步传输速率可以达到 1.5Mbit/s。后来又陆续出现新的 SCSI 标准，其中 Ultra 640 SCSI 的最大同步传输速度达到 640Mbit/s。SCSI 接口是一种便于系统集成并且高效的接口标准，带 SCSI 接口的硬盘和 SCSI 光盘驱动器比较多，但由于成本问题，主要用于中高端服务器与工作站上。

4. 串行外部通信总线

(1)RS-232-C 是美国电子工业协会 EIA（Electronic Industry Association）制定的一种串行接口标准。RS 是英文 Recommended Standard（推荐标准）的缩写，232 为标识号，C 表示修改次数。RS-232-C 总线标准设有 25 条信号线，包括一个主通道和一个辅助通道，在多数情况下主要使用主通道，对于一般双工通信，仅需几条信号线就可实现，如一条发送线、一条接收线及一条地线。RS-232-C 标准规定的数据传输速率为 50、75、100、150、300、600、1200、2400、4800、9600、19200 bit/s。RS-232-C 标准规定，驱动器允许有 2500pF 的电容负载，通信距离将受此电容限制。例如采用 150pF/m 的通信电缆时，最大通信距离为 15 米；若每米电缆的电容量减小，通信距离可以增加。传输距离短的另一原因是 RS-232 属单端信号传送，存在共地噪声和不能抑制共模干扰等问题，因此一般用于 20 米以内的通信。

（2）RS-485 总线也是美国电子工业协会制定的一种串行接口标准。为改进 RS-232 通信距离短、速率低的缺点，EIA 又推出了 RS-422 标准，它定义了一种平衡通信接口，将传输速率提高到 10Mbit/s，传输距离延长，并允许在一条平衡总线上连接最多 10 个接收器。RS-422 是一种单机发送，多机接收的单向、平衡传输规范。为扩展应用范围，EIA 又于 1983 年在 RS-422 基础上制定了 RS-485 标准，增加了多点、双向通信能力，即允许多个发送器连接到同一条总线上，同时增加了发送器的驱动能力和冲突保护特性。

RS-485 采用平衡发送和差分接收，因此具有抑制共模干扰的能力。加上总线收发器具有高灵敏度，能检测低至 200mV 的电压，故传输信号能在千米以外得到恢复。RS-485 采用半双工工作方式，任何时候只能有一点处于发送状态，因此，发送电路须由使能信号加以控制。RS-485 用于多点互连时非常方便，可以省掉许多信号线。应用 RS-485 可以联网构成分布式系统，其允许最多并联 32 台驱动器和 32 台接收器。

（3）USB（Universal Serial BUS）通用串行总线是一个外部总线标准，用于规范计算机与外部设备的连接和通信，由 Compaq、DEC、IBM、Intel、Microsoft、NEC 和 Northern Telecom 7 家计算机和通信公司共同推出。从 1994 年 11 月 11 日发表了 USB V0.7 版本以后，USB 版本经历了多年的发展，现在已经发展为 3.0 版本，各 USB 版本间能很好地兼容。USB 用一个 4 针（USB 3.0 标准为 8 针）插头作为标准插头，采用菊花链形式可以把所有的外设连接起来，最多可以连接 127 个外部设备，并且不会损失带宽。USB 需要主机硬件、操作系统和外设 3 个方面的支持才能工作。USB 具有传输速度快（USB1.1 是 12Mbit/s，USB2.0 是 480Mbit/s，USB3.0 是 5Gbit/s）、使用方便、支持热插拔、连接灵活、独立供电等优点，可以连接鼠标、键盘、打印机、扫描仪、摄像头、闪存盘、MP3 机、手机、数码相机、移动硬盘、外置光软驱、USB 网卡、ADSL Modem、Cable Modem 等几乎所有的外部设备。USB 现在已成为个人计算机和大量智能设备的必配接口之一。

（4）IEEE 1394 起源于苹果公司，又名火线（FireWire），是为家用电器研制的一种高速串行总线标准，其目的是为了解决对速度要求很高的宽带设备的传输问题，希望能取代并行的 SCSI 总线。1995 年 12 月，IEEE 1394-1994 高速总线标准正式被 IEEE 标准委员会批准。IEEE 1394 的特点是：数据传输率高，最高可达 400Mbit/s，可用于实时数据传输。连接方便，可用菊花状或树状方式连接，并可进行热插拔，连接距离长达 72 米。最大传输电流是 1.5A，而传输时的直流电压可以在 8～40V 之间变换。

（5）CAN（Controller Area Network）总线是德国 BOSCH 公司 20 世纪 80 年代初为解决汽车中众多的控制与测试仪器之间的数据交换而开发的一种串行数据通信协议，之后 CAN 通过 ISO 11898 及 ISO 11519 进行了标准化。由于具有高性能、高可靠性、实时性等优点，CAN 已被广泛地应用于工业自动化、船舶、医疗设备、工业设备等方面。CAN 属于现场总线的范畴，现场总线是当今自动化领域技术发展的热点之一，被誉为自动化领域的计算机局域网。它的出现为分布式控制系统实现各节点之间实时、可靠的数据通信提供了强有力的技术支持。

CAN 是一种多主总线，通信介质可以是双绞线、同轴电缆或光纤，通信速率可达 1Mbit/s。CAN 总线通信接口中集成了 CAN 协议的物理层和数据链路层功能，可完成对通信数据的分帧处理，包括位填充、数据块编码、循环冗余检验、优先级判别等工作。CAN 协议的一个显著特点是废除了传统的站地址编码，而代之以对通信数据块进行编码。采用这种方法可使网络内的节点个数在理论上不受限制，数据块的标识码可由 11 位或 29 位二进制数组成，因此可以定义 2^{11} 或 2^{29} 个不同的数据块。这种按数据块编码的方式，还可使不同的节点同时接收到相同的数据，这一点在分布式控制系统中非常有用。

CAN 协议采用 CRC（Cyclic Redundancy Check）检验，并可提供相应的错误处理功能，保证了数据通信的可靠性。CAN 总线采用了多主竞争式总线结构，具有多主站运行、分散仲裁以及广播通信的特点。CAN 总线上任意节点可在任意时刻主动地向网络上其他节点发送信息而不分主次，因此可在各节点之间实现自由通信。CAN 越来越受到工业界的重视，并被公认为最有前途的现场总线之一。

4.5 输入输出系统

输入输出系统是计算机同外部世界的接口，随着计算机应用范围的不断扩大，输入输出设备的数量和种类越来越多，设备同主机的信息交换方式也越来越多样。因此，输入输出系统涉及的内容比较繁杂，既包括具体的各类 I/O 设备，又包括各种不同的设备与主机交换信息的方式。

4.5.1 输入输出设备

输入输出设备，通常也称为外部设备，大致可分为三类。

1. 人机交互设备

它是用来实现操作者与计算机之间互相交流信息的设备。输入设备能将人体五官可识别的信息媒体转换成机器可识别的信息，如键盘、鼠标、手写板、图形扫描仪、摄像机、语言识别器等。输出设备则用来将计算机的处理结果信息转换为人们可识别的信息媒体，如打印机、显示器、绘图仪、语音合成器等。图 4-34 列出了几种常见的输入输出设备。

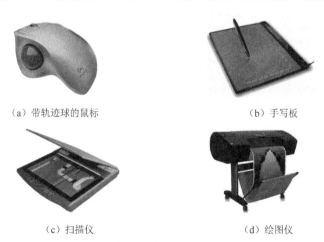

（a）带轨迹球的鼠标　　（b）手写板

（c）扫描仪　　（d）绘图仪

图 4-34 人机交互类型的输入输出设备

2. 计算机信息的驻留设备

计算机系统软件和各种计算机的有用信息，其信息量极大，需存储保留起来。这类设备多数可作为计算机系统的辅助存储器，如磁盘、光盘、磁带等。

3. 机-机通信设备

它是用来实现一台计算机与其他计算机或与别的系统之间完成通信任务的设备。例如，两台计算机之间可利用电话线进行通信，可以通过调制解调器（MODEM）完成。用计算机对各种工业控制实行即时操作，也需要借助于 D/A、A/D 转换等设备来完成。

4.5.2 输入输出接口

I/O 接口通常是指主机与外部设备之间设置的一个硬件电路及其相应的软件控制。不同的 I/O 设备通常都有其相应的设备控制器，而控制器一般都是通过 I/O 接口与主机取得联系的。

I/O 接口通常需要完成以下工作：

(1)一台机器通常配有多台外设，它们各自有其设备号（地址），通过接口可实现设备的选择。

(2)外部设备种类繁多，速度不一，与 CPU 速度相差可能很大，通过接口可实现数据缓冲达到速度匹配。

(3)有些外部设备可能串行传送数据，而 CPU 一般为并行传送，通过接口可实现数据串—并格式的转换。

(4)外部设备的入/出电平可能与 CPU 的入/出电平不同，通过接口可实现电平转换。

(5)CPU 启动外部设备工作，要向外设发各种控制信号，通过接口可传送控制命令。

(6)外部设备需将其工作状态（如"忙"、"就绪"、"错误"、"中断请求"等）及时向 CPU 报告，通过接口可监视设备的工作状态，并可保存状态信息，供 CPU 查询。

4.5.3 I/O 编址

为了区分不同的 I/O 设备，必须对其进行编码。通常将 I/O 设备码视为地址码，对 I/O 地址码的编址可采用两种方式：独立编址和存储器映射编址。

1. 独立编址

也称为端口（Port）编址，这种编址方式有以下特点：

(1)I/O 设备的端口地址空间与存储器地址空间是完全分开的，相互独立。

(2)CPU 使用分开的控制信号来区分是对存储器访问还是对 I/O 设备访问。

(3)CPU 使用专门的输入和输出指令来实现对 I/O 设备的访问。

2. 存储器映射编址

这种编址方式是将 I/O 设备的一个端口作为存储器的一个单元来对待，故每个 I/O 设备端口占用存储器的一个地址单元。这种编址方式的特点如下：

(1)I/O 端口与存储器公用同一地址空间，存储器和 I/O 设备之间唯一的区别是所占用的地址不同。

(2)CPU 对 I/O 设备的访问无需特别控制信号，也无需专用的 I/O 指令，可通过对主存进行操作的指令实现对 I/O 设备的访问。

4.5.4 I/O 控制方式

I/O 设备与主机交换信息时，通常有 4 种控制方式：程序查询方式、程序中断方式、直接存储器存取方式（DMA）、通道方式。

1. 程序查询方式

程序查询方式是由 CPU 通过程序不断查询 I/O 设备是否已做好准备，从而控制 I/O 与主机交换信息。采用这种方式实现主机和 I/O 交换信息，要求 I/O 接口内设置一个能反映设备是否准备就绪的状态标记，CPU 通过对此标记的检测，可得知设备的准备情况。

图 4-35 示意了 CPU 欲从某一外设读数据块（如从磁带上读一记录块）至主存的查询方式流程。当现行程序需启动某设备工作时，即将此程序流程插入运行的程序中。由图可知，CPU 启动 I/O 后便开始对 I/O 的状态进行查询。若查得 I/O 未准备就绪，就继续查询；若查得 I/O 准备就绪，就将数据从 I/O 接口送至 CPU，再由 CPU 送至主存。这样一个字一个

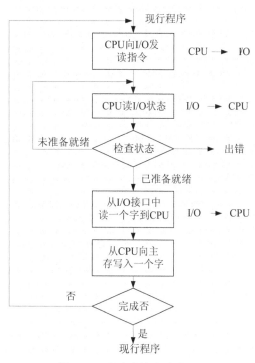

图 4-35 程序查询方式流程

字地传送，直至这个数据块的数据全部传送结束，CPU 又重新回到原程序。由这个查询过程可见，只要 CPU 一启动 I/O 设备，CPU 便不断查询 I/O 的准备情况，从而终止了原程序的执行。CPU 在反复查询过程中，犹如原地"踏步"。另一方面，I/O 准备就绪后，CPU 要一个字一个字地从 I/O 设备取出数据，经 CPU 送至主存，此刻 CPU 也不能执行原程序。程序查询方式使 CPU 和 I/O 处于串行工作状态，CPU 的工作效率不高。

2. 程序中断方式

1）中断技术

计算机在执行程序的过程中，当出现异常情况或特殊请求时，停止现行程序的运行，转向对这些异常情况或特殊请求的处理，处理结束后再返回到现行程序的间断处，这就是"中断"。中断是现代计算机能有效合理地发挥效能和提高效率的一个十分重要的功能。通常又把实现这种功能所需的软硬件技术统称为中断技术。

计算机系统中引起中断的原因很多，大致可以分为以下几类：

（1）外部设备请求中断。一般的外部设备（如键盘、打印机和 A/D 转换器等）在完成自身的操作后，向 CPU 发出中断请求，要求 CPU 为它服务。

（2）故障强迫中断。计算机在一些关键部位都设有故障自动检测装置。如运算溢出、存储器读出出错、外部设备故障、电源掉电及其他报警信号等，这些装置的报警信号都能使 CPU 中断，进行相应的中断处理。

（3）实时时钟请求中断。在控制系统中经常遇到定时检测和控制，为此常采用一个外部

时钟电路（可编程）控制其时间间隔。需要定时时，CPU 发出命令使时钟电路开始工作，一旦到达规定时间，时钟电路发出中断请求，由 CPU 转去完成检测和控制工作。

(4)数据通道中断。数据通道中断也称直接存储器存取（DMA）操作中断，如磁盘、磁带机或 CRT（Cathode Ray Tube）等直接与存储器交换数据所要求的中断。

(5)程序自愿中断。CPU 执行了特殊指令（自陷指令）或由硬件电路引起的中断是程序自愿中断，是指当用户调试程序时，程序自愿中断检查中间结果或寻找错误所在而采用的检查手段，如断点中断和单步中断等。

通常将能引起中断的各个因素称作中断源。中断源可分两大类，一类为不可屏蔽中断，这类中断 CPU 不能禁止响应，如电源掉电；另一类为可屏蔽中断，对可屏蔽中断源的请求，CPU 可根据该中断源是否被屏蔽来确定是否给予响应。

不同类型中断的服务程序是不同的，可它们的程序流程相似，一般分为 4 个部分：保护现场、中断服务、恢复现场和中断返回。

(1)保护现场。保护现场有两个含意，其一是保存程序的断点；其二是保存通用寄存器和状态寄存器的内容。前者由中断指令自动完成，后者由中断服务程序完成。具体而言，可在中断服务程序的起始部分安排若干条存储指令，将寄存器的内容存至存储器中，或用进栈指令将各寄存器的内容推入栈中保存，即将程序中断时的"现场"保存起来。

(2)中断服务。这是中断服务程序的主体部分，不同中断请求源其中断服务的操作内容是不同的。如打印机要求 CPU 将需打印的一行字符代码，通过接口送入打印机的缓冲存储器中，以供打印机打印；显示设备要求 CPU 将需显示的一屏字符代码，通过接口送入显示器的显示存储器中。

(3)恢复现场。这是中断服务程序的结尾部分，要求在退出服务程序前，将原程序中断时的"现场"恢复到原来的寄存器中，即将保存在存储器或栈中的信息恢复到原来的寄存器中。

(4)中断返回。中断服务程序的最后一条指令通常是一条中断返回指令，使其返回原程序的断点处，以便继续执行原程序。

2）基于中断的 I/O 传输

有了中断技术，在 I/O 设备准备的同时，CPU 就不必作无谓的等待，可以继续执行现行程序，只有当 I/O 准备就绪向 CPU 提出中断请求后，CPU 才暂时中断现行程序转入 I/O 服务程序，这种通信方式称为程序中断方式，如图 4-36 所示。由图可见，CPU 启动 I/O 后仍继续执行原程序，在第 K 条指令执行结束后，CPU 响应了 I/O 的请求，中断了现行程序，转至中断服务程序，待处理完后又返回原程序断点处，继续从第 K+1 条指令往下执行。显然，利用中断技术进行 I/O 控制，CPU 不必时刻查询 I/O 的准备情况，不会出现"踏步"现象。与程序查询方式相

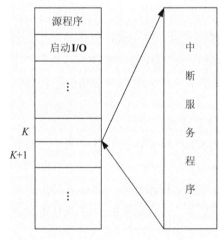

图 4-36　程序中断方式流程

比，这种方式使 CPU 的资源得到了更充分的利用。

3. DMA 方式

虽然程序中断方式消除了"踏步"现象，但是 CPU 在响应中断请求后，必须停止现行程序而转入中断服务程序，并且为了完成 I/O 与主存交换信息，还不得不占用 CPU 内部的一些寄存器，这同样是对 CPU 资源的消耗。如果 I/O 设备能直接与主存交换信息而不占用 CPU，那么 CPU 的资源利用率显然又可进一步提高，这就出现了直接存储器存取 DMA 方式。

在 DMA 方式中，主存与 I/O 设备之间有一条数据通路，主存与 I/O 设备交换信息时，无需经过中断服务程序。若出现 DMA 和 CPU 同时访问主存，CPU 总是将总线占有权让给 DMA，通常把 DMA 的这种占有叫做"窃取"或"挪用"。窃取的时间一般为一个存储周期，故又把 DMA 占用的存取周期叫做"窃取周期"或"挪用周期"。而且，在 DMA 窃取存取周期时，CPU 尚能继续作内部操作。可见，DMA 方式与程序查询和程序中断方式相比，又进一步提高了 CPU 的资源利用率。当然，采用 DMA 方式需增加必要的 DMA 接口电路。

4. 通道方式

DMA 方式的应用已经减轻了 CPU 对 I/O 操作的控制，使得 CPU 的效率有显著提高，而通道的出现则进一步提高了 CPU 的效率。这是因为 CPU 将部分权力下放给通道。通道是一个具有特殊功能的处理器，在某些应用中称为输入/输出处理器，它可以实现对 I/O 设备的统一管理和 I/O 设备与主存之间的数据传送。

4.6　并行计算机

人们对计算机性能的要求越来越高，但是芯片的速度却不可能无限地提高。电子的传输速度不可能超过光速，而且芯片速度越快，产生的热量也越多。因此计算机体系结构设计者把注意力转向了并行计算机。

4.6.1　并行计算机的分类

许多研究人员尝试对并行计算机进行分类，然而并行计算领域的标准分类法目前还没有出现。较常用的是 Flynn 的分类方法，这是一种比较粗略的分类方法，如表 4-3 所示。

表 4-3　并行计算机的 Flynn 分类法

指令流	数据流	名称	举例
1	1	SISD	传统的冯·诺依曼计算机
1	多个	SIMD	向量计算机，阵列处理机
多个	1	MISD	航天飞机的飞行控制计算机
多个	多个	MIMD	多处理器，多计算机

Flynn 的分类法是基于指令流和数据流这两个概念的。指令流对应于程序计数器，具有 n 个 CPU 的系统就有 n 个程序计数器，相应地也就有 n 个指令流。数据流就是操作数的集合。从某种程度上说，指令流和数据流是互相独立的，因此一共存在 4 种组合，如表 4-3 所示。

（1）SISD（Single Instruction，Single Data stream）只有一个指令流和一个数据流，一个

时刻只能做一件事情。单处理器系统属于这一类。

(2) SIMD（Single Instruction，Multiple Data streams）计算机有一个控制单元，一次发送一条指令，有多个 ALU 在不同的数据集合上同时执行这条指令。向量和阵列处理机属于这一类。虽然主流 SIMD 计算机日益稀少，但是传统的计算机有时为了处理音频视频数据，会加入一些 SIMD 指令。Pentium SSE 指令就是 SIMD 指令。不过，SIMD 的一些思想在流处理器的领域起到了重要的作用，现在的高端显卡都包含大量的流处理器。

(3) MISD（Multiple Instruction，Single Data stream）有多条指令同时在一份数据上进行操作。这种结构很少使用，有时在一些容错计算机中，例如航天飞机的飞行控制计算机，为了屏蔽错误，会在同一份数据上并行执行相同的指令，并比较运算结果。

(4) MIMD（Multiple Instruction，Multiple Data streams）是一种同时有多个 CPU 执行不同的操作的计算机系统。大多数现代的并行计算机都属于这一类。多处理器系统和多计算机系统都是 MIMD 型的计算机。

4.6.2　片内并行

1．指令级并行

实现并行的一种方法就是在一个时钟周期内发送多条指令。多发送 CPU 可以分为两类，即超标量处理器和超长指令字处理器。在最常见的结构中，流水线中某个确定点只有一条指令准备执行，而超标量 CPU 在一个时钟周期内可以发送多条指令到执行单元。实际发送的指令数取决于处理器的设计和当前的环境。硬件决定了可以发送的指令的最大数量，通常是 2～6 条指令。如果一条指令所需要的功能单元暂时不可用，或结果还没有被计算出来，那么这条指令就不会发送。

另一种指令级并行的形式是超长指令字（Very Long Instruction Word，VLIW）处理器。在最初的形式里，VLIW 机器确实具有包含许多指令的长指令字，这些指令会同时使用许多功能单元。例如一台机器具有 5 个功能单元，能够同时执行 2 个整数操作、1 个浮点操作、1 个加载操作及 1 个存储操作。这台机器的一条 VLIW 指令就可能包含 5 个操作码和 5 对操作数，每个功能单元 1 个操作码，1 对操作数。按每个操作码 6 位，每个寄存器 5 位，每个内存地址 32 位来算，一条指令很容易就达到上百位。

这样的设计太严格，而且并非每一条指令都能够利用每一个功能单元，这导致使用许多无用的空操作来填充一条 VLIW 指令。因此，现代的 VLIW 机器通过标记一束指令，在一些指令的末尾加入一个"结束"位，使它们成为一个指令束。处理器能够取到整个束，并一次性发送它们。当然这要求编译器能够准备相容的指令束。VLIW 将准备相容指令束的任务从运行时转移到编译时，这使硬件更加简单和高速；而且编译器在优化时，根据需要可以运行很长时间，这样在装配指令束方面能够比在运行时由硬件进行装配做得更好。

2．片内多线程

所有现代指令流水的 CPU 都存在一个固有的问题：如果内存引用在 Cache 中缺失，会导致长时间的等待，直到需要的字被加载到 Cache 中，这会造成流水线暂停。有一种方法可以处理这种情况，即片内多线程（on-chip Multithreading），就是允许 CPU 同时管理多个控制线程来屏蔽这些暂停。简而言之，如果线程 1 被阻塞，CPU 仍有机会执行线程 2，这样能保证硬件被充分利用。

实现片内多线程的第一种方式，称作细粒度多线程（Fine-grained Multithreading）。在图 4-37 中以一个能每时钟周期发送一条指令的 CPU 为例进行说明。在图 4-37 的(a)～(c)中，可以看到 3 个线程 A、B 和 C 各自使用 12 个机器周期的情况。在第 1 个周期内，线程 A 执行指令 A1。这条指令在一个周期内完成，所以在第 2 个周期开始执行指令 A2。这条指令在第一级 Cache 中缺失，导致浪费两个周期等待从第二级 Cache 获取需要的字，线程在第 5 个周期继续。类似地，图中的线程 B 和 C 也因为某种原因发生暂停。在这个模型中，如果一条指令暂停，它后面的指令就不能发送。如图 4-37(d)所示，细粒度多线程通过循环运行线程来屏蔽暂停，在连续的周期内使用不同的线程执行指令，先执行线程 A 的第一条指令 A1，然后再执行 B1、C1。在第 4 个周期开始的时候，A1 进行的内存操作已经完成，所以指令 A2 可以执行，就算它需要 A1 的执行结果也没有问题。假设单个指令流水线中最长的暂停是 2 个周期，那么只要同时开启 3 个线程，暂停的操作就一定能按时完成。例如在图 4-37(d) 中，若没有多线程技术，A2 之后要浪费 2 个周期才继续执行 A3 指令，而采用多线程后，A2 之后执行 B2、C2，再执行 A3 就没有问题了，不用等待。如果一个内存暂停需要占用 4 个周期，那就需要同时启动 5 个线程来保证连续进行操作，以此类推。

（a）～（c）三个线程；（d）细粒度多线程；（e）粗粒度多线程

图 4-37 细粒度多线程与粗粒度多线程

另一种方法，就是粗粒度多线程（Coarse-grained Multithreading），如图 4-37(e)所示。线程 A 启动并发射指令直到发生暂停，浪费掉一个周期。这时产生一个切换，并且执行 B1。由于线程 B 的第一条指令就发生暂停，又产生另一个切换，并且在第 6 个周期执行 C1。由于每次指令暂停都浪费掉一个周期，所以粗粒度多线程比细粒度多线程效率低一些。但它最大的优势在于，只需要较少的线程就可以保证 CPU 一直处于工作状态。因此在没有足够多可用线程时，粗粒度多线程能更好地工作。

4.6.3 单片多处理器

1. 单片同构多处理器

随着 VLSI 技术的发展，现在已经能够将两个或更多强大的 CPU 集成到一个芯片上，这些 CPU 共享相同的 Cache。通过把两个 CPU 放到一个芯片里，实现共享内存、硬盘和网络接口等，计算机的性能常常能翻倍，而开销却不会翻倍。

在小规模的单片多处理器中，有两种流行的设计。第一种设计只有一个芯片，但是却有两条硬件流水线，这样一来指令执行速度有望翻倍。第二种设计在芯片上有两个单独的内核，每个内核包含一个完整的 CPU。所谓内核，是指一个大规模电路，例如一个 CPU、I/O 控制器和 Cache，它们通过一种模块化的方式集成在芯片上。

第一种设计允许资源在处理器间共享，因此允许一个 CPU 使用另一个 CPU 不用的资源。但是这种方法需要重新设计芯片，而且不容易扩展到两个以上的 CPU。相对而言，在同一个芯片上放置两个或者更多的 CPU 内核就简单一些。

2. 单片异构多处理器

嵌入式系统是需要使用单片多处理器的一个完全不同的应用领域，尤其是在音像消费电子方面，如移动电话、游戏机、摄像机、便携式视频播放机等。这些系统对性能有很高的要求，在各体积、硬件、成本、功耗等各方面又受到严格的制约。以移动电话为例，除了通话之外，大多数产品还包括照相、摄像、游戏、Web 浏览等功能，有的还支持全球定位系统（Global Positioning System，GPS）和 WiFi 功能。在一枚芯片上设计一款 CPU 实现移动电话所需要的所有功能，一次性完成每个门电路和每根线的设计简直就是天方夜谭。即使能设计出来，等到设计完成芯片也早已过时了。切实可行的办法就是找许多包含相当数量部件的内核，并根据需要将这些内核布置在芯片上，然后进行互联。设计者要决定用哪个 CPU 内核来作为控制器，用哪些专门的处理器来协助它。在芯片上放置视频、音频等专用处理器，会增大芯片的面积并增加成本，但却可以在较低主频的条件下获得更高性能，而低主频意味着低功耗和低散热。

4.6.4　协处理器

除了在片内实现并行，还可以通过增加一个专用的处理器来提高计算机的性能，这些专用的处理器被称为协处理器（Coprocessor）。协处理器有很多种类，从小到大，不一而足。在 IBM 360 主机及其后继产品中，通过使用独立的 I/O 通道来进行输入输出，而 I/O 通道需要独立的协处理器来管理。类似地，CDC 6600 有 10 个独立的处理器来完成输入输出工作。图形学和浮点运算领域也经常使用协处理器。在某些情况下，CPU 分配给协处理器一条指令或一组指令，并让协处理器执行这些指令；在另外一些情况下，协处理器能更加独立地运行，而不依赖 CPU。从物理的角度看，协处理器可以是一个单独的机柜（IBM 360 的 I/O 通道），也可以是主板上的插接板。

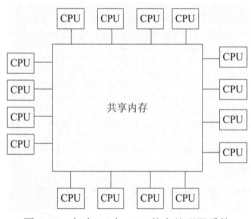

图 4-38　包含 16 个 CPU 的多处理器系统

4.6.5　多处理器

在并行计算机系统中，处理同一个作业不同部分的 CPU 必须要互相通信来交换信息，而如何进行通信是体系结构领域争论的热点。多处理器系统和多计算机系统就是两种不同的设计。这两种方案关键的区别就在它们是否有共享的内存，这种区别影响了并行计算机系统的设计、构建和编程，同时也影响着规模和价格。

所有的 CPU 都共享公共内存的并行计算机称为多处理器系统，如图 4-38 所示。运行在多处理器上的所有进程能够共享映射到公关内存的单一虚拟地址空间。一个进程可以先把数据写入内存，然后另外一个进程再从内存中读出，这样两个进程之间就可以进行通信。

由于在多处理器系统中，两个（或者多个）进程之间可以通过读写内存进行通信，这是一种程序员很容易理解的模型而且可以用于解决大量的问题。例如图 4-38 所示的多处理器系统要运行一个程序监测一幅位图图像并列出图像中所有的对象。该图像调入内存，16 个 CPU 每个都运行一个单独的进程，每个进程负责分析图像的 1/16。当然，每个进程都可以访问整个图像，这一点很重要，因为某些对象可能会占据图像的多个部分。如果某个进程发现某个对象延伸到了自己所处理的部分之外，那么它可以通过读相邻部分的图像来继续自己的分析。在这个例子中，某些对象可能会同时被多个进程发现，因此需要做一些协调工作。

因为多处理器系统中所有的 CPU 见到的都是同一个内存映像，所以只有一个操作系统的副本，从而也就只有一个页面映射表和一个进程表。当一个进程阻塞时，它的 CPU 保存该进程的状态到操作系统表中，并在表中搜索找到另外的进程来运行。这种单系统映像正是多处理器系统区别于多计算机系统的关键，在多计算机系统中，每台计算机都有自己的操作系统副本。

和所有的计算机系统一样，多处理器系统也必须有磁盘、网络适配器和其他的输入/输出设备。在某些多处理器系统中，只有特定的几个 CPU 才能访问输入/输出设备；也有一些系统中，每个 CPU 都能平等地访问每个输入/输出设备。如果在一个系统中，每个 CPU 都能平等地访问所有的内存模块和输入/输出设备，而且在操作系统看来这些 CPU 是可以互换的，那么这种系统就是对称多处理器系统（Symmetric MultiProcessor，SMP）。

4.6.6 多计算机

并行体系结构的第二种设计方法是多计算机系统。在多计算机系统中，每个 CPU 都有自己的私有内存，其他的 CPU 不能访问。这种体系结构有时也被称为分布式内存系统（Distributed Memory System，DMS），如图 4-39 所示。

多处理器系统所有的 CPU 共享一个单一的物理地址空间，而多计算机系统中每个 CPU 都有自己独立的物理地址空间。由于多计算机系统中的 CPU 不能通过读写共享内存进行通信，它们需要另一种不同的通信机制。在多计算机系统中，通信是通过使用互连网络传递消息来实现的。在多计算机系统中，如果一个 CPU 发现某个其他的 CPU 有它需要的数据，它就给该 CPU 发送一条请求数据的消息。通常发请求消息的 CPU 将阻塞（也就是等待），直到请求被响应。当消息到达被请求的 CPU 后，该 CPU 的软件将分析消息并把需要的数据发送回来。当响应消息到达 CPU 后，软件将解除阻塞并继续执行。在多计算机系统中，进程间通信通常使用 send 和 receive 这样的软件原语。因此，

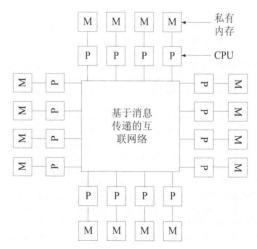

图 4-39　16 个 CPU 的多计算机系统

多计算机系统中的软件结构就和多处理器系统不同,比多处理器系统复杂。在多计算机系统中,如何正确地划分数据并把数据放在最优的位置上是一个很重要的问题。

就相同数量的 CPU 来说,大规模的多计算机系统与多处理器系统相比,结构简单而且造价便宜。实现一台具有数百个 CPU 共享内存的计算机是一项很复杂的工作,而建造一个具有 100 个或者更多的 CPU 的多计算机系统则是一项很简单的工作。目前并行体系结构领域中的许多研究工作都致力于如何结合多处理器系统和多计算机系统的优点,设计出混合的系统。

多计算机系统有各种不同的结构和规模,一般可以把多计算机系统分成两大类:大规模并行处理器和集群。

大规模并行处理器(Massively Parallel Processors,MPP)是一种超级计算机系统。最初,MPP 主要用于科学计算、工程计算,现在它们大多数都用于商务环境。大多数 MPP 系统都使用标准的 CPU 作为它们的处理器,使用高性能的私用互连网络,可以在低时延和高带宽的条件下传递消息。MPP 系统一般都具有强大的输入输出能力,因为需要使用 MPP 解决的问题往往要处理大量的数据,常常会达到 T 字节。在 MPP 中有一个特殊的问题是如何进行容错,在使用数千个 CPU 的情况下,每星期有若干个 CPU 失效是不可避免的。因此大规模的 MPP 系统总是使用特殊的硬件和软件来监控系统、检测错误,并从错误中平滑地恢复。

另一种多计算机系统是计算机集群(Computer Cluster),是由成百上千台 PC 机或者工作站通过商用网络连接在一起构成的。MPP 和集群之间的区别类似于大型机和 PC 机的区别。大型机和 PC 机都有 CPU、内存、磁盘及操作系统等,不过大型机的构件速度更快一些。MPP 的主要特殊部分在于它的专用高速互连网络,而最近出现的商用高速互连网络正在逐渐弥补集群的这一不足。由于经济成本低的原因,集群系统具有比 MPP 更高的性价比优势。集群系统还继承 MPP 系统的编程模型,更进一步加强其竞争优势,集群实际上已经成为了高性能计算机系统的主流。

4.6.7 网格

网格(Grid)是采用开放标准,利用高速国际互联网或专用网络把地球上广泛分布的计算资源、存储资源、通信资源、网络资源、软件资源、数据资源、信息资源、知识资源等连成一个逻辑整体,最终实现用户在网格这个虚拟组织环境上进行资源共享和协同工作,消除信息孤岛和资源孤岛。

网格的目标是提供一种技术上的基础设施,从而能够使得一些有着共同目标的组织形成一个虚拟组织(Virtual Organization)。这个虚拟组织具有高度的灵活性,成员数量众多而且不断变化,允许成员在它们认为合适的领域一起工作,同时允许按照它们所期望的任意程度来维护和控制它们自己的资源。为了这个目标,网格研究人员正在开发服务、工具和协议,从而使得虚拟组织能够运行起来。网格需要访问广泛变化的各种资源。每个资源都是由某个特殊的系统和组织所拥有,这些系统和组织也决定了能够提供给网格使用的资源的多少,在什么时间能够使用,可以给谁使用等。从某种抽象的意义上说,网格的实质就是对资源的访问和管理。

一种构造网格的方法是采用如图 4-40 所示的层次结构。最底下是构造层(fabric layer),它是构建网格的组件集合。构造层硬件部分包括 CPU、磁盘、网络以及传感器等,软件部分包括程序和数据等，这些都是网格通过某种可控方式能够使用的资源。

层　次	功　能
应用层	按照某种可控制的方式使用 共享资源的应用
汇聚层	发现、代理、监控和控制源组
资源层	以安全可控的方式访问单独的各种资源
构造层	物理资源：计算机、存储、网络、 传感器、程序和数据等

图 4-40　网格的层次结构

上面一层是资源层（Resource Layer），负责管理单独的各种资源。在很多情况下，加入网格的资源都由本地的进程来进行管理，而且允许远程用户对资源进行可控制的访问。这一层提供给更高层统一的接口，从而可以查询资源的特征与状态，监测资源，通过安全的方式使用资源。

接着是处理成组资源的汇聚层（Collective Layer）。这一层的功能之一就是资源发现，通过资源发现用户可以查找可用的 CPU 周期、磁盘空间或者专用的数据。汇聚层可以使用目录或者其他数据库来提供这样的信息。它还能够提供一种代理服务，从而使得服务的提供者和使用者能够互相匹配，或者在竞争的用户中进行稀缺资源的分配。汇聚层还负责复制数据，管理进入网格的新用户和资源的接纳控制，进行计费和维护资源使用策略等。

再往上是应用层（Application Layer），其中驻留着用户的应用。应用程序通过各层的 API 调用相应的服务，再通过服务调用网格上的资源来完成任务。为便于网格应用程序的开发，需要构建支持网格计算的库函数。

安全对于一个成功的网格系统是至关重要的。一个好的安全模型必须既能保证资源的安全，又能保证使用的方便，其中一个重要技术就是单点登录（single sign on）。使用网格的第一步就是通过证书进行认证，证书是一个数字签名文件，定义了工作是为谁完成的。证书可以进行委派，所以如果一个计算需要建立子计算的时候，子进程也能够被鉴别。当证书位于一台远程的机器上时，它必须被映射到本地的安全机制。最后，网格需要有相应的机制来保证能够声明、维护和更新访问策略。

为了在不同组织和机器之间提供协同工作的能力，就一定要有标准，提供的服务和对服务进行访问的协议都要遵循相应的标准。网格社区已经建立了一个称为全球网格论坛（Global Grid Forum，GGF）的组织来管理标准化过程。为了部署 GGF 开发的各种标准，已经提出了一个称为开放网格服务体系结构（Open Grid Services Architecture，OGSA）的框架。

网格这个词来自于电力网格（Power Grid）。"网格"与"电力网格"形神相似。一方面，计算机网纵横交错，很像电力网；另一方面，电力网格用高压线路把分散在各地的发电站连接在一起，向用户提供源源不断的电力。用户只需插上插头、打开开关就能用电，一点都不需要关心电能是从哪个电站送来的，也不需要知道是水力电、火力电还是核能电。建设网格的目的也是一样，最终目的是希望它能够把分布在 Internet 上数以亿计的计算机、存储器、贵重设备、数据库等结合起来，形成一个虚拟的、空前强大的超级计算机，满足不断增长的计算、存储需求，并使信息世界成为一个有机的整体。

4.7 嵌入式计算机系统

随着微电子技术的发展，计算机的小型化趋势也更加迅速和深入，计算机的形态不再局限于传统意义上的服务器和桌面机，越来越多的产品、器件和系统中含有嵌入式计算机，单片化、智能化、网络化、嵌入式是现代计算机技术发展的一个主要潮流。

4.7.1 嵌入式系统的定义

嵌入式系统是面向某一专门应用，以计算机技术为基础，软硬件可裁减，适应应用系统对功能、可靠性、成本、体积和功耗的严格要求的专用计算机系统。通俗地讲，嵌入式系统即"嵌入到应用对象体系中的专用计算机系统"。嵌入式系统在现代社会中可以说是无处不在，许许多多的设备、装置和系统中都使用了嵌入式计算机。制造工业、过程控制、通信、仪器仪表、汽车、船舶、航空、航天、军事装备、消费类电子产品等均是嵌入式计算机的应用领域。此外，随着物联网的不断发展和应用，嵌入式系统与网络融合，智能家居、智能交通、远程医疗、远程教育、城市环境监测等都是嵌入式系统新的应用热点。

通常，根据应用对系统响应时间的要求，可将嵌入式系统划分为以下两大类。

1）硬实时系统

应用对系统的响应时间有非常严格的要求，如果不能在规定的时间内及时响应要求，那么系统就会发生不可恢复的严重后果。军事、航空航天、工业控制领域中大多为硬实时嵌入式应用。例如航天飞机的控制系统，如果系统不能满足实时要求，那么后果将不堪设想。

2）软实时系统

应用对系统的响应时间有要求，但如果系统不能在规定的时间内及时响应要求，不至于发生非常严重的后果，或者系统是可以恢复的。各种消费类电子产品中，与人交互的嵌入式系统，都属于软实时系统，即使响应速度慢些，无非影响用户体验感，不会带来严重的后果。

作为普通用户，对嵌入式计算机的认识程度与其嵌入性有密切的关系。智能手机、平板电脑一类的电子产品，具有彩色 LCD 屏、触摸功能、键盘等，支持良好的用户交互能力，提供接近于个人计算机的体验，属于非常直观的移动类嵌入式系统。但大多数嵌入式计算机，例如冰箱、空调、汽车中用于实现控制的计算机系统，属于"看不见"的计算机，它们深度嵌入应用之中，与应用紧密结合、对于用户而言，体验到的是装置和设备本身的功能，而非个人计算机般的应用，因此普通用户一般意识不到它的存在。

4.7.2 嵌入式系统的特点

嵌入式系统是一种专用的计算机系统，但又不是通用计算机，它符合计算机系统的一般组织结构，包含计算机系统的功能，但与通用计算机有着很大的不同。下面将从系统特性和技术特点两个方面说明嵌入式系统与一般通用计算机系统的区别。

1. 嵌入式系统特性

1）专用性

通常嵌入式系统根据某种特定需要专门开发，具有专用性强、量身定做的特点。开发人员根据实际需要，进行硬件和软件系统的设计，使系统在满足应用要求的前提下达到最精简的配置，因此嵌入式系统的软、硬件通常都不具备通用性。例如，为数字电视研制的嵌入式系统不能用于控制冰箱，更不能用于手机。

2）实时性

除了部分手持式设备，大部分嵌入式应用集中在信息处理与控制领域，如过程控制、数据采集、通信传输等，这些嵌入式系统对于实时性都有一定的要求。例如，嵌入火箭中的嵌入式系统，以及一些工业装置中的控制系统等，对实时性的要求就极高。因此，嵌入式系统中使用的处理器特别强调异常处理能力。在软件方面，则通过使用实时操作系统，使嵌入式系统能够快速地响应外部事件。

3）可靠性

由于有些嵌入式系统所承担的计算任务涉及产品质量、人身安全、通信机密等重大事务，加之有些嵌入式系统的宿主对象要工作在无人值守的场合，如危险性高的工业环境、恶劣天气环境等，所以与通用计算机系统相比较，嵌入式系统要求有较强的抗干扰能力，提供高可靠性服务。

4）低功耗

包括各种手持类设备在内的许多嵌入式设备，需要使用电池作为供电电源，如手机、平板电脑、数码相机等。受限于移动能力，这些设备不可能配备容量较大的电池，因此低功耗一直是嵌入式系统设计追求的目标之一。一般而言，在嵌入式处理器中设有专门的电源和功耗管理模块，支持多种工作模式，根据系统的运行要求，达到功耗最优化的效果。

2. 嵌入式系统技术特点

1）多学科交叉

嵌入式系统是面向应用的计算机系统，对于许多产品，嵌入式系统只是系统的一部分。为了能够更好地为产品本身服务，从事嵌入式系统开发的人员，需要对所应用的领域及相关知识有一定的了解，并通过与其他专业人员合作，才能设计出出色的嵌入式系统。

2）高效性设计

成本控制是关系到嵌入式系统产品市场竞争力的关键因素之一，因此在嵌入式系统设计过程中，针对特定应用需求，以"够用"而非"高性能"为原则，选择最为合理的软、硬件设计方案，在满足功能、功耗、体积、稳定性等要求的前提下，做到成本最优化，才能更具有竞争力。

3）软、硬件联系密切

通用计算机硬件架构和操作系统已经非常成熟，开发人员在编写软件时，不必过多的关注底层的硬件。与此不同，嵌入式系统硬件大多需要面向应用定制，导致硬件平台的多样化。软件开发人员必须在了解底层硬件结构的情况下，才能编写硬件驱动程序完成嵌入式操作系统的移植，在此基础上再进行应用软件的开发。

4）交叉编译方式

与通用计算机系统不同，嵌入式系统自身不具备开发能力，必须在通用计算机上，使用专门的开发工具（针对特定嵌入式处理器的编译和调试工具），甚至借助于仿真器，进行目标嵌入式平台的软件开发，再将调试完成后的目标二进制代码移植到嵌入式平台运行。这就是嵌入式系统开发常用的交叉编译方式，如图 4-41 所示。

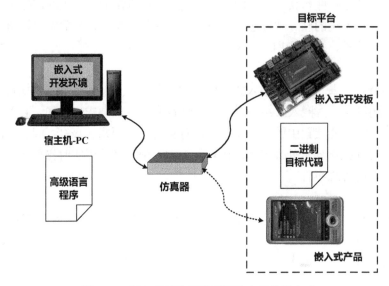

图 4-41　嵌入式系统开发采用的交叉编译方式

4.7.3　嵌入式计算机硬件的组成结构

嵌入式系统作为一种计算机系统，同样是由硬件和软件两部分组成。但由于其专用性特点，嵌入式系统与通用计算机系统及各种不同的嵌入式系统之间在硬件和软件结构上都存在一定差异。嵌入式系统的硬件组成也可以概括为处理器、存储器件和输入/输出设备等部件，但构造方式与通用计算机不同。通用计算机是由处理器加片外独立的外部设备组成的一个完整系统，而嵌入式系统使用的嵌入式处理器则集成了外围设备和接口资源，力争通过最小的外围扩展实现系统的硬件电路，以提高系统工作的可靠性，减小体积，降低功耗。嵌入式系统软件方面，根据应用需求，分为使用嵌入式操作系统和不使用嵌入式操作系统两种情况。功能单一的小型系统不使用操作系统，采用超循环软件结构。即使使用操作系统，嵌入式系统在嵌入式操作系统的选型、软件架构及开发方式等方面与通用计算机系统也存在较大的差异。

嵌入式系统的硬件通常是以嵌入式处理器为核心，围绕应用需求，进行外围电路、外围部件的扩展，构造系统硬件。图 4-42 展示了典型嵌入式系统的硬件电路结构和一个小型嵌入式系统——数字温度计的硬件电路结构的对比，由此可以看出，嵌入式系统是怎样根据应用需要扩展外围电路和外围器件的。

1. 嵌入式处理器

嵌入式系统的核心部件是各种嵌入式处理器，从 8 位、16 位到 32 位，目前市场上使用的至少有几百种嵌入式处理器。嵌入式处理器的基础是通用微处理器，它具有体积小、重量轻、成本低、实时性好、功耗低、可扩展、抗干扰、可靠性高等特点。

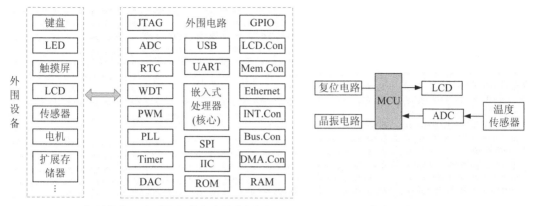

（a）典型的嵌入式系统硬件电路结构框图　　　（b）数字温度计硬件电路框图

图 4-42　嵌入式系统硬件结构示例

随着半导体制造技术的不断发展，越来越多的外围电路和嵌入式核心一起集成到了嵌入式处理器的内部，用户只需扩展少量的外围电路就可以完成嵌入式系统硬件系统的设计。例如，三星公司制造的 s3c2440 嵌入式处理器，以 ARM920T 嵌入式处理器为核心，通过片内 AMBA 总线集成了各种硬件资源，包括电源管理模块、多个定时器模块、ADC 模/数转换模块、AC97 音频处理模块，以及方便外部信号和外围设备接入的多种控制器和通信接口，包括总线控制器、中断控制器、LCD 显示控制器、NAND 控制器、内存控制器、USB 主控制器、USB 设备接口、摄像头接口、SPI 接口、IIC 接口、IIS 接口、GPIO 通用输入输出接口、UART 串行接口等。嵌入式处理器的高集成度特性有利于提高嵌入式硬件开发效率，降低　成本。

面向不同层次、不同领域的应用，嵌入式处理器主要可以分为以下类型。

1）微控制器（Mirco Controller Unit，MCU）

俗称单片机，主要用于控制领域，运算能力相对较低，但可靠性高。它在单一芯片中集成了包括 ROM、RAM、GPIO、UART、Timer，ADC、WatchDog 等系统构建必需或常用的硬件资源，有多种不同配置供用户选择。比较有代表性的微控制器有：MCS-51 系列、MCS-96 系列、C166/167、MC68HC05/11/12/16 系列等。

2）嵌入式微处理器（Embedded Microprocessor Unit，EMPU）

通常指 32 位以上，处理能力较强，专门面向嵌入式应用，对功耗、电磁抗干扰能力、可靠性等方面进行了增强的微处理器。除了处理能力较强，嵌入式微处理器与单片机的另一不同体现在嵌入式微处理器内部一般不集成 ROM 和 RAM 类型的存储器件，由于常应用于比较高端的嵌入式系统，因此，需要外部扩展大容量存储器。常见的嵌入式微处理器，主要有 ARM 系列、MIPS、PowerPC、68K，Intel Atom 等。

3）嵌入式数字信号处理器（Embedded Digital Signal Processor，EDSP）

DSP 是专门用于数字信号处理方面的处理器，对 CPU 的系统结构和指令进行了特殊设计，使其适合于执行 DSP 算法，编译效率较高，指令执行速度也较快。DSP 处理器可分为两大类：定点 DSP 和浮点 DSP。定点 DSP 发展迅速，品种多。浮点 DSP 基本由美国德州仪器公司（TI）和模拟器件公司（AD）两家公司垄断。嵌入式 DSP 处理器有两个发展来源：① DSP 处理器经过单片化、EMC（电磁兼容）改造、增加片上外设成为嵌入式 DSP 处理器；② 在嵌入式微处理器或 SOC 中增加 DSP 协处理器。嵌入式 DSP 处理器中比较有代表性的产品是德州仪器公司的 TMS320 系列和 Motorola 公司的 DSP56000 系列。此外，德州仪器公司的 OMAP 系列则是采用多核的方式，将嵌入式微处理器 ARM 内核和 TMS320DSP 处理器集成到同一块芯片上，制造出专门面向移动多媒体信息处理的高端嵌入式处理器。

4）片上系统（System On Chip，SOC）

随着半导体工艺水平的提高，人们已经能够做到把一个或多个 CPU 单元以及功能部件集成在单个芯片上。这种芯片就是所谓的片上系统 SOC。用户首先使用硬件描述语言（VHDL 或 Verilog）定义出整个应用系统，然后用仿真工具进行仿真。仿真通过后就可以将 SOC 的设计源代码或者版图交给半导体芯片代工公司制作样品。样品经过严格测试后，便可以投入量产。这样，除少数个别无法集成的器件以外，整个嵌入式系统的大部分硬件部件均可集成到一块或几块芯片中去。SOC 可以使系统电路板变得简洁无比，非常有利于嵌入式应用产品减小体积和功耗、提高可靠性。SOC 设计面临着一些诸如如何进行软硬件协同设计，如何缩短电子产品开发周期的难题。为了解决 SOC 设计中遇到的难题，设计方法必须进一步优化。因此，人们提出了基于 FPGA 的 SOC 设计方案——可编程片上系统（System On a Programmable Chip，SOPC）。目前，Altera 公司、Xilinx 公司、Lattice 公司、QuickLogic 公司等全球最重要的 FPGA 及 EDA 公司分别推出了 SOPC 系统解决方案。如 Altera 公司在其最新的 EDA 开发工具 Quartus II 中集成了 SOPC Builder 工具，在该工具的辅助下，设计者可以非常方便地完成系统集成，进行软硬件协同设计和验证，最大限度地提高电子系统的性能，加快设计速度和降低成本。

2. 嵌入式系统的存储器

不同嵌入式应用系统，对存储的要求也不同，但是都需要能够固化信息的非易失性存储器（ROM 类型）和用于程序运行的随机读写存储器（RAM 类型）。半导体存储器种类繁多，表 4-4 列出的是各种嵌入式系统常用的存储器类型。嵌入式系统设计中，对存储器的选用主要考虑以下几个因素。

表 4-4 嵌入式系统常用半导体存储器

类型	存储器	接口	特点
非易失性存储器（固化程序）	EPROM	系统总线	可靠性高、可重复编程，但需要紫外线擦除，无法在线编程
	EEPROM	串行居多	可按字节进行编程，但集成度较低，编程速度慢
	NOR Flash	系统总线	可随机访问，但集成度比 NAND 低，擦写速度慢
	NAND Flash	I/O 口	集成度高，擦写较快，只能按块擦写，需要驱动程序
	OneNAND	系统总线	兼具 NOR、NAND 优点，同 NAND 一样存在坏块问题
易失性存储器（程序运行）	SRAM	系统总线	速度快，集成度低，成本高，接口简单，适用于单片机系统
	DRAM	系统总线	集成度高，成本低，但需要刷新控制器，速度慢。种类多，目前中、高档嵌入式系统中常用的有 SDRAM、DDR SDRAM、DDR2 SDRAM

1）应用系统的规模

小型应用系统，如家电的控制系统，以微控制器（单片机）为核心进行电路设计，处理器芯片上集成少量的 RAM 单元和可编程 ROM 类存储器，如果应用对程序量和数据量的要求不大，片上存储器就可以满足要求，不需要外部扩展存储器，因此，只要在微控制器的选型上充分考虑存储需求即可。中、高端嵌入式系统对存储器的速度、容量有一定的要求，因此大多需要外扩存储器。

2）嵌入式处理器的支持

外扩半导体存储器有些可以通过系统总线直接与处理器进行数据交互，例如 SRAM、EPROM、NOR Flash；有些则需要特殊的控制接口和驱动，才能够实现数据访问，如串行 EEPROM、各种 DRAM 和 NAND Flash，因此在系统进行外部存储扩展时，需要充分地考虑处理器的支持情况。各种 DRAM 存储器必须由 DRAM 控制器控制刷新，而 NAND flash 则需要特殊的 NAND Flash 控制器识别控制命令进行访存操作。一般中、高档的嵌入式微处理器中都会集成上述两种控制器，可能还会支持一些更为先进的半导体存储器，例如 One NAND，而低端的微控制器通常不具备上述功能，因此无法支持相关存储类型的扩展。

3）系统引导的需要

计算机系统在通电后，需要从固定的地址开始运行用于实现系统初始化及操作系统引导的启动代码，这部分的代码必须固化存储在掉电非易失性的 ROM 类存储器中。处理器在通电后，能够直接访问片上 ROM，或者通过系统总线连接的各类 ROM 类存储器中存储的启动代码，进而开始系统引导。但是，对于需要通过特殊接口和驱动程序进行访问的存储器，例如 NAND Flash，处理器是无法直接访问的。一般通过两种方法解决，① 扩展少量的可直接访问非易失存储器，如 NOR Flash，专门用于系统引导；② 选用支持特殊方式启动的嵌入式处理器，这类处理器，通过内部机制，允许从 NAND Flash、SD 卡/MMC 卡启动。

3. 嵌入式系统常用接口

为了能够满足不同应用对外围设备扩展的需要，嵌入式处理器通常集成了非常丰富的接口资源。其中，通用输入/输出口（GPIO）使用灵活，既可以直接扩展简单外设，也可以模拟标准的 I^2C 接口和 SPI 接口；外设接口包括 USB 接口、UART 接口、I^2C 接口、SPI 接口等，用于扩展符合这些接口标准的外围设备；另外一些接口属于通信接口，如以太网接口、CAN 总线接口、红外接口、蓝牙接口等，用于实现嵌入式设备的网络接入功能。

4. 嵌入式系统常用外围设备

嵌入式处理器内部往往会集成一些常用的设备，像定时计数器、模数转换器等。如果不能满足应用的需要，嵌入式系统会通过各种接口扩展外围设备，这些设备主要可以分为以下几类。

1）外部存储设备

为了支持大数据量存储或者移动存储需要，某些嵌入式系统需要像通用计算机系统一样带有外部存储设备，不同的是，嵌入式系统很少采用磁表面存储器作为外部存储设备，因为这类设备体积、功耗都比较大，而且速度慢，不便移动。嵌入式系统一般通过外设接口扩展存储卡卡槽，使用基于 NAND Flash 存储芯片的各种存储卡，如 Secure Digital（SD）、

Multimedia Card（MMC）、Compact Flash（CF）、Memory Stick（记忆棒）等。

2）信息交互类设备

信息交互类设备，可以分为用于实现人机交互和用于实现与外部世界信息交互的两种类型。嵌入式系统常用的人机交互类外设主要有开关、按键、LED、数码管、LCD、触摸屏等。不同应用对人机交互的要求不同，举个例子，用于洗衣机控制的嵌入式系统和智能手机，前者只需要简单的几个按键和数码管显示器，后者则强调用户感受，常采用高分辨率、大尺寸的 LCD、触摸屏、摄像头、重力加速度传感器等。许多控制类嵌入式系统需要与外部世界进行信息交互，通过重力加速度、湿度、温度、压力、亮度等各种传感器和模/数转换器采集外部世界的信息，经过内部运算，输出信号控制电机、继电器等设备。

3）计数类设备

计数类设备，主要是指采用计数器原理构造的各种外围设备，包括基本的定时/计数器，用于显示当前系统时间的实时时钟（Real Time Counter，RTC），多用于无人值守环境下监控系统的看门狗电路（Watch Dog，WTD）及调制脉宽输出（Pulse Width Modulation，PWM）。这些设备都属于嵌入式系统常用设备，如果处理器没有集成上述设备，例如 RTC，那么就需要在系统中外扩 RTC 芯片。

4）通信类设备

随着物联网技术的发展，大量的嵌入式系统要求具备网络接入能力。目前，嵌入式设备使用的网络主要包括 RS-485 总线、各种工业总线、以太网、蓝牙、红外、GPRS 等，通过嵌入式处理器内部集成的通信模块，或者外接相应通信模块，使嵌入式系统具备相应的网络通信能力。

4.7.4 嵌入式处理器的典型技术

如前所述，作为一种专用计算机系统，嵌入式系统有着许多区别于通用计算机系统的特点，这与嵌入式系统的核心——嵌入式处理器分不开的。嵌入式处理器具有功能专用、低功耗、低成本的特点。下面将结合 ARM 系列处理器，介绍嵌入式处理器中使用的一些典型技术。

ARM 是一家专门出售处理器 IP 核（Intellectual Property core）知识产权的公司，自身并不生产任何半导体芯片。ARM 低成本和高效的处理器设计方案，得到了包括 TI、NEC、ST、AMD、Freescale 在内的各大半导体生产商的青睐，在获得授权之后，这些厂商生产了多种多样的基于 ARM 内核的处理器、微控制器及片上系统（SoC），也就是所谓的各种 ARM 系列处理器。统计数据显示，ARM 处理器的出片量以每年超过 20 亿片的速度增长，已占据手机芯片市场份额的 95%以上。为了抢占市场，能够适应嵌入式应用的多样化对处理器性能的不同需求，ARM 推出了新一代架构 ARMv7。该架构版本首次将 ARM 内核分为 Cortex-A（Application）、Cortex-R（Real-time）、Cortex-M（MCU）3 个系列。它们具有不同的功能特性，分别面向不同的应用领域。A 系列面向高性能开发应用平台，即越来越接近于 PC 的智能手机、平板电脑一类；R 系列面向高端嵌入式应用，在性能和实时性表现方面都比较卓越，可以应用于机械臂、高级轿车组件等；M 系列面向深度嵌入的单片机应用系统。由此可见新一代的 ARM 架构意图覆盖各种不同的嵌入式应用领域，是非常具有代表性和发展潜力的嵌入式处理器。

1. 哈佛结构

哈佛结构的典型特征是将存储器分为两个，一个用于存放数据，另一个用于存放指令，相应地，通过两条独立的总线进行访问。可以简单地理解为，哈佛结构计算机取指令和存取数据的操作能够并行进行，在指令执行的阶段，可以提前预取下一条指令。因此，哈佛结构的执行效率要高于冯·诺依曼结构。

对于采用流水线技术的处理器，哈佛架构分离的数据和指令存储器，能够有效地减少流水线各阶段之间的访存冲突问题，对于缓解流水阻塞、提高流水线的吞吐率有很好的作用。集成在这些处理器芯片内部的 Cache，一般也都采用了哈佛结构的另一种形式——分离的指令 Cache 和数据 Cache。ARM 处理器是偏 RISC 处理器，通过流水线技术提高指令的处理效率，因此 ARM 处理器在 v4 版本之后，都采用了片上分离 Cache 的设计方法，如图 4-43 所示。

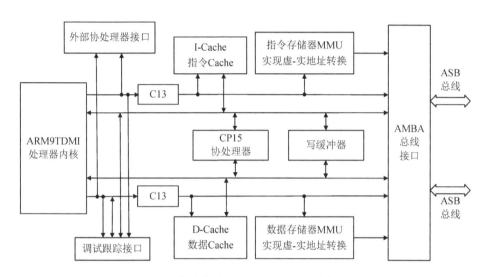

图 4-43　基于哈佛结构的 ARM920T 处理器内核结构示意图

通用计算机大多采用的是冯·诺依曼结构，在统一的存储器中存放数据和程序，因为对普通用户来说，这种存储结构使用起来比较灵活。嵌入式系统由于程序大多由开发者固化到存储器中，更加注重系统效率，因此有许多处理器选择了哈佛结构。常用的如摩托罗拉公司的 MC68 系列、Zilog 公司的 Z8 系列，最为常用的 8051 系列、ATMEL 公司的 AVR 系列，以及 ARMv4 版本之后的所有 ARM 系列处理器都采用了哈佛结构。

2. 异常处理与中断

为了满足处理的实时性和可靠性要求，异常处理机制是嵌入式处理器的特色技术之一。嵌入式处理器通常支持丰富的异常（中断）类型，除了向量中断方式，还会采用一些特殊的方法来加快异常（中断）的响应速度。下面以 ARM 处理器为例，介绍几种常见的异常处理技术。

1）寄存器窗口

发生异常（中断）时，如果其紧急程度（优先级）高于当前正在进行处理的事件，那么处理器将暂停当前事件的处理，优先转去为异常（中断）服务，当服务完成后，再返回原来的位置继续处理。为了保证处理器能够正常返回，进行异常（中断）服务之前，需要保护当前处理器的运行情况，即需要另存处理器中即将被破坏的各种寄存器的当前值，在服务结束后，再将其恢复，即"现场"的保护和恢复。

现场的保护和恢复处理需要一定的时间,属于异常处理的额外开销,会影响处理器对异常(中断)的响应速度。如果系统通过中断的方式实现与某种外设的数据传输,那么这一时间开销还会影响数据传输的速度。此外,如果现场的保护和恢复过程中出现差错,那么处理器将无法正常地返回,造成系统崩溃。因此,嵌入式处理器常采用一种寄存器窗口技术,对应同一组逻辑寄存器重复设置多组物理寄存器,某一时间能够正常访问的只是其中的一组,进行异常处理时,只需要将逻辑寄存器对应的物理寄存器切换到另一组即可,并不需要进行寄存器内容的存储和恢复,既安全又快速。

如图 4-44 所示为 ARM9 处理器的寄存器结构,图中深色的寄存器是物理上重复设置的寄存器,也称为影子寄存器。从图中可以看出,每种异常模式(快速中断除外)都拥有 3 个物理上独立的寄存器,其中存放的内容是处理器现场保护/恢复的关键,分别是:

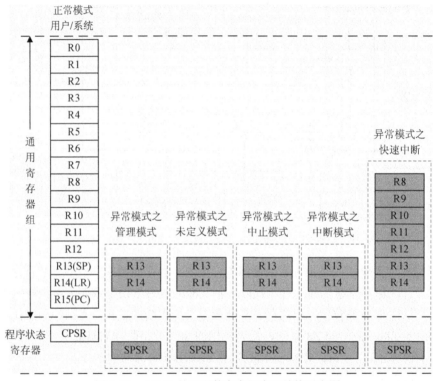

图 4-44　ARM9 处理器的寄存器窗口结构示意图

(1)R14-链接寄存器(LR),永远保存当前程序执行的位置。

(2)R13-栈顶指针(SP),指向当前堆栈栈顶。

(3)SPSR-备份程序状态寄存器,存储当前程序状态寄存器的值。

2)快速中断

ARM 处理器提供两种中断方式,一种是普通中断(Interrrupt Requst,IRQ)方式,另一种是快速中断(Fast Interrupt Requst,FIQ)。快速中断的优先级比普通中断高,通过以下几种处理,快速中断的响应时间明显要快于普通中断,用于处理对实时性要求高的事件。

(1)减少现场保护/恢复。从图 4-44 中能够看出,快速中断模式下,影子寄存器的数量比其他模式多，除了包含几个必须保护的寄存器，还有一些通用寄存器。在快速中断服务中尽量使用这些通用寄存器，就可以不必进行现场的保护和恢复，加快了响应速度。

（2）特殊的向量地址。快速中断的向量地址位于系统向量表的最后，这样就可以直接从向量地址开始存放服务程序，因此，与普通中断相比，能够直接进入服务程序，减少了一条无条件跳转指令。

（3）无需判优。系统只允许一个中断源设置为快速中断方式，其余的多个中断源只能设为普通中断模式，当普通中断发生后，需要系统进行判优操作，因此响应速度比快速中断慢。

3）咬尾中断和晚到中断

ARM 最新架构 ARMv7 中面向深度嵌入的控制领域提出的 Cortex-M 版本，对中断响应延迟的控制更为严格，不但通过硬件实现处理器寄存器现场的保护，还使用了一些新型的中断控制技术，减少中断的响应延迟。

（1）咬尾中断机制（Tail Chaining）专门用于处理器连续处理多个挂起中断的情况，如图 4-45（a）所示。普通中断处理机制在遇到这种情况时，首先将前一个中断保护的现场恢复，再将恢复的内容加入堆栈，然后进行下一个中断请求的处理，即对堆栈中原来保护的内容先 POP 再 PUSH，相当于什么也没做，但是却浪费了很多系统时间。Corte-M 系列处理器去掉了这一过程，在前一次中断结束后，直接寻找下一个挂起中断的入口，再次进行中断服务，看起来就好像把前一个中断处理的尾巴咬掉了，所以称为"咬尾"中断。图 4-45（a）显示了这种处理机制对中断响应时间的缩短情况。

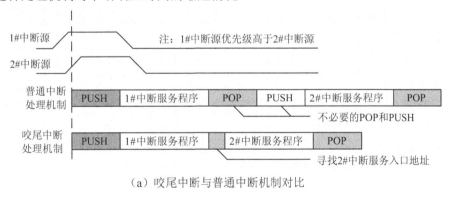

（a）咬尾中断与普通中断机制对比

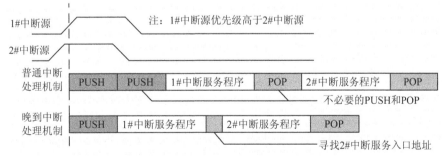

（b）晚到中断与普通中断机制对比

图 4-45 中断机制对比

（2）晚到中断机制（Late Arriving）适用于"晚到的"高优先级中断处理。如果系统首先接收到低优先级中断请求，但在现场保护的过程中，即尚未进入真正的中断服务时，又接收到优先级更高的中断请求，这时应用晚到中断机制，则不会再次重复现场的保护操作，直接进入高优先级中断处理，结束后，再采用咬尾中断机制，直接处理原来的低优先级中断，然后恢复现场。如图4-45（b）所示，晚到中断比普通的中断处理机制减少一次现场保护/恢复操作，从而缩短了中断的响应延迟。

3. 功耗控制

低功耗设计能够延长嵌入式设备中电池的寿命、降低芯片封装和冷却费用、提高系统稳定性和减小环境影响等，对移动类和便携式嵌入式应用，功耗控制显得尤为突出。对于这类嵌入式系统中应用的高性能、高频率的中、高端嵌入式处理器，功耗控制机制是其区别于通用处理器的重要特性。为了满足功耗控制的要求，嵌入式处理器通常会提供多种功耗控制机制，主要包括以下几点：

（1）较低的工作电压。由于能量消耗与工作电压的平方成正比，高端嵌入式处理器目前的工作电压都在1.1V左右。有些嵌入式处理器的工作电压甚至可在一定的范围内连续调节，通过应用电压调节策略，可根据处理器当前的任务处理要求，调整工作电压，以降低功耗。

（2）多种工作频率。嵌入式处理器的工作频率越高，功耗就越大。通过提供两个以上不同速度的时钟源，或者控制用于倍频的锁相环（Phase Locked Loop，PLL）电路，嵌入式处理器可以选择自己的工作时钟，从而降低功耗。

（3）内部集成模块能够单独被停用。包含处理器核心在内，嵌入式处理器提供可编程操作，对其内部集成的各种设备及接口模块，用户或者操作系统能够根据应用需要单独关闭其中某些模块，以降低系统功耗。

（4）多种功耗模式。处理器支持多种不同功耗的工作模式，通过简单的编程配置，可以控制电源管理模块在系统满足一定的条件后，自动地进行工作模式的切换。

以ARM9处理器为例，这款ARM处理器核心支持4种功耗模式，如图4-46所示。按照功耗程度从高到低，依次为：

（1）正常模式（Normal）。内核及所有的功能模块都正常供电，工作在正常时钟频率下，此时，系统的性能最好，功耗也最大。

（2）低速模式（Slow）。顾名思义，低速模式下，电源管理模块将关闭主锁相环电路，系统时钟直接使用外部晶振输入的低速时钟信号，甚至还可以将外部晶振信号继续分频，得到一个速度更慢的时钟信号，作为系统时钟。这样，一方面由于主锁相环停用，减少了一部分功耗；另一方面，较低的工作时钟也使系统功耗有所下降。

（3）空闲模式（Idle）。在该模式下，CPU核心将被关闭，而大多数外部设备则处于活动状态。当外部设备需要处于活动状态，而CPU不需要处于活动状态时，应采用这种低功耗模式。如，终端的LCD需要显示内容，但显示内容是不需要发生变化的静态显示时，就属于这种情况。此时，仍处于活动状态的外部设备可向CPU提出事件处理请求，唤醒CPU核心，转换到Normal模式。

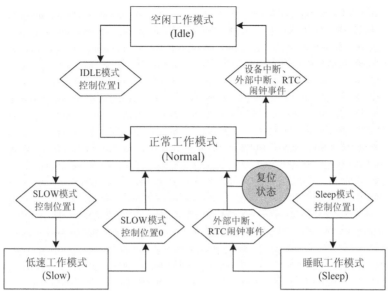

图 4-46　ARM9 处理器的多种功耗模式及切换关系

（4）睡眠模式（Sleep）。该模式下，将关闭 CPU 及主要内部功能逻辑的供电电源，只保留唤醒（Wake up）逻辑处于工作状态，CPU 内核及各种内部功能逻辑不再有任何功耗，是功耗最低的一种工作模式。为了能够支持睡眠工作模式，ARM9 处理器需要通过独立的电源管脚引入多个外部供电电源。

值得一提的是，Normal、Idle 和 Slow 模式下，都可以通过软件编程，单独关闭某些模块的时钟源，停止模块的工作，达到降低功耗的效果。

4. 看门狗

看门狗定时器（常常简称看门狗）是一个用来引导嵌入式微处理器脱离死锁工作状态的部件，是嵌入式处理器的特色硬件。由于许多需要进行户外数据采集的嵌入式控制系统工作环境比较恶劣（如高海拔地区运行、高温场合、电压供应变换频繁、静电释放等），容易受到外部电磁场干扰，致使存储信息出错，程序执行顺序混乱，系统进入死循环状态。此时，大多数无人值守系统可以通过使用看门狗定时器自动复位处理器，使系统重新进入正常工作状态。

看门狗实际上是一个专用计数器，能够经过一个指定的间隔时间来复位微控制器或者微处理器。其原理是：系统启动后，初始化程序向看门狗的计数常数寄存器写入计数初值；此后每经过一个预定的时间间隔，看门狗执行一次计数（增 1），程序中需要设有看门狗复位语句（计数器清零），称为"喂狗程序"。系统程序正常执行过程中，要保证每隔一定的时间，即在看门狗计数器计满前，对看门狗及时复位，否则当看门狗中的计数器计满溢出后就会发出一个复位信号，重新复位系统。一旦当软件和设备工作发生故障或者机器死锁，必然导致程序流程混乱，不能及时地执行喂狗程序，于是产生计数溢出，一旦溢出，看门狗就会重新复位系统，达到自动监控系统的目的。

参 考 文 献

［1］Andrew S. Tanenbaum．计算机组成结构化方法（第 5 版）[M]．刘卫东等译．北京：人民邮电出版社，2006

［2］David A．Patterson，John L．Hennessy．计算机组成与设计：硬件/软件接口（第 3 版）[M]．郑纬民等译．北京：机械工业出版社，2007

［3］John L．Hennessy，David A．Patterson．计算机系统结构——量化研究方法（第 4 版）[M]．白跃彬译．北京：电子工业出版社，2007

［4］陆鑫达，翁楚良．计算机系统结构（第 2 版）[M]．北京：高等教育出版社，2008

［5］唐朔飞．计算机组成原理（第 2 版）[M]．北京：高等教育出版社，2008

［6］王爱英．计算机组成与结构（第 4 版）[M]．北京：清华大学出版社，2007

［7］William Stallings．计算机组织与体系结构性能设计（第 7 版）[M]．张昆藏等译．北京：清华大学出版社，2006

［8］张晨曦，王志英等．计算机系统结构[M]．北京：高等教育出版社，2008

［9］张思发，吴让仲，樊俊青．计算机组成原理及汇编语言（第 2 版）[M]．北京：高等教育出版社，2007

第5章

计算机操作系统

计算机操作系统是管理计算机软件和硬件的系统程序，它使计算机的各部件互相协调一致地工作。操作系统也是用户与计算机之间的接口，通过它用户可以更方便、更有效地使用计算机资源。

半个多世纪以来，从最早的简单批处理系统、分时操作系统，到今天的微机操作系统和面向大型机的多任务、多用户操作系统，在调度和控制计算活动，提供软件开发、运行和应用环境，挖掘计算机潜力，提高计算机的性能等方面，操作系统发挥着越来越重要的作用。

本章主要介绍操作系统的基本概念、功能以及基本原理与方法，包括进程管理、存储管理、文件管理和设备管理等。

5.1　概　　述

5.1.1　操作系统的功能

从一般用户角度看，可把操作系统看作用户与计算机系统的接口。操作系统为用户提供以下几方面的服务：

(1)程序开发。操作系统提供各种工具和服务，如编辑器和调试器，用于帮助程序员开发程序。

(2)程序运行。运行一个程序需要很多步骤，必须把指令和数据载入主存储器、初始化 I/O 设备、准备其他一些资源。操作系统为用户处理这些问题。

(3)I/O 设备访问。每个 I/O 设备的操作都需要特有的指令集或控制信号，操作系统隐藏这些细节，并提供统一的接口。

(4)文件访问控制。向用户提供方便的使用文件的接口，并采取一定的安全措施实现文件的共享与保护。

(5)系统访问。对于共享和公共系统，操作系统控制对整个系统的访问，提供对资源和数据的保护，避免未授权用户的访问，解决资源竞争时的冲突问题。

(6)错误检测和响应。计算机系统运行时可能发生各种各样的硬件和软件错误，如存储器错误、设备故障、算术溢出、访问被禁止的存储单元等。对每种情况，操作系统都必须提供响应，使其对正在运行的应用程序影响最小。

从资源管理角度看，则可把操作系统视为计算机系统资源的管理者。计算机系统通常包含了各种各样的硬件和软件资源，操作系统的任务就是在相互竞争的进程之间有序地管理和分配处理器、存储器及 I/O 设备等资源。资源管理主要包括以下工作：

（1）跟踪记录资源使用情况。在多任务系统中，系统资源要满足多个任务的需要，这就需要对资源使用情况进行跟踪和记录，了解当前资源状态或剩余情况，以满足任务对资源的请求。

（2）分配或回收资源。在条件满足的情况下将资源分配给请求的任务；根据任务完成的情况适时地回收系统资源，保证新任务的请求。

（3）提高资源的利用率。在操作系统的管理下使系统资源得到合理、高效的使用。

（4）协调多个任务对资源请求的冲突。当少量资源被多个任务请求时，就会产生冲突，这时操作系统需要分析请求任务的特性，对资源使用做出决策，协调各任务合理地使用资源。

5.1.2 操作系统的特征

操作系统的特征主要体现在并发性、共享性、虚拟性和异步性 4 个方面。

1）并发性

并发性是指两个或两个以上的事件在同一时间段内发生。并发性体现了操作系统同时处理多个活动事件的能力。只有一个处理器的系统，在一个时间段内，可以同时运行多个进程，实现多进程并发。这些并发进程体现为：宏观上同时执行，微观上任何时刻只有一个在执行。通过并发，能够减少计算机中各部件由于相互等待而造成的计算机资源浪费，改善资源利用率，提高系统的吞吐量。并发性的实现比较复杂，需要解决进程之间的运行切换、进程内容保护、相互依赖进程之间的同步关系、进程资源分配的协调等问题。

2）共享性

共享性是指计算机系统中的资源能够被并发执行的多个进程共同使用。操作系统对这些资源进行合理的调配和管理，并使得并发执行的多个进程能够合理地共享这些资源，达到节约资源、提高系统效率的目的。实现资源共享需要解决的问题有资源分配优化、信息保护、存取控制、进程之间同步等。由于进程的并发才会出现资源的共享，而只有资源有效共享，才能保证并发的顺利执行。

3）虚拟性

虚拟性是指操作系统通过某种技术将一个实际存在的实体变成多个逻辑上的对应体。这样的多个逻辑对应体可以为多个并发进程访问，提高了实体的利用率。虚拟性是操作系统管理资源的一种重要手段，其目的是为用户提供方便高效的资源利用。在计算机系统中，处理器、存储器、I/O 设备以及窗口、用户终端等都可以通过虚拟技术提供给并发的进程使用。与虚拟性相关的技术问题有：处理器管理、虚拟存储器管理、SPOOL（Simultaneous Peripheral Operation OnLine）技术等。

4）异步性

异步性也称随机性，是指在多道程序环境中多个进程的执行、推进和完成时间都是随机的、交替的、不可预测的。多个并发的进程由于受到资源限制不能一贯到底，而是"走走停停"。这种异步方式的进程执行导致的后果是进程执行的最终结果不可重现。异步性会给操作系统带来潜在的危险，有可能导致并发程序的执行产生与时间有关的错误，所以操作系统必须采取一定的措施，保证在运行环境相同的情况下，多次运行同一程序，都会获得完全相同的计算结果。

5.2 操作系统的发展与分类

5.2.1 手工处理阶段

20 世纪 40～50 年代，是电子管计算机时代，计算机运算速度慢（只有几千次/秒）。在那个年代里，同一组人设计、建造、编程、操作并维护一台机器。所有的程序设计是用纯粹的机器语言完成的，常常连线到插件板上以便控制机器的基本功能。那时没有程序设计语言，也没有操作系统。

到了 20 世纪 50 年代早期出现了穿孔卡片，这时可以将程序写在卡片上，然后读入计算机，而不用插件板。用户先把程序纸带（或卡片）装入计算机，然后启动输入机把程序和数据送入计算机，接着通过控制开关启动程序运行。计算完毕，打印机输出计算结果，用户取走并卸下纸带（或卡片）。这种由单道程序独占机器及人工操作的情况，在计算机速度较慢时是允许的，因为此时计算机完成一个任务所需要的时间相对较长，手工操作时间所占的比例还不很大。

5.2.2 批处理系统

20 世纪 50 年代中期，出现了晶体管计算机，计算机变得更可靠，运行速度也有了很大提高，从每秒几千次发展到每秒几十万次、上百万次。这时，手工操作已无法满足计算机高速度的需要，促使人们去开发一种软件来管理软硬件资源，以提高主机的使用效率。这样就出现了批处理系统（Batch Processing System）。

批处理系统克服了手工操作的缺点，实现了作业的自动过渡，改善了主机 CPU 和输入输出设备的使用情况，提高了计算机系统的处理能力。批处理系统的主要思想是使用一个称为监控程序的软件，如图 5-1 所示。通过使用这类操作系统，用户不再直接访问机器，而是把卡片或磁带中的作业提交给计算机操作员，由他把这些作业按顺序组织成一批，并将整个作业放在输入设备上，供监控程序使用。每个程序完成处理后返回到监控程序，同时，监控程序自动加载下一个程序。

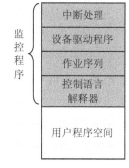

图 5-1 简单批处理系统的内存分布

早期的批处理分为两种方式：联机批处理和脱机批处理。

1. 联机批处理

输入输出设备和主机直接相连。作业的执行过程如下：

(1)用户提交作业，即程序、数据以及用作业控制语言编写的作业说明书。

(2)作业被输入穿孔纸带或卡片。

(3)操作员有选择地把若干作业合成一批，通过输入输出设备（纸带输入机或读卡机）把它们存入磁带。

(4) 监控程序读入一个作业。

(5) 从磁带调入汇编程序或编译程序，将用户作业源程序翻译成目标代码。

(6) 连接装配程序，把编译后的目标代码及所需要的子程序装配成一个可执行的程序。

(7) 启动执行。

(8) 执行完毕，由善后处理程序输出计算结果。

(9) 再读入一个作业，重复（5）～（9）步。

(10) 一批作业完成，返回到（3），处理下一批作业。

这种联机批处理方式解决了作业自动转接问题，从而减少了作业建立和人工操作时间。但是在作业输入和执行结果的输出过程中，主机 CPU 仍处在停止等待状态，这样慢速的输入输出设备和快速主机之间仍处于串行工作方式，CPU 的时间仍有很大的浪费。由于系统对作业的处理都是成批地进行，且在内存中始终只保持一道作业，因此被称为单道批处理系统。

2. 脱机批处理

脱机批处理方式的显著特点是增加一台不与主机直接相连而专门用于与输入输出设备打交道的卫星机，如图 5-2 所示。

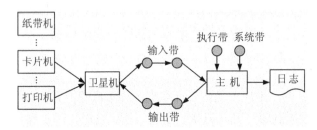

图 5-2 早期脱机批处理模型

卫星机的功能如下：

(1) 输入设备通过它把作业输入到输入磁带。

(2) 输出磁带通过它将执行结果输出到输出设备。

这样，主机不直接与慢速的输入输出设备打交道，而是与速度相对较快的磁带机发生关系。主机与卫星机可以并行工作，因此早期脱机批处理与早期联机批处理相比，大大提高了系统的处理能力。

20 世纪 50 年代末至 60 年代初，出现了许多成功的批处理系统。第一个批处理系统产生于 50 年代中期，由通用汽车（General Motors）公司开发，用于 IBM 701 计算机上。这个系统随后经过进一步改进，被 IBM 用户应用在 IBM 704 上。60 年代初期，许多厂商自行开发了批处理系统，比较著名的是 IBM 开发的用于 IBM-7090/7094 机上的操作系统 IBSYS，它对其他系统有着广泛的影响。

5.2.3 多道程序系统

在单道批处理系统中，内存中仅有一道作业，这使系统仍然有较多的空闲资源，致使系统的性能较差。为了进一步提高资源的利用率和系统的吞吐量（系统在单位时间内所完成的总工作量），在 20 世纪 60 年代中期引入了多道程序设计技术，由此而形成了多道程序系统。

在多道程序系统中，操作系统同时将多个作业保存在内存中。操作系统选择一个内存中的作业开始执行，该作业运行期间，可能必须等待另一个任务（如 I/O 操作）的完成。对于非多道程序系统，CPU 有空闲就会等待；对于多道程序系统，操作系统有空会切换到另一个作业执行。当该作业需要等待时，CPU 会再次切换。当第一个作业等的任务完成后会重新获得CPU。

图 5-3（a）给出了单道程序的运行情况，可以看出在 $t_1 \sim t_2$、$t_3 \sim t_4$ 时间段内 CPU 空闲。在引入多道程序技术后，CPU 便可以通过任务切换使自己一直处于忙碌状态，如图 5-3（b）所示为 4 道程序的运行情况。

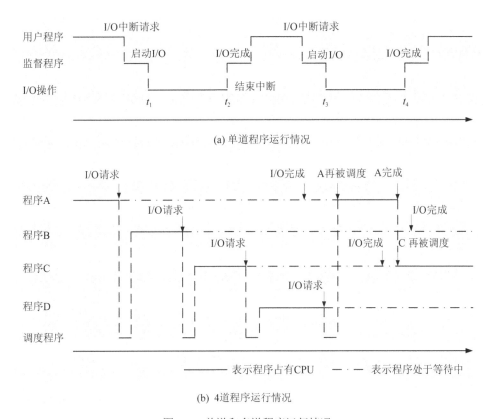

(a) 单道程序运行情况

(b) 4道程序运行情况

图 5-3 单道和多道程序运行情况

5.2.4 分时系统

分时系统（Time-Sharing System）把处理机的运行时间分成很短的时间片，按时间片轮流把处理机分配给各联机作业使用。若某个作业在分配给它的时间片内不能完成其计算，则该作业暂时中断，把处理机让给另一作业使用，等待下一轮时再继续其运行。由于计算机速度很快，作业运行轮转得很快，给每个用户的感觉是好像他独占一台计算机，尽管事实上他是与许多用户共享一台计算机。每个用户都可以通过自己的终端向系统发出各种操作控制命令，完成作业的运行。

第一个分时操作系统是在美国麻省理工学院计算机科学系教授费尔南多·考巴托

（Fernando José Corbató，1926 年～）领导下研制完成的兼容分时系统 CTSS（Compatible Time-Sharing System）。CTSS 运行在一台存储器为 32000 个 36 位字的机器上，常驻监控程序占用了 5000 个。当控制权被分配给一个交互用户时，该用户的程序和数据被载入主存储器剩余的 27000 个字的空间中。程序通常在第 5000 个字单元处开始被载入，这简化了监控程序和内存管理。系统时钟以大约每 0.2 秒一个的速度产生中断，在每个时钟中断处，操作系统恢复控制权，并将处理器分配给另一位用户。因此在固定的时间间隔内，当前用户被抢占，另一个用户被载入。为了以后便于恢复，在新的用户程序和数据被读入之前，老的用户程序和数据被写到磁盘。随后，当获得下一次机会时，老的用户程序代码和数据再从磁盘恢复到主存储器中。

CTSS 试验成功以后，美国国防部的 ARPA 出巨资支持研发第二代分时系统，建立了 MULTICS（MULTiplexed Information and Computing Service）项目，即多路信息计算系统，简称 MAC 项目。该项目从 l963 年 7 月 1 日开始，由 MIT、通用电气公司 GE 的计算机部以及贝尔实验室 3 家承担研制任务。后来，贝尔实验室中途退出。1969 年 MAC 项目完成，推出了著名的分时操作系统 MULTICS。其主要特点如下：

（1）首次在大型软件的开发中成功地采用了结构化的程序设计方法，使开发周期大大缩短，软件可靠性大大提高。

（2）成功地采用已有的成熟软件作为工具。MULTICS 中的很大一部分程序是用其自身即 CTSS 来编写的，这在软件的继承性上是一次成功的尝试。

（3）全部系统程序是用高级语言 PL/I 编写的，这使系统程序在功能上独立于机器，极大地提高了系统的可移植性。

由于种种原因，MIT 和 GE 公司都没有把 MULTICS 商品化，只有 Honeywell 公司和法国的 Bull 公司在 20 世纪 70 年代初曾推出 MULTICS 的商业版本。但 MULTICS 作为现代操作系统的雏形，它所开创的一系列概念和技术，如内核、进程、层次式目录和面向流的 I/O、把设备当做文件以简化设备管理等，都对后来的操作系统产生了很大的影响，甚至被作为基本技术和核心技术而承袭下来，因而它在计算机系统的发展史上占有重要的地位。

5.2.5 实时系统

实时（Real Time）表示"及时"、"即时"，而实时系统是指系统能及时响应外部事件的请求，在规定的时间内完成对该事件的处理，并控制所有实时任务协调一致地运行。按照任务对截止时间的要求来分，实时系统分为硬实时系统（Hard Real Time System）和软实时系统（Soft Real Time System）两类。

硬实时系统必须满足任务对截止时间的要求，保证关键任务按时完成，否则可能出现难以预测的结果。这一目标要求对系统内所有延迟都有限制，从获取存储数据到请求操作系统完成任何操作。这一时间约束要求决定了硬实时系统没有绝大多数高级操作系统的功能，这是因为这些功能常常将用户与硬件分开，导致难以估计操作所需时间。因此，硬实时系统与分时操作系统的操作相矛盾，两者不能混合使用。

在软实时系统中，关键实时任务的优先级要高于其他任务的优先级，且在完成之前能保持其高优先级。它与硬实时系统一样，需要限制操作系统内核的延迟，实时任务不能无休止地处于等待状态。软实时系统可以与其他类型的系统相混合。由于没有安全时间界限的支持，它们在工业控制和机器人等领域的应用是危险的。但是，软实时系统比硬实时系统提供更多的功能，可应用于其他领域，如多媒体、虚拟现实和高级科学研究项目（深海探测、行星漫游）等。

实时系统的早期代表是 IBM 在 1979 年推出的 Transaction Processing Facility，这是一种在实时环境中运行交易处理应用程序的操作系统，主要面向交易量较大的业务，如信用卡公司和航空预定系统。现在，随着嵌入式系统的流行，VxWorks、QNX、RTLinux 等实时操作系统得到广泛应用。

5.2.6 微机操作系统

操作系统到 20 世纪 80 年代已趋于成熟，随着 VLSI 和计算机体系结构的发展，先后形成了微机操作系统、多处理机操作系统、网络操作系统和分布式操作系统。

配置在微机上的操作系统称为微机操作系统。最早出现的微机操作系统是在 8 位微机上的 CP/M。后来随着微机的发展，又相应地出现了 16 位、32 位微机操作系统。可见，微机操作系统可按微机的字长而分成 8 位、16 位和 32 位的微机操作系统。也可把微机操作系统分为单用户单任务操作系统、单用户多任务操作系统和多用户多任务操作系统。

单用户单任务操作系统的含义是，只允许一个用户上机，且只允许用户程序作为一个任务运行。这是一种最简单的微机操作系统，主要配置在 8 位微机和 16 位微机上。最有代表性的单用户单任务操作系统是由美国 DR（Digital Research）公司在 1975 年推出的、带有软盘系统的 8 位微机操作系统 CP/M（Control Program for Microcomputers）和微软（Microsoft）公司在 1981 年为 IBM-PC 开发的 MS-DOS 操作系统。

单用户多任务操作系统的含义是：只允许一个用户上机，但允许将一个用户程序分为若干个任务，使它们并发执行，从而有效地改善系统的性能。目前，在 32 位微机上配置的 32 位微机操作系统大多数是单用户多任务操作系统，其中最有代表性的是 IBM 公司于 1987 年开发的 OS/2 和微软公司研发的 Windows 系统。

多用户多任务的含义是，允许多个用户通过各自的终端，同时使用同一台主机，共享主机系统中的各类资源，而每个用户程序又可进一步分为几个任务，使它们并发执行，从而进一步提高了资源利用率并增加了系统吞吐量。在大、中、小型机中所配置的都是多用户多任务操作系统；而在 32 位微机上，也有不少是配置的多用户多任务操作系统。其中最有代表性的是贝尔实验室于 1969 年开发的 UNIX 操作系统。UNIX 最初是配置在 DEC 公司的小型机 PDP 上，后来它被移植到微型机上。

5.2.7 多处理机操作系统

早期的计算机系统基本上都是单处理机系统，进入 20 世纪 70 年代逐步出现了多处理机系统 MPS（Multi-Processor System），计算机的体系结构发生了改变，相应地也出现了多处理机操作系统。

多处理机操作系统可分为以下两种模式。

1）非对称多处理（Asymmetric Multiprocessing）

在非对称多处理系统中，处理机分为主处理机和从处理机两类，每个处理器都有各自特定的任务。主处理机只有一个，其上配置了操作系统，用于管理整个系统的资源，并负责为各从处理机分配任务。从处理机可有多个，它们执行预先规定的任务及由主处理机所分配的任务。在早期的特大型系统中，较多地采用主-从式操作系统。一般说，主-从式操作系统易于实现，但资源利用率低。

2）对称多处理（Symmetric Multiprocessing）

通常在对称多处理系统中，所有的处理机都是相同的。在每个处理机上运行一个相同的操作系统拷贝，用它来管理本地资源和控制进程的运行，以及各计算机之间的通信。对称多处理意味着所有处理器对等，处理器之间没有主-从关系。目前，几乎所有现代操作系统，包括 Windows（从 Windows NT 开始）、Solaris、UNIX、OS/2、Linux 等，都支持对称多处理。这种模式的优点是允许多个进程同时运行。例如，当有 n 个 CPU 时，可同时运行 n 个进程而不会引起系统性能的恶化；然而必须小心地控制 I/O，以保证能将数据送至适当的处理机。同时，还必须注意使各 CPU 的负载平衡，以免有的 CPU 超载运行，而有的 CPU 则空闲。

5.2.8 网络操作系统

计算机网络可以定义为一些互连的自主计算机系统的集合。所谓自主计算机是指计算机具有独立处理能力；而互连则是表示计算机之间能够实现通信和相互合作。可见，计算机网络是在计算机技术和通信技术高度发展的基础上，二者相互结合的产物。

1. 网络操作系统的模式

网络操作系统具有以下两种工作模式。

1）客户机-服务器（Client/Server，C/S）模式

该模式是在 20 世纪 80 年代发展起来的、目前仍广为流行的网络工作模式。网络中的各个站点可分为以下两大类：

(1)服务器。它是网络的控制中心，其任务是向客户机提供一种或多种服务。服务器可有多种类型，如文件服务器、数据库服务器等。在服务器中包含了大量的服务程序和服务支撑软件。

(2)客户机。这是用户用于本地处理和访问服务器的站点。在客户机中包含了本地处理软件和访问服务器上服务程序的软件接口。C/S 模式具有分布处理和集中控制的特征。

图 5-4　客户机-服务器结构

常用的客户机-服务器结构如图 5-4 所示。

2）对等模式（Peer-to-peer）模式

采用这种模式的操作系统的网络中，各个站点是对等的。一个站点既可作为客户机去访问其他站点，又可作为服务器向其他站点提供服务。在网络中既无服务处理中心，也无控制中心。或者说，网络的服务和控制功能分布于各个站点上。可见，该模式具有分布处理及分布控制的特征。

2. 网络操作系统的功能

网络操作系统应具有下述几方面的功能。

1）网络通信

这是网络最基本的功能。其任务是在源主机和目标主机之间实现无差错的数据传输。为

此, 应有如下主要功能: ① 建立和拆除通信链路, 为通信双方建立一条暂时性的通信链路。② 传输控制, 对数据的传输进行必要的控制。③ 差错控制, 对传输过程中的数据进行差错检测和纠正。④ 流量控制, 控制传输过程中的数据流量。⑤ 路由选择, 为所传输的数据选择一条适当的传输路径。

2) 资源管理

对网络中的共享资源 (硬件和软件) 实施有效的管理, 协调用户对共享资源的使用、保证数据的安全性和一致性。

3) 网络服务

在前两个功能的基础上, 直接向用户提供多种网络服务, 包括电子邮件服务, 文件传输、存取和管理服务, 共享硬盘服务, 共享打印服务等。

4) 网络管理

网络管理最基本的任务是安全管理。如通过"存取控制"来确保存取数据的安全性; 通过"容错技术"来保证系统故障时数据的安全性。此外, 还应能对网络性能进行监视, 对使用情况进行统计, 以便为提高网络性能、进行网络维护等工作提供必要的信息。

5.2.9 分布式操作系统

在分布式操作系统 (Distributed System) 中, 系统的处理和控制功能都分散在系统的各个处理单元上。可见, 分布式处理系统最基本的特征是处理上的分布。而处理分布的实质是资源、功能、任务和控制都是分布的。

分布式处理系统是指由多个分散的处理单元, 经互连网络连接而形成的系统。其中, 每个处理单元既具有高度的自治性, 又相互协同, 能在系统范围内实现资源管理, 动态地分配任务, 并能并行地运行分布式程序。分布式处理系统中的所有任务, 都被动态地分配到各个处理单元, 并行执行。

在分布式处理系统上配置的操作系统称为分布式操作系统。它与网络操作系统有许多相似之处, 但两者又各有特点。下面从 5 个方面对两者进行比较。

1) 分布性

分布式操作系统不是集中地驻留在某一个站点中, 而是较均匀地分布在系统的各个站点上, 因此, 操作系统的处理和控制功能是分布式的。而计算机网络虽然也具有分布处理功能, 然而网络的控制功能则大多是集中在某个 (些) 主机或网络服务器中, 或说控制方式是集中式。

2) 并行性

在分布式处理系统中, 具有多个处理单元, 因此, 分布式操作系统的任务分配程序可将多个任务分配到多个处理单元上, 使这些任务并行执行。而在计算机网络中, 每个用户的一个或多个任务通常都在自己 (本地) 的计算机上处理, 因此, 在网络操作系统中通常无任务分配功能。

3) 透明性

分布式操作系统通常能很好地隐藏系统内部的实现细节, 如对象的物理位置、并发控制、系统故障等对用户都是透明的。例如, 当用户要访问某个文件时, 只需提供文件名而无需知道 (所要访问的对象) 它是驻留在哪个站点上, 即可对它进行访问, 亦即具有物理位置的透明性。对于网络操作系统，虽然它也具有一定的透明性，但主要是指在操作实现上的透明性。

4）共享性

在分布式系统中，分布在各个站点上的软、硬件资源，可供全系统中的所有用户共享，并能以透明方式对它们进行访问。网络操作系统虽然也能提供资源共享，但所共享的资源大多是设置在主机或网络服务器中；而在其他机器上的资源，则通常仅由使用该机的用户独占。

5）健壮性

由于分布式系统的处理和控制功能是分布的，因此，任何站点上的故障都不会给系统造成太大的影响；加之，当某设备出现故障时，可通过容错技术实现系统重构，从而仍能保证系统的正常运行，因而系统具有健壮性，即具有较好的可用性和可靠性。而现在的网络操作系统，其控制功能大多集中在主机或服务器中，这使系统具有潜在的不可靠性，此外，系统的重构功能也较弱。

5.3 进 程 管 理

处理器管理是操作系统的重要组成部分，它的主要任务是对处理器的分配和运行实施有效的管理。在多道程序环境中，程序以进程的形式来占用处理器和资源，因此对处理器的管理可以归结为对进程的管理，也就是控制、协调进程对处理器的竞争。

5.3.1 进程的概念

在多道程序工作环境下，一个程序活动不再独占系统资源，程序活动呈现出并发、动态以及相互制约这些新的特征，程序这个静态的概念已经不能如实地反映程序活动的特征。为此，20 世纪 60 年代中期，MULTICS 和 T.H.E 操作系统的设计者开始使用"进程"这一概念来描述系统和用户的程序活动。

进程的定义为：可并发执行的程序在一个数据集合上的运行过程，是系统进行资源分配和调度的一个独立单位。

进程是操作系统最基本的，也是最重要的概念之一。进程具有以下 5 个基本特征。

1）动态性

进程的动态性主要表现在两个方面：① 从进程的定义来看，它被定义为程序的执行过程，而执行过程本身就是一个动态概念。② 从进程的存在来看，它有一个生命周期，进程会因"创建"而产生，因"调度"而执行，因得不到资源而暂停，因"撤销"而消亡。

2）并发性

进程的并发性是指一个进程可以与其他进程并发执行，即从系统的角度看，可以有多个进程实体同时处于内存中，并在一段时间内同时运行。

3）独立性

进程的独立性是指进程是系统中的一个独立实体，是系统调度的基本单位和请求占用资源的基本单位。

4）异步性

进程的异步性是指进程按各自独立的、不可预知的速度向前推进。由于系统中允许多个进程并发执行，并且它们都具有独立性和异步性，因此系统无法预知某一时刻究竟是哪个进程在运行以及运行速度怎样。

5）结构性

进程包含数据集合和运行于其上的程序，它至少由程序块、数据块和进程控制块等要素组成。

从上面的描述可以看出，进程和程序之间既有联系又有区别。首先，进程是程序的一次运行活动，属于一种动态的概念。而程序是一组有序的静态指令，是一种静态的概念。进程离开了程序也就没有了存在的意义。如果把一部电影的拷贝看成一个程序，那么这部电影的一次放映过程就好像一个进程。其次，一个进程可以执行一个或多个程序，一个程序也可以被一个或多个进程执行。再次，还以电影及其放映活动为例，一次电影放映活动可以连续放映几部电影，这相当于一个进程可以执行几个程序。反之，一部电影可以同时在若干家电影院中放映，这相当于多个进程可以执行同一个程序。不过要注意的是，几家电影院同时放映同一部电影时，使用的是一个电影的不同拷贝，但在计算机中，几个进程却完全可以同时使用一个程序副本。最后，程序可以作为一种软件资源长期保存，而进程则是一次执行过程，它是暂时的，是动态地产生和终止的。这相当于电影拷贝可以长期保存，而一次放映活动却只延续几个小时。

5.3.2　进程的组成

在操作系统中，进程由程序、数据集合、进程控制块（Process Control Block，PCB）3个部分组成，统称为进程映像。PCB 是进程存在的唯一标识，是操作系统用来记录和刻画进程状态及有关信息的数据结构，是进程动态特征的一种汇集。它一般包含以下 3 类信息。

1）标识信息

标识信息用于标识一个进程，分为用户使用的外部标识符和系统使用的内部标识号。常用的标识信息包括进程标识 ID、进程组标识 ID、用户进程名、用户组名等。

2）现场信息

现场信息用于保存进程在运行时处理器现场的各种信息。进程在让出处理器时，必须将此时的现场信息保存到它的 PCB 中，而当进程恢复运行时也应恢复处理器现场。现场信息一般包括：通用寄存器内容、控制寄存器内容、栈指针等。

3）控制信息

控制信息用于管理和调度进程，如进程调度的相关信息，如进程状态、等待事件和等待原因、进程优先级、队列指针等；进程组成信息，如正文段指针、数据段指针、进程间的族系信息（如指向父/子/兄弟进程的指针）；进程间通信消息，如消息队列指针、所使用的信号量和锁；进程段/页表指针、进程映像在辅助存储器中的地址；CPU 的占用和使用信息，如时间片剩余量、已占用 CPU 时间、进程已执行时间总和、定时器信息；进程特权信息，如主存访问权限和处理器特权；资源清单，如进程所需的全部资源、已经分得的资源，包括主存、设备、打开文件表等。

PCB 是操作系统中最为重要的数据结构，它包含管理进程所需要的全部信息，操作系统根据 PCB 对并发执行的进程进行控制和管理。系统在创建进程时就为它建立 PCB，当进程运行结束被撤销时，将回收其占用的 PCB。

5.3.3 进程的创建

操作系统需要有某种方法在运行时按需要创建或撤销进程。新进程一般都是由已存在的进程执行一个创建进程的系统调用而产生的。这个已存在的进程可以是一个运行的用户进程、系统进程或者一个批处理管理进程。

操作系统创建进程的主要步骤如下：① 命名进程，为进程设置进程标识符。② 从 PCB 集合中为新进程申请一个空白 PCB。③ 确定进程的优先级。④ 为进程的程序段、数据段和用户栈分配内存空间。⑤ 为进程分配除内存外的其他各种资源。⑥ 初始化 PCB，将进程的初始化信息写入 PCB。⑦ 如果就绪队列能够接纳新创建的进程，则将新进程插入就绪队列。⑧ 通知操作系统的其他管理模块，如性能监控程序等。

在 UNIX 系统中，只有一个系统调用可以用来创建新进程：fork。这个系统调用会创建一个与调用进程相同的副本。在调用了 fork 后，这两个进程（父进程和子进程）拥有相同的存储映像、同样的环境字符串和同样的打开文件。通常，子进程接着执行 execve 或一个类似的系统调用，以修改其存储映像并运行一个新的程序。例如，当一个用户在 shell 中键入命令 sort 时，shell 就创建一个了进程，然后，这个子进程执行 sort。

在 Windows 中，一个 Win32 函数调用 CreateProcess 既处理进程的创建，也负责把正确的程序装入新的进程。该调用有 10 个参数，其中包括要执行的程序、输入给该程序的命令行参数、各种安全属性、有关打开的文件是否继承的控制位、优先级信息、为该进程（若有的话）创建的窗口规格以及指向一个结构的指针，在该结构中新创建进程的信息被返回给调用者。

在 UNIX 和 Windows 中，进程创建之后，父进程和子进程都有各自不同的地址空间。如果其中某个进程在其地址空间中修改了一个字，这个修改对其他进程而言是不可见的。

5.3.4 进程的终止

进程在创建之后，通常会因下列原因而终止：正常退出（自愿的）；出错退出（自愿的）；严重错误（非自愿）；被其他进程杀死（非自愿）。

多数进程是由于完成了它们的工作而终止。在 UNIX 中该调用是 exit，而在 Windows 中，相关的调用是 ExitProcess。面向屏幕的程序也支持自愿终止。字处理程序、Internet 浏览器和类似的程序中总有一个供用户点击的图标或菜单项，用来通知进程删除它所打开的任何临时文件，然后终止。

进程终止的第二个原因是进程发现了错误。例如，如果用户键入命令

    cc foo.c

要编译程序 foo.c，但是该文件并不存在，于是编译器就会简单退出。在给出了错误参数时，面向屏幕的交互式进程通常并不退出，这些程序会弹出一个对话框，并要求用户再试一次。

进程终止的第三个原因是由进程引起的错误，通常是由于程序中的错误所致。例如，执行了一条非法指令、引用不存在的内存或除数是零等。有些系统中（如 UNIX），进程可以通知操作系统，它希望自行处理某些类型的错误，在这类错误中，进程会收到信号（被中断）并可进行错误处理，而不因为这类错误被终止。

第四种终止进程的原因是，某个进程执行一个系统调用通知操作系统杀死某个其他进程。

在 UNIX 中，这个系统调用是 kill，在 Win32 中对应的函数是 TerminateProcess。在这种情形中，"杀手"必须获得确定的授权以便进行动作。

5.3.5　进程的状态

进程在运行过程中有 3 种基本状态。这些状态与系统能否调度进程占用处理器密切相关，所以又称它们为进程调度状态。这 3 种基本调度状态是：① 执行状态，一个进程已分配到处理器，它的程序正由处理器执行，称此进程处于执行状态。② 就绪状态，进程已具备执行条件，但是因为处理器已由其他进程占用，所以暂时不能执行而等待分配处理器，称此进程处于就绪状态，有时也称为可运行状态。③ 阻塞状态，进程因等待某一事件（如等待某一输入/输出操作完成）而暂时不能运行的状态称为阻塞状态。此时即使处理器空闲，它也无法使用。这种状态有时也被称为不可运行状态或挂起状态。

进程的各种调度状态可依据一定的原因和条件发生变化，如图 5-5 所示。执行状态进程可能因等待某个事件发生变成阻塞状态；相应事件发生后，这个进程又从阻塞状态变成就绪状态；当调度程序把处理机分配给某个就绪状态进程时，其状态就变成执行状态；系统调度程序也可以迫使处于执行状态的进程放弃使用处理器而进入就绪状态。一个已存在于系统中的进程不断在这些状态之间变化。

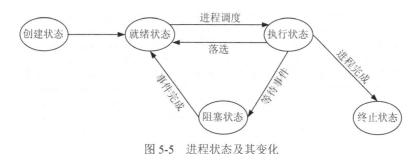

图 5-5　进程状态及其变化

由此可见，除某些比较特殊的进程外，大多数进程有其发生、发展和消亡的过程，不会无休止地在上述 3 种状态中循环。对这些进程而言，还有两个比较短暂的状态：创建状态和终止状态。

5.3.6　处理器调度

在计算机中通常有多个进程同时竞争 CPU，只要有两个或更多的进程处于就绪状态，这种情形就会发生。如果只有一个 CPU 可用，那么就必须在多个就绪进程中进行选择。操作系统中完成这部分工作的程序称为调度程序，该程序使用的算法称为调度算法。在不同的领域，计算机应用有不同的目标，因此调度算法的优化目标也不同。为了比较 CPU 调度算法，分析人员提出了许多准则，常用的准则包括以下几种。

(1)CPU 利用率：为了发挥 CPU 的最大潜能，应该使 CPU 尽可能地忙。CPU 的利用率通常是从 40%（轻负荷系统）到 90%（重负荷系统）。

(2)吞吐量：CPU 单位时间内所完成的进程的数量。对于长进程，吞吐量可能为每小时一个进程；对于短进程，吞吐量则可能为每秒 10 个进程。

(3)周转时间：从进程提交到进程完成的时间间隔称为周转时间。周转时间是所有时间段之和，包括等待进入内存、在就绪队列中等待、在 CPU 上执行和 I/O 执行的时间。

(4)等待时间：等待时间就是进程在就绪队列中等待所花时间之和。

(5)响应时间：通常，在进程全部完成之前，进程能很早就产生某些输出，并在输出的同时继续完成其他部分。因此，除了周转时间，另一个时间度量是从提交请求到产生第一响应的时间，称为响应时间。

用户一般希望使 CPU 利用率和吞吐量最大化，而使周转时间、等待时间和响应时间最小化。但并不存在绝对的最佳调度算法能够使所有这些准则都达到最优。应该根据实际应用，采用合适的调度算法。应用环境大致可以分为以下三类。

1）批处理系统

批处理系统在商业领域应用广泛，通常用来处理存货清单、账目收入/支出、利息计算等周期性的工作。在批处理系统中，不会有用户不耐烦地在终端前等待一个请求的响应。因此，这时通常采用非抢占式或对每个进程都有长时间周期的抢占式算法。这样就可以减少进程的切换，从而提高性能。

在非抢占式算法中，一旦进程进入运行状态，它就不断执行直到终止，或者为等待 I/O、请求某些服务而阻塞自己。在抢占式算法中，当前正在运行的进程可能被操作系统中断并转移到就绪态。当有新进程就绪或某个中断发生时，都有可能发生抢占行为。

2）交互式系统

对于交互式系统，最重要的是响应时间，即从发出命令到得到响应之间的时间。在有后台进程运行的个人计算机上，用户请求启动一个程序或打开一个文件应该优先于后台的工作。在交互式用户环境中，为了避免一个进程长时间占用 CPU，抢占式调度是必需的。

3）实时系统

实时系统是一种时间起着主导作用的系统。典型的，外部的一种或多种物理设备给了计算机一个信号，计算机必须在一个确定的截止时间内恰当地作出响应。例如医院特别护理部门的病人监护装置、飞机中的自动驾驶系统以及自动化工厂中的机器人控制等。实时系统的最主要的要求就是满足所有的（或大多数）截止时间要求。

下面给出一些常见的调度算法。

1）先来先服务（First-Come，First-Served，FCFS）

在所有的调度算法中，最简单的是先来先服务算法。使用该算法，进程按照它们请求 CPU 的顺序使用 CPU。在系统中有一个就绪进程的单一队列，当第一个进程进入队列时，就立即开始执行。执行中，当其他进程进入时，它们就被安排在队列的尾部。当正在运行的进程被阻塞时，队列中的第一个进程就接着运行。在被阻塞的进程变为就绪时，就像一个新来到的进程一样，排到队列的末尾。

2）轮转调度（Round-Robin）

轮转调度中，每个进程被分配一个时间段，称为时间片，该进程就在该时间段中运行。如果在时间片结束时刻进程还在运行，则剥夺 CPU 并分配给另一个进程。如果该进程在时间片结束前阻塞或结束，则 CPU 立即进行切换。

时间片轮转调度中比较重要的是时间片的长度。从一个进程切换到另一个进程需要一定时间进行相关事务的处理——保存和加载寄存器值以及内存映像、更新各种表格和列表等，这一任务称为上下文切换。假设上下文切换的时间是 1ms，而时间片设为 4ms。这样，CPU 在做完 4ms 有用的工作之后，将花费 1ms 来进行进程切换。因此 CPU 将有 20%的时间浪费在切换开销上。另一方面，如果时间片设置得过长，在进程较多时又可能引起某些请求的响应时间变长。

3）优先级调度（Priority-Scheduling）

轮转调度做了一个隐含的假设，即所有的进程同等重要。事实上，在系统中一些进程通常比另一些更重要。例如，在屏幕上实时显示视频电影的进程，应该比在后台发送电子邮件的守护进程更重要。因此，可以赋予每个进程一个优先级，允许优先级更高的就绪进程先运行。

为了防止高优先级进程无休止地运行下去，调度程序可以不断降低当前进程的优先级。如果这个动作导致该进程的优先级低于次高优先级的进程，则进行进程切换。另一个方法是，赋予每个进程一个运行的最大时间片，当这个时间片用完时，下一个次高优先级的进程获得机会运行。

以上主要讨论了单处理器系统中的 CPU 调度问题。如果有多个 CPU，那么调度问题就变得更为复杂，而且同单处理器调度一样，也没有绝对最好的解决方案。如果有多个相同处理器可用，而且可以访问共同内存空间，那么可以进行负载共享（load sharing）。使用一个共同的就绪队列，所有的就绪进程都进入这一队列，并被调度到任何可用的空闲处理器上。

对于这种情况，有两种调度方法可使用。一种方法是，每个处理器自我调度，检查共同队列，并选择一个进程来执行。因为有多个处理器试图同时访问和更新一个共同的数据结构，必须仔细处理，确保两个处理器不会选择同一进程。另一种方法则可以避免这个问题，即选择一个处理器来为其他处理器进行调度，因此创建了主-从结构。主处理器处理所有调度决策、I/O 处理和其他系统活动，其他处理器只执行用户代码。因为只有一个处理器访问系统数据结构，减轻了数据共享的需要。这种方法比第一种方法更为简单，但它的效率并不高。

5.3.7　线程

操作系统中引入进程的目的是为了使多个程序并发执行，以便改善资源利用率和提高系统效率。在进程之后再引入线程，则是为了减少程序并发执行时所付出的时空开销，使得并发粒度更细、并发性更好。解决问题的基本思路是：把进程的两项功能"独立分配资源"和"被调度分派执行"分离开来，前一项任务仍然由进程完成，作为系统资源分配和包含的独立单位，无需频繁地切换；后一项任务则交给线程来完成，线程作为系统调度和分派的基本单位，会被频繁地调度和切换。

线程是一个进程内相对独立的、可调度的执行单位。这个执行单位既可由操作系统内核控制，也可以由用户程序控制。有些系统把线程称为轻量进程（light weight process）。之所以称之为轻量进程是因为它运行在进程上下文中，并分享分配给进程的资源和环境。线程是由线程控制块（Thread Control Block，TCB）、相关堆栈和寄存器组成，堆栈和寄存器用来存储线程内的局部变量，线程控制块 TCB 用来记录线程的标识、属性及调度信息。

进程中包含有程序运行的管理信息，即指令代码、全局数据和 I/O 状态数据等；线程中则包含有程序的执行信息，即 CPU 寄存器信息、用户栈和内核栈信息、局部变量、过程调用参数、返回值等线程的私有部分的信息。一个进程中可以只有一个线程，该线程可以使用进程的所有资源;一个进程中也可以有多个线程,它们共享进程的资源,如图 5-6 所示。

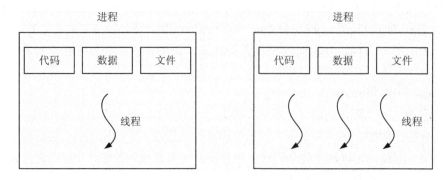

图 5-6　进程与线程

线程与进程相比,有以下异同点:

(1)进程是资源分配的基本单位,所有与该进程有关的资源分配情况,如打印机、输入输出缓冲队列等,均记录在进程控制块 PCB 中,进程也是分配主存的基本单位,它拥有一个完整的虚拟地址空间。而线程与资源分配无关,它属于某一个进程,并与该进程内的其他线程一起共享进程的资源。

(2)不同的进程拥有不同的虚拟地址空间,而同一进程中的多个线程共享同一地址空间。

(3)进程调度的切换涉及有关资源指针的保存及进程地址空间的转换等问题,而线程的切换不涉及这些问题。所以,线程切换的开销要比进程切换的开销小得多。

(4)进程可以动态创建进程,被进程创建的线程也可以创建其他线程。

(5)进程有创建、执行、消亡的生命周期,线程也有类似的生命周期。

(6)在一个多线程的系统中,一个进程内可包含多个线程。

5.4　进程的并发控制

操作系统设计中的核心问题是进程的管理,而并发是进程的基本特征。并发包括很多设计问题,其中有进程间通信、资源共享与竞争、多个进程活动的同步以及分配给进程的处理器时间等。这些问题必须仔细处理,它们不仅会出现在多处理器环境和分布式处理环境中,也会出现在单处理器的多道程序设计系统中。

5.4.1　进程的互斥

1. 互斥与临界区

由于共享资源,使得系统中本来没有逻辑关系的进程因相互竞争资源而产生制约关系,这种关系称为间接制约关系,又称为互斥关系。

考虑一个简单的例子,两个进程 P1 和 P2 共享全局变量 a 和 b,并且初始值 a=1,b=2。在某一执行时刻,P1 执行赋值语句 a=a+b,在另一执行时刻 P2 执行 b=a+b。两个进程更新不同的变量,但两个变量的最终值依赖于两个进程执行赋值语句的顺序。如果 P1 首先执行赋值语句,那么最终的值为 a=3,b=5;如果 P2 首先执行赋值语句,那么最终的值为 a=4,b=3。

类似这样情况，即两个或多个进程读写某些共享数据，而最后的结果取决于进程运行的相对速度，称为竞争条件（race condition）。实际上，凡涉及共享内存、共享文件以及共享任何资源的情况都会引发与前面类似的问题。要避免这种问题，关键是要找出某种途径来阻止多个进程同时读写共享的数据。换言之，需要的是互斥（mutual exclusion），即以某种手段确保当一个进程在使用一个共享变量或文件时，其他进程不能做同样的操作。

并发进程中对共享资源进行访问的程序片段称作临界区（critical section）。为了正确而有效地使用临界资源，并发进程应遵守临界区调度的以下原则：

(1)一次至多有一个进程进入临界区内执行。

(2)如果已有进程在临界区内，试图进入此临界区的其他进程应等待。

(3)进入临界区内的进程应在有限时间内退出，以便让等待队列中的另一个进程进入。

2. 实现临界区管理的软件算法

对临界区互斥访问技术的研究始于 20 世纪 60 年代，早期主要从软件方法上进行研究。设想有一个共享变量（锁变量），其初值为 0。当一个进程想进入其临界区时，它首先测试这把锁。如果该锁的值为 0，则该进程将其设置为 1 并进入临界区。若这把锁的值已经为 1，则该进程将等待直到其值变为 0。于是，0 就表示临界区内没有进程，1 表示已经有某个进程进入临界区。

但是，假设一个进程读出锁变量的值并发现它为 0，而恰好在它将其值设置为 1 之前，另一个进程被调度运行，进入临界区并将该锁变量设置为 1。当第一个进程再次能运行时，它同样也将该锁设置为 1，则此时同时有两个进程进入临界区中。可能读者会想，先读出锁变量，在改变其值之前再检查一遍它的值，这样便可以解决问题。但这实际上无济于事，如果第二个进程恰好在第一个进程完成第二次检查之后修改了锁变量的值，则同样还会发生上述情况。

peterson 算法是一种简单、有效的互斥算法。

```
#define  false  0
#define  true   1
#define  N      2
int turn;
int interested[N];
void enter_region(int process)
{
    int other;
    other=1-process;
    interested[process]=true;
    turn=process;
    while(turn= =process && interested[other]= =true);
}
void leave_region( int process)
{
```

```
        interested[process]=false;
    }
```

现在假设有两个并发进程，它们的进程号分别是 0 和 1。在进入其临界区之前，各个进程使用其进程号 0 或 1 作为参数来调用 enter_region，该调用在需要时将使进程等待，直到能安全地进入临界区。在完成对共享变量的操作之后，进程应调用 leave_region，表示操作已完成，若其他进程希望进入临界区，则现在就可以进入。

一开始，没有任何进程处于临界区中，现在进程 0 调用 enter_region。它通过设置其数组元素和将 turn 置为 0 来标识它希望进入临界区。由于进程 1 并不想进入临界区，所以 enter_region 很快便返回。如果进程 1 现在调用 enter_region，进程 1 将在此处被挂起直到 interested[0]变成 false，该事件只有在进程 0 调用 leave_region 退出临界区时才会发生。

现在考虑两个进程几乎同时调用 enter_region 的情况。它们都将自己的进程号存入 turn，但只有后被保存进去的进程号才有效，前一个被重写而丢失。假设进程 1 是后存入的，则 turn 为 1。当两个进程都运行到 while 语句时，进程 0 将循环 0 次并进入临界区，而进程 1 则将不停地循环且不能进入临界区，直到进程 0 退出临界区为止。

3. 实现临界区管理的硬件措施

完全利用软件方法实现进程互斥有很大的局限性，现代计算机已经很少单独采用软件方法来进行临界区的管理。硬件方法的主要思想是通过中断屏蔽的方式来保证检查和修改标志的动作作为一个整体执行；或者用一条指令完成标志的检查和修改两个操作，从而保证检查操作与修改操作不被打断。

1）禁止中断

最简单的方法是使每个进程在进入临界区后立即禁止所有中断，并在离开之前打开中断。禁止中断后，时钟中断也被屏蔽。CPU 只有发生时钟中断或其他中断时才会进行进程切换，这样，在禁止中断之后 CPU 将不会切换到其他进程。于是，一旦某个进程禁止中断之后，它就可以检查和修改共享内存，而不必担心其他进程介入。

但是把禁止中断的权力交给用户进程是不妥的。若一个进程禁止中断之后不再打开中断，整个系统可能会因此终止。而且，如果系统是多处理机，禁止中断仅仅对执行本指令的那个 CPU 有效，其他 CPU 仍将继续运行，并可以访问共享内存。

2）TSL 指令

许多计算机中，特别是那些为多处理器设计的计算机，都有一条测试并加锁（TEST AND SET LOCK）指令：

```
    TSL  RX,LOCK
```

该指令将内存字 LOCK 读到寄存器 RX 中，然后在该内存地址上存入一个非零值。读数和写数操作保证是不可分割的，即该指令结束之前其他处理器均不允许访问该内存字，执行 TSL 指令的 CPU 将锁住内存总线，以禁止其他 CPU 在本指令结束之前访问内存。

为了使用 TSL 指令，要使用一个共享变量 LOCK。当 LOCK 为 0 时，任何进程都可以使用 TSL 指令将其设置为 1，并读写共享内存。当操作结束时，进程用一条普通的 MOVE 指令将 LOCK 的值重新设置为 0。

基于 TSL 指令的临界区管理方案如下所示：

```
enter_region:
TSL REGISTER,LOCK          复制锁到寄存器，并将锁置为1
CMP REGISTER,#0            检查复制到寄存器中的锁是否为0
JNE enter_region          若不是0，说明之前已经有进程对锁置位，所以循环等待
RET                       返回，已经进入临界区
leave_region:
MOVE LOCK,#0              把锁置为0
RET                       返回
```

进程在进入临界区之前先调用 enter_region，这将导致忙等待，直到锁空闲为止，随后它获得该锁并返回。在进程从临界区返回时它调用 leave_region，这将把 LOCK 设置为 0。

Peterson 方法和 TSL 方法在本质上是一致的，都存在忙等待的缺点：当一个进程想进入临界区时，先检查是否允许进入，若不允许，则该进程将原地等待，直到允许为止。这种方法不仅浪费了 CPU 时间，而且还可能引起预想不到的结果。考虑一台计算机有两个进程，H 优先级较高，L 优先级较低。调度规则规定，只要 H 处于就绪态它就可以运行。在某一时刻，L 处于临界区中，此时 H 变为就绪态，准备运行。现在 H 开始忙等待，但由于当 H 就绪时，L 不会被调度，也就无法离开临界区，所以 H 将永远忙等待下去。这种情况被称作优先级反转问题（priority inversion problem）。

5.4.2 进程的同步

通常，一个用户作业涉及一组并发进程，这些进程必须相互协作，共同完成这项任务。这样，在运行过程中，这些进程可能要在某些同步点上等待协作者发送信息后才能继续运行。进程之间的这种制约关系叫做直接制约关系，或者叫做同步关系。

计算科学中经典的生产者-消费者问题就是对计算机操作系统中并发进程内在关系的一种抽象，是典型的进程同步问题。生产者和消费者为两个并发进程，这两个进程通过一个缓冲区进行生产和消费的协作过程。生产者将得到的数据放入缓冲区中，而消费者则从缓冲区中取数据消费。缓冲区 buffer 是一个有界数组。有两种情况会导致不正确的结果，一种是消费者从一个空的缓冲区 buffer 中取数据，即此时缓冲区 buffer 中一个数据也没有；另一种是生产者把数据存入已满的缓冲区，这将覆盖消费者尚未取走的数据。

上述生产者-消费者问题中出现的两种不正确的结果并不是因为两个进程同时访问共享缓冲区，而是因为它们访问缓冲区的速率不匹配。正确地控制生产者和消费者的执行，必须使它们在执行速率上做到互相匹配，即在执行中它们应该是相互制约的，即前面所说的直接制约关系。实现进程间的直接制约的一种简单而有效的方法是受制约的进程互相给对方发送执行条件已经具备的消息。这样，被制约进程就可省去对执行条件的测试，它只要收到了制约进程发来的消息便可开始执行，而在未收到消息时便一直等待。

操作系统中实现进程同步的方法称为同步机制。迄今，已有多种同步机制，下一节讨论的 P、V 操作和管程都可以实现进程的同步。

5.4.3　信号量与 PV 操作

前面讨论了几种解决互斥与同步问题的方法，但这些方法都不够灵活，也不方便。埃德斯加·狄克斯特拉在 1965 年提出了一种"信号量"（semaphore）方法。对系统中并发进程之间所存在的同步和互斥关系，巧妙地利用火车运行控制系统中的"信号量"方法加以解决。所谓信号量，实际上就是用来控制进程状态的一个代表某一资源的存储单元。狄克斯特拉设计了一种同步机制称为"PV 操作"，P 操作和 V 操作是执行时不被打断的两个操作系统原语。执行 P 操作 P（S）时，信号量 S 的值减 1，若结果不为负则 P（S）执行完毕，否则执行 P 操作的进程挂起以等待释放。执行 V 操作 V（S）时，S 的值加 1，若结果不大于 0 则释放一个因执行 P（S）而挂起的进程。P 操作和 V 操作是狄克斯特拉用荷兰文定义的，因为在荷兰文中，Proberen 的意思是尝试，Verhogen 的含义是增加或升高，PV 操作因此得名，这是在计算机术语中非英语表达的极少数的例子之一。

PV 操作可以很方便地解决同步问题。对于生产者-消费者问题，假设 P1 为生产者进程，P2 为消费者进程。两个进程同步的解决方案为：为 P1 和 P2 定义两个信号量 S1 和 S2，初值分别为 1 和 0。进程 P1 在向缓冲区送入数据前执行 P 操作 P(S1)，在送入数据后执行 V 操作 V(S2)。进程 P2 在从缓冲区读取数据前先执行 P 操作 P（S2），在读出数据后执行 V 操作 V（S1）。初始时，P1 往缓冲区送入一数据后信号量 S1 之值变为 0，在该数据被读出后 S1 的值才又变为 1，因此在前一数据未读出前，后一数据不会送入，从而保证了 P1 和 P2 之间的同步。

PV 操作也可以很方便地解决互斥问题。先简单回忆一下经典的哲学家共餐问题：5 个哲学家围坐在一张圆桌旁，每人面前摆有一碗面条，碗的两旁各摆一只筷子。哲学家平时一直在思考，需要吃饭的时候左、右手各拿一只筷子，吃完后将筷子摆回原处，继续思考。在这个问题中，每只筷子都要互斥使用，因此应为每只筷子设置一个互斥信号量 fork[i]（i=0，1，2，3，4），其初值均为 1。当一位哲学家吃面之前必须执行两个 P 操作，获得左右两只筷子；吃完之后必须执行两个 V 操作，放下两只筷子。

```
Semaphore fork[5];
for (int i=0; i<5; i++)
  fork[i]=1;
//以下为每个哲学家进程的并发代码
process philosopher_i( ) { //i=0,1,2,3,4
  while(true){
    think( );
    P(fork[i]);
    P(fork[(i+1)%5]);
    eat( );
    V(fork[i]);
    V(fork[(i+1)%5]);
  }
}
```

利用 PV 操作，可以很方便地实现进程的互斥。但在上述解法中，如果 5 位哲学家同时拿起右边（或左边）的筷子，又试图再拿起左边（或右边）的筷子时，每位哲学家都会陷入无休止的等待状态（死锁）。可以通过一些方法避免这种情况，例如规定至多只允许 4 位哲学家同时吃面。

5.4.4 管程

用信号量机制可以实现进程间的同步和互斥，但由于信号量的控制分布在整个程序中，其正确性分析很困难，使用不当还可能导致进程死锁，后面将专门讨论死锁的问题。为了把分散在各进程中的临界区集中起来管理，查尔斯·霍尔（C.A.R.Hoare，1934 年～）和佩尔·汉森（P.B.Hansen，1938～2007 年）提出了一种高级同步原语，称为管程（monitor）。

管程是一个由过程、变量及数据结构等组成的集合，它们组成一个特殊的模块或软件包。进程可在任何需要的时候调用管程中的过程，但它们不能直接访问管程内的数据结构。管程有一个很重要的特性，即任一时刻管程中只能有一个活跃进程，这一特性使管程能有效地完成互斥。管程是编程语言的组成部分，编译器知道它们的特殊性，因此可以采用与其他过程调用不同的方法来处理对管程的调用。典型的处理方法是，当一个进程调用管程过程时，该过程中的前几条指令将检查在管程中是否有其他的活跃进程。如果有，调用进程将被挂起，直到另一个进程离开管程才将其唤醒。如果没有活跃进程在使用管程，则该调用进程可以进入。因为是由编译器而非程序员来安排互斥，所以出错的可能性要小得多。在任一时刻，写管程的程序员无需关心编译器是如何实现互斥的，他只需将所有的临界区转换成管程过程即可，绝不会有两个进程同时执行临界区中的代码。

一个进程进入管程后，在该过程执行期间，若进程要求的某共享资源目前没有，则必须将该进程阻塞，于是必须有使该进程阻塞并且使它离开管程以便其他进程进入的措施。类似地，在以后的某个时候，当被阻塞进程等待的条件得到满足时，必须使阻塞进程恢复运行，允许它重新进入管程并从断点（阻塞点）开始执行。

因此在管程中还包含以下一些支持同步的设计：

(1)仅能从管程内进行访问的若干局部条件变量，用于区别各种不同的等待原因。

(2)在条件变量上进行操作的两个函数过程 cwait 和 csignal。Cwait(c)将调用此函数的进程，阻塞在条件变量 c 的相关队列中，并使管程成为可用状态，允许其他进程进入。csignal(c)唤醒在条件变量 c 上阻塞的进程，如果有多个这样的进程，则选择其中的一个进程唤醒，如果该条件变量上没有阻塞进程，则什么也不做。

5.4.5 死锁与饥饿

在很多应用中，需要一个进程互斥地访问若干种资源而不是一种。例如，有两个进程准备分别扫描文档并记录到 CD 上。进程 A 请求使用扫描仪，并被授权使用；而进程 B 首先请求 CD 刻录机，也被授权使用。现在，A 请求使用 CD 刻录机，但该请求在 B 释放 CD 刻录机前会被拒绝；同时，进程 B 也不放弃 CD 刻录机，而且去请求扫描仪。这时，两个进程都被阻塞，并且一直处于这样的状态。这种状况就是死锁（deadlock）。

现实中，最有名的死锁例子可能是美国堪萨斯州（Kansas）立法机构于 20 世纪早期通过的一个法规，其中说道"当两列火车在十字路口逼近时，它们要完全停下来，且在一列火车开走之前另一列火车不能启动"。按照这一法规，两列火车永远也不能离开十字路口，除非另一个退回去。

死锁的规范定义为：如果一个进程集合中的每个进程都在等待只能由该组进程中的其他进程才能引发的事件，那么，该组进程是死锁的。在大多数情况下，每个进程所等待的事件是释放该组进程中其他进程所占有的资源。换言之，这组进程中的每一个进程都在等待另一个死锁的进程已经占有的资源。但是由于所有进程都不能运行，它们中的任何一个都无法释放资源，于是没有一个进程可以被唤醒。

那么死锁在什么条件下会发生呢？一个系统必须同时满足以下 4 个条件，才会引起死锁。

(1) 互斥：一个资源每次只能被一个进程使用。

(2) 占用并等待：已经得到了某个资源的进程可以再请求新的资源。

(3) 不可抢占：已经分配给一个进程的资源不能强制性地被抢占，它只能被占用它的进程释放。

(4) 循环等待：系统中有由两个或两个以上的进程组成的一条环路，该环路上的每一个进程都在等待着下一个进程所占用的资源。

如果上述 4 个条件中的任何一个不成立，死锁就不会发生。有以下几种策略处理操作系统中的死锁问题。

(1) 预防死锁：只要破坏死锁发生的 4 个必要条件就可以预防死锁发生。例如破坏"占用并等待"条件，规定一个进程必须在申请并得到其所需的全部资源后才开始执行，如果进程不能得到全部资源，则系统不对进程进行资源分配。

(2) 避免死锁：首先判断资源的分配是否会发生死锁，在确定不会发生死锁的情况下，才将资源真正分配给进程。狄克斯特拉在 1965 年提出了银行家算法，该算法是以银行系统所采用的借贷策略为基础而建立的算法模型，是有名的避免死锁策略。

(3) 检测死锁并恢复：预防和避免死锁的方法除了实施困难外，对资源分配还有相当多的限制，甚至需要进程长时间等待，不利于资源利用率和系统吞吐量的提高。因此，在许多系统中并不刻意去预防和避免死锁，对资源分配不施加任何限制，而是让系统定时运行一个死锁检测程序，判断系统内是否有死锁发生。如果发生了死锁，再采取措施（例如释放死锁进程占有的资源）解除死锁。

与死锁非常相似的一个问题是饥饿（starvation）。在动态运行的系统中，在任何时刻都可能有进程在请求资源。这就需要一些策略来决定在什么时候谁获得什么资源，若这些策略设置不当的话，就可能导致一些进程永远得不到服务，虽然它们并不是死锁进程。

以打印机分配为例，假设系统已经采用某种算法来保证打印机分配不会产生死锁，现在有若干进程同时都请求打印机。一个可能的分配方案是把打印机分配给打印最小文件的进程（假设这个信息可知）。这个方法让尽量多的用户满意，并且看起来比较公平。考虑下面的情况：在一个繁忙的系统中，有一个进程有一个很大的文件要打印。如果存在一个固定的进程流，其中的进程都是只打印小文件，那么要打印大文件的进程永远也得不到打印机，它会"饥饿而死"。饥饿可以通过先来先服务一类的资源分配策略来避免，例如每次总是给等待时间最长的进程分配资源。随着时间的推移，所有的进程都会变成最"老"的，因而最终能够获得资源而完成。

5.5　存　储　管　理

操作系统中管理分层存储体系的部分称为存储管理器。寄存器和高速缓存一般由硬件管理，而存储管理主要讨论内存的管理，但也涉及外存。所涉及的外存可看做是内存的直接延伸，对用户是透明的。所以，存储管理的主要任务就是有效地管理内存，在进程需要时为其分配内存，在进程使用完内存后释放并回收。

5.5.1　存储管理的功能

在多道程序系统中，存储器管理的目的是为多道程序并发运行提供存储基础以及为用户使用存储器提供方便。为此，存储管理程序应具备如下 4 个功能：

1）内存分配

内存分配是多道程序共享内存的基础，它要解决的是如何为多个程序划分内存空间，使各个程序在指定的内存空间里运行。为此，操作系统必须随时掌握内存空间每个单元的使用情况（空闲还是占用），当出现存储申请时，按需确定分配区域并实施具体分配。如果占用者不再使用某个内存区域，则将其及时收回。

2）地址映射

在多道程序并发运行的环境下，操作系统统一实施内存分配，用户就不必关心内存的具体分配情况。各个作业由用户独立编程、汇编或编译，而且各作业装入内存的位置是随机的。因此，用户之间无法预先协调内存分配问题，用户也不能直接使用内存的物理地址来编程，否则就会造成各个作业的内存地址发生冲突。事实上，用户用汇编语言或高级程序设计语言编程时，使用的是符号名空间，其中的地址称作符号地址。源程序经汇编或编译后，目标程序所限定的地址范围称作该程序的地址空间。地址空间中的地址是相对地址（相对于起始地址"0"），称作逻辑地址。不同程序的地址空间可以相同。程序执行时存在于它的内存空间中，内存空间是绝对地址即物理地址的集合。显然，不同程序的内存空间不能冲突。

逻辑地址是一个"虚"的概念，处理器不能直接访问逻辑地址，而物理地址则是"实"的。因而，操作系统必须提供这样的功能——把程序执行时要访问的地址空间中的逻辑地址变换成内存空间中对应的物理地址。这种把虚地址变换成实地址的过程称作地址映射。

3）内存保护

保护是为多个进程共存于内存提供保证。每个进程都应该受到保护，以免被其他进程有意或无意地干涉。因此，该进程以外的其他进程中的程序不能未经授权地访问该进程的内存单元。另外，用户进程通常也不能访问操作系统的任何部分，不论是程序还是数据。进程在执行时，操作系统必须检查进程所有的内存访问，以保证各个进程都在自己所属的内存空间里工作，互不干扰。保护功能一般由软件和硬件配合来实现。

4）内存扩充

内存容量是有限的，为了既满足大作业的要求，又保证能使多个作业在内存并发运行，需要扩充内存。这可借助于虚拟存储技术或其他内存交换（swapping）技术来实现。

5.5.2 存储管理基本技术

连续分配是最简单的存储器管理方式，是指为一个用户程序分配连续的内存空间。在连续分配的内存管理方式中，有以下 4 种常用技术。

1）单一连续存储管理

在这种管理方式中，内存被分为两个区域：系统区和用户区。应用程序装入用户区，可使用用户区全部空间。其特点是简单，适用于单用户、单任务的操作系统。CP/M 和 DOS 2.0 以下版本就是采用此种方式。这种管理方式易于实现，但是处理器和内存的利用率很低。

2）分区式存储管理

为了支持多道程序系统和分时系统，支持多个程序并发执行，引入了分区式存储管理。分区式存储管理是把内存分为一些大小相等或不等的分区，操作系统占用其中一个分区，其余的分区由应用程序使用，每个应用程序占用一个或几个分区。为实现分区式存储管理，操作系统需要维护一个分区表，该表记录了每个分区的起始地址、大小及状态（是否已分配）。

分区式存储管理引入了两个新的问题：内碎片和外碎片。前者是占用分区内未被利用的空间，后者是占用分区之间难以利用的空闲分区（通常是小空闲分区）。分区式存储管理常采用的一项技术就是内存紧缩（compaction）：将各个占用分区向内存一端移动，然后将各个空闲分区合并成为一个空闲分区。这种技术提供了某种程度上的灵活性，但也存在着一些弊端。例如：对占用分区进行内存数据搬移占用 CPU 的时间；如果对占用分区中的程序进行"浮动"，则其重定位需要硬件支持。

3）覆盖技术

引入覆盖（overlay）技术的目的是在较小的可用内存中运行较大的程序。这种技术常用于多道程序系统之中，与分区式存储管理配合使用。覆盖技术的原理很简单：一个程序可以分为几个代码段和数据段，这些段按照时间先后来占用公共的内存空间。将程序必要部分（常用功能）的代码和数据常驻内存；可选部分（不常用功能）平时存放在外存中，在需要时才装入内存。不存在调用关系的模块不必同时装入内存，从而可以相互覆盖。覆盖技术的缺点是编程时必须划分程序模块和确定程序模块之间的覆盖关系，增加了编程复杂度；另外从外存装入覆盖文件，是以时间延长换取空间节省。覆盖的实现方式有两种：以函数库方式实现或操作系统支持。

4）交换技术

利用交换技术，在多个进程并发执行时，可以将暂时不能执行的进程送到外存中，从而获得空闲内存空间来装入新进程；也可以读入保存在外存中而处于就绪状态的进程。交换单位为整个进程的地址空间。交换技术常用于多道程序系统或小型分时系统中，与分区式存储管理配合使用又称作"对换"或"滚进/滚出"（roll-in/roll-out）。其优点是增加并发运行的程序数目，并给用户提供适当的响应时间。与覆盖技术相比，交换技术另一个显著的优点是不影响程序结构。交换技术本身也存在着不足，如对换入和换出的控制增加了处理器开销；程序整个地址空间都进行对换，没有考虑执行过程中地址访问的统计特性。

5.5.3 分页和分段存储管理

连续分配方式会在内存中产生许多"碎片"，当系统运行一段时间后，分布在内存中的所有碎片之和将比较大。虽然"紧缩"能够将内存碎片再利用，但是紧缩带来的系统开销非常大。因此人们想到了不采取紧缩而直接将碎片分配给用户进程的方法。为了用户进程能够装入内存，首先将用户进程划分成与碎片大小相符的多个部分，一个碎片装入进程的一个部分，受此启发，便产生了内存的离散分配方式。在离散分配方式中，逐渐形成了分页离散分配方式和分段离散分配方式。

分页分配方式是，首先将进程的逻辑地址空间划分成大小相等的页面，逻辑地址虽然被划分成页面，但是仍然是连续的。进程的逻辑地址可以用页号和页内偏移表示。与进程分页相对应，内存被分割成若干个大小相同的块，称为页框或物理块。页框的大小与页面的大小相等。当给进程分配内存时，进程的一个页面就装入一个空闲的页框中，进程有多少页面就占用多少页框。这些页框之间可以不连续，但一个页框内部是连续的，页内偏移和块内偏移对应相等。进程在运行时，必须借助于页表把逻辑地址变换为物理地址，这与4.3.9节介绍的页式虚拟存储器采用的技术是一样的。事实上，页式虚拟存储管理就是在分页存储管理基础上再加上缺页中断处理技术和页面替换技术实现的。

在分页分配方式中，内存中的物理块不能反映出页面之间存在的逻辑关系，难以实现对源程序以模块为单位进行分配、共享和保护。因此，在操作系统中又引入了分段存储管理。在分段存储管理中，用户程序被按逻辑关系划分为若干段。在进行内存分配时，在内存中为各段分配一个连续的主存空间，而各段之间不一定连续。各段在主存中的情况由段表来记录，它指出各段的段号、段起始地址和段长度等。借助于段表可将逻辑地址变换为物理地址，具体内容请参考4.3.9节介绍的段式虚拟存储器。

5.5.4　虚拟存储技术

类似于人们的活动范围有一定的局部性，程序的执行过程也显示出局部性规律。就是说，在一个较短的时间内，只有某一部分程序才得到执行；另外，所访问的存储空间也局限于某一部分，如一个数组等。既然如此，就没有必要在作业运行之前把它们全部装入内存，可以只把当前运行需要的那部分程序和数据装入内存。其余都分暂时放在外存上，待以后实际需要它们时，再分别调入内存。这样做会带来以下好处：

（1）用户编制程序时可不必考虑内存容量的限制，只要按照实际问题的需要来确定合适的算法和数据结构，从而简化了程序设计的任务。

（2）由于每个作业只有一部分装入内存，因而占用的内存空间较少，在一定容量的内存中就可同时装入更多的作业，相应地增加了CPU的利用率和系统的吞吐量。

这样，就可以给用户提供了一个比真实的内存空间大得多的地址空间，这就是虚拟存储器。所谓虚拟存储器是用户能将其作为可编址内存对待的存储空间，它是由操作系统提供的一个假想的特大存储器。就是说，虚拟存储器并不是实际存在的内存，它的大小比内存空间大得多。

虚拟存储器根据地址空间的结构不同可以分为两类：分页的虚拟存储器和分段的虚拟存储器。也可以将二者结合起来，构成段页式虚拟存储器。关于虚拟存储器的实现技术在本书4.3.9节有详细介绍，此处不再赘述。

5.6　文件系统

存储在外存上的信息不是杂乱无章的，而是有一定的组织形式的，信息的组织形式为文件。文件系统是操作系统中管理信息资源的模块，它负责存储文件及其属性说明，对文件进行控制和管理，向用户提供方便的使用文件的接口，并采取一定的安全措施实现文件的共享与保护。

5.6.1　文件的概念

文件是具有一定名称的一组相关数据的集合。文件通常存储在外部存储介质上（如磁盘、光盘等）。下面从文件命名、分类、属性、存取、结构和操作等方面介绍文件的有关概念。

1. 文件命名

文件提供了一种将数据保存在外部存储介质上以便于访问的功能。为了方便用户使用，每个文件都有特定的名称。这样用户就不必关心文件存储方法、物理位置以及访问方式等问题，而可以直接通过文件名来使用文件。

2. 文件属性

文件包括两部分内容：一是文件所包含的数据；二是关于文件本身的说明信息或属性信息。文件属性主要描述文件的元信息，如创建日期、文件长度、文件权限等，文件系统用这些信息来管理文件。不同的文件系统通常有不同种类和数量的文件属性。下面是一些常用的文件属性。

(1)文件名称：文件名称是供用户使用的外部标识。

(2)文件内部标识：有的文件系统除了为每个文件规定了一个外部标识，还规定了一个内部标识。文件内部标识一般只是一个编号，可以方便管理和查找文件。

(3)文件物理位置：具体标明文件在存储介质上所存放的物理位置。例如，对于按连续区域分配的文件，需要给出起始的物理块号和文件长度；对于按索引方式组织的文件，需要给出索引表所在的物理块号和索引长度。

(4)文件拥有者：操作系统通常为多用户的，不同用户对不同文件的操作权限是不同的。通常文件创建者对自己所建的文件拥有一切权限，而对其他用户所建的文件则拥有有限的权限。

(5)文件权限：文件拥有者可以为自己的文件赋予各种权限，如允许同组的用户读写，而只允许其他用户读。

(6)文件类型：可以从不同的角度来对文件进行分类，如普通文件/设备文件、可执行文件/不可执行文件等。

(7)文件长度：文件长度通常是其数据的长度，也可以是允许的最大长度。长度单位通常是字节，也可以是块。

(8)文件时间：文件的创建时间、修改时间等。

3. 文件分类

按文件的用途进行分类有如下几种。

(1)系统文件：包括操作系统内核、系统应用程序等。这些通常都是可执行的二进制文件，但有的也可能是文本文件，如配置文件等。这些文件对于系统的正常运行是必不可少的。

(2)库文件：包括标准的和非标准的子程序库。标准的子程序库通常称为系统库，提供对系统内核的访问；而非标准的子程序库则是满足特定应用的库。库文件又分为两大类：一类是动态链接库，另一类是静态链接库。

(3)用户文件：用户自己的文件，如用户的源程序、可执行程序和文档等。

按文件的性质进行分类有如下几种。

(1)普通文件：系统所规定的普通格式的文件，例如字符流组成的文件、库函数文件、应用程序文件等。

(2)目录文件：包含普通文件与目录的属性信息的特殊文件，用来更好地管理普通文件与目录。

(3)特殊文件：在某些系统（UNIX）中，所有的输入输出设备都被看作是特殊的文件，甚至在使用形式上也和普通文件相同。通过对特殊文件的操作可完成相应设备的操作。

按文件的保护级别进行分类有如下几种。

(1)只读文件：允许授权用户读，但不能写。

(2)读写文件：允许授权用户读写。

(3)可执行文件：允许授权用户执行，但不能读写。

(4)不保护文件：所有用户都有一切权限。

按文件数据的形式进行分类有如下几种。

(1)源文件：源代码和数据构成的文件。

(2)目标文件：源程序经过编译程序编译，但尚未连接成可执行代码的目标代码文件。

(3)可执行文件：目标代码由连接程序连接后形成的可以运行的文件。

4. 文件存取

文件存取是指用户在使用文件时按何种次序存取文件。文件存取方式主要有顺序访问、随机访问、索引访问等。

(1)文件顺序访问是按从前到后的顺序对文件进行读写操作。这种存取方式最为简单。有的存储设备如磁带只能支持顺序访问。

(2)文件随机访问，也称为直接访问，可以按任意的次序对文件进行读写操作。一般磁盘存储器都支持随机访问。

(3)文件索引访问，也称按键访问，这种方式对文件中的记录按某个数据项（通常称为键）的值来排列，从而可以根据键值来快速存取。如索引表很长，则可以将索引表再加以索引，形成具有层次结构的多级索引。如果将记录块的物理位置作为键值，那么可以将随机访问看做索引访问的特例。

5. 文件操作

为了方便用户使用文件系统，文件系统通常向用户提供各种调用接口。用户通过这些接口来对文件进行各种操作。对文件的操作可以分为两大类：一类是对文件自身的操作，例如建立新文件、打开文件、关闭文件、读写文件等；另一类是对文件内容的操作，例如查找文件中的字符串，以及插入和删除等。以下是一些常用的文件操作。

(1)文件创建：创建文件时，系统会进行各项子操作。首先，系统会为新文件分配所需的外存空间，并且在文件系统的相应目录中建立一个目录项，该目录项记录了新文件的文件名及其在外存中的地址等文件属性。

(2)文件删除：当已经不再需要某个文件时，便可以把它从文件系统中删除。这时执行的是和创建新文件相反的操作。系统先从目录中找到要删除的文件项，使之成为空项，紧接着回收该文件的存储空间，用于下次分配。

(3)文件读：通过读指针，将位于外部存储介质上的数据读入内存缓冲区。

(4)文件写：通过写指针，将内存缓冲区中的数据写入位于外部存储介质上的文件中。

(5)文件的读写定位：对文件的读写进行定位操作，即改变读写指针的位置。

(6)文件打开：在开始使用文件时，必须先打开文件。打开文件时可以将文件属性信息装入内存，以便以后快速查用。

(7)文件关闭：在完成文件使用后，应该关闭文件。许多系统常常限制可以同时打开的文件数，及时关闭文件也可以释放内存空间。

5.6.2 文件的实现

文件实现的主要问题是如何在外部存储介质上为创建文件而分配空间，为删除文件而回收空间，以及对空闲空间进行管理。磁盘可以随机存取的特性非常适合文件系统的实现，因此磁盘是最常见的用于实现文件系统的外部存储介质。

1. 空间分配策略

常用的磁盘空间分配策略主要包括连续空间分配、链接空间分配、索引空间分配等，每种策略都有各自的优缺点。

1）连续空间分配

连续空间分配是最简单的磁盘空间分配策略。每一个文件都占据了一个完整且连续的磁盘区域。对于这样的文件，由于空间的连续性，当访问下一个磁盘块时，通常无需移动磁头，而只有当磁头从一个磁道的最后一个块移向下一个磁道的第一个块时，才需要移动磁头。因此这种分配策略使得磁头移动次数最少。

对于这类文件，其说明信息通常只需包括文件名、文件块的起始地址和文件长度，如图5-7所示。这种分配策略的优点是实现简单，存取速度快。只要该文件是连续存放的，第一个块号和块数就可以确定该文件在外部存储介质上的位置。其缺点是文件长度不易动态增加，因为一个文件的末尾处的空块可能已经分配给别的文件，一旦需要增加，就需要大量的改动。另外，反复增删以后，存储设备中便会产生类似于内存分配中出现的磁盘空间碎片。

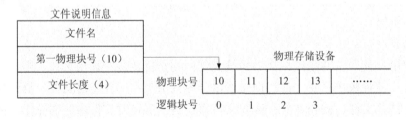

图5-7 文件的连续空间分配

2）链接空间分配

对于链接空间分配，每一个文件都有一张相应的磁盘块的链表，如图 5-8 所示。这些磁盘块可以分散在磁盘的任何地方，除了最后一个磁盘块外，每一个磁盘块都有一个指针指向下一个磁盘块。这些指针对用户是透明的。对于采用链接空间分配的文件，文件说明信息通常只需包括文件名、文件的开始块和结束块。

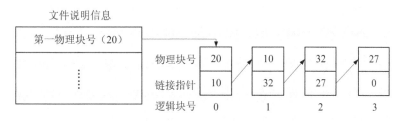

图 5-8　文件的链接空间分配

这种分配策略的优点是没有外部碎片，每一个空闲块都可以用来分配，并且只要有空闲块的存在，一个文件就可以任意地增长。其主要缺点是只有在顺序访问时，链接空间分配策略才是高效的。为了访问文件的第 i 块，必须从第 1 块开始访问，根据指针访问下一块，直到找到第 i 块。每一次都需要读写磁盘，有时还需要移动磁头来寻道。其另一个缺点是必须给指针分配空间。

3）索引空间分配

每一个文件都有一个索引表，每个表项存放文件所占用的单个磁盘块的地址，如图 5-9 所示。表的第 i 项就是指向文件的第 i 个磁盘块。对于该类文件，其文件说明信息一般包括文件名和文件索引表的地址，如图 5-9 所示。

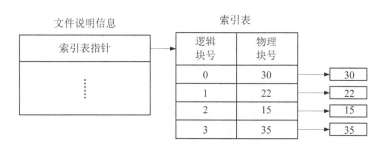

图 5-9　文件的索引空间分配

这种分配策略不但避免了连续空间分配存在的外部碎片问题和文件长度受限制的问题，而且支持对任何一个文件块的直接访问。其缺点是索引块的分配会增加系统存储空间的开销。对于索引空间分配策略，索引表大小的选择是一个很重要的问题。为了节约磁盘空间，索引表越小越好，但索引表太小无法支持大文件。所以要采用一些技术来解决这个问题，例如可以采用多级索引技术。

另外，在这种分配方式中存取文件需要两次访问外存，首先要读取索引表的内容，然后再访问具体的磁盘块，因而降低了文件的存取速度。为了克服这个缺点，通常在读取文件之前，先将磁盘上的索引表读入并保存在内存缓冲区中，以加快文件访问速度。

2. 空闲空间管理

因为磁盘空间的容量总是有限的，重新把被删除文件占用的空间分配给新的文件就很必要。这就要求文件系统随时掌握磁盘空闲空间的情况，以便随时分配给新的文件或目录。为了记录空闲磁盘空间，系统通常维护一个空闲空间表。这个表记录了所有的空闲块，也就是那些尚未分配给文件或目录的块。

空闲空间表的实现方法有很多种，下面是两种常用的方法。

1）空闲块位示图

空闲空间表可以用位图或位矢量的方法来实现。每一个磁盘块由 1 位来表示，如果该磁盘块是空闲的，这个位就置 1，否则就置 0。这种方法的缺点是除非整个位图都装载入内存中，否则效率不高。而对大磁盘来说，这个方法是很耗费内存的。

2）空闲块链表

空闲块链表通过链表把磁盘上的所有的空闲块链接在一起。当系统需要给文件分配存储空间时，分配程序从空闲块链表的链首摘取所需的若干块，链首指针相应后移。与此相反，当删除文件回收空闲块时，则把释放的空闲块添加到空闲块链表的链尾上。空闲块链表的实现方法因系统而异。有的按照空闲区大小进行链接，有的按照释放先后进行链接。空闲块链表方法的优点是内存消耗少，缺点是空闲空间表遍历的效率低。

由于大量的空闲块通常是连续的，所以可以将空闲空间用大小不一的连续块（而不是一块接一块）来链接，其中每一个链接点由连续块的起始地址和块数的组合来表示。这样不但可以提高空间分配的速度，也降低了存储消耗。

5.6.3 目录的概念

在现代计算机系统中，通常都要存储大量的文件。为了有效地管理这些文件，必须对它们加以适当组织，这通常通过目录来实现。

1. 目录功能

目录最基本的功能就是通过文件名快速方便地获取文件的属性信息，如文件物理位置等。一般来说，目录应具有如下几个功能：

(1)实现"按名操作"。用户只需提供文件名，就可以对文件进行操作。这既是目录管理的最基本功能，也是文件系统向用户提供的最基本服务。

(2)提高检索速度。在设计文件系统时需要合理地设计目录结构。对于大型系统来说，这是一个很重要的设计目标。

(3)允许文件同名。为了便于用户按照自己的习惯来命名和使用文件，文件系统应该允许对不同文件使用相同名称。这时，文件系统可以通过不同工作目录来加以区分。

(4)允许文件共享。在多用户系统中，应该允许多个用户共享一个文件，这样就可以节省存储空间，也可以方便用户共享文件资源。当然，还需要有相应的安全措施，以保证不同权限的用户只能使用相应的文件操作权限，防止越权行为。

2. 目录结构

根据目录的结构，可以将目录分为单级目录、二级目录、多级目录等。

1）单级目录结构

单级目录通常按卷（可理解为一盘磁带、一个磁盘或一台磁鼓等）构造，即把一卷中的全部文件形成一个目录表，保存在物理卷的固定区域，使用时先将目录表读出。当用户要求建立一个文件时，系统就在这个目录表中寻找一个空表目，填写文件目录项的有关内容。删除文件时，就从该目录表中删除相应的表目并回收文件所占据的物理块。

单级文件目录管理简单，能实现按名存取，但检索效率低，不允许重名，不便于实现文件共享，只适用于单用户或容量小的存储设备。

2）二级目录结构

二级目录结构是指把文件目录分成主目录和由其主管的若干用户文件目录两级，每个用户文件目录均在主目录中设置一项，用以描述用户文件目录的用户名及其物理位置。用户对文件的操作，系统可控制在对应的用户文件目录上进行。二级目录结构克服了单级目录结构的缺点，即提高了检索效率，不同用户的文件允许重名，且多个用户可共享一个文件，如图 5-10 所示。

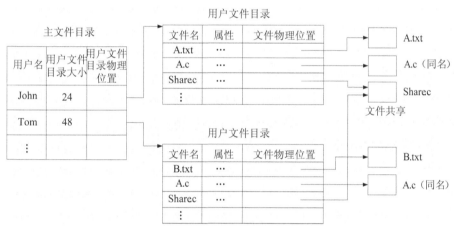

图 5-10　二级目录结构

3）树形目录结构

若用户在自己的文件目录中根据不同类型的文件再建立子目录，则二级目录结构就推广成了多级目录结构。多级目录结构像一棵倒置的有根树，如图 5-11 所示。故把它称为树形目录结构。

其中主文件目录称为根目录（树根），根目录下的子目录称为中间结点（树枝），子目录下的文件称为叶结点（树叶）。从根目录出发到某文件的通路上所有各级子目录名和该文件名的顺序组合称为文件的“路径名”。每个文件都有一个唯一的路径名。为操作方便，减少访问时间，系统给用户指定一个“当前目录”，若用户欲访问某文件就不用给出全部路径，只需给出从“当前目录”到欲查找文件之间的相对路径名。树形目录结构具有检索效率高、允许重名、利于文件分类、方便进行存取权限控制等优点。

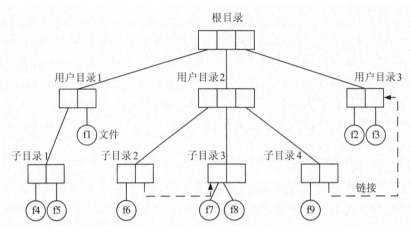

图 5-11   树形目录结构

3. 目录操作

不同操作系统的文件操作相对来说比较一致，而目录操作则变化较大。这里，以 UNIX 为例介绍一下常用的目录操作。

（1）目录创建：目录是多个文件属性的集合，通常以文件（常称为目录文件）形式存储在外部存储介质中。目录创建也就是在外部存储介质中，创建一个目录文件以备存取文件属性信息。

（2）目录删除：就是从外部存储介质中删除一个目录文件。通常而言，只有当目录为空时才能删除。在有的系统中，删除一个非空的目录，同时也删除其中的所有文件与子目录。

（3）文件检索：要实现用户对文件的按名存取，就必然涉及文件目录的检索。系统一般按下面的步骤为用户找到所需的文件：首先，系统利用用户提供的文件名，对文件目录进行查询，以找到相应的属性信息；然后，根据这些属性信息，得出文件所在外部存储介质的物理位置；最后，将所需的文件数据读到内存中。

（4）目录打开：如要用的目录不在内存中，应从外存中读入并打开相应的目录文件。

（5）目录关闭：当所用目录使用结束后，应关闭目录以释放内存空间。

5.6.4   目录的实现

目录实现的算法对整个文件系统的效率、性能和可靠性有很大的影响。以下是几种常见的算法。

1）线性表算法

目录实现的最简单的算法是线性表，每个表项由文件名和指向数据块的指针组成。当要搜索一个目录项时，可采用线性搜索。这个算法实现简单，但效率较低。比如创建一个新的文件时，需要先搜索目录以确定没有同名文件存在，然后再在线性表的末尾添加一条新的目录项。可以采用有序的线性表，使用二分搜索来降低平均搜索时间。然而，这会使实现复杂化，而且在创建和删除文件时，必须始终维护表的有序性。

2）哈希表算法

采用哈希表算法时，目录项信息存储在一个哈希表中。进行目录搜索时，首先根据文件名计算一个哈希值，然后得到一个指向表中文件的指针。这样该算法就可以大幅度地减少目录搜索时间。插入和删除目录项都很方便，有时需要处理两个目录项冲突的情况，就是两个文件名返回的哈希值一样的情形。哈希表的主要难点是选择合适的哈希表长度与适当的哈希函数。

3）其他算法

除了以上方法外，还可以采用其他数据结构，如 B+树。NTFS 文件系统就使用 B+树来存储大目录的索引信息。B+树是一种平衡树，对于存储在磁盘上的数据来说，平衡树是一种理想的分类组织方式，因为它可以将查找一个数据项所需的磁盘访问次数减到最少。

由于使用 B+树存储文件，文件按顺序排列，所以可以快速查找目录。同时，因为 B+树是向宽度扩展而不是深度扩展，NTFS 的快速查找时间不会随着目录的增大而增加。

5.6.5 文件的共享和保护

1. 文件共享

文件共享是指一个文件被多个用户或进程使用。文件系统的一个重要任务就是为用户提供共享文件信息的手段。这是因为对于某一个公用文件来说，如果每个用户都在文件系统内保存一份该文件的副本，这将极大地浪费存储空间。文件共享的形式较多，实现手段也有所差异，但基本思想都是以某种途径使用户（或进程）都能取到共享文件在外存中的物理地址，从而对同一文件实施存取操作。

在 UNIX 统中，把文件共享分成静态共享和动态共享两类。所谓静态共享，是指在文件目录一级上实现链接，如图 5-10 所示。不同用户下的两个文件目录项（文件可以同名或不同名）中的文件物理地址字段为同一内容，即指向同一个文件。由于链接是在文件目录一级上实现的，只要不解除链接，这种共享关系就一直存在，与系统是否使用这一文件无关，因此称为静态共享。所谓动态共享，是指文件共享关系是在文件打开时才建立的，即系统中不同的用户或进程打开的是同一文件，某个进程关闭了这个文件则它不再参与这个文件的共享。

2. 文件保护

在多用户环境中，除了需要进行文件共享外，还需要对文件进行适当的安全控制。例如，应当防止文件有意或无意地被破坏和被非法使用，这就涉及文件的保护问题。因此，文件安全管理的基本任务是防止未经许可的用户进入系统或访问某个文件，并对批准用户进行存取权限验证，防止对文件的滥用和误操作。

文件安全管理主要涉及存取控制问题。一个用户建立的文件可以允许其他用户共享，也可以不允许，即使是获准使用文件的用户对文件的操作也有一定的限制，如只许读、只许执行等。因此，操作系统应该建立安全可靠的保护机制，向用户提供保护文件的必要手段。实现存取控制的方法有存取控制矩阵、存取控制表、用户权限表、口令核对法和密码法等。

存取控制矩阵是一种简单的权限控制方法，它利用一个二维矩阵为每个用户对每个文件的权限给出说明，如表 5-1 所示。矩阵中的每一元素指明了用户对某文件的存取控制权限，R表示读权限，E 表示执行权限，W 表示写权限，空表示没有任何权限。

表 5-1　存取控制矩阵

文件＼用户	Tom	Jack	Jane	……
A.bat	E	RWE	R	
B.txt	RW		R	
……				

从表 5-1 可以看出用户 Jane 对文件 A.bat 和 B.txt 都只有读权限。当一个用户向系统提出存取请求时，系统将根据存取控制矩阵把本次请求和该用户对这个文件的存取权限进行比较，如果不匹配则拒绝访问。这种方法在概念上非常简单，但是当系统中的文件和用户都很多时，就需要占用大量的存储空间，查找这样大的表也比较费时。

5.7　设备管理

在计算机系统中，有大量的输入输出设备，其种类繁多，而且新设备也随着技术的发展不断涌现。输入输出设备对各种信息的载体不同，信号量的形态也不同，也因此造就了计算机应用的多样性和普及性。操作系统中负责管理输入输出设备的部分称为设备管理，也称为 I/O（Input/Output）系统。

5.7.1　设备管理的目标与功能

设备管理是操作系统中复杂、繁重的一项工作。设备管理性能的优劣直接关系到操作系统的整体性能。通常，设备管理的设计目标包括以下 3 点。

1）向用户提供方便、统一的接口来使用各种设备

由于设备的物理特性十分复杂，为了控制设备完成输入输出操作，首先需要掌握设备的硬件结构和工作原理，然后才能编制输入输出程序。通常，使设备完成一个简单输入输出的程序可能要使用几十甚至几百条指令。因此，面对设备的程序设计是一项十分复杂且繁重的工作。设备管理的主要目标之一就是把设备复杂的物理特性屏蔽起来，把不同设备之间的差异交由操作系统来处理。操作系统承担起对设备的控制和管理，同时向用户提供一个使用设备的统一接口。

2）使设备独立于用户程序

操作系统控制和管理所有的物理设备，并把物理设备逻辑化，仅向用户提供逻辑设备。用户程序不能直接对物理设备进行操作，当需要使用设备时向系统提出请求，由系统对设备进行分配。这样就使得用户在程序中使用的设备与实际的物理设备无关，从而使物理设备独立于用户程序，这种特性称为设备独立性。当作业或进程请求某一个逻辑设备时，由系统负责把逻辑设备映射为多台物理设备中可以使用的某一台。采用这种方式可以使用户作业或进程不必依赖于某一台指定的设备，用户不必顾及某台设备是否完好或空闲，同时也便于系统对设备进行统一的管理和合理的分配。此外，设备独立性还体现在用户程序与设备的类型无关。设备独立性使得用户作业在配备不同设备的系统上都能运行，不会因更换或缺少某个具体的设备而不能运行。

3）充分提高设备利用率和工作效率

在多道程序系统中，设备管理必须和进程管理有效地配合，使设备和处理器能够高度地并行工作，同时各个设备之间也要能够并行工作，从而达到提高设备利用率的目的。同时设备管理要为各个作业或进程合理地分配各种设备，处理好多个进程对设备的竞争与共享，还要均衡各个同类设备的工作状况，避免出现忙闲不均的现象，使各个设备都能以较高的工作效率执行各种输入输出操作。

为达到以上目标，设备管理应具备以下功能。

1）监视设备状态

一个计算机系统中存在着许多控制器、通道，在系统运行期间它们完成各自的工作，并处于各种不同的状态。例如，系统内共有 3 台打印机，其中一台正在进行打印，一台出现故障，另一台空闲。系统必须知道 3 台打印机的情况，当有打印请求时，才能进行合理的分配。所以，设备管理的功能之一就是记录所有设备、控制器和通道的状态，以便有效地管理、调度和使用它们。

2）进行设备分配

根据设备的类型（独占的，共享的，虚拟的）和系统中所采用的分配算法，实施设备分配，决定把一台 I/O 设备分给哪个请求该类设备的进程，并把使用权交给它，同时使其他请求该设备的进程进入相应的等待队列。完成这一功能的程序称为设备分配程序，也称为 I/O 调度程序。

3）完成 I/O 操作

设备管理系统按照用户的要求调用具体的设备驱动程序，启动相应的设备，进行 I/O 操作，并且处理来自设备的中断。操作系统中每类设备都有自己的设备驱动程序。

4）缓冲区管理与地址转换

在计算机系统中，CPU 的处理速度往往要比外围设备的 I/O 速度高出几百甚至上千个数量级。因而设备管理系统都会在内存中设立一些缓冲区，使 CPU 和设备通过缓冲区传送数据，从而使设备与设备之间、设备与 CPU 之间的工作协调起来。设备管理系统要负责缓冲区的建立、分配与释放。

5.7.2 设备的分类

计算机设备种类繁多，为了便于管理，可以从不同角度对它们进行分类。

按设备的从属关系可分为以下几种：

(1)系统设备。在操作系统生成时已登于系统中的各种标准设备，一般包括终端、键盘、打印机、磁盘等。

(2)用户设备。在系统生成时并没有登记于系统中的非标准设备，一般由用户提供设备及驱动程序，并通过适当的手段把它们纳入系统中，由系统实施管理。如实时测控系统中的各种 A/D、D/A 转换器、图像处理系统中的图像设备、CAD 系统所需的专用设备等。

按设备的信息组织方式可分为以下几种：

(1)块设备。块设备以一定大小的数据块为单位进行输入输出，并且在设备中的数据也以物理块为单位进行组织和管理。这类设备一般是作为计算机的辅助存储设备使用的，它们比内存的读/写速度要低，但它们的存储容量很大，如磁盘、磁带、磁鼓及光盘等都属于块设备。

(2)字符设备。这类设备以字符为单位进行输入输出，并且以字符为单位对设备中的信息进行组织和管理，如打印机、绘图仪、显示器、键盘、卡片输入机等都是字符设备。它们以每次一个字符的方式进行数据传输，所以数据在设备与系统（通常为内存）之间的传送形成了字符流。

按设备使用共享性可分为以下几种：

(1)独占设备。独占设备在任何时刻只能让一个进程使用。如打印机、卡片输入机、磁带驱动器等，都是独占设备，共享它们很困难。如果几个用户同时使用一台打印机，把几个用户的打印任务随机地交织在一起是不行的。打印机必须要在完整地完成一个进程的输出任务之后，才能为另一进程服务。

(2)共享设备。共享设备是指能够同时让许多进程使用的设备。例如磁盘就属于共享设备，多个进程同时在同一磁盘上拥有打开的文件而不会带来任何不良后果。不同进程向同一磁盘提出的读写操作一般能随意交叉进行。

(3)虚拟设备。由于独占设备的利用率较低，操作系统可以使用虚拟技术把独占设备改造成共享设备。这种实际上是独占的物理设备，提供给进程时可以是共享的逻辑设备，通常把它们称为虚拟设备。采用虚拟设备的方法，使得系统中的多个作业好像各自拥有一台与独占设备功能相同的设备，从而可以有效地提高独占设备的利用率。

还有一些其他分类方法：

(1)按输入输出对象可分为人-机通信与机-机通信设备。

(2)按数据传输速率可分为高速设备和低速设备。人-机通信类设备大都是低速设备（图形显示器除外），而机-机通信类设备大都是高速设备。这是由于人-机通信速度受到人的操作速度限制。低速设备可以慢到每秒钟不到一个字符，比如人在键盘上的操作输入；高速设备可以快到每秒钟上百兆字节的传送，比如处理器和高速硬盘之间的数据传输。

5.7.3 输入输出控制方式

I/O控制在计算机处理中占据重要地位，为了有效地实现物理I/O操作，必须通过软硬件技术，对CPU和设备的职能进行合理分工，以平衡系统性能和硬件成本之间的矛盾。按照I/O控制器功能的强弱以及它和CPU之间联系方式的不同，可以把设备的控制方式分为4类：程序查询方式、程序中断方式、直接存储器存取方式（DMA）、通道方式，在4.5.4节中已经进行了详细讨论。它们之间的差别在于：CPU和设备并行工作的方式和程度不同。CPU和I/O设备并行工作具有重要的意义，能大幅度提高计算机系统的效率和资源利用率。

5.7.4 缓冲技术

引入缓冲技术的主要目的在于改善CPU和I/O设备之间速度不匹配的情况。例如，一个进程它时而进行长时间的计算，时而又产生阵发性的打印输出操作。由于慢速打印机跟不上这个要求，CPU不得不停下来等待。如果设置了缓冲区，程序输出的数据可以先送到缓冲区暂存，然后由打印机慢慢地输出。于是，CPU不必等待，继续执行程序，CPU和打印机得以并行工作。事实上，凡是数据到达速度和离去速度不相同的地方都可以设置缓冲区，以改善速度不匹配的情况。

引入缓冲的另一个原因是可以减少 I/O 对 CPU 的中断次数,以及放宽对 CPU 中断响应时间的要求。如果 I/O 操作每传送一个字节就产生一次中断的话,那么设置了 n 个字节的缓冲区后,则可以等到缓冲区满才产生中断。这样,中断次数就减少为 $1/n$,而且中断响应时间也可以相对放宽。

缓冲可以分为硬件缓冲和软件缓冲。硬件缓冲是以专用的寄存器作为缓冲器。出于经济上的考虑,除了在最必要的地方采用一定量的硬件缓冲器外,大都采用软件技术来实现缓冲。即在操作系统的管理下,在内存中划出若干个单元作为缓冲区。软件缓冲的优点是易于改变缓冲区的大小和数量,缺点是要占据一部分内存空间。

另外,按缓冲区的从属关系来划分,还可分为专用缓冲区和缓冲池。专用缓冲区是每个设备的专用资源,当系统配置的设备比较多时,即便每个设备只配置了一个缓冲区,那么累计起来其内存开销也十分可观,而且,专用缓冲区的利用率也不高。把系统内的缓冲区统一管理起来,变专用为通用,这就是缓冲池,它由若干个大小相同的缓冲区组成。当某进程需要使用缓冲区时,提出申请,由管理程序分配给它,用完后释放缓冲区。这样可用少量的缓冲区为更多的进程服务,当然,这需要一个缓冲池管理软件的支持。

5.7.5 设备驱动程序

设备驱动程序是输入/输出进程与设备控制器之间的通信程序,它的主要任务是接受来自与设备无关的上层软件的抽象请求,进行与设备相关的处理,并将设备控制器发来的信号传送给上层软件。

设备驱动程序主要有以下 3 个方面的工作:

(1)向相关输入/输出设备的控制器发出控制命令,并监督它们的正确执行,进行必要的错误处理。

(2)执行确定的缓冲区策略。

(3)进行比寄存器接口级别层次更高的一些特殊处理,如代码转换、ESC 处理等,它们均是依赖于设备的,所以不适合放在高层次的软件中处理。

5.7.6 设备分配

在计算机系统中,设备、控制器和通道等资源是有限的,并不是每个进程随时都可以得到这些资源。进程首先要向设备管理程序提出申请,然后由设备管理程序按照一定的分配算法给进程分配必要的资源。如果进程的申请没有成功,就要在资源的等待队列中排队等待,直到获得所需的资源。

要进行资源分配,首先要了解设备的情况。因此需要引入一些表结构,来记录系统内所有设备的情况,以便对它们进行有效的管理,如为每个设备(通道、控制器)配置一个设备控制表等。由于系统的管理、分配方式不同,实际采用的表结构也不相同,例如通道控制表就只有在采用通道控制方式的系统中才会出现。同时,系统中需要保留一张系统设备表,每个表项对应一个物理设备,用来记录所有已经连接到系统中的设备的情况。系统还需要维护设备等待队列,由等待分配资源的进程控制块组成。

设备分配的总原则是,既要充分发挥设备的使用效率,又要避免不合理的分配方式造成死锁、系统工作紊乱等现象，使用户在逻辑层面上能够合理方便地使用设备。与进程的调度相似，设备的分配也需要一定的策略，通常采用先来先服务和高优先级优先等方法。

(1)先来先服务就是当多个进程同时对一个设备提出 I/O 请求时，系统按照进程提出请求的先后次序，把它们排成一个设备请求队列，并且总是把设备首先分配给排在队首的进程使用。

(2)高优先级优先就是给每个进程提出的 I/O 请求分配一个优先级，在设备请求队列中把优先级高的排在前面。如果优先级相同，则按照先来先服务的顺序排列。这里的优先级与进程调度中的优先级往往是一致的，这样有助于高优先级的进程优先执行、优先完成。

在进行设备分配时，还应考虑设备的特性。设备的特性是设备本身固有的属性（独占、共享和虚拟设备），对不同属性设备的分配方式是不同的。

独占设备每次只能分配给一个进程使用，这种使用特性隐含着死锁的必要条件，所以在考虑独占设备的分配时，需要结合有关防止和避免死锁的安全算法。

系统中的独占设备是有限的，往往不能满足诸多进程的要求，为了解决这种矛盾，操作系统使用虚拟技术把独占设备改造成共享设备。实现这一技术的软硬件系统被称为假脱机（Simultancous Peripheral Operation OnLine，SPOOL）系统，又叫 SPOOLing 系统。SPOOL 系统通常分为输入 SPOOL 和输出 SPOOL，两者工作原理类似。例如，打印机是一种典型的独占设备，引入 SPOOL 技术后，是把用户的打印请求传递给 SPOOL 系统，而不是真正地把打印机分配给用户。SPOOL 系统的输出进程在磁盘上申请一个空闲区，把需要打印的数据传送到里面，再把用户的打印请求挂到打印队列上。如果打印机空闲，就会从打印队列中取出一个请求，再从磁盘上的指定区域取出数据，执行打印操作。由于磁盘是共享的，SPOOL 系统可以随时响应打印请求并把数据缓存起来，这样就把独占设备改造成了共享设备，从而提高了设备的利用率和系统效率。

阅读材料

1. 视窗操作系统 Windows

视窗操作系统源于计算机图形界面技术。最早提出利用图形来实现人与机器进行交流思想的是 MIT 发明 "微分分析仪" 的范内瓦·布什（V. Bush，1890～1974 年），他在 1945 年发表的一篇文章中提出了这一概念。受此思想启发和影响，美国计算机科学家道格拉斯·恩格尔巴特（Douglas Engelbart，1925 年～）于 1964 年发明了鼠标。1972 年，施乐公司帕洛阿托研究中心（Xerox PARC）研制成功了具有图形界面的 Xerox Alto 微型计算机，将恩格尔巴特发明的鼠标器配置在这台计算机上，使其操作显得异常方便和快捷。

1983 年，苹果公司借鉴 Xerox PARC 的做法，将图形用户界面 GUI（Graphic User Interface）技术引入个人计算机，并把经过改进的鼠标装设在 Lisa 微型计算机上。1984 年，苹果公司推出了具有图形界面操作系统的 Macintosh 计算机。图形界面的引入，彻底改变了计算机的视觉效果和使用方式，它使计算机的操作和使用更加直观和容易。当时很多人士认识到图形界面将是新一代操作系统的发展方向。微软、IBM 等大公司瞄准这一具有广阔前景的领域，开始开发新的计算机视窗操作系统。

微软公司的图形用户界面开发计划始于 1981 年。这年夏天，应苹果公司乔布斯邀请，盖茨来到苹果公司参观，看到了正在开发中的 Macintosh 计算机。乔布斯让技术人员演示了已经开发的某些功能，这对盖茨触动很大。回到西雅图后，盖茨觉得有必要为 IBM-PC 及其兼容机开发图形用户界面，于是就有了微软的图形用户界面开发计划。盖茨设想在 MS-DOS 和应用软件之间增加图形用户界面，避免用户直接与 DOS 打交道，免去计算机操作的复杂文字命令。盖茨为这一图形用户界面起名为"窗口管理器"，后来改名为"界面管理器"。但界面管理器项目开发小组的工作进展缓慢。

1982 年 11 月，盖茨参加在拉斯维加斯举办的一年一届的计算机分销商展览会，在维西公司（VisiCrop）展位前他第一次看到了计算机操作系统的图像化界面——视窗（VisiOn）系统，屏幕上以前所熟悉的 DOS 的 C:>已不复存在。在视窗系统下，用户只需要通过下拉菜单，点击鼠标，就可以轻而易举地执行各种命令，再也不用从键盘上键入 DOS 命令了。维西公司演示的视窗系统给盖茨以极大的震撼。视窗系统不仅操作简单，而且界面友好，它代表了计算机业发展的方向，盖茨深知这一点。

维西公司位于加利福尼亚的圣约瑟，当年靠可视计算（VisiCalc）会计软件起家，这一软件的推广和应用最终使它成为一个年收入达 4 500 万美元的公司，而当时微软的年收入只是它的一半而已。一旦它的 VisiOn 操作系统在市场上获得成功，为操作系统制定标准的将是维西公司，那对微软来说将是一场灾难，这是盖茨不能忍受的。

盖茨决心也要开发出一个跟 VisiOn 一样具有可视特点的操作系统。盖茨要求在原有的界面管理器的基础上，采用下拉菜单和对话框，在屏幕上可以打开多个窗口，窗口中可显示不同的文件。1983 年 5 月，微软给这一软件改名为"微软视窗"。

同一时期，IBM 公司也在开发窗口式软件。IBM-PC 的操作系统一直是由微软开发的，但微软开发的 MS-DOS 2.0 其性能不如最初的版本，另外，加上微软的操作系统也卖给其他兼容机厂商，产生兼容机厂商与 IBM 的竞争，这令 IBM 感到很失望。IBM 决定开发自己的操作系统，即"顶视"窗口式软件。

1983 年 10 月，维西公司宣布将向订户发放视窗系统产品，而 IBM 的"顶视"软件也即将上市，这使微软公司十分着急。盖茨决定先下手为强，于 1983 年 11 月召开了一次新产品发布会，声称在 1984 年春天正式推出 Windows，并预言一年后 90%的 PC 机都会采用这种性能优越的视窗软件。微软的这一举措得到了不少厂家的支持。

IBM 为了表示对微软的不满，不久便与维西公司签定了经销 VisiOn 的合同。然而，VisiOn 软件并未达到预期的销售目的。主要是因为 VisiOn 软件是一个封闭的操作系统，不能在 DOS 环境下运行，只能运行维西公司自己开发的 3 种应用软件（电子表格、图形软件和文字处理软件）。其他厂商的软件不能在 VisiOn 上运行，于是推出不到一个月便只能大幅度降价销售。后来维西公司因陷于商业官司而无暇顾及产品开发，致使公司出现亏损，最后被控制数据公司兼并。

IBM 只好推出自己的新产品来打击微软。1984 年 4 月，"顶视"软件上市，但"顶视"软件本身占用内存太大，小毛病不断，最后只能以失败告终。IBM 不会放弃这一市场，决定研制新的操作系统，即 OS/2 系统。由于开发 OS/2 要用到 MS-DOS 的源代码，IBM 不得不与微软合作，1985 年双方签定了新的操作系统开发合作协议。

这给微软提供了一次绝好的机会，但 Windows 项目工程开发小组的成员很快就发现，Windows 开发工程的艰巨性与复杂性远远超出了人们预期的设想。微软一再推迟交货时间。一再失信的微软尴尬地保证，等到 1985 年 6 月一定可以将软件装进用户的机器里。结果 6 月过了，微软无可奈何地再度失言，一时舆论哗然。

1985 年 11 月 21 日，姗姗来迟的 Windows 1.0 版本终于与大家见面了，它使 PC 开始进入 GUI 时代。在图形用户界面中，每一种应用软件都用一个图标（Icon）表示，图形的生动形象和鼠标操作方式的灵活，带来了前所未有的易用性，令人兴奋的多任务操作给用户提供了很大的方便，把计算机的使用提高到了一个新的阶段。但 Windows 1.0 并未给微软带来预期的效益。可盖茨确信图形用户界面操作系统是未来的方向，继续组织力量来改进 Windows 1.0。

两年后（1987 年 10 月），具有窗口层叠、大小调整功能、相当数量的应用程序（字处理软件、记事本、计算器、日历）的 Windows 2.03 版本面世。

微软并没有停止前进的脚步，继续研制视窗系统。1990 年 5 月 22 日，微软隆重推出了 Windows 3.0。一经上市，Windows 3.0 立即成了超级畅销软件，6 个月内就销出 200 万套，第二年销售突破 700 万套大关，居全球计算机软件排行榜首。

微软乘胜追击，于 1992 年又推出更为完善的 Windows 3.1，再次受到热烈欢迎。许多软件公司都纷纷围绕 Windows 3.1 来开发配套软件，数量多达 8000 余种。从此，微软公司真正奠定了在操作系统软件市场的领先地位，并且一发而不可收。

1995 年 8 月 24 日，微软公司向全世界同时推出拥有 12 种语言的 Windows 95。与此同时，微软为 Windows 95 的营销展开了强大的攻势。微软花费了 5 亿美元来为 Windows 95 作促销宣传。微软商标霓虹灯雄踞纽约最高的帝国大厦。Windows 95 的广告在电视台、电台开始进行铺天盖地的宣传。在英国，整张登有 Windows 95 广告的伦敦《泰晤士报》被微软订购，并免费向路人发放；在法国南部，农民的土地上画有 Windows 的标志，使飞机上的乘客都可清楚地看到；微软以 1500 万美元买断英国著名的"滚石"摇滚乐队演奏的一支流行歌曲《启动我》（Start Me Up）为微软作广告宣传。随着 Windows 95 之风的劲吹，全球掀起了 Windows 95 的抢购热潮。24 日，成千上万的人挤在当地的销售点等着开门。全美各地的计算机商店都为客户提供了免费的比萨和有关如何使用 Windows 95 的培训。当天全球销售额就突破 100 万套。全球个人计算机的销售量一年内增加了 26%。在推出后的 4 个月里，Windows 95 卖出了 1900 万套。微软的股票也发疯似地连连飙升。一时间，"Windows 95"几乎成为全世界家喻户晓的名词。从此，Windows 95 奠定了微软在系统软件领域的不可动摇的霸主地位。

当时发售的 Windows 95 光盘，包括 Windows 的应用软件，其中有一个从 Spyglass 公司购买的网络浏览器——Internet Explorer 1.0，当时，盖茨还没有意识到互联网发展的巨大潜力，1995 年 12 月，在微软的简报上，盖茨还坚持说"网络浏览器不是什么了不起的软件"。正是因为盖茨的错误判断和对互联网市场的熟视无睹，微软没有将浏览器加入 Windows 95，不能不说是一个战略上的失误。后来的情景是，吉姆·克拉克（J. H. Clark，1944 年～）于 1994 年创办的网景通信（Netscape Communications）公司推出的图像化浏览器 Navigator 一统天下，成千上万计算机内运行的是 Windows 95 操作系统，而人们所看到的却是代表网景的巨大绿色字母 N。1995 年 8 月，网景公司首次上市，到 1996 年底其股票价格骤升 3 倍，市值超过 50 亿美元。美国人开始疯狂地登录互联网，网景则占领了 83% 的互联网浏览器市场，而微软仅以 8% 名列第二。直到此时，微软才幡然省悟，起步向互联网进军。之后，微软又推出了 Windows 98 与 Windows NT 系列版本。

世纪之交，微软再次掀起新的 Windows 狂潮。2000 年 2 月 17 日，微软公司以 10 种语言版本，在 23 个国家同时推出了 Windows 2000 操作系统。在个人操作系统方面，微软于 2000 年推出了 Windows ME，2001 年又推出了 Windows XP，同时还发布了 64 位版本的 Windows XP。2003 年，微软又发布了新的服务器版本的 Windows Server 2003，包括 32 位和 64 位两种。此后，微软又陆续发布面向个人的操作系统 Windows Vista 和 Windows 7，服务器版本则推出了 Windows Server 2008。

Windows 之所以如此流行，是因为它具有众多功能以及新特性。

（1）界面图形化。以前 DOS 的字符界面使得一些用户操作起来十分困难，Windows 采用了图形界面并使用鼠标，这就使得计算机的操作变得简单易用。

（2）多任务。Windows 可以让计算机同时执行不同的任务，并且互不干扰。Windows 2000 在此方面的功能比较完善，管理员（Administrator）可以添加、删除用户，并设置用户的权限。

（3）良好的网络支持功能。Windows 9x 和 Windows 2000 中内置了 TCP/IP 协议和拨号上网软件，用户只需进行一些简单的设置就能上网浏览、收发电子邮件等。同时它对局域网的支持也很出色，用户可以很方便地在 Windows 中实现资源共享。

（4）出色的多媒体功能。这也是 Windows 吸引人们的一个亮点。在 Windows 中可以进行音频、视频的编辑与播放工作，可以支持高级的显卡、声卡使其"声色具佳"。

（5）硬件支持良好。Windows 95 以后的版本都支持"即插即用"（Plug and Play）技术，这使得新硬件的安装更加简单。用户再也不必像使用 DOS 一样去改写 Config.sys 文件了，并且有时候需要手动解决中断冲突。几乎所有的硬件设备都有 Windows 下的驱动程序。随着 Windows 的不断升级，它能支持的硬件和相关技术也在不断增加，如 USB 设备、AGP 技术等。

（6）众多的应用程序。在 Windows 下有众多的应用程序可以满足用户各方面的需求。Windows 下有数十种编程软件，有无数的程序员在为 Windows 编写程序。此外，Windows NT、Windows 2000 系统还支持多处理器，这对大幅度提升系统性能很有帮助。

2. UNIX 操作系统

UNIX 于 1969 年问世，由美国 AT&T 公司贝尔实验室的丹尼斯·里奇（D. Mac Alistair Ritchie，1941 年～）和肯尼思·汤普森 （K. Lane Thompson，1943 年～）两人开发完成。经过 40 多年的发展，它从一个简单的操作系统发展成为性能先进、功能强大、使用广泛的操作系统，并成为事实上的多用户、多任务操作系统的标准。汤普森在 UNIX 的开发中起了主导的作用，而里奇则在 C 语言的设计中起到更大作用。

UNIX 的研发工作是在实验室不知情的情况下进行的。20 世纪 60 年代初，MIT、通用电气公司 GE 的计算机部以及贝尔实验室 3 家联合开发第二代分时系统 MULTICS。后来贝尔实验室退出了该项目，这使汤普森和里奇深感沮丧。回到贝尔实验室以后，面对实验室中仍以批处理方式工作的落后的计算机环境，汤普森和里奇决心改造这一环境，以提高程序员和设备的效率。他们背着贝尔实验室，利用库房中一台已弃置不用的 PDP-7 小型机，悄悄地干了起来。开头是十分困难的，因为这台 PDP-7 除了有一个硬盘、一个图形显示终端和一台电传打字机这些硬设备外，什么软件也没有。他们只能在一台 GE 645 大型机上编程，调试通过以后将程序穿孔在纸带上，再输入 PDP-7。1971 年，他们以承担实验室专利部的一个字处理系统开发任务为借口，申请到了一台新的 PDP-11 小型机。汤普森和里奇以极大的热情和极高的效率继续进行着这一工作。到 1971 年底，UNIX 基本成形。

最初的 UNIX 版本是用汇编语言写的。不久，汤普森用一种较高级的 BCPL 语言重写了该系统。1973 年，里奇又用 C 语言对 UNIX 进行了重写。1976 年正式推出了 UNIX V.6 版本。贝尔实验室很开明地向大学、研究所、政府机构和一些公司免费提供 UNIX 的源代码，促进了各种 UNIX 操作系统的出现和普及。

1978 年，贝尔实验室又发表了 UNIX V.7 版本，它是在 PDP 11/70 上运行的。1982 年和 1983 年又先后宣布了 UNIX System-III 和 UNIX System-V；1984 年推出了 UNIX System V2.0；1987 年发布了 3.0 版本，分别简称为 UNIX SVR 2 和 UNIX SVR 3；1989 年，贝尔实验室与 SUN 公司联合开发了 UNIX SVR 4。这个版本的新特点包括对实时处理的支持、动态分配数据结构、虚拟内存管理、虚拟文件系统等。目前，使用较多的是 1992 年发表的 UNIX SVR 4.2 版本。

随着 UNIX 的普及和应用，各大公司纷纷推出自己的 UNIX 版本。如 IBM 公司的 AIX OS，Sun 公司的 Solaris，HP 公司的 HP-UX，SCO 的 UnixWare 和 Open Server，DEC 公司的 digital UNIX。

特别值得说明的是，加州大学伯克利分校在原来的 UNIX 中加入了具有请求调页和页面置换功能的虚拟存储器，于 1979 年推出了 3 BSD UNIX 版本；1980 年推出了 4 BSD UNIX 版本；后来是 4.1 BSD 及 4.2 BSD；1990 年发表了 4.3 BSD；1994 年 6 月推出了 4.4 BSD UNIX 版本，这是伯克利大学发布的最后的 BSD 版本，随后其设计组织就解散了。4.4 BSD UNIX 包含虚拟内存系统、对内核结构的改变以及对一系列其他特征的增强。后来的 Macintosh 操作系统 Mac OS X 就是基于 4.4 BSD 的。

以上这些 UNIX 版本各具特色，形成百花齐放的局面。到 20 世纪 90 年代，UNIX 版本多达 100 余个。

UNIX 之所以获得如此巨大的成功，主要是它采用了一系列先进的技术和措施，解决了许多软件工程的问题，使系统具有功能简单实用、操作使用方便、结构灵活多样的特点。它是有史以来使用最广的操作系统之一，也是关键应用中首选的操作系统。

UNIX 系统除了具有文件管理、程序管理和用户界面等所有操作系统共有的特征之外，还具有以下特征：

（1）作为交互式多用户、多任务操作系统，每个用户都可同时运行多个进程。

（2）提供了丰富的经过精心编选的系统调用，整个系统的实现紧凑、简洁、优美。

（3）提供功能强大的可编程外壳（shell）语言作为用户界面，具有简洁高效的特点。

（4）采用树形文件结构，具有良好的安全性、保密性和可维护性。

（5）提供多种通信机制，如管道通信、软中断通信、消息通信、共享存储器通信和信号灯通信。

（6）采用进程对换内存管理机制和请求调页内存管理方式实现虚存，大大提高了内存使用效率。

（7）系统主要用 C 编写，不但易读、易懂，且易修改，极大地提高了可移植性。

1983 年 10 月，汤普森和里奇因发明 UNIX 而获得图灵奖。正如图灵奖评选委员会所说，"UNIX 分时系统的成功来自于对一些关键思想的有鉴赏力的选择，以及它们的优美实现。UNIX 系统的模型已经将一代软件设计者引领到思考程序设计的新方法上。UNIX 系统的创造力是它的框架，使得程序员能在别人工作的基础上进行工作"。

3. Linux 操作系统

Linux 是目前全球最大的一个自由免费软件，是一个可用于个人计算机上的功能强大的操作系统，具有完备的网络功能。Linux 起源于芬兰赫尔辛基大学（University of Helsinki）计算机系学生利纽斯·托瓦尔兹（L.Torvalds，1970 年～）的研究工作，后来一大批知名的、不知名的计算机黑客、编程人员加入到开发过程中来，使 Linux 逐渐完善，成为一个功能强大的操作系统。现在，Linux 凭借其优秀的设计、不凡的性能，加上 IBM、Intel、CA、Oracle 等国际知名企业的大力支持，市场份额逐步扩大，逐渐成为主流操作系统之一。

托瓦尔兹在少年时代就对数学表现出极大的兴趣，他痴迷于计算机，到了废寝忘食的地步。最让托瓦尔兹兴奋的事情是在计算机上编写程序。1988 年，托瓦尔兹考入赫尔辛基大学。赫尔辛基大学始建于 1640 年，它坐落在素有"波罗的海女儿"之称的赫尔辛基市中心，是芬兰第一所也是最大的一所国立大学。其以秀丽古雅的建筑、充裕的藏书、完备的办学条件、杰出的成就以及悠久的历史而驰名北欧。

在学校开设的诸多课程中，托瓦尔兹对"UNIX 操作系统"课特别痴迷。UNIX 是面向小型机以上机型的计算机操作系统，要求有较高的硬件支持，对个人计算机来说不太适用。托瓦尔兹设想把 UNIX 移植到 Intel 架构的计算机上，可 UNIX 是商用软件，其内核不公开，要移植它很困难。于是，托瓦尔兹决定重新写一个操作系统,他弄来一台 Intel 386 微机,夜以继日地干了起来。经过几个月的奋战,他写出了上万条程序代码,完成了一个操作系统内核。他渐渐地感到,单凭一个人的力量要完成一个操作系统的繁杂开发工作是非常困难的,于是在 1991 年 9 月,托瓦尔兹在 Internet 上公开发布了自己编写的程序源代码,第一次使用了 Linux 的名字。与此程序代码同时发布的还有一份说明,叙述了开发 Linux 的指导思想,其中提到,Linux 系统的大多数工具程序借用了 GNU(GNUs Not UNIX)工程的软件,这些程序遵循 GNU 软件的非版权要求。同时规定,他自己是此程序的版权所有人,任何人可以修改此程序,但修改的程序必须以源代码的形式将其公开,任何人不可通过此程序收取费用。发布的源程序代码被托瓦尔兹称为 Linux 0.01 版。Linux 0.01 发布以后,引起了黑客们的积极反应,他们把使用 Linux 发现的程序缺陷和意见反馈托瓦尔兹。托瓦尔兹根据网上反馈的意见,对 Linux 0.01 进行了一些修补。1991 年 10 月,托瓦尔兹又发布了 Linux 0.02。他宣称,开发的 Linux 系统是黑客为黑客而写的软件。他向其他黑客们征求意见,希望他们为完善和改进此软件提出修改建议,也欢迎黑客们根据自己的需要改进软件。

Linux 的第一个版本在 Internet 上发布以后,因其结构清晰、功能简捷等特点,再加上能免费获得源代码,因而吸引了众多大专院校的学生和科研机构的研究人员来学习和研究 Linux。许多人下载 Linux 的源程序,并按自己的意愿完善、增强某一方面的功能,再发回到网上,Linux 也因此成为一个用户广泛参与、最有发展前景的操作系统。

1991 年 11 月,托瓦尔兹又发布了 Linux 0.03 版。之后,相继推出 Linux 0.10、Linux 0.11 等版本。1992 年 1 月发布的 Linux 0.12 版是 Linux 系统开发史上的第一个里程碑式的版本,此版本增加了虚拟内存功能。此后,支持图形界面和网络通信两大重要功能被加入 Linux 中。在这一过程中,众多支持者付出了劳动和心血。到 1993 年 9 月,Linux 系统颁布的版本已经到了 Linux 0.99.13 版。1993 年 10 月发布了 11 个版本;1994 年 1 月发布了 14 个版本;1994 年 2 月发布了 11 个版本。透过这一事实可以看出 Linux 的设计者为此付出的艰辛和 Linux 的发展过程。

1994 年 3 月,Linux1.0 问世。此时 Linux 系统的程序文件压缩容量已从 0.01 版本的 63K 字节扩展到 1M 字节。Linux1.0 按完全自由扩散版权的方式进行传播,要求所有的源代码必须公开且任何人不得从 Linux 交易中获利。然而这种纯粹的自由软件的理想对于 Linux 的普及和发展是不利的,后来,Linux 转向 GPL(General Public License)版,即除规定的自由软件的各项许可之外,允许用户出售自己的程序拷贝。

在此期间,主营 Linux 分销业务的美国 Red Hat 软件公司、Caldera 公司、VA 公司为推动 Linux 的发展壮大作出了贡献,Linux 系统逐渐被商业界所认可。

在 Linux 系统商业化的同时,Linux 系统技术也在托瓦尔兹的领导下继续向前发展并不断完善。1996 年 6 月,Linux 2.0 推出,并为此设计了一个企鹅徽标作为 Linux 系统的吉祥物。Linux 2.0 的最显著特点是可以支持多体系结构和支持多处理器。此时的 Linux 已成为一个完善的操作系统平台,用户也从最初的十几人发展到上百万人。

Linux 是在 GNU 公共许可权限下免费获得的,是一个符合可移植操作系统接口(Portable Operating System Interface,POSIX)标准的操作系统。Linux 操作系统软件包不仅包括完整的 Linux 操作系统,而且还包括了文本编辑器、高级语言编译器等应用软件。它还包括带有多个窗口管理器的 X-Windows 图形用户界面,如同使用 Windows NT 一样,允许使用窗口、图标和菜单对系统进行操作。

Linux 系统具有多用户、多任务、开放源代码、可编程 shell、支持多文件系统和强大的网络功能等特征。Linux 支持多种硬件平台,从低端的 Intel 386 直到高端的超级并行计算机系统,都可以运行 Linux 系统。

Linux 支持商业版 UNIX 的全部功能。事实上，Linux 系统上的一些功能是 UNIX 系统所不具备的。Linux 支持大部分 GNU 计划下的自由软件，包括 GNU C 和 GCC 编译器、gawk、groff 和其他软件。用户还可以从 Internet 上下载许多 Linux 的应用程序。可以说，Linux 本身包含的应用程序以及移植到 Linux 上的应用程序包罗万象，任何一位用户都能从有关 Linux 的网站上找到适合自己特殊需要的应用程序及其源代码。这样，用户就可以根据自己的需要下载源代码，以便修改和扩充操作系统或应用程序的功能。这一点 MS-DOS、OS/2 和 Windows 系列等商品化操作系统是无法做到的。

近年来，Linux 赢得了越来越多的大公司的支持，IBM、HP、Compaq、Intel、Oracle、Informix、Sybase、SAP、CA 等（除微软以外），都宣布支持 Linux。据统计，全球已有 14% 以上的公司支持 Linux，Linux 的用户数已经超过 1500 万，遍布世界 120 多个国家和地区。如今，Linux 通过全球开发者的不懈努力，内核不断改进，功能不断增强和完善，在很多方面达到或超过了商用操作系统的品质。

Linux 的出现在全世界掀起了一股倡导自由软件、反对垄断的软件革命浪潮，它开辟了计算机软件的新时代。可以相信，随着互联网的发展，从封闭走向开放是软件发展的趋势。

参 考 文 献

[1] Abraham Silberschatz, Peter Baer Galvin, Greg Gagne. 操作系统概念（第 7 版）[M]. 郑扣根译. 北京：高等教育出版社，2010

[2] Andrew S. Tanenbaum. 现代操作系统（第 3 版）[M]. 陈向群等译. 北京：机械工业出版社，2009

[3] 孟静. 操作系统教程——原理和实例分析（第 2 版）[M]. 北京：高等教育出版社，2001

[4] 孙钟秀，费翔林，骆斌. 操作系统教程（第 4 版）[M]. 北京：高等教育出版社，2008

[5] 汤小丹，梁红兵，哲凤屏，汤子瀛. 计算机操作系统（第 3 版）[M]. 西安：西安电子科技大学出版社，2007

[6] William Stallings. 操作系统：精髓与设计原理（第 6 版）[M]. 陈向群等译. 北京：机械工业出版社，2010

第6章

程序设计语言与程序设计

程序设计语言是计算机的一类指令系统，是人与计算机交流和沟通的工具。程序设计语言从诞生到现在，经历了从机器语言、汇编语言到高级语言的发展阶段，已有半个多世纪的历史。在过去 60 多年的时间里，人们设计并实现了上百种程序设计语言，其中许多语言都包含了一些新的概念、思想以及有价值的改进和创新，为今天程序设计语言的发展奠定了坚实的基础。程序设计语言的发展与应用，使得计算机软件开发变得更加容易，大大推动了计算机软件产业的发展和计算机应用的普及。

本章主要介绍程序设计语言的基本概念、基本原理和程序设计基本方法。

6.1 程序设计语言的发展

6.1.1 机器语言

20 世纪 50 年代以前，绝大部分的计算机是用"接线方法"进行编程，如世界上第一台电子计算机 ENIAC 就是采用插接线的方式进行编程。在 ENIAC 中，程序员通过改变计算机的内部接线来执行某项任务，虽然这是一种人机交流的方法，但并不是程序设计语言。

后来出现的计算机采用机器指令，即用"0"和"1"为指令代码来编写程序，是计算机硬件能够识别的、可以直接供计算机使用的程序设计语言。用机器指令编写的程序称为机器语言（Machine Language）。机器语言是计算机真正"理解"并能运行的唯一语言，然而，不同机型的机器语言是不同的。

一般小型或微型计算机的指令集可包括几十或几百条指令。指令的一般形式为：

操作码　操作数…操作数

其中操作码表示要执行的操作，例如加法、乘法等。操作码决定了操作数的个数，一般为0～3 个，例如，加法操作需要指定加数和被加数两个操作数，8086/8088 的停机指令 HALT 没有操作数。

一般情况下，机器指令可以根据其功能划分为以下几类：① 控制指令；② 算术指令；③ 逻辑运算指令；④ 移位指令；⑤ 传送操作指令；⑥ 输入/输出指令。需要注意的是，不同的机器的指令系统是不同的。

例如，一段用机器指令（Z-80 指令系统）编写的计算 10+9+8+...+2+1 的程序如表 6-1 所示。

表 6-1　机器语言程序

存储器地址	机器指令（16 进制）	注释
2000	AF	；清累加器
2001	060A	；设 B 寄存器为计数器
2003	80	；A 与 B 相加其结果送 A
2004	05	；计数器减 1
2005	C20320	；判断计数器是否为 0，如不为 0，则继续进行加法运算
2008	76	；暂停

表 6-1 中的第一列是存储器地址；第二列是机器语言程序。可以看出，这样的机器语言，如果不加说明，我们是很难读懂该程序的。

指令是在计算机的核心部件——CPU 中执行的，更具体地讲，是在 CPU 中的运算器 ALU 中执行的。程序运行前，程序包含的指令和数据被放到主存储器中；程序开始时，将第一条指令的地址放到程序控制单元的 IP 寄存器中并启动程序；运行过程中，指令被逐条送到运算器中执行，运行过程中一些中间结果被保存在寄存器组中，而程序控制单元负责将下一条指令取出来；当遇到停机指令时，程序运行结束。程序运行过程中，CPU 和主存之间通过系统总线传递数据和指令。

需要说明的是，在计算机内部，一切信息都以二进制编码的形式存在，计算机程序也不例外。虽然机器语言的程序可以直接执行，但对使用的人来说，这种程序很难阅读和理解，容易出错，编程效率低，且可移植性、重用性差，而且程序员还必须了解机器的许多细节。例如早期的计算机使用中，程序员要记住计算机的几个寄存器中哪一个具有累加功能，哪一个是指令寄存器，哪一个是地址寄存器，等等。机器语言的这些缺点，阻碍了计算机的推广应用。

6.1.2　汇编语言

为克服机器语言的缺点，人们选用与代码指令实际含义相近的英文缩写词、字母和数字等符号来代替指令代码，这一替代的直接结果是产生于 20 世纪 50 年代初的汇编语言（Assembly Language）。直观地讲，汇编语言是符号化的机器语言，即将机器语言的每一条指令符号化，采用一些具有启发性的文字串，如 ADD（加）、SUB（减）、MULTI（乘）、LOAD（取）、MOV（传送）、CLEAR（清除）、JMP（无条件转移）等。同时，在程序中，常数、地址等也可以表示成符号的形式，即把每条机器指令转换成一条可读性较高的类似词语的指令。

需要说明的是，用汇编语言书写的程序不能在计算机中直接运行，它必须转换成机器指令才能运行，完成这种转换的程序称为编译程序。汇编语言的运行过程如图 6-1 所示。

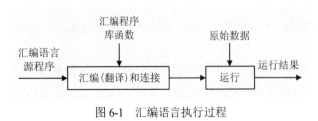

图 6-1　汇编语言执行过程

汇编语言采用助记符号来编写程

序，在一定程度上简化了编程过程，并基本保留了机器语言的灵活性。在计算机程序设计中，用汇编语言来编制系统软件和过程控制软件，其目标程序占用内存空间少，运行速度快，有着高级语言不可替代的用途。

6.1.3 高级程序设计语言

上面讲过的机器语言和汇编语言都与计算机的硬件密切相关，它们能够利用计算机的硬件特性并且直接控制硬件，因此写出的代码执行快且高效。不同类型计算机在硬件上的差异决定了它们拥有不同的机器语言和汇编语言，因而用机器语言和汇编语言编出的程序可移植性差，抽象水平低，比较难编写和理解，对大多数非专业人员来说不容易掌握和使用。

计算机的不断发展和广泛应用，促使人们去寻求一些与人类自然语言相接近，并且能为不同的计算机所接受的语意确定、规则明确、自然直观和通用易学的计算机语言，这就是高级语言。最早出现的高级语言是 1945 年左右由德国工程师朱斯（K. Zuse，1910～1995 年）为他的 Z-4 计算机设计的一种用于表示计算的语言——Plankalkül。现公认最早的并得到广泛应用的高级程序语言是 IBM 于 1954 年发布的公式翻译语言 FORTRAN。与汇编语言相比，高级语言的巨大成功源自于它在数据、运算和控制 3 个方面的表达中引入许多接近算法语言的概念和工具，大大提高了抽象表达算法的能力。用高级语言编写的程序具有可读性好、可维护性强、可靠性高、可移植性好、重用率高的特点。

目前，世界上使用较广的程序语言有 FORTRAN、C、C++、Ada、PASCAL 和 Java 等。程序设计语言根据不同的程序设计过程可划分为 4 类：命令式语言、逻辑语言、函数式语言和面向对象的语言，如图 6-2 所示。

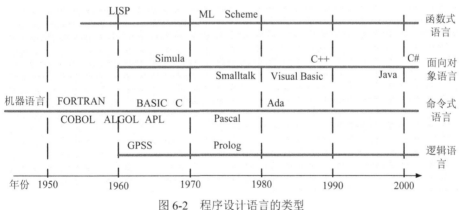

图 6-2 程序设计语言的类型

当然，计算机也不能直接执行高级语言描述的程序。人们在定义好一种语言后，还需要开发出实现该语言的软件，这种软件被称为高级语言系统，也常被说成是这一高级语言的实现。在研究和开发各种高级语言的过程中，人们也在研究各种语言实现技术。高级语言的基本实现技术有两种：编译程序和解释程序。

编译程序是把高级语言程序（源程序）作为一个整体来处理，编译后与子程序库连接，形成一个完整的可执行的机器语言程序（目标程序代码）。源程序从编译到执行的过程如图 6-3 所示。

图 6-3　高级语言从编译到执行的过程

大多数编译器的编译过程是分阶段进行的，每个阶段完成相应的任务。典型的编译器包含图 6-4 所示的各阶段。

与编译程序不同的是，解释程序按照高级语言程序的语句书写顺序，解释一句，执行一句，最后产生运行结果，但不生成目标程序代码。解释程序结构简单、易于实现，但效率低。

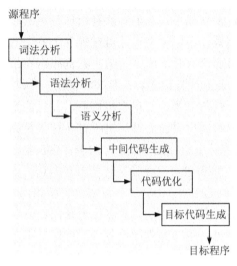

图 6-4　编译器工作阶段示意图

6.2　程序的基本结构

C 语言是当今世界较为流行的一种高级程序设计语言，它是由贝尔实验室的汤普森和里奇于 1973 年设计的一种程序设计语言。当时设计 C 语言的目的是用于开发 UNIX 操作系统和复杂的系统程序。C 语言能较好地满足人们的需要，已成为常用的系统开发语言之一。本节将以 C 语言为例，简要说明用高级程序语言在设计程序时涉及的几个基本问题。

下面是用 C 语言设计的一个简单 C 程序。

```
#include <stdio.h>
int main()
{
  printf("Hello World!\n");
  return 0;
}
```

上面这个程序分为两个部分：第一行具有特殊的意义，它说明这个程序用到 C 语言系统提供的标准功能，为此需要参考标准库里的文件 stdio.h；空行下面是程序的基本部分，描述了这个程序的工作，其意义是在屏幕上输出一行"Hello World！"。如果把双引号中的字符序列换成相应的内容，它就产生相应的输出。例如：

```
#include <stdio.h>
int main()
```

```
    {
        printf("This is my first program.\n");
        return 0;
    }
```

该程序运行后，将会在屏幕上输出"This is my first program."。

进一步考虑，如果要求输入两个整数，要求程序输出两个数的和，可编写如下的程序。

```
#include <stdio.h>
int main()
{
    int a,b,c; //定义3个变量，其中a,b存放输入的数，c存放输出的数
    printf("please input the two numbers you want to add:");
    scanf("%d,%d",&a,&b);          //读入两个整数
    c=a+b;                          //对两个数进行加法运算
    printf("the sum of %d and %d is %d",a,b,c);
    return 0;
}
```

该程序实现了求两个整数的和的功能。如果要求计算从 1 到 10 的所有整数的和，则需要运用循环，程序如下。

```
#include <stdio.h>
int main()
{
    int i,s=0; //定义2个变量，其中i存放累加的数，s存入输出的结果
    for (i=1;i<=10;i++)
        s=s+i;
    printf("the sum of numbers from 1 to 10 is %d",s);
    return 0;
}
```

从这几个小程序可以看出，C 程序由如下的一些基本元素组成。

(1)主函数：一个 C 程序由一个固定名称为 main 的主函数和若干其他函数组成。一个 C 程序有且仅有一个主函数。程序执行时总是从主函数开始，在主函数内结束。在运行过程中，主函数可以调用其他函数，但其他函数并不能调用主函数。

(2)变量。用来存放数据，可根据表示对象的不同采用不同的数据类型。

(3)语句。一个由分号结尾的单一命令是一条语句，一条语句可完成一条或多条指令功能。例如，

```
int i,s;              //定义int型（整型）变量i和s
s=0;                  //赋值语句，将0赋值给变量s
s=s+i;                //执行加法运算并将运算结果赋给变量s
```

(4)注释。为增加程序的可读性，常常增加一些辅助读者理解的说明性文字，通常有两种：

//为单行注释,注释到本行结束;/*…*/为多行注释。

此外,在书写程序时,还需要考虑数据的表示与组织、数据的运算、程序的控制结构、函数的调用等相关问题。同时也需要注意写程序需要遵守的一些约定性规则。

6.3 数据类型与运算

数据类型与运算是高级程序设计语言的基本问题。由于计算机程序处理数据、写程序的过程就是描述数据的处理过程,其中必然涉及数据的描述和从数据出发的计算。例如在 C 程序里可以写出下面的片段,这是一个表示某种计算过程的"表达式",其中包含了一些数据,如整数和实数等

```
-(3.14*5*sin(2,3))/4*6.24
```

要理解该表达式并知道如何书写所需的表达式,首先必须知道高级程序设计语言对各种基本数据在写法方面的规定。另外,还需了解在表达式里可以写什么,它们表示什么意思,写出的表达式表示了怎样的计算过程,有关的计算结果是什么,等等。

6.3.1 基本字符、标识符和关键字

1. 基本字符

一个 C 程序是 C 语言基本字符的一个符合规定形式的序列。C 语言中的基本字符包括以下内容。

(1)数字字符:0、1、2、3、4、5、6、7、8、9。

(2)大小写拉丁字母:A~Z、a~z。

(3)其他一些可打印的字符(如标点符号、运算符号、括号等),包括:

~ ! @ # $ % ^ & * ( ) [ ] { } " ' : ; , . < > \ |

(4)其他一些特殊字符:如空格符、换行符、制表符等。其中空格符、换行符、制表符统称为空白字符,在程序中起着分隔其他成分的作用。

2. 标识符

在程序中需要定义一些变量,以便在其他的地方使用。为了在定义和使用之间建立联系,以表示在不同的地方用的是同一对象,基本的方法就是为这些程序对象命名,通过名字建立起定义与使用之间、同一对象的不同使用之间的联系。在 C 语言中称程序中的名字为标识符,并且规定了相应的书写形式。

在 C 语言中,一个标识符是由字母、数字字符构成的一个连续序列,其中不能有空白字符,并且要求第一个字符必须是字母。需要说明的是,下划线在 C 语言中被看成是字母。例如下面都是一些合法的标识符:

abcd   iam_111   _f2010   information

这样,在语句 x3+5+y 中,我们就可以从中分离出标识符 x3 和 y,因为符号"+"并不属于标识符的构造成分。需要注意的是,在 C 语言中,同一字母的大小写被看作是不同的字符,这样,Z 和 z 就是不同的,zoo、ZOO、Zoo、zOO 等是互不相同的标识符。

3. 关键字

在 C 语言的合法标识符中有一个小集合，其中的标识符称为关键字。作为关键字的标识符在程序里具有预先定义好的特殊意义，因此不能用作其他用途，更不能作为普通的名字来使用。ANSI 标准 C 语言中的关键字共有 32 个，如下所示。

auto	break	case	char
const	continue	default	do
double	else	enum	extern
float	for	goto	if
int	long	register	return
short	signed	sizeof	static
struct	switch	typedef	union
unsigned	void	volatile	while

C 语言中，除了不能使用关键字以外，写程序时几乎可以用任何合法的标识符为自己所定义的东西命名，所用的名字可以自由选择。但为了给变量的含义提供有益的提示，提倡选择能说明程序对象内在含义的名字作为标识符，如 total_price、student_name 等。

6.3.2 类型与数据表示

数据是程序处理的对象。C 语言把程序能处理的基本数据对象分成一些集合，同一集合中的数据有着相同的性质，采用统一的书写形式，在具体实现中采用同样的编码方式，具有这样性质的数据称为一个类型。C 语言中的基本类型包括：字符类型、整数类型、实数类型等。程序执行中处理的每个基本数据都属于某个基本类型，类型确定了它的数据对象的许多性质。在一个具体的 C 语言系统中，基本类型都有固定的表示和编码方式，这确定了可能表示的数据范围。

1. 整数类型与整数的表示

C 语言中提供了多个整数类型，以适应编程中的不同需要。不同整数类型之间的差异仅在于它们能具有不同的二进制编码位数，因此表示范围可能不同。程序中使用最多的是一般整数类型和长整数类型，简称为整型和长整型，类型名分别用 int 和 long int 表示，其中后者简写为 long。

1）整数的表示

整数在 C 语言中有多种写法，其中最常用的是十进制写法。规定整数的第一个字符不能为 0，除非这个数本身就是 0。例如，如下写法

    234,0,763

都是合法的整数表示形式。长整数与整数相比，其特殊之处在于表示数值的数字序列最后附一个字母 l 或 L 作后缀。例如：

    123L,304l,906L,0L

要表示负数时，只需在整数前添加负号即可，而表示正数的正号则可以省略。

2）整数的八进制和十六进制写法

整数除了可以采用十进制写法外，还可以采用八进制和十六进制写法。分别如下：

(1)用八进制写整数时，用数字 0 开头，在序列中只允许有 0～7 这 8 个数字。长整数也可以在数字序列的最后加 l 或 L。例如：

```
0123,03041L,0706L,0L
```

(2)用十六进制写整数时，用 0x 或 0X 开头，在序列中允许有 0～9 这 10 个数字和 a～f（或 A～F）这 6 个字母，其中 6 个字母分别表示十六进制中的 10～15，对应关系如下：

a,A	b,B	c,C	d,D	e,E	f,F
10	11	12	13	14	15

例如，

```
0x2073,0XABCD,0X3AD5
```

在日常生活中，人们习惯采用十进制的方式书写整数，C 语言提供的这几种表示方式只是为了编程的方便，编程者可选择适当的书写方式。无论采用八进制还是十六进制，写出的仍是某个整数类型的数，并不是新的类型。例如 255、0377 和 0XFF 都是 int 类型的，表示的是同一个数。

3）整数的表示范围

C 语言并没有规定各种整数类型的表示范围，也就是说，C 语言没有规定各种整数的二进制编码长度。对于 int 和 long，C 语言只规定了 long 的表示范围绝对不能小于 int 的表示范围，但是允许它们的表示范围相同。每个具体的 C 语言系统都会明确整型和长整型的表示方式和范围。例如，早期的 C 系统通常采用 16 位二进制表示的整数类型和 32 位二进制表示的长整数类型。在这种情况下，整数类型 int 的表示范围是-32768～32767，即 -2^{15}～$2^{15}-1$。相比较而言，长整型 long 的表示范围为 -2^{31}～$2^{31}-1$，即-2147483648～2147483647。而在许多新型的微机 C 语言系统里，整数 int 和长整数 long 均采用 32 位的二进制数系统。

2. 实数类型与实数的表示

C 语言中提供了 3 个表示实数的类型：单精度浮点数类型，简称浮点型，类型名为 float；双精度浮点数类型，简称双精度类型，类型名为 double；长双精度类型，类型名为 long double。这些类型的文字量也分别被称为"浮点数"、"双精度数"和"长双精度数"。

实数的计算机内部表示也由具体系统规定。目前多数系统采用了以下通用标准：

(1)浮点类型的数用 4 个字节 32 位二进制表示，这样表示的数大约有 7 位十进制有效数字，数值的表示范围约为 $\pm(3.4\times10^{-38}$～$3.4\times10^{38})$。

(2)双精度类型的数用 8 个字节 64 位二进制表示，大约有 16 位十进制有效数字，数值的表示范围为 $\pm(1.7\times10^{-308}$～$1.7\times10^{308})$。

(3)长双精度类型的数可以用 10 个字节 80 位二进制表示，大约有 19 位十进制有效数字，其数值的表示范围约为 $\pm(1.2\times10^{-4932}$～$1.2\times10^{4932})$。

在 C 语言双精度数的书写形式中，最基本的部分是一个数字序列，但还需要一个表示小数点的圆点。另外有一种表示形式：在表示数值的数字后面有一个指数部分，指数部分是以 10 为底，以 e 或 E 开头的数字序列，这种表示方法称为科学记数法。它允许既有小数点又有指数部分的情况，例如：

双精度数	表示的实数值
2E-3	0.002
105.4E-10	0.00000001054
2.45e17	245000000000000000.0
304.24E8	30424000000.0

浮点数与长双精度数的表示与双精度数类似，只是在数最后附上 f（或 F）或者 l（或 L）。表示负数时，只需在实数前加上负号即可。例如：

```
12.3F        -1.3567L        4.E88L        .323f
```

3. 字符类型和字符的表示

字符类型的数据主要用于程序的输入和输出，最常用的字符类型是 char。字符类型的数据包括了计算机所用编码字符集中的所有字符。目前的个人计算机和工作站通常使用 ASCII 字符集，其中的字符包括所有大小写英文字母、数字、各种标点符号字符，还有一些控制字符，一共 128 个。扩展的 ASCII 字符集包括 256 个字符，这个字符集里的所有字符都可以是字符类型的值。字符型数据在程序里用相应的编码表示，一个字符通常占用一个字节。

字符型数据也有其特定的书写格式，通常用一对单引号括起来的单个字符表示，例如'1'、'c'、'M'等都是字符型数据。有些特殊字符无法用这种形式写出，例如换行字符。C 语言为它们规定了特殊写法。例如：

换行字符　'\n'	双引号字符　'\"'
单引号字符　'\''	反斜线字符　'\\'

这里的写法都是在一对单引号里先写一个反斜线字符"\"，后面再写另外一个字符。这种写法中，反斜线字符的作用就是表明它后面的字符不取原来的意义。这样的连续两个字符称为一个转义序列。

这里，还有两个问题需要说明：

(1) 数字字符和数字的区别。例如 3 和'3'，前者是一个整型的数据，而后者是一个字符型数据。二者在计算机内的表示方式以及在其上可以进行的操作均不相同。

(2) 字符型的数据与标识符的区别。例如 y 和'y'是两种完全不同的东西。前者表示程序中的一个标识符，后者表示的是一个字符型常量。

除了字符以外，C 语言中还提供了另一种类型的数据——字符串。它是可以在 C 语言中直接写出来的一类数据，其形式是用双引号括起来的一系列字符型数据，例如：

```
"China"、"Ludong University\n"、"sina"。
```

如果特殊字符需要在字符串中出现，需要以转义序列书写，如上述的第二个例子中的"\n"，它表示一个换行字符。

在程序里，字符串主要用于输入输出，例如：

```
printf("I come from Ludong University.\n");
```

需要注意的是，C 语言中不允许在一个字符串的中间进行换行，否则在程序运行的过程中会出错。例如，不能如下写：

```
printf("I come from School of Information Science and Engineering,
Ludong University.\n");
```

这里一个字符串跨越两行，这是不允许的。如果确实需要很长的字符串，则可以采用连续书写几个字符串的形式。如：

```
printf("I come from School of Information Science and Engineering, "
"Ludong University.\n");
```

在程序运行时，C 语言会把它们自动拼接到一起。

6.3.3 运算符、表达式

了解了基本的数据类型后，就可以讨论计算过程的描述了。在 C 语言程序里，描述计算的基本结构是表达式，它由被计算的对象、表示运算的特殊符号按照一定的规则构造而成，其中描述运算的特殊符号称为运算符。C 语言中，运算符大都由一个或两个特殊字符表示。

1. 算术运算符

C 语言中的算术运算符一共有 5 个，分别是：

运算符	使用形式	意义
+	一元和二元运算符	一元表示正号，二元表示加法
-	一元和二元运算符	一元表示负号，二元表示减法
*	二元运算符	乘法运算
/	二元运算符	除法运算
%	二元运算符	取模运算

在上述运算符中，所谓的一元运算符就是只有一个运算对象的运算符，运算对象写在运算符的后面；二元运算符有两个运算对象，分别写在运算符两边。运算符中的"+"和"-"，有时是一元运算符，有时是二元运算符，具体是什么根据其出现位置的上下文决定的。取模就是取余数，如 7%3=1。它只能用于整数运算，其他的运算符可用于整数和实数运算。

2. 算术表达式

算术表达式是由计算对象、算术运算符及圆括号组成，其基本形式与数学上的算术表达式类似。例如：

```
-(28+32)+(16*7-4)
23*(4-6)+56
```

对于同一类型的一个或两个数据进行算术运算，计算结果仍是该类型的值。例如 3+5 作为 int 型计算的结果是 8；3L+5L 计算出长整数类型的值为 8L，2.3+4.3 计算双精度值 6.6。为了保持良好的写程序风格，可以在运算对象与运算符之间加一个空格，这种写法并不影响程序的意义。

在算术表达式里，C 语言为每一个运算符提供了一个优先级。当不同的运算符在表达式里相邻出现时，具有较高优先级的运算符应比具有较低优先级的运算符先行计算。算术运算符被分为 3 个不同的优先级，如下所示：

运算符	一元+和-	* / %	二元+和-
优先级	高	中	低

这样，在下面表达式里的加法将会最后运算：

```
5 / 3 + 4 * 6 / 2
```

这一点与数学中的规定相符。

仅靠优先级，4*6/2 的计算方式仍没有确定，因为"*"和"/"具有相同的优先级。C 语言规定，相同优先级的运算符相邻出现时，一元运算符自右向左结合，二元运算符自左向右结合。这样在 4*6/2 中，4*6 先计算，然后再用它们的计算结果 24 去除 2。

除此之外，C 语言还规定：任何表达式中如果有括号，括号内的先计算，括号外的后计算。例如在下例中，各个步骤的计算顺序可以完全确定：

```
5 /( (3 + 4) *( 6 / 2) )
```

有了上述的规定后，计算过程中仍然有一些问题没有完全确定，例如下面的表达式：

```
(5+4) * (3+3)
```

这里，必须计算出子表达式 5+4 和 3+3 的值以后才能进行乘法运算。但是，两个子表达式先计算哪一个呢？这就是乘法的两个运算对象的计算顺序的问题。C 语言对这一问题没有做明确的规定。有的 C 系统可能先计算左边的对象，有的 C 系统可能先计算右边的对象，甚至有这样的 C 系统，有时先计算左边的，有时先计算右边的。可以这样理解：程序里不应写那种依赖于特殊计算顺序的表达式，因为我们无法保证它在各种系统里都能算出同样的结果。因此，程序里不应该写对求值顺序敏感的表达式。求值顺序问题是程序语言中的特殊问题，在数学里不应有这种问题，从这里也可以看出计算机中的运算与数学中的不完全相同。

6.3.4 计算与类型

由于参与计算的数据都有类型，计算过程中自然会出现许多与类型有关的问题。前面已经提过，两个整型 int 数据的和仍然是整型 int 数据。对长整数、各种实数也是如此。遗憾的是，这个事实将带来许多后果。

首先，两个 int 类型数据做除法的商是 int 型，余数将被丢掉。这种做法有时容易令人迷惑，产生的结果存在不一致性。例如：

```
1 / 3 * 3和1 * 3 / 3
```

计算得到的结果不同，前一个表达式算出的值是 0，而后一个表达式算出的结果是 1，这种情况在写程序时也必须注意。类似的原因，下列程序也无法计算出平均值：

```
#include"stdio.h"
int main()
{
    printf("the average of %d and %d is %.2f \n", 68,39,(68+39)/2);
    return 0;
}
```

同时，在算术计算中还有一个共性的问题。由于每个类型都有自己的取值范围，超出这一范围的值无法在该类型中表示。另一方面，两个同类型计算对象的计算结果仍为这个类型的值，而这个值有可能超出它所对应的类型的表示范围，这样得到的结果就没有任何保证。程序运行中出现的这种情况称为"溢出"。例如，C 语言中 int 类型数据的最大值表示为 32767，如果要计算 32766+5，则程序将输出错误的结果。此时就需要考虑换一个表示范围更大的情况，例如 32766+5L，就可以避免上述问题。

实数类型计算的结果同样可能发生溢出，而且有两种不同的情况：得到的结果由于绝对值过大无法表示称为"上溢"；得到的结果由于绝对值过小无法表示称为"下溢"。在程序出现下溢时通常把结果写成 0，这有可能会对程序的结果产生严重的影响。

如果某个运算符的运算对象具有不同的类型，就出现了混合型计算。例如表达式：

    4.35 +200

其中一个运算对象是 double 类型，另一个运算对象为 int 类型。这样的运算引出了一些新的问题。

通常情况下，表达式中遇到混合型计算时，采用的处理方式是转换某个运算对象的值，使二者的类型相同，然后再做运算。需要说明的是，这种转换不需要在程序里明确写出，是由程序自动完成的。转换的原则是把表示范围小的类型的值转换到表示范围大的类型的值。几种算术类型转换的排列顺序从小到大是：

<pre>
    int   long   float   double   long double
</pre>

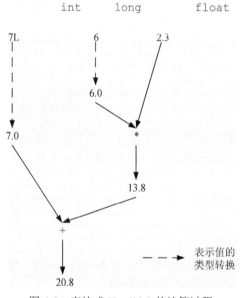

图 6-5 表达式 7L+6*2.3 的计算过程

例如，计算 7L+6*2.3 时，首先将 6 从 int 类型转换为 double 类型后与 2.3 进行乘法运算，然后再将 7 从 long 类型转换为 double 类型，再进行加法运算，得到的结果是一个 double 类型的，计算过程如图 6-5 所示。

如果表达式自然形成的计算过程不符合需要，我们可以通过加入适当括号的方式，强制要求某种特定的计算顺序。与此类似，如果自动的类型转换不能满足需要，C 语言也提供了显式要求执行特定的类型转换的描述形式，称为强制类型转换，其形式是在被转换表达式前面写一对括号，括号内写一个类型名，即把表达式的计算结果转换到该类型。例如 7L+(int)6*2.3 将把 6*2.3 的运算结果强制转换为 int 类型后再与 7L 进行加法运算。

6.4 数   组

除了常见的整型、浮点型和字符型数据外，C 语言还提供一种机制，把多个数据对象组合起来，作为一个整体在程序中使用，这种类型称为复合数据类型。一个复合数据类型的组成成分称为它的成分、成员或者元素。在程序里可以存放复合数据类型数据的变量，这种变量可以作为整体使用，通过变量名访问；另外 C 语言还提供了访问复合数据对象里成分的操作，以便在程序里使用成分的值或者给它们赋值。这种数据机制包括数组、指针、结构、联合等，这里我们将以数组为例介绍复合类型的意义、描述和使用方式。

6.4.1　数组的概念、定义和使用

数组是 C 语言用于组合同类型数据对象的一种机制，一个数组里汇集了一批类型相同的对象。在程序里我们既能处理数组中的个别元素，又可以把数组当作一个整体进行处理。数组主要需要解决 3 个问题：① 数组如何描述以及如何定义；② 数组及其中的元素如何使用；③ 数组如何存储。

1. 数组变量的描述与定义

在定义数组变量时需要说明两个问题：① 该数组中的元素是什么类型的；② 这个数组包含多少个元素。根据 C 语言的规定，每个数组变量的大小是固定的，需要在定义时描述。

C 语言中数组的定义与简单变量定义类似，但需要增加有关元素个数的描述。在被定义的变量名之后写一对方括号就是一个数组定义，括号内的整型常量代表数组中元素的个数。例如，下面的描述定义了两个数组变量：

```
int age[20];
double score[20];
```

这就定义了两个各包含 20 个元素的整型数组 age 与双精度数组 score，其中数组中元素的个数也称为数组的大小或者数组的长度。

需要说明的是，数组中元素的个数必须在定义时指定，因此，如下的数组定义是不合法的：

```
#include"stdio.h"
void main()
{
    int n;
    scanf("%d",&n);
    int a[n];
    ……
}
```

在该例子中，数组 a 中元素的个数依赖于程序的输入值，这个值在编译时无法确定，因此该定义是非法的。

2. 数组的使用

使用数组的最基本操作是访问数组，数组的使用最终都是通过对元素的使用而实现的。数组元素在数组里顺序排列编号，C 语言中规定首元素的编号为 0，其他元素按顺序编号。这样，含有 n 个元素的数组中各元素的编号范围为 0 到 $n-1$。例如，程序中定义了整型数组 a[4] 如下：

```
int a[4];
```

则 a 的编号分别为 0、1、2、3。数组元素的编号也称为元素的下标。

访问数组元素时，可以通过数组名和表示下标的表达式进行，用下标运算符[]描述。需要说明的是，在 C 语言里，[]是优先级最高的运算符之一。它的两个运算对象一个表示数组，写在方括号前面；另一个表示元素的下标，写在方括号里面。例如，a[2]指的是数组 a 中编号为 2 的元素，也就是数组中的第 3 个元素。

有了上述定义，就可以写出如下的语句：

```
a[0]=1;
a[1]=1;
a[2]=a[0]+a[1];
a[3]=a[1]+a[2];
```

显然，对这些情况，可以将其中的数组元素替换成相应的变量。但数组的真正意义在于它使我们可以以统一的方式对一组数据进行处理。下标表达式可以是任何整数值的表达式，其中也允许包含变量，因此产生了新的功能。例如，可以写如下语句：

```
a[i]=a[i-1]+a[i-2];
```

在程序中执行时，涉及了 3 个元素 a[i]、a[i-1]和 a[i-2]，具体指哪 3 个元素，要看 i 的具体取值。因此，如果改变下标 i 的值，访问的就是数组中的不同元素。我们如果把这个思想写进循环里，就可以访问数组中的指定元素甚至是全部元素。

例 6-1 求 Fibonacci 序列中前 20 个数，并从小到大打印这些数。

分析：这里需要定义一个包含 20 个数的数组，然后给其中的元素赋值，并打印相关的数。如果不采用数组，可以分别定义若干个变量，分别计算后再打印。但是，利用数组我们可以有效地控制数组下标，利用程序自动计算该序列中前 20 个数的值。程序实现如下：

```
#include"stdio.h"
void main()
{
    int a[20],i;
    a[0]=1;
    a[1]=1;
    for (i=2;i<20;i++)
        a[i]=a[i-1]+a[i-2];
    for (i=0;i<20;i++)
        printf("%d",a[i]);
}
```

通过这个小程序，Fibonacci 数列中前 20 个数就被保存在数组 a 中。当然，我们也可以用如下的程序输出 Fibonacci 序列中的前 20 个数。

```
#include"stdio.h"
void main()
{
    int a,b,i;
    a=1;
    b=1;
    printf("%d %d",a,b);
    for (i=2;i<20;i++)
    {
        printf("%d",a+b);
```

```
                b=a+b;
                a=b-a;
            }
        }
```

需要注意的是，在使用 C 语言的数组时可能会产生错误的结果，一个重要原因就是 C 语言并不检查数组元素访问的合法性。为了保证程序执行的效率，用 C 语言开发的程序，在运行中并不检查数组是否越界，一旦出现越界访问时也不报告错误信息。当然，错误的存在与否是客观的，程序不报告错误不等于没有错误，数组的合法下标范围是确定的，超范围的访问一定是错误的，由此引起的后果无法预料。因此我们在写程序时一定要注意数组的下标问题，防止非法访问。

3. 数组的初始化

对数组而言，我们可以通过初始化语句和控制语句给数组元素设置初值，同时 C 语言也允许在定义数组时直接进行初始化，并提供了给数组元素指定初值的描述形式。它的方式是在定义数组变量时写出附加的描述，顺序列出各个元素值的表达式，写在一对花括号里，表达式之间用逗号分隔。例如：

```
int a[4]={1,1,2,3};
double score[5]={78.5, 56.0, 89.0, 90.0, 100.0};
```

需要说明的是，数组元素的初值必须是常量表达式，对数组的初始化也只允许用常量表达式。而这种为数组元素指定值的写法只能用在初始化的位置，不能出现在一般的语句里。

有时为了编程方便，C 语言规定，如果给出了所有元素的初值，那么定义数组时就可以不写大小，这时系统会根据初始化表达式的个数自动确定数组的大小。例如：

```
int a[]={1,1,2,3};
double score[]={78.5, 56.0, 89.0, 90.0, 100.0};
```

这种写法与前面的写法是等价的。

4. 数组的存储

实现数组时需要解决数组的存储问题。由于元素的类型相同，因此数组的实现问题比较简单。C 语言将为每个数组分配一块连续的存储区域，其中足以存放数组的所有元素。各元素在其中顺序排列，下标为 0 的排在最前面，每个元素占有相同的空间。例如 int a[4]定义后，系统将为数组分配的存储区恰好能存放 4 个 int 型数据，具体安排如图 6-6 所示。

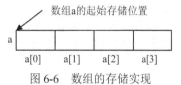

图 6-6 数组的存储实现

6.4.2 数组实例

本部分将给出几个使用数组的小例子。里面涉及了一些控制结构，将在下一节介绍。读者从这里了解的不仅仅是程序本身，更应当注意程序中数组的使用方式和与此相关的种种问题。

例 6-2 写一个程序，统计由标准输入得到的文件里各个数字字符出现的次数。

一个简单的方法是定义 10 个计数变量，用判断语句区分各种情况，遇到数字字符时，相应的计数变量加 1。

进一步考虑，在 C 语言中通常把字符看成一种整数，因此对这个题有更为简单的办法。考虑到 ASCII 字符集中数字字符是按顺序排列的，其中 0 的编码是 48，其他数字依次排列，9 的编码是 57。因此可以通过如下语句判断变量中存储的是不是数字字符：

    '0'<=c && c<='9'

或者采用标准库中的 isdigit(c)判断。因此解决该问题的一个简单办法是在程序里用一个 10 个元素的计数器数组，并将其初值赋为 0。例如：

    int count[10]={0,0,0,0,0,0,0,0,0,0};

在这个数组里，用 count[0]记录字符 0 出现的次数，……，count[9]记录字符 9 出现的次数；而相应的下标与所表示的字符之间恰好差了 48，即 0 的 ASCII 编码。例如：

    9='9'-48='9'-'0'

这样，解决上面问题的程序就可以写成如下的形式：

```
#include"stdio.h"
void main()
{
  int c, i, count[]={0,0,0,0,0,0,0,0,0,0};
  while((c=getchar())!=EOF)
     if (c>='0' && c<='9')
         count[c-'0']++;
     for (i=0;i<10;i++)
         printf ("Number of %d: %d\n",i, count[i]);
}
```

例 6-3 写一个程序，通过输入得到一批双精度数表示的学生成绩（不超过 200 个）。先输出不及格的成绩，而后输出及格的成绩，最后输出不及格和及格的人数统计。

分析：该工作不可能在成绩输入的过程中完成，因为需要对数据进行处理。这样我们可以借用一个数组，在输入成绩的过程中把成绩记录到数组里，而后输出和统计。

输入后的工作有许多种解决方法。最简单的解法是分两次扫描数组内容，第一次输出不及格的成绩，第二次输出及格的成绩。统计人数的工作可以在扫描过程中完成。程序如下所示：

```
#include"stdio.h"
#define NUM 200
const double PASS=60.0;
double scores[NUM];

int main()
{
  int i,n=0,fail;
  while (n<NUM && scanf("%f",&score[n])==1)
     n++;
```

```
for(fail=0,i=0;i<n;i++)
    if(scores[i]<PASS)
    {
        printf("%f",scores[i]);
        fail++;
    }

for(i=0;i<n;i++)
    if (scores[i]>PASS)
        printf("%f",scores[i]);

printf("\nFAIL: %d\n",fail);
printf("PASS: %d\n",n-fail);
return 0;
}
```

在该程序中，有几处需要说明。条件 n<NUM 是为了防止输入数据过多而导致数组越界，任何向数组里装填数据的操作都需要考虑数组越界问题。许多用 C 语言写的系统都有这方面的缺陷，例如一些广泛使用的网络系统被黑客攻破，最后查出的原因是黑客输入大量数据导致数组越界（称为缓冲区溢出），从而侵入网络系统。这里的写法值得读者借鉴。

6.5　程序控制结构

在 C 语言中，基本的赋值语句可以完成一些基本操作，但一次基本操作完成的工作有限，如果要完成复杂的操作，往往需要许多基本操作，这些基本操作必须按照某种顺序一个个地进行，形成一定的操作执行序列，逐步完成整个工作。为了描述操作的执行过程，语言系统必须提供一套描述机制，这种机制一般称为程序控制结构，它的主要作用就是控制操作的执行过程。

在机器指令的层面上，执行序列的形式由 CPU 直接完成。最基本的控制方式是顺序执行，一条指令完成后执行下一条指令，其实现基础是 CPU 的指令计数器。另一种控制方式是分支指令，这种指令的执行导致特定的控制转移，程序转到某个指定位置继续下去。通过这两种方式的结合可进一步形成复杂的流程。

在分析了各种情况之后，人们提出了程序执行的 3 种基本操作流程：顺序执行、选择执行和循环执行。顺序执行是一个操作完成后接着执行随后的下一步操作；选择执行则是按照所遇到的情况，从若干可能做的事情中选出一种去做；循环执行又称重复执行，其过程是在某个条件成立的情况下反复做某些事情。图 6-7 描述了 3 种基本流程模式的一些典型情况。

需要指出的是，上面这几种模式有一个共同点：它们只有一个开始点和一个结束点。这一特点使我们可以把一个流程的整体看成一个操作，把它嵌入其他不同的流程中，以构造更复杂的计算流程，这样的流程就称为结构化的流程。

通过结构化流程构造的复杂流程具有层次性，容易进行层层分解，其意义比较容易掌握。人们已经严格证明，上述 3 种基本模式对于写任何程序都足够了，也就是说，如果能用其他方式写出一个程序，则通过上述 3 种基本模式的嵌套构造一定能实现。

C 语言提供了一组控制机制，包括直接对应于上面几种模式的控制结构，这些控制结构称为结构化的控制结构。在 C 语言中，由一个完整控制结构形成的程序片段可以当做一个语句看待，能够出现在任何可以写语句的地方。这一规定使这些结构可以嵌套使用，形成各种复杂的程序。因此，控制结构也常常被人称为控制语句。

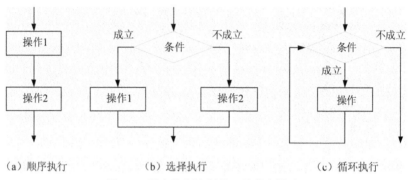

图 6-7　程序控制流程的 3 种基本模式

6.5.1　条件语句

条件语句用于在一些操作中选择执行。它以一个逻辑条件的成立与否为条件，区分两种不同的执行方式，或决定一个操作做或者不做。条件语句有两种不同形式：

(1) if(条件) 语句；

(2) if(条件) 语句 1；else 语句 2；

需要注意的是，包围条件的括号不能省略，这是 if 语句的语法要求。两种条件语句的执行过程分别是：

(1) 首先求出条件的值，其值非 0 时执行语句，语句的完成意味着整个条件语句的完成；否则（条件值为 0）就不执行该语句，整个条件语句完成。

(2) 首先求出条件的值，如果非 0 执行语句 1；否则（条件值为 0）执行语句 2。这两个语句中的任何一个执行完成都意味着条件语句的完成。

在使用条件语句时，有两点需要注意：

(1) 条件语句中的条件可以是任何基本类型的表达式，其值被当做逻辑值使用，因此对条件的判断以"非 0"或"是 0"为依据。

(2) 条件表达式中的语句可以是简单语句，也可以是复合语句或其他结构，包括条件语句。如果语句是条件语句，应注意 if 与 else 的配对，这一点将在后面的例 6-5 中予以说明。

例 6-4　试设计一个程序，计算圆盘的面积。要求在输入半径时对半径的值进行合法性检查，假设半径为整数。

```
#include"stdio.h"
void main()
```

```
{
    int r;
    printf("please input the radius of the circle: ");
    scanf("%d",&r);
    //进行合法性判断
    if (r<0)
        printf("input error: %d<0",r);
    else
        printf("the area of the circle is %f\n", 3.14*r*r);
}
```

例 6-5　试编写程序，求 z 的值，其中 z 如下定义：

$$z = \begin{cases} 1, & x > 1, y < 0 \\ 2, & \text{其他} \end{cases}$$

```
#include"stdio.h"
void main()
{
    int x,y,z;
    printf("please input x and y: ");
    scanf("%d %d",&x,&y);
    //求z的值
    if (x>1)
        if (y<0)
            z=1;
        else z=2;
    printf("the value of z is %d",z);
}
```

该程序中的条件语句按照条件语句的语法形式，有两种不同的解释。第一种解释：处在外层的是一个没有 else 的条件语句，else 与内层的 if 语句配对；第二种解释：外层是有 else 的条件语句，内层是没有 else 的条件语句。作为程序语言来讲，歧义性是语言定义的大忌，对这个问题必须有明确的说法。在 C 语言中，规定每个 else 部分总是属于前面最近的那个缺少对应 else 的 if 语句，根据这种规定，上面的第一种解释是正确的，第二种解释不正确。从书写风格的角度看，例 6-5 的写法很有迷惑性，容易使人产生误解。如果一定要写出第二种意义的嵌套条件语句，可以写成下面的形式：

```
#include"stdio.h"
void main()
{
    int x,y,z;
    printf("please input x and y: ");
```

```
        scanf("%d %d",&x,&y);
        //求z的值
        if (x>1)
        {
            if (y<0)
                z=1;
        }
        else z=2;
        printf("the value of z is %d",z);
}
```

6.5.2　while 循环语句

循环控制结构实现程序的重复执行模式。在 C 语言中，while 语句是其中最简单的一种，用得也最多。其语法形式是：

while (条件)　语句

这里的语句称为循环体，可以是一个复合语句，也可以是其他控制结构，包括循环结构（此种情况即为多重循环）。while 语句的执行过程如下：

(1) 求出条件的值；

(2) 如果条件的值为 0 则整个 while 语句结束。

(3) 否则执行循环体，转到 (1) 继续。

例 6-6　编写一程序，打印 1 到 5 的整数的和。

```
#include"stdio.h"
int main()
{
    int s=1;
    s=s+2;
    s=s+3;
    s=s+4;
    s=s+5;
    printf ("the sum is %d",s);
    return 0;
}
```

这个程序并不能让人满意，如果要求将 1 到 100 的数加起来，难道就必须写 100 行语句来完成上述功能吗？显然这种做法是不可取的。其实将 s 加 1、加 2、……，直至加 5 的工作非常类似，可以用一个变量来替换，每次加完后将这个变量加 1 即可完成上述功能。例如用 i 来表示这个变量，通过判断 i 的值来决定是否在 s 上加 i，具体程序如下：

```
#include"stdio.h"
int main()
```

```
    {
        int i=1,s=0;
        while (i<=5)
        {
            s=s+i;
            i++;
        }
        printf ("the sum is %d\n",s);
    return 0;
    }
```

从表面上看起来，这个程序并不比上面的程序简单，但它有许多优点，例如，如果要求 1 到 10 的和，只需将 5 改为 10 即可。但实现这种功能在第一个程序中并不可能通过简单的修改来完成。

在程序体中，i++和 s=s+i 完成了本程序的功能。这里需要说明的是，这两个语句的顺序关系对于程序输出结果的正确性影响重大。如果把 i++放在 s=s+i 的前面，根据顺序控制的特点，程序将先运行 i++，使 i 的值变为 2，然后再执行 s=s+i，这样 1 并未加入到 s 中去，弥补的方法是将 s 的初值赋为 1。这一点在书写程序的过程中至关重要。

例 6-7 求 $\sum\limits_{i=1}^{100} n^2$ 的值。

```
#include"stdio.h"
int main()
{
    int n=1;
    long sum=0;
    while (n<=100)
    {
        sum+=n*n;
        n++;
    }
    printf("The answer is %ld \n",sum);
    return 0;
}
```

通过这几个例子，可以看到循环程序的一些特点。在进入循环体以前，通常要给循环中使用的各个变量赋值。虽然循环体中执行的是同样的程序片段，但是由于参与循环的一些变量的值改变了，实际做的事情可能就不同了。需要注意的是，一个循环结构需要有一个条件，这个条件决定着循环的开始和结束。

6.5.3 for 循环语句

在前面的程序中，我们看到了循环的一种常见模式：先做准备工作，为循环里面使用的一些变量赋初值；然后进入循环，其中需要考虑循环继续的条件是否成立，如果条件成立就执行循环体；循环体的最后总是更新那些控制循环进程的变量。除了这种循环模式外，C 语言还提供了另外一种循环模式——for 结构，其完整结构如下：

for (表达式 1；表达式 2；表达式 3) 语句

其中的表达式 1 完成初始变量的赋值，通常以赋值表达式表示；表达式 2 是确定循环是否继续的条件；表达式 3 常用于循环变量更新；语句部分是循环体。具体执行方式为：

(1) 求表达式 1 的值，该表达式只执行一次。通常情况下，表达式 1 写的是循环变量的赋值表达式。

(2) 求表达式 2 的值，如果得到 0 则 for 循环结束，否则继续。

(3) 执行作为循环体的语句。

(4) 求表达式 3 的值。一般情况下，表达式 3 是更新循环变量的值。

(5) 转到 (2) 继续执行。

需要指出的是，位于 for 结构头部中的 3 个表达式都可以没有，但相应的分号不能少。缺第 1 个或第 3 个表达式表示不会做那部分动作，缺第 2 个表达式表示条件为 1，也就是一个条件始终为真的循环，它不会因为条件检测而终止。

有时程序需要永无止境地做某些事情，例如操作系统的命令解释。有时很难在每次循环体执行前判断结束条件，需要在循环体的中间判断。在这些情况下，都可能需要写条件为 1 的循环。C 语言在循环体中提供了从循环里退出的其他机制，例如在函数中可以用 return 语句从循环体中直接返回，也直接导致了当前循环体的结束。

例 6-8　用 for 循环求 1～5 的和。

```c
#include"stdio.h"
int main()
{
    int c,sum=0;
    for(c=1;c<=5;c++)
        sum+=c;
    printf("the sum from 1 to 5 is %d\n", sum);
    return 0;
}
```

与 while 循环不同的是，for 语句的所有控制信息均出现在前部，因此比较容易阅读和理解。那些有变量准备部分、有循环条件、有变量值更新的重复计算，都非常适合用 for 语句描述。

例 6-9　求 $\sum_{i=1}^{100} n^2$ 的值。

```c
#include"stdio.h"
int main()
{
    int i, sum=0;
```

```
    for (i=1;i<=100;i++)
        sum+=i*i;
    printf("the result is %d\n",sum);
    return 0;
}
```

6.6 函　　数

到目前为止，我们已经可以书写简单的 C 语言程序了。例如，在对程序中的变量进行输出时，用到了 printf 函数，该函数可以看成是 C 语言的基本功能的扩充。一般情况下，函数是特定计算过程的抽象，它们具有一定的通用性，可以按规定的方式（包括参数的类型、参数的数目）应用于具体数据。对一个（或一组）具体数据，函数的执行可以计算出一个结果，这个结果可以在后续计算过程中使用。相比之下，输出函数 printf 的作用只是产生输出的效果。

如何看待函数调用？图 6-8 是一个形象的图示。当主程序执行到一个函数调用时，它自身的执行暂时中断，控制权转到被调用函数；被调用函数执行完毕后，控制权回到主程序，然后主程序从中断点继续执行下去，完成控制权的转移。

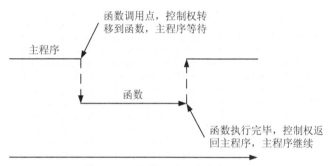

图 6-8　函数的调用、执行与返回

在函数调用中，调用其他函数的程序称为主程序。显而易见，主程序和被调用程序之间的关系是相对的，因为一个调用其他函数的函数还有可能被另外的函数所调用，在程序的调用关系上形成一种层次性。

6.6.1　一个简单的函数调用

现在进一步考虑上节中求和的例子。通过一个简单的程序，可以实现从 1 加到 5 的过程。如果程序要求从 1 加到 100，可以简单地把 5 改成 100 即可。如果程序要求同时计算从 1 到 20 之间的所有整数的和、20 到 50 之间的所有整数的和、50 到 100 之间的所有整数的和，程序如下所示。

```
#include"stdio.h"
int main()
{
    int i,sum1,sum2,sum3;
```

```
        sum1=0;
        sum2=0;
        sum3=0;
        for (i=1;i<=20;i++)
            sum1+=i;
        for (i=20;i<=50;i++)
            sum2+=i;
        for (i=50;i<=100;i++)
            sum3+=i;
        printf("the respective sum are %d, %d, %d",sum1,sum2,sum3);
        return 0;
    }
```

在该程序中，实现程序功能的主体是 3 个循环结构。仔细观察这 3 个循环结构基本是一样的，只不过累加数的起点和终点不一样，这样就可以把实现该功能的代码分离出来，用一个函数来实现相关功能。例如上面的例子可以用函数如下实现：

```
        #include"stdio.h"
        int sum(int begin, int end)
        {
            int value=0;
            int i;
            for (i=begin; i<=end; i++)
                value+=i;
            return value;
        }
        int main()
        {
            printf("respective sum are %d, %d, %d", sum(1,20), sum(20,50),
        sum(50,100));
            return 0;
        }
```

现在的这个程序包括两部分：前面是函数 sum 的定义，后面是我们熟悉的 main 部分，其中的 printf 语句里调用了前面定义的函数。一般情况下，一个定义好的函数可以用在程序里任何需要它的地方。例如上例中，把数 begin 到 end 之间的所有元素求和定义为函数 sum(begin,end)，这带来了许多好处：函数的调用一目了然；函数也只需写一次，而有关计算过程的描述归结到一个地方，如果相应的计算过程需要修改，只要在这个地方修改就行了。例如，程序需要计算数 begin 到 end 之间的所有元素的平方和的话，只需在函数中进行如下修改：

```
        int sum(int begin, int end)
        {
```

```
        int value=0;
        int i;
        for (i=begin; i<=end; i++)
            value+=i*i;
        return value;
    }
```

从计算量的角度考虑，如果修改原来的程序，则调用过这个函数几次，就要做几处修改，而用函数处理则只需要在函数中修改即可。这个例子是很小的程序，如果是大程序，这种利用函数修改程序的意义就更大了。

另外，一组定义好的实用函数可以作为进一步写程序的基本构件，满足其他程序设计的需要。例如上例中的 sum，其用途可能不仅仅局限于这个小程序，还可以应用到其他需要计算平方和的地方。这一思想的发展就是函数库（C 语言的标准库也是这种想法的一个规范化），由此引出了许多关于重复使用软件构件的研究。这种思想已发展成为现代软件设计和实现的一个重要领域。

6.6.2 函数定义的形式

函数定义有规定的语法形式。一般情况下，一个函数定义包括两部分：函数头部和函数体。具体定义语句如下：

返回值类型 函数名([参数 1 类型 参数名 1][, 参数 2 类型 参数名 2][, …])
{
语句1；
语句2；
……
return返回值；//如果返回值类型为void，则不用该语句
}

函数头部说明了函数的名字和类型特征。在形式上是顺序写出的几个部分：函数计算结果的类型、函数名，最后是一对括号里有关函数参数的描述。最后这部分也称为函数的参数表，其中描述了函数需要几个参数以及参数的类型（需要说明的是，在上述函数的定义中，参数表中的参数采用了方括号的形式，在程序设计语言中，这是一种可选项的描述，其中具体细节将在后续章节中讲述）。在这个参数表中，还需要为每个参数取一个名字，以便在函数体内的表达式和语句里使用相应参数的值。例如上述函数中，函数头部如下：

```
    int sum(int begin, int end)
```

其中 int 代表函数返回的结果是一个整型，函数名为 sum，函数有两个参数 begin 和 end，二者均为整型。

函数体是一个普通结构，其中可以包括一些变量定义，而后是一系列语句。在函数体里定义的变量称为这个函数的局部变量，它们只能在本函数体内部使用。参数表里的参数也被看作是局部变量，可以像其他局部变量一样在函数体里使用。当一个函数被调用时，其函数体的语句将在参数具有特定实参值的情况下开始执行。

需要注意的是，函数体中常要用到一个具有特殊作用的语句：return 语句。它的语法形式为：

```
return表达式;
```

它的基本作用是结束它所在函数的执行返回主函数，在函数结束前，先计算表达式的值，然后把这个表达式的值作为本次函数调用的返回值。

6.6.3 形参与实参

在函数中，参数是函数的局部变量，其具体值只有在过程被执行的时候才可以确定下来。例如，前面所定义的函数 sum 中涉及的两个参数 begin 和 end，只有在进行函数调用时才能确定其具体值，而在函数的定义中无法确定。更准确地说，这些在函数定义中使用的参数，应该被称为形参（Formal Parameter），而在函数被调用时，赋给形参的值确切地说应该称为实参（Actual Parameter）。

总之，C 语言将按照函数的格式来指示过程中出现的形参。这就是说，当定义一个函数的时候，C 语言要求函数头部的括号中列举出所有的形参。图 6-9 展示了用 C 语言写的名为 ProjectPopulation 函数，当这个函数被调用的时候，需要赋给它一个确定的年增长率值。在这个增长率的基础上，假设初始数量为 100，该函数将计算出未来 10 年中人口的数量，并且将结果储存在 Population 全局数组中。

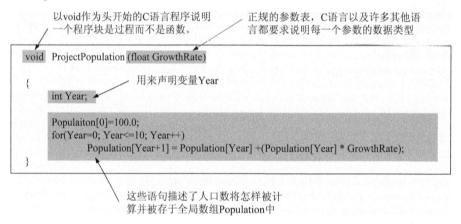

图 6-9　用 C 语言编写的过程 ProjectPopulation

一般情况下，大多数程序设计语言在调用函数的时候使用括号来指示实参。这就是说，调用函数的语句要包括函数的名字以及在括号中的实参的列表。一个 C 语句如下：

```
ProjectPopulation(0.03)
```

它是用 GrowthRate 的值 0.03 来调用函数 ProjectPopulation。

当包含的参数超过一个时，实参要与函数头部列表中的形参一一对应——第一个实参对应第一个形参，以此类推。然后，实参的值就可以有效地传递给它们相对应的那个形参，从而函数得以执行。

为了强调一下，假设函数 PrintCheck 使用以下函数头部

```
void PrintCheck(Payee, Amount)
```

来定义函数，其中 Payee 和 Amount 是函数的形参，它们分别表示将支票支付给的人及支票数额。那么，用语句

```
PrintCheck("John Doe",150)
```

调用函数，将会使形参 Payee 与实参 "John Doe" 对应，形参 Amount 与 150 对应，从而函数得以执行。但是使用语句

```
PrintCheck(150, "John Doe")
```

调用函数将会使得值 150 赋予形参 Payee，"John Doe" 赋给形参 Amount，而这必定导致错误的结果。

形参和实参之间的数据传递，可以用多种方法来处理。在某些语言中，一个实参的数据副本被赋给了过程。使用这种方法，任何函数对数据的修改仅仅是对副本的修改——调用程序中的数据并没有被修改，这种传递方式称之为按值传递。可以看出，按值传递参数保护了调用单元中的数据不会被有问题的过程错误地修改。

不幸的是，当参数是一个很大的数据块时，按值传递参数就不是很有效率了。一个更高效地给函数传递参数的方法，就是告诉函数它所需的实参地址，从而使函数可以对实参进行直接存取，此时称函数是通过传引用方式来传递参数。与按值传递不同，传引用允许程序修改调用环境中的数据。

例如，让我们假设一个函数 Demo 定义如下：

```
void Demo(Formal)
    Formal←Formal+1;
```

此外，假设变量 Actual 被赋予一个值 5，并且我们如下调用 Demo：

```
Demo(Actual)
```

在参数传递时，如果是按值传递的，在过程中对 Formal 的改变，不会影响变量 Actual 的值，如图 6-10 所示。但是，如果是传引用的话，那么 Actual 将会被加 1，如图 6-11 所示。

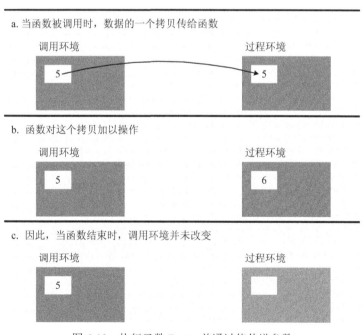

图 6-10 执行函数 Demo 并通过值传递参数

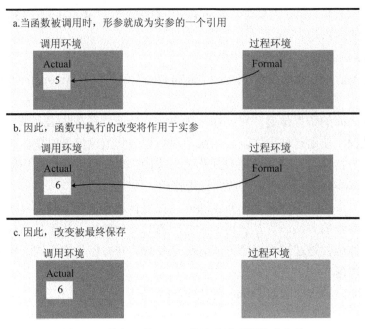

a.当函数被调用时，形参就成为实参的一个引用

调用环境　　　　　　　　　　　　　　　　过程环境

Actual
5　　　　　　　　　　　　　　　　　　Formal

b.因此，函数中执行的改变将作用于实参

调用环境　　　　　　　　　　　　　　　　过程环境

Actual
6　　　　　　　　　　　　　　　　　　Formal

c.因此，改变被最终保存

调用环境　　　　　　　　　　　　　　　　过程环境

Actual
6

图 6-11　执行函数 Demo 并且通过引用传递参数

6.6.4　函数与程序

前面写的所有完整程序例子中都有如下形式的一部分：

```
int main()
{
    ......
    return 0;
}
```

从函数的角度看，这实际上就是一个名为 main 的函数，在 C 语言程序里总需要有这样一个名字为 main 的函数，而且只能有一个。

以 main 为名的函数地位很特殊，它表示一个程序执行的起点和整个过程。在一个 C 程序启动时，执行就从 main 函数的函数体开始，其中的语句被一条条地执行，直到这个函数结束，这个程序的执行就完成了，因此常把 main 函数称为主函数。

一个普通的函数定义不能构成一个完整程序，只能作为程序的一部分。函数定义的作用域是定义函数所包含的计算过程，并为这个函数确定一个名字。只有在被调用时，函数的函数体才能真正被执行从而起作用。这似乎形成了一种奇怪的现象：每个函数都等着调用，那么程序怎么才能开始呢？这就是 main 函数的作用。名字为 main 的函数是在程序开始时被自动调用的，它被 C 程序的运行系统调用。

我们知道，函数定义之后可以在多个不同地方调用，为每个调用提供不同的实参，就可以形成不同的计算，得到不同的结果。main 可以调用其他函数，其他函数还可以再调用另外的函数，但 main 函数这点比较特殊，它不允许其他函数调用它。C 语言中规定 main 的返回类型是 int，通常采用返回 0 的方式表示程序正常结束。C 语言中还规定，如果 main 函数体没有执行 return 就结束，系统将自动产生一个表示程序正常结束的值（通常是 0）。

包含一个或多个函数的定义通常采用如下形式：

```
#include……
/*函数定义写在这里，可以有一个或多个*/


int main()
{
    ……//主程序体，这里通常包含对一些函数的调用
    return 0;
}
```

如果程序中定义的某个函数没有被主函数直接或间接调用，它就不会参与程序的执行过程，因此也就不会对程序有任何贡献，这样的函数可以删去，不会影响程序的意义。

6.7 程序设计方法

对优秀程序员来讲，程序设计语言可以成为强大的开发工具，但语言本身并不能保证程序的质量。因此，优秀的程序员还需要掌握先进的程序设计方法，提高程序设计的效率，使设计的程序更加可靠。所谓的程序设计方法，就是使用计算机可执行的程序来描述解决特定问题的算法的过程。

早期的计算机存储容量非常小，在设计程序时首先要考虑的问题是如何减少存储器开销，程序本身短小，逻辑简单，无需考虑程序设计的方法。但是，伴随着大容量存储器的出现，程序设计越来越困难，人们不得不重新考虑程序设计的方法。

6.7.1 结构化程序设计

20 世纪 70 年代出现的结构化程序设计方法，其设计思想是"自顶而下，逐步求精"，核心是模块化。即从问题的总目标开始，抽象低层的细节，然后再一层一层地分解和细化，将复杂问题划分为一些功能相对独立的模块，各个模块可以独立地设计，在模块与模块之间定义相应的调用接口。结构化程序设计的思想如图 6-12 所示。

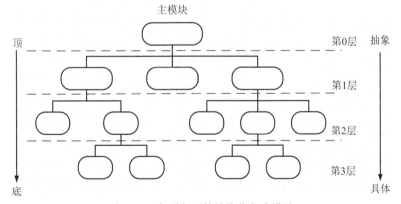

图 6-12 自顶向下的结构化程序设计

如果一个程序的代码仅仅通过顺序、选择和循环这 3 种基本控制结构进行连接，并且每个代码块只有一个入口和一个出口，则称这个程序是结构化的。归纳起来，结构化程序设计的基本原理有：抽象、分解、模块化、局部化和信息隐藏、一致性、完整性和可验证性。

结构化程序设计方法符合人类解决大型复杂问题的普遍规律，采用先全局后局部、先整体后细节、先抽象后具体的逐步求精过程，避免一开始就陷入复杂的细节中，从而使复杂的设计过程变得简单明了。采用结构化程序设计方法开发的程序具有清晰的层次结构，便于阅读和理解，提高了程序设计的效率。

6.7.2 面向对象的程序设计

从人类认识问题的角度来讲，结构化程序设计方法假定在开始的时间，就已经对要求处理的问题有深入、彻底的认识，从而能够对程序做出全面的规划，只有这样才能对问题进行合理的分解。事实上，人类对问题的认识存在一个逐步深入的过程，在结构化程序设计的过程中，如果对问题有了新的认识和理解，需要对其中的模块划分或模块内部的数据结构进行改进，就有可能导致整个设计方案的修改。

20 世纪 70 年代末出现的面向对象的程序设计方法，其出发点和基本原则是尽可能地模拟现实世界中人类的思维过程，使程序设计方法和过程尽可能地接近人类解决现实问题的方法和步骤。随着面向对象程序设计方法和工具的成熟，在 20 世纪 90 年代，面向对象程序设计逐步取代了结构化程序设计。

在面向对象程序设计中，程序由一组对象组成，每个对象都有其自身的特点（称为属性）和能够执行的操作（称为方法），如图 6-13 所示。面向对象程序设计引入了继承的思想，可以利用已经存在的对象来创建新对象，新对象继承其祖先的属性和方法，并且可以根据需要在新对象中增加新的属性和方法。

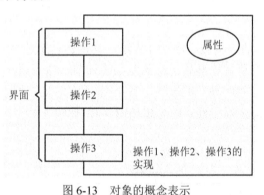

图 6-13　对象的概念表示

面向对象的程序设计总体上采用"自底向上"的方法，先将问题空间划分为一系列对象的集合，再将对象集合进行分类抽象，一些具有相同属性和行为的对象被抽象为一个类，采用继承来建立这些类之间的联系；对于每个具体类的内部结构，采用"自顶向下，逐步求精"的设计方法。自底向上的设计思想如图 6-14 所示。

面向对象程序设计方法比较符合人类认识问题的客观规律，先对要求解的问题进行分析，将问题空间中具有相同属性和行为的对象抽象为一个类，随着对问题认识的不断深入，可以在相应的类中增加新的属性和行为，或者由原来的类派生出一些新的类，再向这个子类中添加新的属性和行为，类的修改与派生过程反映了对问题的认识程度不断深入的过程。

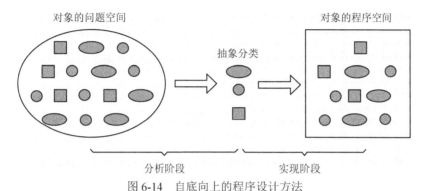

图 6-14　自底向上的程序设计方法

6.7.3　程序设计方法的发展

未来的程序设计方法会更加自动化，将一些可以重复使用的程序资源和底层技术封闭起来，可以使程序设计人员屏蔽底层的技术细节，而把精力放在程序的架构和创新等方面。

1. 面向方面程序设计

面向方面程序设计是由施尔公司 PARC 研究中心 Gregor Kicgales 等人在 1997 年提出的。所谓的方面（Aspect）就是一种程序设计单元，它可以将在传统程序设计方法中难以清晰地封装并模块化实现的设计决策，封闭实现为独立的模块，类似于面向对象中的类。面向方面程序设计是一种关注点分离技术，通过运用 Aspect 这种程序设计单元，允许开发者使用结构化的设计和代码，反映其对系统的认识方式，达到"分离关注点，分而治之"的目的。

2. 面向组件程序设计

软件工业的发展导致了应用程序不断膨胀的趋势，当开发人员在他们的产品中增加越来越多的功能时，应用程序的规模也在不断扩大，对内存和磁盘空间都提出了很高的要求。面向组件程序设计可以扭转这种应用程序不断膨胀的趋势。

所谓组件就是可以进行内部管理的一个或多个类组成的群体，每个组包括一组属性、事件和方法。组件要求第三方厂家可以生产和销售，并能集成到其他软件产品中。面向组件程序设计借鉴了硬件设计的思想，应用程序开发利用现有的组件，再加上自己的业务逻辑，就可以开发出应用软件。总之，组件开发技术使软件开发变得更加简单快捷，并极大地增强了软件的重用能力。

3. 敏捷程序设计

敏捷程序设计也称为轻量级开发方法。敏捷程序设计强调"适应性"而非"预见性"，其目的就是适应变化的过程。敏捷程序设计是"面向人"而非"面向过程"的，敏捷程序设计方法认为没有任何过程能代替开发组的技能，过程起的作用是对开发组的工作提供支持。

4. 面向 Agent 程序设计

随着软件系统服务能力要求的不断提高，在系统中引入智能因素已经成为必然。Agent

作为人工智能研究重要而先进的分支，引起了科学、技术与工程界的高度重视。Agent 作为一个自包含、并行执行的软件过程，能够封装一些状态，并通过传递消息与其他 Agent 进行通信，被看作是面向程序设计的一个自然发展。

面向 Agent 程序设计的主要思想是：根据 Agent 理论所提出的代表 Agent 特性的、精神的和有意识的概念直接设计 Agent。基于 Agent 的系统应是一个集灵活性、智能性、可扩展性、稳定性、组织性等诸多优点于一身的高级系统。

6.8 程序的书写规则

程序风格是书写程序的个人习惯。在刚开始学习写程序时，就应该注意培养良好的书写习惯。良好的程序风格有助于我们写出正确的代码，使书写的程序更加容易被他人使用。

6.8.1 变量的命名

变量是用来保存中间结果的。变量名应该能够反映变量的用途，同时又是清晰而简洁的。例如，在程序的某个局部要记录点的个数，可以直接用变量名 n，或者更有表现力一点的 n_points。而如果用 numberOfPoints 则稍显繁琐。变量名的取法可以使读者很容易明白它的用途。例如，

```
int mapLength;        //图的长度
long currentTime;     //当前时间
int age;              //年龄
char name[20];        //姓名
int studentID;        //学号
```

在循环中用于控制循环次数的循环变量，通常只用命名为 i 和 j 的单个字符，例如：

```
int i;
for (i=0;i<=10;i++)
{
    ......
}
```

6.8.2 语句的层次和对齐

在写程序时，原则上每行只写一个语句。在同一层次，需要顺序执行的语句应该左对齐，例如：

```
int main()
{
    int x,y, i,r;
    x=5;
    y=6;
    for (i=1;i<10;i++)
    {
```

```
            r=x*x+y*y;
            x++;
            y++;
        }
        printf("%d",r);
        return 0 ;
    }
```

在上面的程序中，我们已经看出来，在运用嵌套时，相应的代码缩进了几个字符，这种情况在 if、switch、do、while 和 for 语句中经常碰到。一般缩进时用键盘上的 TAB 键处理，例如：

```
    main()
    {
        int x;
        scanf("%d",&x);
        if (x%2==0)
            printf("even\n");
        else
            printf("odd\n");
    }
```

当用一对大括号将一组语句括起来时，一般开始的半个括号写在前一行的末尾或新一行的开头，后半个括号与前半个括号所在行开始的位置对齐。这在上面的程序中可以体现出来。

6.8.3　注释

为了增加程序的可读性，可在程序中加注释语句。注释语句在编译时会被忽略，它们的存在只是为了使程序的阅读者容易看懂代码。有两种注释语句：行注释和段注释。行注释以 // 开始，可以在某一行代码后加入，表示从注释的位置开始到行末尾都为注释内容，例如：

```
    int main()
    {
        float r;              //radius of a circle
        float area;           //area of a circle
        scanf("%f",&r);
        area=r*r*3.14159;
        printf("the area of the circle is %f", area);
        return 0;
    }
```

段注释用 /* 和 */ 把注释内容括起来，任何在 /* 和 */ 之间的内容都被看作注释内容。段注释可以多于一行，例如：

```
    /***********************************************
      This program is designed in Ludong University
```

```
****************************************************/
int main()
{
    int i,sum=0;
    for(i=1;i<10;i++)
        sum+=i;
    printf("the sum from 1 to 9 is %d",sum);
    return 0;
}
```

阅读材料

1. 高级语言的产生

高级语言的出现是计算机程序设计语言的一大进步。最早的高级语言大约诞生于 1945 年左右，德国工程师朱斯（K. Zuse，1910～1995 年）为他的 Z-4 计算机设计一种用于表示计算的语言，他将这种语言命名为 Plankalkül，意为"程序微积分学"。朱斯定义了 Plankalkül 语言，并用这种语言为许多问题编写了算法。但这份手稿在 1972 年才正式公布。Plankalkül 拥有数据结构领域中一些高级特性。Plankalkül 中最简单的数据类型就是单个字位类型，从字位类型构造出整数和浮点数值类型。浮点数类型使用二进制补码方式存储，并且采用了"隐藏字位"机制。除此之外，Plankalkül 还包括数组和记录。记录可以采用递归方式将其他记录作为其组成元素。在朱斯的手稿中还包含许多复杂的程序，包括对数值数组进行排序、检测给定图的连通性、执行整数和浮点数运算以及完成逻辑公式的语法分析，还有国际象棋算法。Plankalkül 有个明显的不足，就是其表示方法（记法），每条语句包括两至三行代码，第一行类似当前语言中的语句，第二行是可选的，其中包含第一行中数组引用的下标。每条语句的最后一行包含第一行中所涉及变量的类型名。

在程序设计语言的发展过程中，还有一种语言值得提及，那就是短代码（Short Code）语言。第一台电子计算机 ENIAC 的发明者莫克莱（J. Mauchly，1907～1980 年）与埃克特（J. P. Eckert，1919～1995 年），离开了莫尔电工学院后另创立计算机公司，于 1949 年为 BINAC 计算机开发了一个被称为短代码（Short Code）的程序设计语言，由史密特（W. F. Schmitt）在 BINAC 上首先实现。1950 年，史密特在托尼克（A. B. Tonik）的协助下又在 UNIVAC I 上加以实现，在其后的数年内都是这些计算机程序设计的主要语言。Short Code 是一个代数式语言，用它编写解数学方程的程序非常简单。由于 Short Code 的完整描述未公开过，因此人们对其了解不多。再加上莫克莱关注的重点也不在这方面，因此 Short Code 未能得到进一步发展与完善。但 Short Code 在程序设计语言发展的历史上具有十分重要的意义。

1951 年至 1953 年间，美国计算机女科学家格雷斯·赫柏（G. Hopper，1906～1992 年）领导的一个研究小组在 UNVAC 上开发并实现了一系列编译系统，分别被命名为 A-0、A-1 和 A-2，它们将伪代码扩展至机器码子程序，这与将宏指令扩展至汇编语言的方式是类似的。尽管这些编译器的伪代码源程序相当原始，但对于机器码而言是一个极大进步。

1957 年，IBM 公司发布了公式翻译语言 FORTRAN（FORmula TRANslator）。FORTRAN 出现后立即受到使用者的欢迎。到目前为止，绝大多数数学计算程序都是用 FORTRAN 写的。随着 FORTRAN 的出现，编程语言的理论研究和新语言的研制工作蓬勃开展起来，出现了许多种编程语言。当时欧洲、北美感到有必要制定一个通用的标准语言，1958 年欧美的计算机科学家举行了联合会议，提出了一个语言初稿叫国际代数语言(International Algebraic Language)，即 ALGOL-58。两年后再次开会，产生了算法语言(Algorithmic Language) 即 ALGOL-60。在用于科学计算的程序语言中，ALGOL-60 是第一个具有严格理论基础的、用形式语法规则描述的语言。它的出现使计算机语言的研究开始成为一门科学，从而出现了形式语言理论与计算机语言研究。

1956 年，美国数理语言学家乔姆斯基（N. Chomsky，1928 年～）用数学方法研究人类通信语言的形式和性质，把语言简化成一些符号和一组语法规则 G。由规则 G 生成的所有符号串的集合就叫一个语言 L(G)，并且根据语法 G 的复杂情况分成 0 型、1 型、2 型、3 型文法。ALGOL-60 的语法基本上是 2 型语法，其"词法"部分正好是 3 型语法。这些理论就成为 ALGOL-60 的语法理论基础，即 ALGOL-60 编译程序的理论基础。语言理论集中在这方面研究的成果使形式语言理论中 2 型语法得到最充分的发展。

与 ALGOL-60 差不多同时出现的 LISP 语言（表格处理 List Processing）是完全不同风格的语言。它是以可计算性理论为指导设计出来的。LISP 语言开创了计算机语义研究——操作语义学。LISP 语言主要用于人工智能方面的研究。

另一个应用最广、富有特色的语言是面向商业的通用语言 COBOL（Common Business Oriented Language），COBOL 语言针对商务处理的问题，它运算简单，却有繁杂的数据结构。为使商业与行政工作人员容易掌握，COBOL 大量采用英语词汇和句型，简单易学，这是它被普遍采用的原因之一。

20 世纪 60 年代早期，语言研究的重点是增强表达能力。通常是增加数据类型和特殊运算，以扩充功能和通用性，1968 年出现的 ALGOL-68 和 1966 年出现的 PL/I 标志着这一方向的工作达到了高峰。PL/I 主要用在美国，而且多用于教学；在欧洲主要使用 ALGOL-68。这两个语言的理论价值都高于其实用价值。

20 世纪 60 年代出现的其他重要高级语言有：BASIC——会话式语言，简单易学，适合初学者；SNOBOL——是处理字符串的语言，提供了模式算法；APL（A Programming Language）——会话式的函数型语言，定义了许多运算，使表达式简洁，语法规则很简单，适用范围广；SIMULA-67——用于模拟的语言，它第一个把数据抽象概念吸收进语言。

2. 程序设计语言发展中的图灵奖获得者

在程序设计语言的发展历程中，涌现出了一批又一批的计算机科学家，像佩利、麦卡锡、赫柏、巴克斯、诺尔、艾弗森、沃思等。正是这些计算机先驱者的不断努力，推动着程序设计语言不断地向前发展。他们当中的绝大多数人曾获得图灵奖、计算机先驱奖等。以下是在程序设计语言发展中做出巨大贡献的图灵奖获得者以及其获奖原因。

(1)首届图灵奖获得者艾伦•佩利（A. J. Perlis, 1922～1990 年）。获奖原因：其在先进编程技术和编译架构方面的贡献，以及在 ALGOL-58 和 ALGOL-60 的形成和修改过程中做出的 贡献。

(2)1972 年图灵奖获得者狄克斯特拉（E.W. Dijkstra，1930～2002 年）。获奖原因：由于对开发 ALGOL 做出了原理性贡献。

(3)1974 年图灵奖获得者高纳德（D. E. Knuth，1938 年～）。获奖原因：在算法分析和程序语言设计方面的重要贡献，《计算机程序设计艺术》的作者。

（4）1977 年图灵奖获得者巴克斯（J. Backus，1924～2007 年）。获奖原因：在高级语言方面所做出的具有广泛和深远意义的贡献，特别是其在 Fortran 语言方面。

（5）1979 年图灵奖获得者艾弗森（K. E. Iverson，1920～2004 年）。获奖原因：在编程语言的理论和实践方面，特别是 APL，所进行的开创性的工作。

（6）1980 年图灵奖获得者霍尔（C. A. R. Hoare，1934 年～）。获奖原因：在编程语言的定义和设计方面的基础性贡献。

（7）1983 年图灵奖获得者汤普森（K.Thompson，1943 年～）、里奇（D. M. Ritchie，1941～）。获奖原因：在 C 语言以及通用操作系统理论研究，特别是 UNIX 操作系统的实现上的贡献。

（8）1984 年图灵奖获得者沃思（N. Wirth，1934 年～）。获奖原因：开发了 EULER、ALGOL-W、MODULA 和 PASCAL 一系列崭新的程序设计语言。

（9）2001 年图灵奖获得者达尔（O.J. Dahl，1931～2002 年）、奈加特（K. Nygaard，1926～2002 年）。获奖原因：面向对象编程始发于他们基础性的构想，这些构想集中体现在他们所设计的编程语言 SIMULA I 和 SIMULA 67 中。

（10）2003 年图灵奖获得者阿伦·凯（A. Kay，1940 年～）。获奖原因：在面向对象语言方面原创性思想，领导了 Smalltalk 的开发团队，以及对 PC 的基础性贡献。

（11）2005 年图灵奖获得者诺尔（P. Naur，1928 年～）。获奖原因：在设计 ALGOL-60 程序设计语言上的贡献。ALGOL-60 语言定义清晰，是许多现代程序设计语言的原型。

（12）2006 年图灵奖获得者阿伦（F. E. Allen，1932 年～）。获奖原因：对于优化编译器技术的理论和实践做出的先驱性贡献，这些技术为现代优化编译器和自动并行执行打下了基础。值得注意的是，阿伦是图灵奖创立 30 多年来首位女性获奖者。

（13）2008 年图灵奖获得者利斯科夫（B. Liskov，1939 年～）。获奖原因：在计算机程序语言设计方面的开创性工作。她的贡献是让计算机软件更加可靠、安全且更具一致性。

参 考 文 献

[1] 裘宗燕. 从问题到程序：程序设计与 C 语言引论[M]. 北京：机械工业出版社，2005

[2] J.Glenn Brookshear. 计算机科学概论（第 10 版）[M]. 刘艺，肖成海，马小会译. 北京：人民邮电出版社，2009

[3] 谭浩强. C 程序设计（第 3 版）[M]. 北京：清华大学出版社，2005

[4] 胡明，王红梅. 计算机学科概论[M]. 北京：清华大学出版社，2008

[5] 张小峰，贾世祥，柳婵娟，邹海林. 计算机科学技术导论[M]. 北京：清华大学出版社，2011

第7章

数据结构与算法

随着计算机应用范围的扩大，它所处理的对象的结构呈多样化趋势，并且数据量也越来越大。因此，正确地把握和组织待处理对象的特性及其之间的关系，成为程序设计首先要考虑的重要问题。算法则是对特定问题求解步骤的一种描述。数据结构与算法是构筑计算机求解问题过程的两大基石。

本章主要对数据结构和算法进行简要的介绍。

7.1 概 述

在第 6 章我们介绍了高级程序语言，可以用程序设计语言编写简单的程序，解决一定的实际问题。可是，到底什么是程序？瑞士计算机科学家沃思（N.Wirth，1934 年～）给出了非常精辟的回答："程序=数据结构+算法"。这个公式明确指出，数据结构与算法是构筑计算机求解问题过程的两大基石，其中数据结构是刻画实际问题中的信息及其关系，而算法则是描述问题的解决方案。二者是相互依赖的，如果把数据结构比喻为建筑工程中的建筑设计图，那么算法就是工程中的施工流程图。只有恰当地确立了问题的结构，才能选择和设计合适的解决方法。因此，数据结构和算法是有效使用计算机的基本前提，所有计算机系统软件和应用软件都要用到各种类型的数据结构以及一些典型的算法设计和分析技巧。

7.1.1 数据结构

数据结构描述的是按照一定逻辑关系组织起来的待处理数据元素的表示及相关操作，涉及数据的逻辑结构、数据的存储结构和数据的运算。

数据的逻辑结构是从具体问题抽象出来的数学模型，反映了事物的组成结构及事物之间的逻辑关系。例如，经纪人之间的消息传递路径可以用一个有向图来表示。根据数据结构的性质可以对逻辑结构进行如下分类：

(1)线性结构。在该结构中，每个结点最多有一个前驱结点和一个后继结点；并且存在一个唯一的开始结点，它没有前驱，但有唯一的后继；也存在一个唯一的终止结点，它有唯一的前驱而没有后继，其余结点均为内部结点，具有唯一的前驱和唯一的后继。线性结构在程序设计中应用最多，如数组、链表、栈和队列等。

（2）树形结构。该结构中的结点之间一般为层次关系，存在一个唯一的结点，在关系中没有前驱，称为树根或根结点。除根结点外，其他结点有且仅有一个前驱，但后继的数目不限。树形结构有很多形态，如二叉树、有序树等，它们都有着各自独特的应用。例如 UNIX 和 DOS 中的文件系统就是一个典型的树结构。

（3）图形结构，又称为网络结构，对关系中结点的前驱和后继数目不加任何限制。例如，现实生活中的交通网络就是一个非常复杂的图形结构。

数据的存储结构所要解决的问题是逻辑结构在计算机中的物理存储。计算机的主存储器具有"空间相邻"和"随机访问"的特点：基本的存储单元是字节，用非负整数对存储地址编码，提供对存储空间上相邻的单元集合的随机访问；计算机指令具有按地址随机访问存储空间内任意单元的能力，访问不同地址所需的访问时间基本相同。对逻辑结构而言，其数据的存储结构就是建立一种由逻辑结构到物理存储空间的映射。常用的基本存储映射方法有顺序方法、链接方法、索引方法和散列方法等。

此外，对于同一种逻辑结构而言，可以采用不同的表示方式，即采用不同的映射关系来建立数据的逻辑结构到存储结构的转换。例如，线性结构可以采用顺序的方式来存储，形成顺序表；也可以采用链表的方式存储，得到链表。

7.1.2 算法

算法的研究可以追溯到公元前 300 多年，算法的中文名称出自《周髀算经》，英文名称 Algorithm 源于 9 世纪波斯数学家比阿勒·霍瓦里松的名字 al-Khwarizmi，他首先在数学上提出了算法这个概念。第一个算法是爱达（Ada Byron，1815～1852 年）于 1842 年为巴贝奇分析机编写求伯努利方程的程序，因此她被称为世界上第一位程序员。由于巴贝奇最终未能完成他的巴贝奇分析机，这个算法最终未能在巴贝奇分析机上执行。20 世纪图灵提出了图灵机，并提出一种假想的计算机抽象模型，图灵机解决了算法定义的难题，对算法的发展起到了重要的作用，使得大多数算法都可以转换为程序交给计算机执行，原来认为依靠人力完成的算法也变得可行，由此拉开了算法研究和应用的帷幕。

7.2 线 性 结 构

线性结构在程序设计中应用最多，如数组、链表、栈和队列等。本节将对它们进行简单介绍。

7.2.1 数组

在高级语言中，程序员需要设计算法，同时也需要组织数据，比如把数据按照矩形排列存储在一个同质数组中，其中同质指的是这个数组中的数据是同一种类型的。

先考虑一个例子，假设需要设计一个用来处理 24 小时气温读数的算法。程序员可能会发现将这些读数以一个一维数组的方式组织会更加方便。我们设这个数组为 Readings，其中的数据条目是通过其在表中的位置加以引用的。例如，第一个气温读数可能以 Readings[1] 来引用，用 Readings[2] 来引用第二条数据等（如果选用的语言是 C、C++或 C#，则需要用 Readings[0] 和 Readings[1] 来引用这两条数据）。因为这些数据可以被保存在一组地址前后相连的 24 个存储单元中,所以就像程序员所设想的那样,这个概念上的一维数组以这种组织方式被直接存储在实际机器的存储单元中。知道这组序列的第一个存储单元的地址后,编译程序就可以把Reading[4]转变为相应的存储方式。只需要将欲存储的序列号减 1,然后将结果与包含第一条数据的地址相加后就可以得到此条数据的存储地址,如图 7-1 所示。设第一个读数所在的位置为 x,那么第四条数据就将放置在地址为 $x+(4-1)$ 的存储单元中。

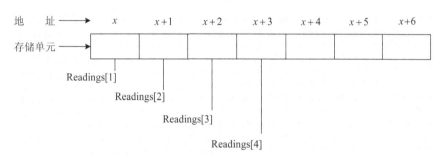

图 7-1 存储在内存中的数组 Readings,首地址为 x

现在假设程序员需要编写一个用来处理公司一周销售量的程序。我们希望这些数据可以被组织在一张表格中,销售人员的姓名作为行名置于表格的左端,而一周的天数作为列名置于表格的第一行中。因此,程序员在程序中可用一个二维数组来存储这些数据,在这个数组中,每一行代表了一个员工一周的销售额,每一列代表了公司每天的销售额。但是,机器的存储器不会用表格来识别这个数组,而会使用相互独立但具有连续地址的内存单元对其加以组织。因此,我们期望的表格结构只能被模拟出来。为了做到这一点,首先假设这个数组的大小是固定的,即它是一种静态结构。由此可以计算需要用来存储这些数据的存储空间的大小,同时预留一块相应大小的存储器单元。然后,将这些数据一行一行地放入数组。换句话说,先把表格中第一行的数据存入这块连续的存储空间;依照这种方法,再将表格中其他行的数据存储到存储单元中,如图 7-2 所示。这种存储系统被称为行优先(Row Major Order)系统,与之相反,将数组一列一列地存入存储器中的系统称为列优先(Column Major Order)系统。

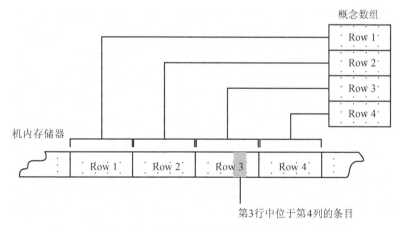

图 7-2 拥有 4 行 5 列并且按照行优先原则存储的二维数组

在这种存储方式下，考虑一下如何找到存有数组中第三行第四列数据的存储单元。假设我们正处于被保留的机器存储空间中的第一个位置，从这个位置开始，依次寻找每一行的数据。为了得到第三行的数据，必须跳过前两行。由于每一行中包括 5 条数据，因此必须经过10 条数据才能到达第三行。从第三行开始，我们还要经过 3 条数据才可以到达第四列所在的数据，因此必须经过 13 条数据才可从存储空间的开头到达第三行第四列指示的数据。

上述计算可以推广为一个普通过程，通过这个过程，编译程序可以将对行和列的引用转化为实际的存储空间地址。假设用 c 表示一个数组中列的数目（即一行中包括的条目数）。则数组中第 i 行第 j 列的数值存储地址可以表达为 $x+(c\times(i-1))+(j-1)$，这里 x 是数组第一行第一列所在的单元地址。即必须经过 $(i-1)$ 行，其中每行包括 c 个条目，然后再经过 $(j-1)$ 列就可以到达这行中第 j 条数据所在位置。在前例中，$c=5$，$i=3$，$j=4$，所以如果这个数组的开始地址为 x，则数组中第三行第四列的数据的地址为：

$$x+(5\times(3-1))+(4-1)=x+13$$

其中，表达式 $x+(c\times(i-1))+(j-1)$ 又称为地址多项式。

在此基础上可以编写程序，将以行列方式定位数组数据的请求转变为存有此数组的存储空间的地址定位。通过这种技术，编译程序就可以把形如 Scales[2,4]的引用转变为对实际存储地址的引用。这样一来，尽管这些数据实际上存储在一块由单独的存储器组成的连续存储空间中，但程序员却可以用表格的形式来考虑问题。

7.2.2 链表

链表（List）就是按顺序排列的一组数据条目，例如学生注册表、事务表和字典。一些不太明显的链表结构，如语句，可以看作是一组顺序排列的字，还可以看作是一组顺序排列的字母。与数组只能表现为静态结构不同，链表不但可以以静态结构方式出现，还可以以动态结构方式出现。本部分将主要讨论有关动态链表在实现时所产生的问题。

1. 邻接表

先来考虑如何在计算机内存中存储一张姓名表，一种策略是将它保存在一片独立的地址连续的存储空间中。假设每一个名字最多由 8 个字符组成，可以把整个一大块空间划分为一组子块，每一块子块包含 8 个存储单元。在这些子块中，以 ASCII 码方式记录一个姓名，每一个字符占用一个存储单元。如果一个名字没有占满分配给它的所有存储单元，则用 ASCII 码的空格将剩余的空间填满。这样，需要 80 个地址连续的存储单元来保存一个由 10 个姓名组成的表。这种存储系统如图 7-3 所示。其重点在于将整个表存储在一大块内存中，每一个姓名存储在地址连续的存储单元中，这种组织方式称为邻接表（Contiguous List）。

连续的存储单元块

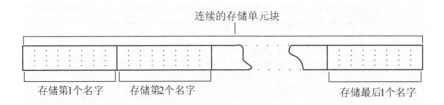

存储第1个名字　　存储第2个名字　　　　　存储最后1个名字

图 7-3　在存储器中按同质表实现的数组 Names

实现一个静态表的时候，邻接表是一个非常方便的存储结构，但如果要实现一张动态表，邻接表就不是理想的选择了。例如，当需要删除一个以邻接表方式存储的姓名表中一人的名字时，若这个名字是表中的第一条数据，并且需要保持表中的原有顺序，必须把它后面的名字向前移动以填补删除记录后遗留的空间；当需要添加一个名字时，更严重的问题就发生了，有时为了获得存储这个名字的足够空间，不得不将整张表移动至更大空间的内存区域中以扩张这张表。

2. 链接表

如果表中的不同姓名存储在内存的不同位置而非一大块连续的空间，那么在处理动态表时遇到的问题就会被简化。仍然以姓名表为例，可以将每一个名字存储在一个由 9 个连续存储单元组成的存储块中，其中前 8 个单元用来存储名字，最后一个单元用来存储一个指向表中下一个姓名的指针。根据这种方法，表可以被分散地存储在由 9 个存储单元组成的由指针连接在一起的空间中。由于使用了链接，这样的数据组织方式被称作链接表（Linked List）。

为了能够跟踪到整个列表，需要设置一个额外的指针来存储第一条数据的地址，由于这个指针指向了表的开始，也就是表头，所以称之为头指针（Head Pointer）。同时，用空指针当作一个链接表的结束标志，它仅仅是一种特殊的模式，被置于链接表的最后一条数据之后，表示在其后面不再有任何数据。例如，如果不在内存地址为 0 的位置存储列表条目，那么数值 0 就不会成为合法的指针值，就可以作为空指针（NULL）。

图 7-4 表示了这种链接表结构。这种结构用分散的独立内存子块来存储表，每一个子块都用它的组成来标注。指针用一条从源内存子块地址指向指针所存地址的带箭头连线表示。遍历链表从头结点开始，头指针首先指向第一条记录，然后按照指针指向的地址就可以在记录之间跳转，直至到达空指针。

使用链接表结构后，通过改变指针可以减少在使用邻接表存储时对于姓名的移动。例如，改变一个指针就可以实现姓名的删除。把原来指向欲删除的姓名的指针指向紧随其后的姓名就可以实现删除操作，如图 7-5 所示。此后在遍历时，就不会再经过被删除的姓名，因为它已经不再是这个链中的一部分。

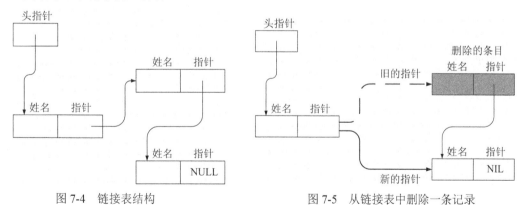

图 7-4　链接表结构　　　　　图 7-5　从链接表中删除一条记录

插入一个新姓名也与此过程基本相同。我们需要先找一个未使用的由 9 个存储单元组成的内存子块，然后将新的姓名存入这个存储块的前 8 个单元，并且将排列在此姓名之后的姓名地址填入第 9 个单元。最后改变此姓名之前的那个姓名的指针,使之指向新姓名的地址,就可以实现插入操作,如图 7-6 所示。完成以上操作后,新的姓名就可以在每次进行表的遍历时被查找到。

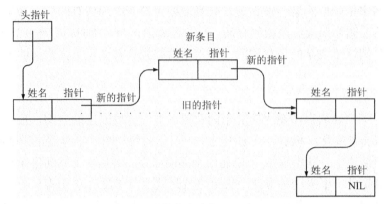

图 7-6   在链接表中加入一条记录

3. 抽象概念表

在编写程序时,程序员必须决定是以邻接表还是以链接表来实现。一旦做出上述决定并建立表以后,就不应该在此问题上过多纠缠,而是应该将重心放在其他细节上。即应该将表编写成一个可以被程序其它部分引用的抽象工具。

以开发一个维护大学生注册信息的软件为例子来说明这个问题。程序员在开发过程中会遇到这样的问题:需要为一个班建立单独的表结构,而每个班的学生姓名以字典排序方式存储在这些表中。表一旦建立,程序员的注意力就应该转移到更一般的问题上,而不应再考虑相关细节问题,如姓名在邻接表中如何被移动或者在链接表中指针如何变化等。

最后,程序员可以编写一系列过程,例如插入新条目、删除旧条目、搜索条目、或者输出表,然后在软件的其他部分调用这些过程来操作表。例如,为了将"孙文倩"插入"信息工程 2005 级 2 班"中,程序员可能会编写如下的语句:

```
Insert("孙文倩",Information200502)
```

通过 Insert 过程完成具体的插入动作。在这种方式下,程序员可以不关注该操作的实际实现而编写相关程序。

作为此方法的一个例子,可以编写一个称作 PrintList 的函数,此过程用来输出姓名的链接表,伪代码如下所示:

```
void PrintList(List)
{
  CurrentPointer←List中的头指针;
  While(CurrentPointer不是NULL) do
  {
   输出CurrentPointer指向的条目的名字;
   检查CurrentPointer所指向的List结点的指针域的值,并将此值赋给CurrentPointer;
  }
}
```

头指针指向链接表的第一个条目，每一个表中的条目由两部分组成：姓名和指向下一条目的指针。一旦完成了这个函数的开发，它就可以被当作一个用来输出列表的抽象工具使用，而不用关心实际输出列表所需要的具体操作。比如为了获得"信息工程 2005 级 1 班"的学生名单，程序员只需要编写语句 PrintList(Information200501)即可。

7.2.3 堆栈

在表结构中，与邻接表相比，链接表在插入和删除记录时更加方便。但是，如果限制插入和删除操作只可以在表结构的尾部进行，则邻接表操作起来也比较方便，典型的例子就是堆栈。在堆栈中，插入和删除操作都在结构的相同末端进行。如此限制的结果就是最后一个进入表的记录也就是第一个从表中删除的记录，这种结构称为后进先出（Last In, First Out，LIFO）结构。

在堆栈中，可以进行插入和删除操作的一端称为栈顶，另一端称为栈底。在堆栈中，由于插入和删除操作只能在栈顶进行，因此对其采用一种特殊的术语表示，称为进栈和出栈。把一个对象插入堆栈的操作称为进栈，而从堆栈中删除一个对象的操作称为出栈，所以常说将一个条目进栈或者将其出栈。

1. 回溯（back tracking）

堆栈的一个典型应用是在一个程序单元调用一个过程的操作中，为了完成这个调用，计算机必须将它的注意力集中到这个过程中；当过程调用结束，计算机必须返回到程序块进行过程调用时所在的位置。这就需要一种可以记录操作结束后返回位置的机制。

如果一个被调用的过程本身还要调用其他过程，而那些过程同样也需要调用另外的过程，这样一来，整个调用就很复杂，如图 7-7 所示。此时，返回地址的记录就会堆积。

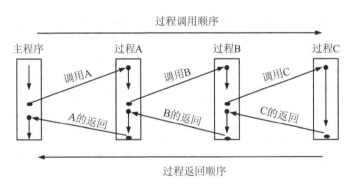

图 7-7　过程按照请求的顺序反序结束

当每一个过程结束后，操作必须返回到被称为完成过程的程序块中的合适位置。因此，系统需要按照适当的顺序存储和找回返回地址。堆栈是满足这种需求的理想结构。当一个过程被调用时，将指向返回地址的指针进栈。然后，当一个过程完成时，将栈顶条目出栈，程序就可以准确得到返回地址。

这只是应用栈的一个示例，它表明了栈和回溯过程的关系。所谓回溯是指一种可以反向搜索系统的方法。一个经典的例子就是在森林里做一些标记，跟着这些标记就可以回到进入森林的位置，这样一些标记就是后进先出系统。

再举一个例子，假设需要反向输出一张链接表中的姓名，也就是把最后一个姓名第一个输出。我们的方案是从链接表的开始顺序遍历到结尾，与此同时把每一个姓名按照遍历顺序进栈。当到达链接表的末尾后，我们通过出栈操作来输出姓名，如图 7-8 所示。这一函数的实现算法的伪代码如下所示：

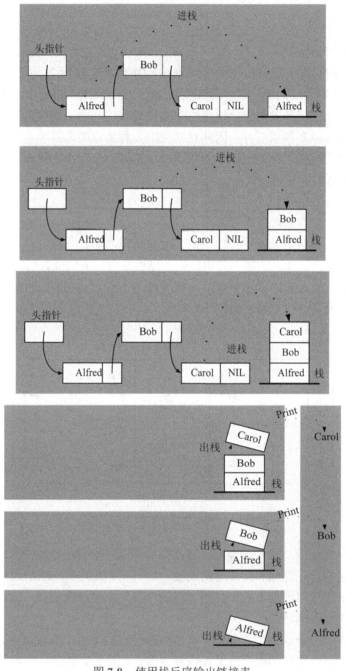

图 7-8　使用栈反序输出链接表

```
void ReversePrint(List)
{
    CurrentPointer<-List中的头指针;
    While (CurrentPointer不是NULL) do
    {
        将CurrentPointer所指的姓名入栈;
        检查CurrentPointer所指向的List结点的指针域的值,
        并将此值赋给CurrentPointer;
    }
    while (栈非空) do
        将栈中的姓名弹出并且输出;
}
```

2. 栈的实现

为了在计算机存储器中实现栈结构，一般采取的方法是保留一块大小足够的内存空间。一般地讲，确定空间的大小是一个很重要的任务。如果保留的空间过小，那么栈最后可能从空间中溢出；而如果保留的空间过大，则对空间而言又是一种浪费。块的一端作为栈底，栈的第一个条目会被存储在这里，以后的条目被依次放置在它之后的存储单元中，也就是向堆栈另一端增加。

因此，在条目进栈和出栈的时候，栈顶的位置就在存储单元块中前后移动。为了跟踪这个位置，栈顶条目的地址被存储在一个称为堆栈指针的存储单元中。也就是说，堆栈指针就是一个指向栈顶的指针。

如图 7-9 所示是一个完整的堆栈系统，它是如下工作的：为了把一条新的数据压入堆栈，首先调整堆栈指针，使之指向当前栈顶之前的空白，然后将新的条目置于此处；为了将条目从堆栈中弹出，首先读出堆栈指针指向的数据，然后调整指针指向堆栈中的下一条数据所在的存储单元。

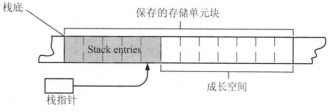

图 7-9　内存中的栈

与表的操作类似，程序员也可以将堆栈编写成一个可以进行进栈和出栈操作的抽象工具。需要注意的是，这些操作应该可以处理从空堆栈中弹出数据、或者将数据压入一个已经填满的堆栈等特殊情况。所以，一个完整的堆栈系统应该具有包括进栈、出栈、测试堆栈是否为空或满的功能。

在由连续存储单元组成的存储块中，栈的组织方式在概念结构和内存中的实际结构有所不同。如果不能预测栈的大小，就无法保留一块总能满足堆栈的固定大小的存储空间。一种解决方法就是实现一种与链接结构相似的栈。这种方法避免了将堆栈固定在一块固定块中，因为这种方法允许将新的条目插入存储器中任意一块足够大的空闲空间中。在这种情况下，概念上的堆栈与其在存储器中实际的堆栈在数据组织方式上有很大的不同。

7.2.4 队列

与栈的插入与删除操作都是在表的同一端进行不同，队列（Queue）的插入和删除操作分别在表的两端进行，称它是先进先出（First In, First Out，FIFO）的存储系统。实际上，队列广泛存在于那些对象输入与输出顺序相同的系统中。称其为队列，是因为它与日常生活中的等待队列结构基本类似。队列的队首（有时称为队头）就是条目被移出的地方，这就好像在快餐厅中下一个将点餐的顾客为一队的队首一样。同样，队尾就是添加条目的位置。

队列可以像存储栈那样通过连续单元组成的存储块在计算机内存中实现。由于需要在此结构的两端进行操作，因此分配出两个存储单元用来当作指针，而非栈中那样仅仅需要一个单元来存放指针。其中的一个指针被称为头指针，用来保存队列头的轨迹；另一个指针被称为尾指针，用来保存队列尾的轨迹。如果一个队列为空，那么两个指针应指向相同的位置；每当新的条目被插入时，均会被置于尾指针所指向的位置，同时修改尾指针，使之指向下一个未使用的位置。如此，尾指针总是指向队尾后的第一个空闲存储单元；将一条数据移出队列的操作包括将头指针指向的条目取出，同时调整头指针使之指向被移除条目之后的位置，如图 7-10 所示。

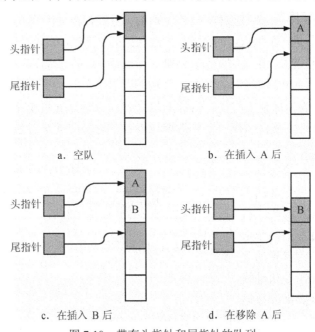

图 7-10 带有头指针和尾指针的队列

以上描述的存储系统仍然存在问题。如果剩余的存储器未被检查，队列就会在存储器中不断增长，同时将在此道路上的所有其他数据破坏，如图 7-11 所示。造成这种移动的相当一部分原因在于队列在插入新条目时使用的"利己"策略，即在插入时仅仅将新数据置于当前队尾之后，同时重置尾指针。如果添加足够多的条目，则队尾必将从内存中溢出。

内存的溢出问题并不是因队列的大小而产生的，其本质在于队列的实现方法。解决该问题的一个方法是：当最前面的条目被移出时前移队列中的其他条目，就好像人们在购买电影票时每当一个人买到票走了后就前移一人一样。然而这种方法在计算机中运行的效率很低，因为它将需要对数据进行大量的移动操作。

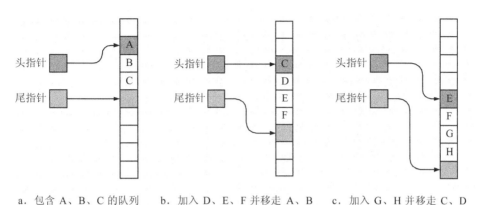

a. 包含 A、B、C 的队列　　b. 加入 D、E、F 并移走 A、B　　c. 加入 G、H 并移走 C、D

图 7-11　队列在内存中的变化

　　在计算机中控制队列的最一般方法是为队列分配一块存储空间，从存储空间的一端开始存储队列，并且将队列向另一端增长。当队尾指针到达存储空间的末端时，将队尾指针移至存储空间的开始端，即新条目从存储空间的开始端添加；同样，当队列的最后一条成为队头并被移出时，调整队头指针回到存储空间的开端，同时在此等待。在此方法下，队列在分配的内存空间内循环而不会出现内存溢出情况。采用此技术的实现方法称为循环队列，如图 7-12 所示。称其为循环是因为分配给队列的存储单元组成了一个环。单纯就队列而言，存储空间的最后一个单元与它的第一个单元相邻。

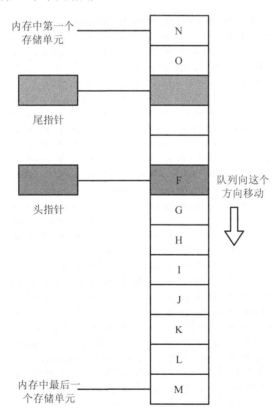

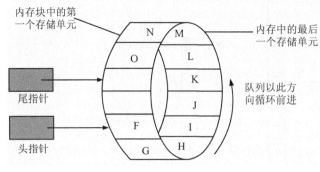

图 7-12　循环队列

队列的概念结构与其在计算机内存实现的循环结构之间仍有差异，这些差异通常是通过软件来衔接的。队列的实现应该包括一组用来插入和移除队列条目和探测队列是否为空或者满的过程函数，开发软件的程序员可以通过这些过程和方法来实现队列的插入和移除操作，而不用关心其在存储器中的实际实现。

7.3　树

树是一种类似公司组织图的数据结构，如图 7-13 所示。其中，总经理表示为组织图的顶端，从总经理连出一条直线到各部门经理，等等。为了表示树结构，我们加入一条附加限制：公司中没有一个人可以向两个不同的上级报告，换句话说，组织中的两个不同上级不能到达同一个下级。

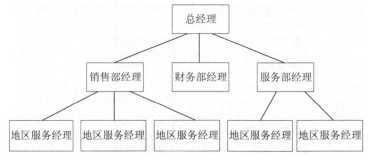

图 7-13　组织图实例

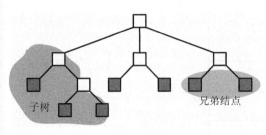

图 7-14　树结构

对图 7-13 进行抽象，可以得到图 7-14 所示的形式。其中树中的一个位置称为一个结点，顶端的结点称为根结点，在另一终极端的结点称为末端结点或者叶子结点。如果选择树中的任何一个结点，我们发现这个结点和它下面的结点又形成了一个树结构，称这些更小的结构为子树。树的深度是从根结点到叶结点经过的结点数目，换句话说，树的深度就是树在垂直方向上的层数。

7.3.1 树的实现

以二叉树为例讨论树的存储技术。在二叉树中，每一个结点最多有两个子结点，这种树以与链接表相似的链接结构存储在内存中。二叉树的每一个结点由 3 部分组成：数据、指向第一个子结点的指针和指向第二个子结点的指针。尽管在计算机中并没有左右之分，但是按照约定，将第一个指针看作左子结点指针，另一个指针看作右子结点指针。这样，每一个结点就可以表示为如图 7-15 所示的存储块。

包含数据的单元	左子结点 指针	右子结点 指针

图 7-15　二叉树的结点结构

每一个指针或者指向相关的左右子结点，或者被赋 NIL 值（空）。如果某一结点是叶子结点，则它左右结点的值被赋为 NIL，而根结点提供了访问树的初始入口。二叉树的概念结构与在内存中的存储情况如图 7-16 所示。需要注意的是，内存中指针的实际组织方式可能与树的概念组织方式不同。当然，这些指针可能被分散地存储在一大块存储空间内。由根指针可以找到根结点，然后可以通过从一个结点指向另一个结点的合适的指针追溯树中的任何一条路径。

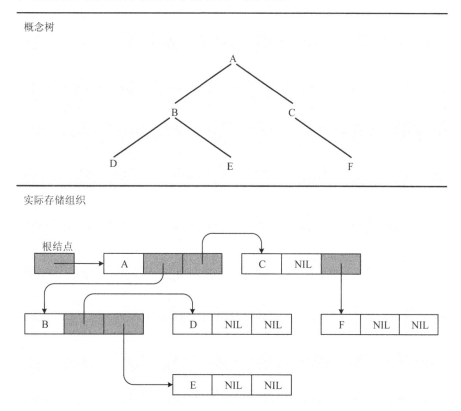

图 7-16　使用链式结构存储的二叉树的概念树和实际组织

另一种用来保存二叉树的技术是设置一个邻接的存储单元块，将根结点存储于这块内存的第一个单元中（简单起见，假设树的每一个结点只需要一个存储单元），将根的左子结点存储于第二个单元中，将根的右子结点存储于树的第三个单元中。一般而言，第 n 个存储单元中的结点的左子结点和右子结点可以在第 $2n$ 个存储单元和第 $2n+1$ 个存储单元中找到。存储空间中未被当前树结构使用的存储单元可以用一个独特的可以表示数据缺失的位标记。存储空间中存储的第一个是根结点，紧随其后的是根的子结点，然后是根的子结点的子结点，如图 7-17 所示。

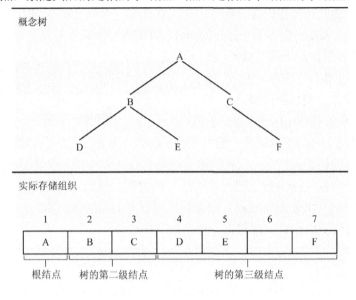

图 7-17　不包含指针的树

与链接表结构不同，这种存储系统提供了一种寻找任何结点的父结点和兄弟结点的办法。一个结点的父结点的存储位置可以通过此结点的位置来获取，例如，一个位于位置 7 的结点的父结点位于位置 3。一个结点的兄弟结点的位置可以通过在偶地址上加 1 或在奇地址上减 1 得到，例如，一个在位置 4 的结点的兄弟结点在位置 5，而一个在位置 3 的结点的兄弟结点在位置 2（图 7-18）。

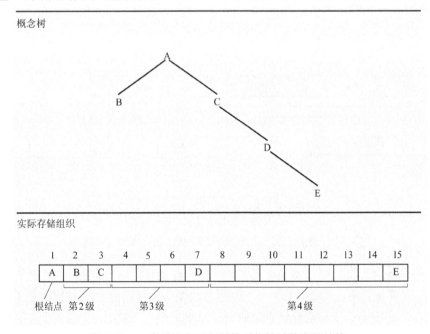

图 7-18　一个稀疏非平衡树的无指针结构存储结构

7.3.2 二叉树包

在已经学习过的结构中，将树的实现细节从软件系统中独立出来是非常有利的。因此，一个程序员需要识别出对树进行的各种操作活动，写出完成这些动作的过程函数，然后在程序的其他部分通过这些过程函数访问树，使得这些过程函数和它们所在的存储空间构成的包可以当作抽象工具使用。为了表示这个包，回到按字母存储一个姓名表的问题。假设需要在此表上执行的操作如下：

```
search for the presence of an entry,
print the list in alphabetical order, and
insert a new entry
```

目标是对包括执行这些操作的一系列过程函数的存储系统进行规划和设计。

从考虑表的查询过程操作开始。如果表是按照链接表模型存储的，将以一种顺序方式查询表。如果表很长，这种过程的效率可能会很低，因此要寻找一种可以允许在查询过程中运用二分查找算法的实现方式，以提高查询的效率。为了应用这个算法，存储系统必须允许查找表中的一部分中间项。这种操作在使用邻接表的时候是可行的，因为使用邻接表能够计算出中间项的地址，就好像我们能够计算数组中的数组项的地址一样，但是使用邻接表在进行插入操作的时候却会带来麻烦。

问题可以通过链接二叉树而不是一个传统的表存储系统来解决。我们让表的中间项成为根结点，剩下的前半部分的中间项为表的根结点的左子结点，而后半部分的中间项作为表的右子结点。表的剩余部分往前成为根结点的子结点的子结点，依此类推。如图 7-19 中的树可以表示为一系列字母 A、B、C、D、E、F、G、H、

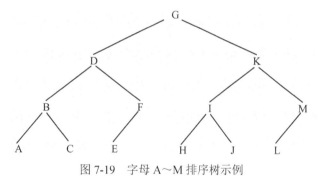

图 7-19　字母 A～M 排序树示例

I、J、K、L 和 M。当整个表由偶数个数据组成时，我们把中间两个数据中较大的一个作为中间项。

为了以这种形式对表进行查询，需要比较目标值与根结点的关系。如果两个数相等，查询就成功了；如果不相等，就需要移动到左边或右边的子结点，这依赖于目标是小于或者大于根，这样，需要找到表的中间位置以使查询可以继续。这个比较和移动到下一个子结点的过程一直持续到找到目标（意味着查询是成功的），或者到达了空结点而没有找到目标（意味着查询是失败的）。

在链接存储的二叉树中实现二分查找的过程用伪代码描述如下：

```
void Search(Tree, TargetValue)
{
    if (树的根结点是NULL)
        返回失败
```

```
else
{
    按照不同的情况执行下列语句
    case 1: TargetValue与根结点的值相等
        返回成功
    case 2: TargetValue<根结点的值
        将Search应用于根结点的左子树，并且返回查找结果
    case 3: TargetValue>根结点的值
        将Search应用于根结点的右子树，并且返回查找结果
}
}
```

上述算法显示了这个查询过程如何在链接树结构下被表达，这仅仅是二分查找法的一个细化。二者区别不是很大，尽管原来的二分查找法被认为是表的更小的连续片断，现在这个过程则被认为是更小的连续子树。查找字母 J 的过程如图7-20 所示。

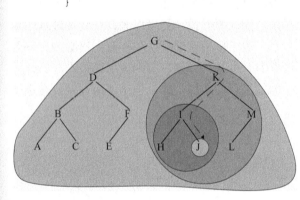

图 7-20   查找字母 J 时考虑的更小的连续树

尽管为了保证查找效率，我们改变了所存储的表的自然顺序，但仍能很方便地按照字母顺序输出。我们可以按照字母排序输出左子树，输出根结点，然后按照字母顺序输出右子树，如图 7-21 所示。毕竟左子树包括了那些小于根结点的元素，而右子树包括了那些大于根结点的元素。程序用伪代码描述如下：

```
if(树不空)
{
按字母序打印左子树；
打印根结点；
按字母序打印右子树
}
```

上例中的输出过程函数包含了按照字母排序输出左子树和右子树的任务，其本质与原来的工作相同。但输出子树与输出整个树相比是一项较小的工作，也就是说，解决输出树的问题包括了输出子树的更小任务，这就提醒在树的输出问题中可以使用递归方法。因此，我们可以编写一个完整的伪代码过程用来输出树，如图 7-21 所示。我们把名字 PrintTree 赋予过程并且请求 PrintTree 服务打印左、右子树。递归过程的终结情况（到达一棵空子树）肯定可以到达，这是因为每一个激活的程序都操作一个比引起这种激活更小的树。

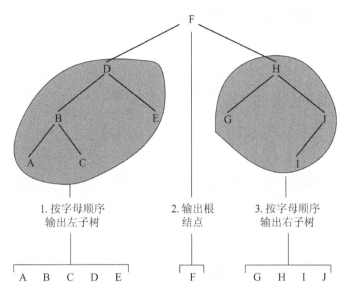

图 7-21　按字母排序输出排序树

```
void PrintTree()
{
    if (Tree非空)
    {
        将PrintTree应用于Tree的左子树;
        输出根结点;
        将PrintTree应用于Tree的右子树;
    }
}
```

在树中插入一条新记录的任务也比以前简单。可能认为插入某一条新记录需要劈开树以允许容纳新条目，但实际上被添加的结点总是被当作一个叶结点连在原来的树上，不管它包含什么样的数值。为了找到适合新记录的地方，可以沿着一条路径——假设是为查询这条记录而经过的路径——来把新记录在树中向下移动。如果这条记录不存在树中，查询将会到达一个空指针，这一点就是容纳新结点的位置，如图 7-22 所示。

在链接树结构中，这一过程可用如下的伪代码描述。此程序在树中查询被插入的值 NewValue，并且将包含 NewValue 的新的叶结

a. 查找新的条目直到发现待插入位置

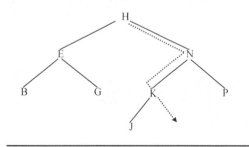

b. 它就是新的条目应该被插入的位置

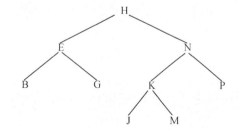

图 7-22　在树中插入数据

点置于合适位置。需要注意的是，如果要插入的条目在查询过程中被发现已在树中，那么就不用进行插入操作了。

```
void Insert(Tree, NewValue)
{
    if (Tree的根结点是NULL)
        将包含NewValue设置为根结点的一个新的叶结点;
    else
    {
```

按照不同情况执行下列语句;

```
        case 1: TargetValue与根结点的值相等
            不执行任何操作;
        case 2: TargetValue<根结点的值
            if(根结点的左结点是空)
                将包含NewValue设置为根结点的一个新的叶结点;
            else
                使用Insert将NewValue插入左子树的适当位置;
        case 3: TargetValue>根结点的值
            if(根结点的右结点是空)
                将包含NewValue设置为根结点的一个新的叶结点;
            else
                使用Insert将NewValue插入右子树的适当位置;
    }
}
```

7.4　图

图是一种比线性结构和树更复杂的数据结构，在这种数据结构中，结点之间的关系可以是任意的。前面讲过，数据的逻辑结构可以看成是结点的有穷集合以及这个集合上的一个关系，如果对结点相对于关系中的前驱和后继数目加以限制，则可如下定义线性结构、树形结构和图结构。

（1）线性结构：唯一前驱，唯一后继，反映一种线性关系。

（2）树形结构：唯一前驱，多个后继，反映一种层次关系。

（3）图结构：不限制前驱的个数，也不限制后继的个数，反映的是一种网状关系。

从这个角度看，线性结构和树形结构均可看成是图结构的特例。现在，图已被广泛应用于模拟真实世界或抽象问题，其应用已经渗透于数学、物理学、化学、计算机科学、逻辑学乃至社会科学等诸多领域中。

考虑这样一个问题：要在几个城市之间建立起通信网络，使得每两个城市间都有直接或者间接的通信线路。可以用一种自然、直观的描述方法来描述这个问题：用一个顶点代表一个城市,用顶点之间的连线代表相应两个城市之间的通信线路,在连线旁边附加一个数值表示该通信线路的造价。如图 7-23 所示就是 5 个城市之间的一个通信网络图,这样的问题就转化为在该图中找到一个连通所有顶点且边的权值之和最小的图。这样,一个实际问题就被表达成一种明晰的图结构。

简单地说,图由表示数据元素的集合 V 和表示数据之间关系的集合 E 组成,记为 $G = \langle V, E \rangle$。在图中,数据元素通常被称为顶点(Vertex),而顶点之间的关系称为边(Edge)。如果边是无方向的,称该边是无向边,用圆括号表示,例如无向边 (v_1, v_2);如果边是有方向的,则称该边是有向边,用尖括号表示,例如 $\langle v_1, v_2 \rangle$,其中 v_1 称为有向边的弧尾,v_2 称为有向边的弧头。如果一个图中的所有边均是无向边,则该图称为无向图;如果所有边均是有向边,则称为有向图;既含有向边又含无向边的图称为混合图。例如图 7-24 中,图(a)是无向图,图(b)是有向图。

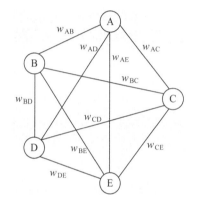
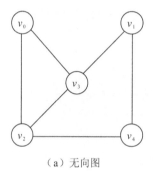

图 7-23 用图描述通信网络 图 7-24 有向图与无向图

有时图的边附带权值(Weight),用于表示一个顶点到另一个顶点的距离、代价或耗费等,此时的图称为带权图(Weighted Graph)。

在无向图中,如果从顶点 v_i 出发,沿着边可以到达顶点 v_j,则称 v_i 和 v_j 是连通的。如果无向图中的任意两个顶点均是连通的,则称该无向图是连通图。在有向图中,如果从顶点 v_i 出发,沿着有向边的走向可以到达顶点 v_j,则称 v_i 到 v_j 是可达的。如果有向图中任意两个顶点之间都是可达的,则称该有向图是强连通图。

7.4.1 图的存储

图的存储结构应根据具体问题的要求来设计。常用的存储结构有邻接矩阵、邻接表和十字链表等。此处以邻接矩阵为例来介绍图的存储。

图的邻接矩阵(Adjacency Matrix)表示顶点之间的邻接关系,即表示顶点之间有边或没有边的情况。设 $G = \langle V, E \rangle$ 是一个有 n 个顶点的图,则图的邻接矩阵是一个二维数组 $A[n, n]$,定义为:

$$A[i, j] = \begin{cases} 1 & (v_i, v_j) \in E \text{或} \langle v_i, v_j \rangle \in E \\ 0 & (v_i, v_j) \notin E \text{或} \langle v_i, v_j \rangle \notin E \end{cases}$$

$$\begin{bmatrix} 0 & 0 & 1 & 1 & 0 \\ 0 & 0 & 0 & 1 & 1 \\ 1 & 0 & 0 & 1 & 1 \\ 1 & 1 & 1 & 0 & 0 \\ 0 & 1 & 1 & 0 & 0 \end{bmatrix} \qquad \begin{bmatrix} 0 & 1 & 1 & 0 \\ 0 & 0 & 0 & 0 \\ 0 & 0 & 0 & 1 \\ 1 & 0 & 0 & 0 \end{bmatrix}$$

(a) 无向图的邻接矩阵　　(b) 有向图的邻接矩阵

图 7-25　图 7-24 中无向图与有向图的邻接矩阵

例如，图 7-24 中无向图与有向图的邻接矩阵如图 7-25 所示。

需要注意的是，无向图的邻接矩阵是对称的，而有向图的邻接矩阵却不一定对称。

7.4.2　图的遍历

与树的遍历一样，图的遍历是指从图中的某一个顶点出发，按照一定的策略访问图中的每一个顶点，使得每一个顶点被访问且仅被访问一次。图的遍历算法是求解图的连通性、拓扑排序和关键路径等问题的基础。

图的遍历比树的遍历复杂，因为图中的每一个顶点都有可能和其他顶点相邻接。某一个顶点被访问后，还可能经过其他路径又回到这个顶点，为了避免重复访问同一个顶点，在遍历图的过程中应该记下顶点是否已经被访问，若遇到已经被访问的顶点则不再访问。常用的遍历算法有两种，分别是深度优先遍历和广度优先遍历，二者对于有向图和无向图均适用。

1. 深度优先遍历

对于给定的图 $G=\langle V, E \rangle$，假设初始状态是 V 中的所有结点均未被访问。首先选取一个顶点 $v_0 \in V$ 开始搜索，访问 v_0 并将其状态标记为 visited，然后访问 v_0 邻接到的未被访问的顶点 v_1，再从 v_1 出发按照深度优先的方式进行遍历。当遇到一个所有邻接顶点的状态均为 visited 的顶点时，则回到已访问顶点序列中最后一个拥有未被访问的邻接顶点的顶点，再从该顶点出发递归地按照深度优先的方式进行遍历。重复上述过程，直至从 v_0 出发的所有顶点均被访问。如果该图是连通图，则遍历过程结束；否则，选择一个尚未访问的顶点作为新的源点进行深度优先搜索，直到所有的顶点均被访问为止。

以图 7-26 所示的有向图为例，深度优先遍历的过程如下：假设从顶点 v_0 出发进行搜索，首先将 v_0 的状态标记为 visited，然后从 v_0 的邻接顶点中取出仅有的邻接顶点 v_1，由于 v_1 未被访问，因此将 v_1 的状态标记为 visited 后，从顶点 v_1 的邻接顶点 v_2 和 v_3 中选择一个邻接点作为下一个搜索的结点，假设选择了顶点 v_2，访问该顶点，并将其状态标记为 visited，由于 v_2 的所有邻接顶点均已

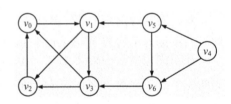

图 7-26　有向图

被访问，因此搜索过程回退到顶点 v_1；访问 v_1 的另一个未被访问的顶点 v_3，将其状态标记为 visited 后，发现 v_3 的所有邻接顶点均已被访问，回退到 v_1，发现同样情况后回退到 v_0；要完成图的遍历，还有其他顶点未被访问过，因此还得再找一个未被访问的顶点继续深度优先遍历，如首先访问 v_4 后，继续深度优先遍历，依次访问 v_5 和 v_6。

2. 广度优先遍历

从图中的某个顶点 v 出发，访问并标记该顶点之后，横向搜索 v 的所有邻接点。在依次访问 v 的各个未被访问的邻接点之后，再从这些邻接点出发，依次访问与它们邻接的未曾被访问的顶点。重复该过程直到图中所有与源点 v 有路径相通的顶点都被访问过为止。若图是连通图，则遍历完成；否则，在图中选择一个未被访问的顶点作为新的源点继续进行广度优先遍历。

以图 7-26 为例，首先访问 v_0 以及 v_0 的邻接顶点 v_1，然后访问 v_1 的邻接顶点 v_2 和 v_3；由于 v_2 和 v_3 的所有邻接顶点均已被访问过，因此选择尚未被访问过的顶点 v_4 继续广度优先遍历，即访问顶点 v_4 和 v_4 的邻接点 v_5 和 v_6。

7.4.3 最小生成树

回到本节开始的例子。假设要在 n 个城市之间建立通信网络，要在最节省经费的情况下建立这个通信网络，则连通 n 个城市只需要 $n-1$ 条线路。那么，如何在这些可能的线路中选择 $n-1$ 条使得总花费最小？这个问题称为图的最小生成树问题。构造最小生成树有多种算法，经典的有 Prim 算法、Kruskal 算法和管梅谷算法。下面分别对 3 种算法进行简要的介绍。

1. Prim 算法

设 $G=\langle V, E\rangle$ 是一个连通的带权图，其中 V 是顶点的集合，E 是边的集合，TE 为最小生成树的边的集合。Prim 算法通过以下步骤得到最小生成树。

（1）初始状态：$U=\{u_0\}$，$TE=\{\}$，其中 u_0 是顶点集合 V 的某一个顶点。

（2）在所有 $u\in U$、$v\in V-U$ 的边 $(u,v)\in E$ 中找一条权值最小的边 (u_0,v_0)，将这条边加到 TE 中，同时将此边的另一顶点 v_0 并入 U 中。

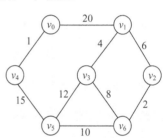

（3）如果 $U=V$，则算法结束；否则重复步骤（2）。

算法结束时，TE 中包含了 G 中的 $n-1$ 条边。经过上述步骤选取到的所有边恰好就构成了图 G 的一棵最小生成树。

图 7-27　带权图

以图 7-27 所示的带权图为例说明 Prim 算法的执行过程。算法选取边的过程如图 7-28 所示。

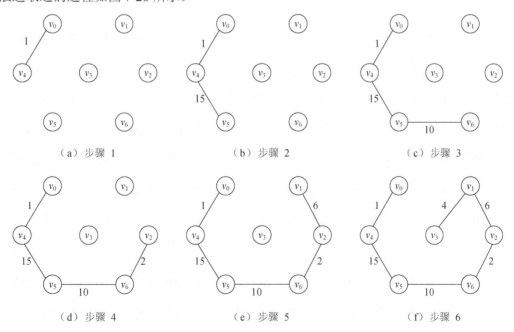

（a）步骤 1　　　　　　（b）步骤 2　　　　　　（c）步骤 3

（d）步骤 4　　　　　　（e）步骤 5　　　　　　（f）步骤 6

图 7-28　Prim 算法构造图 7-27 中带权图的最小生成树的步骤

2. Kruskal 算法

构造最小生成树的另一个常用算法是 Kruskal 算法。Kruskal 算法使用的准则是从剩下的边中选择不会产生环路且具有最小权值的边加入到生成树的边集中。

Kruskal 算法的构造思想是：首先将图中的顶点看成是独立的 n 个图，这时的状态是有 n 个顶点而无边的森林，可以记为 $T = \langle V, \{\} \rangle$。然后，在 E 中选择代价最小的边，如果该边依附于两个不同的连通分支，那么将这条边加入到 T 中，否则舍去这条边而选择下一条代价最小的边。以此类推，直到 T 中所有顶点都在同一个连通分量中为止，此时就得到图的一棵最小生成树。

以图 7-27 所示的带权图为例，按照 Kruskal 算法构造最小生成树的过程如图 7-29 所示。

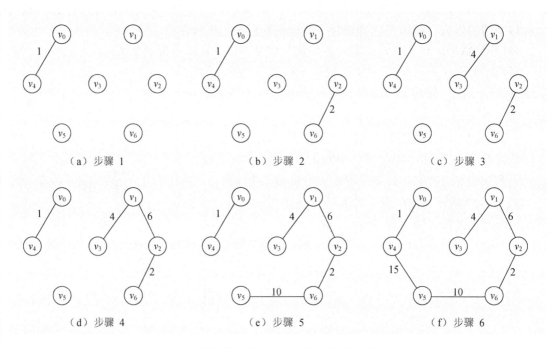

图 7-29　Kruskal 算法构造图 7-27 中带权图的最小生成树的步骤

3. 管梅谷算法

该算法是中国数学家管梅谷于 1975 年将构造生成树的破圈法推广到求最小生成树的结果，其要点是，删除回路中权值最大的边。具体步骤如下：

(1) 令 $E' = E$。

(2) 判断 E' 中是否有回路，如果没有，算法结束；如果有回路，从回路上选择一条权值最大的边，从 E' 中删除之。

以图 7-27 所示的带权图为例，按照管梅谷算法构造最小生成树的过程如图 7-30 所示。

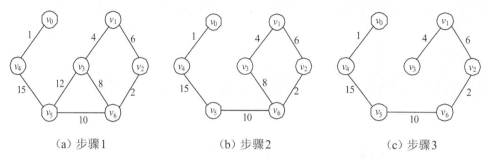

（a）步骤1　　　　　　　　（b）步骤2　　　　　　　　（c）步骤3

图 7-30　管梅谷算法构造图 7-27 中带权图的最小生成树的步骤

7.5　排　　序

日常生活中，经常需要对收集到的各种数据进行处理，而在这些处理中，常用的核心运算就是排序（Sorting）。例如，图书管理员将书籍按照编号排序放置在书架上，方便读者查找；打开计算机的资源管理器，可以选择按名称、大小、类型、修改时间等来排序图标；搜索引擎把与检索词最相关的页面排在前面返回给用户；网上书城按照书籍的销售量将销量最好的书排在前面。由于排序运算的广泛性和重要性，人们在长期的实践中不断开发出各种各样的排序算法，并被广泛应用到很多领域。

根据不同的策略，排序方法分为不同的类型，例如，插入排序、直接选择排序、冒泡排序、快速排序、归并排序等。本节将介绍几种典型的排序算法。

7.5.1　直接插入排序

插入排序的思想十分简单，就是对待排序的记录逐个进行处理，每个新记录与同组那些已排好序的记录进行比较，然后插入适当的位置。插入排序算法的关键在于如何将一个新记录插入已排序序列中，这涉及两个方面：找到序列中应插入的位置以及如何移动序列中那些已排好序的元素以便插入新记录。直接插入排序是通过线性搜索来确定待插入记录的位置。即若前面已经有若干个记录排成递增序列，则对已排序记录按照从大到小的顺序依次与新记录进行比较，直到找到第一个不大于新记录的值，这就是新记录应该插入的位置。依次把新记录插入到逐步扩大的已排序子序列中，直到最后完全排好序。

假设待排序序列 $R = \{r_0, r_1, \cdots, r_{n-1}\}$，排序后的有序序列为 $R' = \{r'_0, r'_1, \cdots, r'_{n-1}\}$，则插入排序的算法描述如下：

(1) 记 R' 为只含一个记录 r_0 的序列，即 $R' = \{r_0\}$，此时 $r'_0 = r_0$。

(2) 将记录 r_1 与 r'_0 进行比较，如果 r_1 比 r'_0 小，将 r_1 插入到 r'_0 的前面，此时 $r'_0 = r_1$，$r'_1 = r_0$；否则 r_1 和 r'_0 的相对位置保持不变，即 $r'_0 = r_0$，$r'_1 = r_1$。

(3) 插入 r_i 时，$\{r'_0, r'_1, \cdots, r'_{i-1}\}$ 已经有序，将 r_i 暂时保存起来，腾出该记录所占的位置，从右向左依次将 r_i 与前面 j 位置的记录 r'_j 比较，如果 $r_i < r'_j$，则 r'_j 向后移动一位；如果 $r_i \geqslant r'_j$，则找到了正确位置，直接将 r_i 放到 $j+1$ 的位置上，$\{r'_0, r'_1, \cdots, r'_j, r_i, r'_{j+1}, \cdots, r'_{i-1}\}$。最后，得到一个已经排好序的 R'。

图 7-31 是一个插入排序的例子。图中的每一行表示插入了第 i 个记录后的序列，单下划线表示即将插入的第 $i+1$ 个记录，双下划线表示第 i 个记录插入后的新位置。箭头连线从一个待插入元素指向最终插入位置。

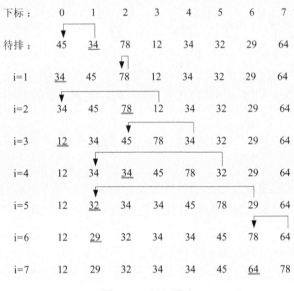

图 7-31 插入排序

7.5.2 冒泡排序

冒泡排序（Bubble Sorting）的思想是不停地比较相邻的记录，如果不满足排序的要求，就交换相邻记录，直到所有的记录都已经排好序为止。对于长度为 n 的待排序记录数组 $R = \{r_0, r_1, \cdots, r_{n-1}\}$，冒泡排序将按照下述步骤进行：

（1）从数组末端开始，不断比较相邻记录，不满足排序要求就交换。例如首先比较倒数第一个记录 r_{n-1} 和 r_{n-2}，如果 $r_{n-1} < r_{n-2}$，则二者进行交换；之后依次对 r_{n-2} 和 r_{n-3}，r_{n-3} 和 r_{n-4}，$\cdots$，r_2 和 r_1，r_1 和 r_0 进行比较处理。这样比较完一轮后，就会发现最小的那个记录已经被推到了数组的最左端，就好像一个气泡从水底慢慢地冒上来，最后浮出水面。这就是冒泡排序命名的由来。

（2）开始第二轮冒泡过程，由于 r_0 已经是最小的记录，因此第二次冒泡只需对 r_{n-1} 到 r_1 进行比较。第二次冒泡完成后，次小的记录就放在 r_1 上。这时，r_0 和 r_1 已经排好序，第三轮冒泡只需从 r_{n-1} 到 r_2 进行。以此类推，直到数组中所有记录都已经排好序为止。

仍以图 7-31 中的例子为例来说明冒泡排序的执行过程，如图 7-32 所示。

7.5.3 快速排序

快速排序（Quick Sort）是由伦敦 Elliot Brothers Ltd 公司的 Tony Hoare 于 1962 年发明的，它几乎是最快的排序算法，被评为 20 世纪十大算法之一。快速排序之所以快，是由于它是基于分治策略（Divide and Conquer），并且在对数组进行分组时，不是随便划分而是尽量将原数组一分为二，其具体思想如下：

下标：	0	1	2	3	4	5	6	7
i=0	45	34	78	12	34	32	29	64
i=1	45	34	78	12	34	29	32	64
	45	34	78	12	29	34	32	64
	45	34	12	78	29	34	32	64
	45	12	34	78	29	34	32	64
	12	45	34	78	29	34	32	64
i=2	12	29	45	34	78	32	34	64
i=3	12	29	32	45	34	78	34	64
i=4	12	29	32	34	45	34	78	64
i=5	12	29	32	34	34	45	78	64
i=6	12	29	32	34	34	45	64	78
i=7	12	29	32	34	34	45	64	78

图 7-32　冒泡排序

(1)从待排序序列 S 中任意选一个记录作为轴值 k （pivot）。

(2)将剩余的记录划分成左子序列 L 和右子序列 R，其中 L 中的所有记录都小于或等于 k，而 R 中的所有记录都大于等于 k，即 k 恰好处于正确的位置。

(3)对子序列 L 和 R 递归进行快速排序，直到子序列中含有 0 个或 1 个元素，退出递归。

快速排序实现起来比较复杂，下面通过图 7-33 所示的例子演示一下具体的排序过程，其中带方框的数字为轴值。首先选择 32 作为轴值，分割得到 $L=(25,29,12)$，$R=(34,64,45,34)$；对 L，选择轴值 29，分为 $(25,12)$ 和一个空集合；对 R，选择轴值 64，分为 $R=(34,45,34)$ 和一个空集合；然后继续分割下去，不断向下递归，直到集合中只剩下 0 个或 1 个元素，返回上一层。如果将轴值看成子根，分割后的 L 和 R 分别看作为轴值的左

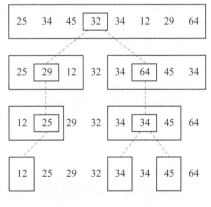

最终排序结果:12　25　29　32　34　34　45　64

图 7-33　快速排序图示

右子结点，则整幅图可以看成是一棵二叉树。

在实现快速排序时，涉及的主要问题是如何选择轴值，这对快速排序算法的性能影响很大，轴值的选择应尽量使序列可以据此划分为均匀的两半。从图 7-33 可以看到，最糟糕的情况莫过于轴值恰好是第一个或最后一个记录，这样分出的两个子序列中就会有一个为空，从而使分治法根本起不到作用。

最简单的办法是选择第一个记录或者最后一个记录作为轴值，但这样做的弊端在于：当原始输入数组恰巧是正序或者恰好是逆序时，每次分割都会将剩余记录全部分到一个序列中，而另一个序列为空。可以选取中间点的记录作为轴值，这种轴值在输入数据为正序或逆序时可以平分序列，排序效果非常好。

7.5.4 归并排序

归并排序（Merge Sorting）的思想是将原始序列划分为两个子序列，然后分别对每个子序列排序，最后再将有序子序列合并。主要步骤如下：

（1）将序列划分为两个子序列。

（2）分别对两个子序列递归进行归并排序。

（3）将两个已排好序的子序列合并为一个有序序列，即归并过程。

为便于理解，先看一下图 7-34 所示的归并排序示例。序列中共有 8 个记录，首先不断地将原始序列划分为越来越多的子序列，直到子序列长度为 1，停止划分。此时共有 8 个长度为 1 的子序列，然后，进行第一轮归并，将 4 对长度为 1 的子序列归并为 4 个长度为 2 的子序列，再归并为 2 个长度为 4 的子序列，最后再归并为一个长度为 8 的序列，得到最终结果。

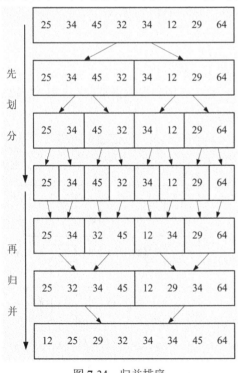

图 7-34　归并排序

在归并排序中，归并过程最关键。图 7-34 中在合并 25、34 和 32、45 时，首先对两个序列的最小记录 25 和 32 进行比较，发现 25 小于 32，因为 25 在它本身所在序列中就是最小的，而它又小于另一序列的最小值，因此此时 25 就是合并序列中的最小值，从第一个序列中取出 25 放在合并序列中第一个位置；此时第一个序列中次小记录 34 就成为子序列中新的最小记录，再将 34 与 32 进行比较，发现 32 较小，类似地将 32 放到合并序列中的第二个位置。继续使用这种方法，不断比较两个数组中未被处理序列最前端的记录，并将较小的记录依次放入合并序列中。

7.6　递归与分治策略

任何可以用计算机求解的问题所需的计算时间都与其规模有关。问题的规模越小，解题所需的计算时间也往往越短，从而也比较容易处理。例如，

对 n 个元素的排序问题，当 $n=1$ 时，不需要任何计算，$n=2$ 时，只需要做一次比较即可排好序；$n=3$ 需要比较两次……而当 n 较大时，问题就不那么容易处理了。要想直接解决一个较大的问题，有时是相当困难的。而分治法的思想是，将一个难以直接解决的大问题，分割成一些规模较小的相同问题，以便各个击破、分而治之。如果将原问题分解为若干个子问题，且这些子问题都可解，并可利用这些子问题的解求出原问题的解，那么这种分治法就是可行的。由分治法产生的子问题往往是原问题的较小模式，这就为使用递归技术提供了方便。在这种情况下，反复应用分治手段，可以使子问题与原问题类型一致而其规模却不断缩小，最终使子问题缩小到很容易求出其解，由此自然引出递归算法。

7.6.1 递归

递归算法指的是那些直接或间接地调用自身的算法，而用函数自身给出定义的函数称为递归函数。在计算机算法设计中，递归技术是非常有用的，使用递归技术往往使函数的定义和算法的描述简捷且易于理解。有些数据结构，如二叉树等，由于本身的特性，特别适合用递归的形式来描述。还有一些问题，虽然其本身没有明显的递归结构，但用递归技术来求解，可使设计出的算法简捷、易懂且易于分析。

例如，阶乘函数可以递归地定义为：

$$n!=\begin{cases}1, & n=0 \\ n(n-1)!, & n>0\end{cases}$$

阶乘函数的自变量 n 的定义域是非负整数。递归式的第一式给出了这个函数的初始值，是非递归定义的；每个递归函数都必须有非递归定义的初始值，否则递归函数就无法计算。递归式的第二式用较小自变量的函数值来表示较大自变量的函数值的方式来定义 n 的阶乘。

7.6.2 分治策略

分治法的基本思想是将一个规模为 n 的问题分解为 k 个规模较小的子问题，这些子问题互相独立且与原问题相同。递归地解这些子问题，然后将各子问题的解合并得到原问题的解。它的一般的算法设计模式如下：

```
divide-and-conquer(P)
{
    if(|P|<=n0) adhoc(P);
    divide P into smaller subinstances P1,P2,…,Pk;
    for(i=1;i<=k;i++)
        yi=divide-and-conquer(Pi);
    return merge(y1,y2,…,yk);
}
```

其中，|P|表示问题 P 的规模，n0 为一个阈值，表示当问题 P 的规模不超过 n0 时，问题已容易解出，不必再继续分解。adhoc(P)是该分治法中的基本子算法，用于直接解小规模的问题 P。当 P 的规模不超过 n0 时，直接用算法 adhoc(P)求解。算法 merge(y1,y2,…,yk)是该分治中的合并子算法，用于将 P 的子问题 P1,P2,…,Pk 的解 y1,y2,…,yk 合并为 P 的解。

根据分治法的分割原则，应把原问题分为多少子问题才较适宜？每个子问题是否规模相同或怎样才适当？这些问题很难予以肯定的回答。但人们从大量实践中发现，在用分治法设计算法时，最好使子问题规模大致相同，即将一个问题分成若干个大小相同的子问题的处理方法是有效的。许多问题可以分成两个子问题，这种使子问题规模大致相等的做法出自一种平衡（Balancing）子问题的思想，它几乎总是比子问题规模不等的做法要好。

以上讨论的是分治法的基本思想和一般原则，接下来我们将通过二分搜索算法来说明如何针对具体问题用分治思想来设计有效算法。二分搜索算法是运用分治策略的典型例子。给定已排好序的 n 个元素 $a[0:n-1]$，现要在这 n 个元素中找出一特定元素 x。

首先较容易想到的是用顺序搜索方法，逐个比较 $a[0:n-1]$ 中的元素，直至找出元素 x 或搜索遍整个数组后确定 x 不在其中。这个方法没有很好地利用 n 个元素已排好序这个条件，因此在最坏情况下，算法需要扫描完所有 n 个元素才可以确定。

二分搜索技术有效地利用了元素间的有序关系，采用分治策略。其基本思想是将 n 个元素分为大致相同的两半，取 $a[n/2]$ 与 x 作比较，如果 $x=a[n/2]$，则找到 x，算法终止；如果 $x<a[n/2]$，则只要在数组 a 的左半部继续搜索 x；如果 $x>a[n/2]$，则在数组 a 的右半部继续搜索 x。图 7-35 说明了二分搜索技术的搜索过程。

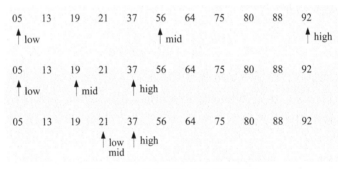

图 7-35　二分搜索技术的搜索过程

二分搜索法的思想易于理解，但要写一个正确的二分搜索算法也不是一件简单的事情。第一个二分搜索算法早在 1946 年就出现了，但是第一个完全正确的二分搜索算法却直到 1962 年才出现。

科学人物

1. 瑞士科学家沃思（N. Wirth，1934 年～ ）

沃思是瑞士 IT 界的拓荒者，是建立瑞士包括苏黎世工学院在内的 IT 教育的先驱，是使瑞士 IT 扬名世界的最著名人物。C++之父 Bjarne 说："沃思的态度没有因为年龄的增大而有丝毫减弱"。一切都可以是软件，但软件并不是一切（Everything is software, but software is not everything）。沃思的一生是执着地追求技术的一生，每一个阶段都有他的执着和独特的思考。

1934 年 2 月，沃思生于瑞士北部离苏黎世不远的温特图尔（Winterthur）。沃思小时就喜欢动手动脑，组装飞机模型是他的最大爱好。他父亲是高中地理学教师，有一个小书房，作为家中唯一的孩子，父亲的书房成了他发现灵感的地方，这里有许多技术书籍，从这些书中，他发现了涡轮、蒸汽机、火车头和电报的构造说明，这些问题令他着迷。但是这些理论并没有使他满足，他想知晓生活中这一切东西是怎样运作的，怎么办呢？自己动手做。作为飞机模型迷，他和朋友们建造了自己的飞机，数量还相当可观，足有几十只，最大的一个机翼跨度足有 3.5 米。

在高中时，他还是一个化学迷，在家中地下室里建立了一个实验室，以用来实验在学校里学到的东西。与其他的孩子一样，他童年时也有一些有意思的小故事。有一次，他和朋友做了一个火箭模型，在实验时，由于没有将硝石、硫磺和木炭等混合物压缩好，结果使火箭没有到达预定轨道，更为不幸的是，火箭落到了校长的脚下。当时校长正好溜达到学校的角落里，好在校长比较和蔼，没有给他们纪律处分。也许正是从那时起，燃起了他的技术梦，在他的职业生涯中他走出了一条自己的路。中学毕业以后，沃思进入了在欧洲甚至全世界都很有名气的苏黎世工学院。获得电子工程学士学位后，他于 1959 年离开了瑞士，远渡重洋来到加拿大，在加拿大的莱维大学（Laval University）深造，于 1960 年取得硕士学位。之后他再次迁移，来到美国加利福尼亚，进入世界闻名的加州大学伯克利分校，并于 1963 年获得博士学位，后来成了斯坦福大学的助理教授。在加拿大两年、美国 8 年后，1968 年，沃思和家人重回到了瑞士，等着他的是承建苏黎世工学院计算机科学部门的重任。

计算机科学及计算机科学教育成了他一生不解的缘。在苏黎世工学院工作 32 年后，1999 年 3 月他正式退休，而苏黎世工学院的计算机科学大厦业已建立。

2. 高纳德（D. E. Knuth，1938 年~）

高纳德，算法和程序设计技术的先驱者，其经典著作《计算机程序设计艺术》更是被誉为算法中"真正"的圣经，像 KMP 和 LR(K) 这样令人不可思议的算法，在此书中比比皆是。比尔·盖茨对该著作如此评价："如果能做对书里所有的习题，就直接来微软上班吧！" 高纳德本人一生中获得的奖项和荣誉不计其数，包括图灵奖、美国国家科学金奖、美国数学学会斯蒂尔奖（AMS Steel Prize），以及发明先进技术荣获的极受尊重的京都奖（Kyoto Prize）等。高纳德也被公认是美国最聪明的人之一。当年他上大学的时候，常编写各种各样的编译器来挣外快，只要是他参加的编程比赛，总是第一名，同时他也是世上少有的编程时间长达 40 年以上的程序员之一。他除了是技术与科学上的泰斗外，更是无可非议的写作高手，技术文章堪称一绝，文风细腻，讲解透彻，思路清晰。估计这也是《计算机程序设计艺术》被称为"圣经"的原因之一。

高纳德于 1938 年 1 月 10 日出生于美国威斯康星州密尔沃基市。高中的时候，高纳德对数学并没多大兴趣，而是把主要精力放在听音乐和作曲这两门主修的课程上。当高纳德在 Case 科学院（现在的 Case Western Reserve）获得物理奖学金时，梦想成为一个音乐家的计划改变了。1956 年，作为 Case 的新生，高纳德第一次接触到了计算机，那是一台 IBM 650。高纳德熬夜读 IBM 650 的说明手册，自学基本的程序设计。对此高纳德说，有了第一次使用 IBM 650 的经历，他便肯定自己能编写出比说明手册上介绍的更好的程序。1960 年，高纳德从 Case 毕业时享有着最高荣誉，在由全体教员参加的选举上，他因其公认的出众成就获得了硕士学位。1963 年，高纳德回到加利福尼亚理工学院取得了数学博士学位，之后成为了该院的数学教授。在加利福尼亚理工学院任教期间，高纳德作为 Burroughs 公司的顾问继续从事软件开发工作。1968 年，他加入了斯坦福大学，9 年后坐上了该校计算机科学学科的第一把交椅。1993 年，高纳德成为斯坦福大学 the Art of Computer Programming 的荣誉退休教授。

作为世界顶级计算机科学家之一，高纳德教授已经完成了编译程序、属性文法和运算法则的前沿研究，并编著完成了在程序设计领域中具有权威标准和参考价值的书目的前三卷。在完成该项工作之余，高纳德还用了 10 年时间发明了两个数字排版系统，并编写了 6 本著作，对其做了详尽的解释说明，现在，这两个系统已经被广泛地运用于全世界的数学刊物的排版中。随后，高纳德又发明了文件程序设计的两种语言，以及"文章性程式语言"相关的方法论。

对于高纳德来说，衡量一个计算机程序是否完整的标准不仅仅在于它是否能够运行，他认为一个计算机程序应该是雅致的，甚至可以说是美的。计算机程序设计应该是一门艺术，一个算法应该像一段音乐，而一个好的程序应该如一部文学作品一般。

参 考 文 献

［1］J.Glenn Brookshear．计算机科学概论（第10版）[M]．刘艺，肖成海，马小会译．北京：人民邮电出版社，2009

［2］傅彦，顾小丰，王庆先等．离散数学[M]．北京：高等教育出版社，2007

［3］王晓东．计算机算法设计与分析（第3版）[M]．北京：电子工业出版社，2007

［4］严蔚敏，吴伟民．数据结构（C语言版）[M]．北京：清华大学出版社，2007

［5］张小峰，贾世祥，柳婵娟，邹海林．计算机科学技术导论[M]．北京：清华大学出版社，2011

第 8 章

数据库技术

数据库技术主要研究和解决如何在信息处理过程中有效地组织和存储数据，以及如何在数据库系统中减少数据存储冗余，实现数据共享，保障数据安全，以及高效地检索数据和处理数据，提高数据处理与信息管理的效率。

本章主要介绍数据库系统的基本概念和基本原理，包括数据库系统的定义、类型、结构，以及数据库管理系统和数据库语言等基本知识。

8.1 数据管理的发展

数据库技术是随着使用计算机进行数据处理的发展而产生的。所谓数据处理，是指对各种形式的数据进行收集、获取、组织、加工、存储、传输等工作。其基本目的是从大量的、杂乱无章的甚至是难以理解的数据中获取并推导出有价值的、有意义的数据，为下一步的行动提供决策依据。运用计算机进行数据管理经历了 3 个阶段：手工管理、文件系统管理和数据库系统管理。

1. 手工管理阶段

20 世纪 50 年代中期以前，计算机主要用于科学计算，没有大容量的存储设备，外存只有纸带、卡片、磁带。没有操作系统，没有数据管理软件，处理方式是批处理。人们把程序和需要计算的数据通过打孔的纸带送入计算机中，计算的结果由用户自己手工保存。数据不是共享的，数据是面向程序的，一组数据只能对应一个程序，不同程序不能直接交换数据。当多个应用程序涉及某些相同的数据时，也必须由程序员各自定义，因此程序之间有大量的冗余数据。此时数据不具有独立性，数据的逻辑结构或物理结构发生变化后，必须对应用程序做相应的修改。这种状况给程序编写、维护都造成很大麻烦。在人工管理阶段，程序与数据之间的一一对应关系如图 8-1 表示。

2. 文件系统阶段

20 世纪 50 年代后期到 60 年代中期，计算机不仅用于科学计算，还应用于信息管理。在硬件方面，有了磁盘、磁鼓等存储设备；在软件方面，出现了高级语言和操作系统；操作系统中有了专门管理数据的软件，处理方式有批处理和联机处理。

文件系统管理数据具有如下特点：

(1)一个应用程序对应一组文件，不同的应用系统之间经过转化程序可以共享数据。多个应用程序可以设计成共享一组文件，但它们不能同时访问共享文件组。

(2)大量的应用数据以记录为单位可以长期保留在数据文件中，可以对文件中的数据进行反复的查询、增加、删除和修改等操作。这些操作是由操作系统提供的文件存取接口来实现。

(3)程序与数据之间有一定独立性。由于文件的逻辑结构和物理结构是由操作系统的文件管理软件实现，应用程序和数据之间由文件系统提供的存取方法进行数据交换。所以，应用程序和数据之间有一定的独立性。

在文件系统管理阶段，程序与数据之间的关系如图 8-2 所示。

图 8-1　人工管理阶段应用程序与数据之间的对应关系　　　图 8-2　数据的文件系统管理

与人工管理相比，文件系统尽管对数据管理有了较大进步，但仍存在一些根本性问题没有解决。

(1)数据共享性差，冗余大。由于文件之间是孤立的、无联系的，每个文件又是面向特定应用的，应用程序之间的不同数据仍要各自建立自己的文件，无法实现数据的共享，就会造成数据的冗余。

(2)数据独立性差，文件仍然是面向特定应用程序，数据和程序相互依赖，一旦文件的逻辑结构改变，应用程序也要改变。同理，当应用程序改变时，也会引起文件结构的改变。

(3)数据一致性较差，由于相同数据的重复存储、各自管理，在进行更新操作时，容易造成数据的不一致性。

针对上述问题，世界各国的专家学者、计算机公司、计算机用户以及计算机学术机构纷纷开展研究，为改革数据处理系统进行探索与试验，其目标主要就是突破文件系统分散管理的弱点，实现对数据的集中控制，统一管理。结果就是出现了一种全新的高效的管理技术——数据库技术。

3. 数据库系统阶段

进入 20 世纪 60 年代，计算机用于数据管理的规模越来越大，应用领域越来越广泛，数据量急剧增长。同时，计算机性能大大提高。尤其是大容量磁盘的出现，为数据处理提供了大容量快速存储设备，在此基础上诞生了数据库技术。数据库技术研究的主要问题是如何科学地组织和存储数据，如何高效地获取和处理数据。目前，数据库技术作为数据管理的主要技术已广泛应用于各个领域。

数据库的特点是数据不再只针对某一特定应用，而是面向全组织，具有整体的结构性，共享性高，冗余度小，程序与数据之间具有一定的独立性，并且实现了对数据的统一控制。图 8-3 给出了数据库系统管理的示意图。

数据库管理系统具有以下显著特点：

(1) 数据库具有面向各种应用的数据组织和结构。文件系统中，每个文件面向一个应用程序。而现实生活中，一个事物或实体，含有多方面的应用数据。例如，一个学生的全部信息，包括学生的人事信息，学生的学籍和成绩信息，还有学生健康方面的信息。这些不同的数据对应人事部门的应用、教务部门的应用和健康部门的应用。对学生的全部

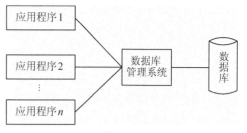

图 8-3　数据库系统管理

信息，如果采用文件系统，至少要建立 3 个独立的文件，存储学生的姓名、学号、年龄、性别等基本信息。如果采用数据库系统管理，在数据库设计的时候，就要考虑学生的各种应用信息，设计面向各种应用的数据结构，如学生的人事数据、学生的学籍数据、学生的健康数据等，使整个实体的多方应用数据具有整体的结构化描述，同时也保证了针对不同应用的存取方式的灵活性。

(2) 数据的共享性好，冗余度低。在一个单位的各个部门之间，存在着大量的重复信息。使用数据库的目的就是要统一管理这些信息，减少冗余度，使各个部门共同享有相同的数据。

(3) 高度的数据独立性。数据的独立性是指数据记录和数据管理软件之间的独立。数据结构可分为数据的物理存储结构和数据的逻辑结构。数据的物理存储结构是指数据在计算机物理存储设备（硬盘）上的存储结构。在数据库中，数据在磁盘上的存储结构是由 DBMS（Data Base Management System）来管理和实现的，用户或应用程序不必关心。应用程序直接与数据的逻辑结构相关。数据的逻辑结构又分为局部逻辑结构和全局逻辑结构，而且不同的应用程序只与自己局部数据的逻辑结构相关。

从文件系统管理发展到数据库系统管理是信息处理领域的一个重大突破。在文件系统管理阶段，人们关注的是系统功能设计，因此程序设计处于主导地位，数据服从于程序设计；在数据库系统阶段，数据的结构设计已成为信息系统首先关心的问题。可以相信，随着计算机技术的发展，成熟的数据库理论将不断取得突破。

数据管理 3 个阶段的比较如表 8-1 所示。

表 8-1　数据管理 3 个阶段的比较

		人工管理阶段	文件系统阶段	数据库系统阶段
背景	应用背景	科学计算	科学计算、管理	大规模管理
	硬件背景	无直接存取存储设备	磁盘、磁鼓	大容量磁盘
	软件背景	没有操作系统	有文件系统	有数据库管理系统
	处理方式	批处理	批处理、联机实时处理	批处理、联机实时处理、分布处理
特点	数据的管理者	用户（程序员）	文件系统	数据库管理系统
	数据面向的对象	某一应用程序	某一应用	现实世界
	数据的共享程度	无共享，冗余度很大	共享性差，冗余度大	共享性高，冗余度小
	数据的独立性	不独立，完全依赖于程序	独立性差	具有高度的物理独立性和一定的逻辑独立性
	数据的结构化	无结构	记录内有结构，整体无结构	整体结构化，用数据模型描述
	数据控制能力	应用程序自己控制	应用程序自己控制	由数据库管理系统提供数据安全性、完整性、并发控制和恢复能力

8.2　数据模型与数据库系统

计算机不可能直接处理现实世界中的具体事物，因此需要把具体事物转换成计算机能够处理的数据。在数据库中用数据模型（Data Model）来抽象、表示和处理现实世界中的数据和信息，它是现实世界数据特征的抽象。

8.2.1　数据模型及其组成要素

数据库不仅反映数据本身的内容，而且也反映数据之间的联系。由于计算机不可能直接处理现实世界中的具体事物，所以人们必须把具体事物转换成计算机能够处理的数据。在数据库中用数据模型来抽象、表示和处理现实世界中的数据和信息。

数据模型应满足 3 个方面的要求：一是能比较真实地模拟现实世界；二是容易理解；三是便于在计算机上实现。目前，寻求一种较好地满足这 3 个方面的数据模型仍然比较困难。因此在数据库系统中针对不同的使用对象和应用目的，采用不同的数学模型。

数据模型一般分为 3 层，如图 8-4 所示。

物理层是数据抽象的最底层，用来描述物理存储结构和存储方法。例如，一个数据库中数据和索引是存放在不同的数据段上还是同一数据段中，数据的物理记录格式是变长的还是定长的，数据是压缩的还是非压缩的等。这一层的数据抽象称为物理数据模型，它不但由 DBMS 的设计决定，而且与操作系统、计算机硬件等密切相关。

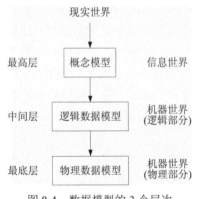

图 8-4　数据模型的 3 个层次

逻辑层是数据抽象的中间层，用来描述数据库数据整体的逻辑结构。它是用户通过数据库管理系统看到的现实世界，是数据的系统表示。不同的 DBMS 提供不同的逻辑数据模型，包括层次模型、网状模型、关系模型、以助记词面向对象的数据模型等。

概念层的数据模型离机器最远，从机器立场看是抽象级别的最高层，其目的是按用户的观点来对世界建模。它应该是能够方便、直接地表达各种语义，易于用户理解，独立于任何 DBMS，并容易向 DBMS 所支持的逻辑数据模型转换。

一般地讲，数据模型是严格定义的一组概念的集合，这些概念精确地描述了系统的静态特性、动态特性和完整性约束条件。通常，数据模型由数据结构、数据操作和数据的约束条件 3 部分组成，具体如下：

(1)数据结构是所研究的对象类型的集合。这些对象是数据库的组成成分，它们包括两类，一类是与数据类型、内容、性质有关的对象；一类是与数据之间联系有关的对象。数据结构是刻画一个数据模型性质的最重要的方面，是对系统静态特性的描述。

(2)数据操作是指对数据库中各种对象和实例允许执行的操作的集合，包括操作及有关的操作规则。数据库主要有检索和更新两大类操作，数据模型必须定义这些操作的确切含义、操作符号、操作规则以及实现操作的语言，是对系统动态特性的描述。

（3）数据的约束条件是一组完整性规则的集合，其中完整性规则是指给定的数据模型中数据及其联系的制约和依存规则，用以限定符合数据模型的数据库状态以及状态的变化，以保证数据的正确性和有效性。

数据模型是数据库系统的核心和基础，各种 DBMS 软件都是基于某种数据模型的。根据模型应用的不同目的，可以将这些模型划分为两类，一类是概念模型，也称信息模型，它是按用户的观点来对数据和信息建模，主要用于数据库设计；另一类是数据模型，主要包括层次模型、网状模型和关系模型等，它主要按计算机系统的观点对数据建模，主要用于 DBMS 的实现。

8.2.2 概念模型

概念模型用于信息世界的建模，是现实世界到信息世界的第一层抽象，是数据库设计人员进行数据库设计的有力工具，也是数据库设计人员和用户之间进行交流的语言。因此概念模型一方面应该具有较强的语义表达能力，能够方便、直观地表达应用中的各种语义知识，另一方面它还应该简单、清晰，易于用户理解。

1. 信息世界中的基本概念

信息世界涉及的概念包括：实体、属性、实体类型、实体集、联系等。

1）实体（Entity）

客观存在并可以互相区分的事物称为实体，是现实世界中各种事物的抽象。实体可以是具体的人、事、物，也可以是抽象的概念或联系。例如，一个职工、一个学生、一个部门、一门课程等，都是实体。

2）实体属性（Entity Attribute）

实体所具有的某一特征称为属性。每个实体都有自己的特征，利用实体的特征可以区别不同的实体。一个实体可以由若干个属性来刻画，例如，学生实体可以由学号、姓名、性别、出生年月、系、入学时间等属性组成。能够唯一标识实体的属性称为该实体的码（Key）。

3）实体型（Entity Type）

具有相同属性的实体必然具有共同的特征和性质。用实体名及其属性名集合来抽象和刻画同类实体，称为实体型。例如，学生(学号,姓名,性别,出生年月,系,入学时间)就是一个实体型。

4）实体集（Entity Set）

同型实体的集合称为实体集。例如，全体学生就是一个实体集。

5）联系（Relation）

在现实世界中，事物内部以及事物之间是有联系的，这些联系在信息世界中反映为实体内部的联系和实体之间的联系。实体内部之间的联系通常是指组成实体的各属性之间的联系，而实体之间的联系通常是指不同实体集之间的联系。实体型之间的联系可以分为 3 类：一对一联系，一对多联系，多对多联系。

2. 概念模型

概念模型的表示方法很多，其中最著名、最常用的是麻省理工学院的陈品山（Peter Pin-

Shan Chen）于 1976 年提出的实体-联系方法（Entity-Relationship Approach），该方法用 E-R 图来描述现实世界的概念模型，E-R 方法也称为 E-R 模型。E-R 图提供了表示实体型、属性和联系的方法。

(1)实体型：用矩形表示，矩形框内写明实体名。

(2)属性：用椭圆表示，并用无向边将其相应的实体连接起来。

例如，学生实体具有学号、姓名、性别、出生年月、系等属性，用 E-R 图表示如图 8-5 所示。

联系：用菱形表示，菱形框内写明联系名，并用无向边与有关实体连接起来，同时在无向边旁边标注上联系的类型。

例如，在企业物资管理中，用"供应量"来描述联系"供应"的属性，表示某个供应商供应了多少数量的零件给某个项目，则这 3 个实体及其之间的联系的 E-R 图如图 8-6 所示。

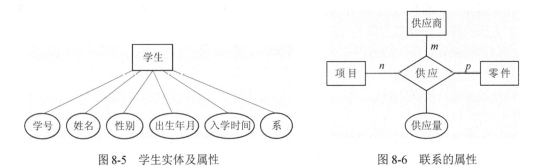

图 8-5　学生实体及属性　　　　　图 8-6　联系的属性

8.2.3　基于层次模型的数据库系统

不同的数据库管理系统支持不同的数据模型。在各种数据库管理系统软件中，最常见的模型有层次模型（Hierarchical Model）、网状模型（Network Model）和关系模型（Relation Model）。其中层次模型和网状模型数据库系统在 20 世纪 70～80 年代占据主导地位，后来逐渐被关系模型数据库系统取代。

层次模型是数据库系统中最早出现的数据模型，层次数据库系统采用层次模型作为数据的组织方式。层次数据库系统的典型代表是 IMS（Information Management System）数据库管理系统。在层次模型中，各类实体及实体间的联系用有序的树型（层次）结构来表示。现实世界中许多实体之间的联系呈现出一种很自然的层次关系，例如行政机构、家族管理等。因此层次模型可自然地表达数据间具有层次规律的分类关系、概括关系、部分关系等。

层次模型由处于不同层次的各个结点组成。在层次模型中，每个结点表示一个记录类型（实体），记录之间的联系用结点之间的连线表示。父结点和子结点必须是不同的实体类型，它们之间的联系必须是一对多的联系。同一父结点的子女结点称为兄弟结点，没有子女结点的结点称为叶结点。图 8-7 给出了一个层次模型的例子。从图中可以看出，层次模型像一棵倒立的树，结点的父结点是唯一的。

图 8-8 所示的教师学生信息层次数据库系统，其中的关系就是属于层次数据模型。

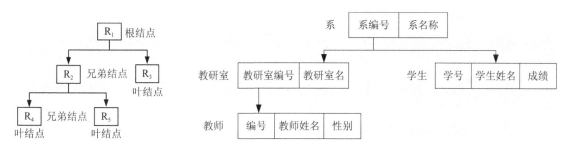

图 8-7　一个层次模型的示例　　　　图 8-8　教师学生信息管理系统的层次关系模型

在层次模型中，记录类型描述的是实体类型，每个记录类型可包含若干字段，字段描述实体的属性。各个记录类型及其字段都必须有唯一的命名。每个记录类型可以定义一个标识码（一个字段或几个字段），其值能唯一地标识一个记录值。

层次模型反映了现实世界中实体间的层次关系，层次结构是众多空间对象的自然表达形式，并在一定程度上支持数据的重构。但在应用时存在以下问题：

（1）由于层次结构的严格限制，对任何对象的查询必须始于其所在层次结构的根，使得低层次对象的处理效率较低，并难以进行反向查询。数据的更新涉及许多指针，插入和删除操作也比较复杂。

（2）层次命令具有过程式性质，它要求用户了解数据的物理结构，并在数据操纵命令中显式地给出存取途径。

（3）模拟多对多联系时导致物理存贮上的冗余。

（4）数据独立性较差，给使用带来了很大的局限性。

8.2.4　基于网状模型的数据库系统

为克服文件系统分散管理的弱点，实现对数据的集中控制和统一管理，人们开始对改革数据处理系统进行探索与研究。与层次模型同时出现的还有网状模型，其代表是巴赫曼（C.W. Bachman，1924 年～）主持设计的数据库管理系统（Integrated Data System，IDS），它的设计思想和实现技术也被后来的许多数据库产品所仿效。

网状数据模型是一种比层次模型更具普遍性的结构，它去掉了层次模型的两个限制，允许多个结点没有双亲结点，并允许结点有多个双亲结点。此外，它还允许两个结点之间有多种联系，因此网状模型可以更直接地描述现实世界。与层次模型一样，网状模型中每个结点表示一个记录类型（实体），每个记录类型可包含若干个字段（实体的属性），结点间的连线表示记录类型（实体）之间一对多的父子联系。

在层次模型中，子女结点与父结点的联系是唯一的，而在网状模型中这种联系可以不唯一。也就是说在网状模型中结点数据间没有明确的从属关系，一个结点可与其他多个结点建立联系。图 8-9 中表示的是学生选修课程的情况，其中的关系就属于网状数据模型。

网状模型的优点是可以描述现实生活中极

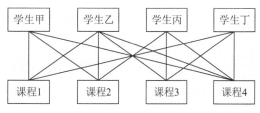

图 8-9　学生选课的网状数据模型

为常见的多对多的关系，其数据存储效率高于层次模型，但其结构的复杂性限制了它在空间数据库中的应用。网状模型在一定程度上支持数据的重构，具有一定的数据独立性和共享性，并且运行效率较高。但它在应用时存在以下问题：① 网状结构的复杂，增加了用户查询和定位的困难。它要求用户熟悉数据的逻辑结构，知道自身所处的位置；② 网状数据不直接支持对于层次结构的表达。

8.2.5 基于关系模型的数据库系统

关系模型以关系代数为语言模型，以关系数据理论为理论基础，具有结构基础好、数据独立性强、数据库语言非过程化等特点，因此得到了迅速发展和广泛应用。

在层次模型和网状模型中，实体间的关系主要是通过指针来实现，即把有联系的实体用指针连接起来。而关系模型是建立在数学中"关系"的基础上，它把数据的逻辑结构归结为满足一定条件的二维表的形式。实体本身的信息以及实体之间的联系均表现为二维表，这种表就称为关系。一个实体由若干个关系组成，而关系表的集合就构成关系模型。关系模型可用关系代数来描述，因而关系数据库管理系统能够用严格的数学理论来描述数据库的组织和操作，且具有简单灵活、数据独立性强等特点。

为了进一步了解关系数据库，下面以表 8-2 中的学生登记表为例介绍关系数据库的一些基本概念。

表 8-2 学生登记表

学号	姓名	性别	年龄	系	年级
2009152203	陈凯迪	男	19	计算机科学	2009
2009152204	郝 好	女	18	信息工程	2009
2009152205	赵玉芮	男	18	软件工程	2009
...	...	...	...	...	...

(1) 关系（Relation）：一个关系就是一张二维表，每个关系有一个关系名。在计算机中，一个关系可存储为一个文件。上面的表 8-2 就是关系。

(2) 属性（Attribute）：二维表中垂直方向的列称为属性，有时也叫作一个字段。如表 8-2 中的学号、姓名、性别、年龄、系和年级。

(3) 域（Domain）：一个属性的取值范围称为一个域。如性别的域是（男，女），系的域是一个学校所有系名的集合。

(4) 元组（Tuple）：二维表中水平方向的行称为元组，有时也叫作一条记录。

(5) 码（Key）：又称为关键字。二维表中的某个属性，如果它的值唯一地标识了一个元组，则称该属性为候选码。如果一个关系有多个候选码，则选定其中一个为主码，这个属性称为主属性。

(6) 分量：元组中的一个属性值叫做元组的一个分量。

(7) 关系模型：是对关系的描述，它包括关系名、组成关系的属性名、属性到域的映像。一般表示为：

关系名(属性 1，属性 2，…，属性 n)

例如，上面的关系可描述为：

学生(学号, 姓名, 性别, 年龄, 系, 年级)

关系模型要求关系必须是规范化的，即要求关系必须满足一定的规范条件，这些规范条件中最基本的一条就是，关系的每一个分量必须是一个不可分的数据项，也就是说不允许表中还有表。如表 8-3 所示的职工工资表中工资和扣除是可分的数据项，因此不符合关系模型的要求。

表 8-3　工资表

工号	姓名	职称	工资			扣除		实发工资
			基本工资	工龄工资	职务工资	房租	水电	
980052	张放	工程师	980	20	280	60	20	1200
⋮	⋮	⋮	⋮	⋮	⋮	⋮	⋮	⋮

关系模型的提出不仅为数据库技术的发展奠定了基础，同时也为计算机的应用普及提供了极大的动力。在关系模型以后，IBM 投巨资开展关系数据库管理系统的研究。20 世纪 70 年代末，IBM 公司圣约瑟研究实验室在 IBM370 系列机上研制的关系数据库实验系统 System R 获得成功，极大地推动了关系数据库技术的发展。40 多年来，关系数据库系统的研究取得了巨大成绩，涌现出许多性能良好的商品化关系数据库系统，例如 DB2、Oracle、Ingres、Sybase、Informix 等。数据库的应用领域迅速扩大。

实践证明，由于关系模型具有严格的数学基础，概念清晰简单，数据独立性强，在支持商业数据处理的应用上非常成功。但关系数据模型以记录为基础，有确定的对象、确定的属性，不能以自然方式表示实体间的联系。同时，关系数据模型语义较贫乏，数据类型也不多，难以处理半结构化和非结构化的数据，对于不确定性数据也无能为力。于是人们就在关系数据模型基础上对其扩展，提出了时态数据模型、模糊数据模型、概率数据模型，进而提出实体联系数据模型、面向对象数据模型等。但关系数据模型后提出的数据模型都还存在一些理论上的缺陷，目前还无法取代关系模型。

8.2.6　常用的数据库管理系统

1. 桌面数据库

1）Access 关系数据库管理系统

Microsoft Access 是 Microsoft 公司推出的面向办公自动化、功能强大的关系数据库管理系统。Access 数据库对象包括：表（Table）、查询（Query）、窗体（Form）、报表（Report）、数据访问页（Page）、宏（Macro）和模块（Module）等。在任何时刻，Access 只能打开并运行一个数据库。但是，在每一个数据库中，可以拥有众多的表、查询、窗体、报表、数据访问页、宏和模块。在 Access 中可以建立和修改录入表的数据，进行数据查询，编写用户界面，进行报表打印。

2）XBase

XBase 作为个人计算机系统中使用最广泛的小型数据库管理系统，具有方便、廉价、简单易用等优势，并向下兼容 DBase、FoxBase 等早期的数据库管理系统。它有良好的普及性，在小型企业数据库管理与 WWW 结合等方面具有一定优势，但它难以管理大型数据库。目前 XBase 中使用最广泛的当属微软公司的 Visual FoxPro，它还集成了开发工具以方便建立数据库应用系统。

2. 大型数据库

1）SQL Server 数据库

SQL Server 是微软公司开发和推出的大型关系数据库管理系统，它最初是由 Microsoft、Sybase 和 Ashton-Tate 三家公司共同开发的，并于 1988 年推出了第一个 OS/2 版本。SQL Server 不断更新版本，1996 年，Microsoft 推出了 SQL Server 6.5 版本；1998 年，SQL Server7.0 版本和用户见面；SQL Server 2000 是 Microsoft 公司于 2000 年推出的最新版本。Microsoft SQL Server 提供了一个查询分析器，目的是编写和测试各种 SQL 语句，同时还提供了企业管理器，主要供数据库管理员来管理数据库，适合中型企业使用。

2）Oracle 数据库

Oracle 是目前世界上最流行的大型关系数据库管理系统，具有移植性好、使用方便、功能与性能强大等特点，适用于各类大、中、小微机和专用服务器环境。Oracle 具有许多优点，例如采用标准的 SQL 结构化查询语言，具有丰富的开发工具，覆盖开发周期的各阶段，数据安全级别为 C2 级（最高级），支持大型数据库，数据类型支持数字、字符、大至 2GB 的二进制数据，并可为数据库的面向对象存储提供数据支持。

Oracle 1.0 于 1979 年推出，目前版本为 2009 年 9 月份推出的 Oracle 11 第 2 版。Oracle 提供了一个叫做 SQL Plus 的命令界面，可以在该窗口中使用 SQL 命令完成对数据库的各种操作，它也可作为查询分析工具使用。Oracle 还提供了一个叫做 DBA Studio 的管理工具，主要供 Oracle 管理员来管理数据库。Oracle 适合大中型企业使用，在电子政务、电信、证券和银行企业中使用比较广泛。

除 Oracle 和 Microsoft SQL Server 外，还有其他一些大型关系数据库管理系统，如 IBM 公司的 DB2、Sybase 公司的 Sybase 和 Informix 公司的 Informix 等，这些关系数据库管理系统都支持标准的 SQL 语言和 ODBC 接口。通过 ODBC 接口，应用程序可以透明地访问这些数据库。

3. 开源数据库

开源数据库是指开放源代码的数据库。Linux 系统下 My SQL、Postgre SQL 就是开源数据库的优秀代表。开源数据库具有速度快、易用性好、支持 SQL 语言、支持各种网络环境、可移植性、开放和价格低廉（甚至免费）等特点。

1）My SQL

My SQL 数据库管理系统是 My SQL 开放式源代码组织提供的小型关系数据库管理系统，可运行在多种操作系统平台上，是一种具有 C/S 体系结构的分布式数据库管理系统。My SQL 适用于网络环境，可在 Internet 上共享。由于它追求的是简单、跨平台、零成本和高执行效率，因此它特别适合互联网企业（例如动态网站建设），许多互联网上的办公和交易系统也采用 My SQL 数据库。

2）Postgre SQL

Postgre SQL 是一种相对较复杂的对象关系型数据库管理系统，也是目前功能最强大、特性最丰富、最复杂的开源数据库之一，它的某些特性甚至连商业数据库都不具备。Postgre SQL 主要在 UNIX 或 Linux 平台上使用，目前也推出了 Windows 版本。

8.3　SQL　语　言

SQL 语言是结构化查询语言（Structure Query Language）的英文缩写，它是一种基于关系运算理论的数据库语言。由于 SQL 所具有的特点，目前关系数据库系统大都采用 SQL 语言，这使它成为一种通用的国际标准数据库语言。

8.3.1　SQL 的产生和发展

SQL 是 1974 年由博斯（Raymond F. Boyce，1947～1974 年）和钱伯伦（Don Chamberlin，1944 年～）首先提出的，并在 IBM 公司研制的关系数据库管理系统 SYSTEM-R 上实现。从 1982 年开始，美国国家标准局着手进行 SQL 的标准化工作，1986 年 10 月，ANSI 的数据库委员会 X3H2 批准了将 SQL 作为关系数据库语言的美国标准，并公布了第一个 SQL 标准文本。1987 年 6 月国际标准化组织 ISO 也做出了同样的决定，将其作为关系数据库语言的国际标准。这两个标准现在称为 SQL86。1989 年 4 月，ISO 颁布了 SQL89 标准，其中增强了完整性特征。1992 年 ISO 对标准又进行了修改和扩充，并颁布了 SQL92，其正式名称为国际标准数据库语言（International Standard Database Language）SQL92。随着 SQL 标准化工作的不断完善，SQL 已从原来比较简单的数据库语言逐步发展成为功能比较齐全、内容比较复杂的数据库语言。

由于 SQL 具有功能丰富、语言简洁、使用灵活等优点，因而受到广泛的欢迎。众多的数据库厂家纷纷推出了支持 SQL 的软件或与 SQL 接口的软件，并很快得到了应用和推广。目前，无论是大型机、小型机还是微型机，无论是哪一种数据库管理系统，大都采用 SQL 作为共同的数据库存取语言和标准接口，如 DB2、Oracle、Sysbase、SQL Server、Access、Visual Foxpro 等。同时，各个数据库厂商在各自开发的数据库管理系统中还是进行了一些选择和补充，以适应各自系统的特性。不过这些差异是很细微的，只要掌握了 SQL 的基本内容，就不难学习和掌握各个数据库管理系统的 SQL。

8.3.2　SQL 的特点

SQL 具有以下特点：

（1）功能的一体化。SQL 集数据定义语言 DDL、数据操纵语言 DML 和数据控制语言 DCL 于一体，能够实现定义关系模式、建立数据库、输入数据、查询、更新、维护、数据库重构、数据库安全控制等一系列操作。

（2）语法结构的统一性。SQL 有两种使用方式，一是自含式，二是嵌入式。前一种使用方式适用于非计算机专业的人员，后一种使用方式适用于程序员。虽然 SQL 的使用方式有所不同，但其语法结构是统一的，这将便于各类用户和程序设计人员使用和进行交流。

（3）高度的非过程化。对于过程化语言而言，用户不但要说明需要什么数据，而且要说明获得这些数据的过程。而 SQL 是一种高度非过程化的语言，用户只需了解数据的逻辑模式，不必关心数据的物理存储细节；用户只需指出"做什么"，而无需指出"怎么做"，从而免除了用户操作过程的麻烦。系统能够根据使用 SQL 语句提出的请求，确定一个有效的操作过程。

(4)语言的简洁性。尽管 SQL 的功能十分强大，但经过精心的设计，其语言非常简洁，实现核心功能只需要少量的动词（如 SELECT、CREATE、INSERT、UPDATE、DELETE、GRANT 等），语法接近于英语口语，易于学习和使用。

8.3.3 SQL 的功能

SQL 的功能包括了数据定义、数据操纵、数据控制和嵌入式功能 4 个方面，具体如下。

(1)数据定义功能。该功能由 SQL DDL 实现，用于定义数据库的逻辑结构，包括定义基本表、视图和索引。基本表是独立存在的表，其数据存储在相应的数据库中。视图是由一个或多个基本表导出的表，在数据库中只存储视图的定义，并不存储对应的数据，因此视图是一种虚表。对于一个基本表，可以根据应用的需要建立若干个索引，以提供多种存取的路径。

(2)数据操纵功能。该功能由 SQL DML 实现，主要包括数据查询和数据更新两大类操作。查询是数据库系统中最重要的操作，在 SQL 中，由于查询语句中的成分有许多可选的形式，因此不仅可以进行简单查询，也可以进行连接查询、嵌套查询等复杂的查询。SQL 的数据更新操作包括插入、删除和修改 3 种语句，用于对记录进行增、删、改操作。

(3)数据控制功能。该功能由 SQL DCL 实现，主要用于控制用户对数据的存取权限，包括基本表和视图的授权、完整性规则的描述和事务控制等。

(4)嵌入式功能。由于自含式 SQL 的功能主要是对数据库进行操作，数据处理能力比较弱。如果一个应用程序不仅要访问数据库，而且要处理数据，此时可以把 SQL 嵌入程序设计语言中，将两者的功能结合起来，以便有效地解决问题。SQL 可以嵌入某种高级程序设计语言中使用，它依附于宿主语言。由于 SQL 是关系数据模型的语言，其数据类型、数据结构、操作种类等与宿主语言之间有很大的差距，为此，SQL 提供了与宿主语言之间的接口，并且规定了 SQL 在宿主语言中使用的有关规则。

8.4 事务处理技术与并发控制

8.4.1 事务

关系模型在关系数据库理论基本成熟后，各大学、研究机构和各大公司在关系数据库管理系统的实现和产品开发中，都遇到了一系列技术问题。主要是在数据库的规模越来越大，数据库的结构越来越复杂，又有越来越多的用户共享数据库的情况下，如何保障数据的完整性（Integrity）、安全性（Security）、并发性（Concurrency），以及一旦出现故障后，数据库如何实现从故障中恢复（Recovery）等问题，这些成为数据库产品是否能够进入实用并最终为用户接受的关键因素。如果这些问题不能彻底解决，数据库产品就无法进入实用阶段。

针对上述问题，美国计算机科学家格雷（James Gray，1944～2007 年）提出了解决的主要技术手段和方法：把对数据库的操作划分为"事务"的基本单位，一个事务要么全做，要么全不做（即 all-or-nothing 原则）；用户在对数据库发出操作请求时，需要对有关的不同数据"加锁"，防止不同用户的操作之间互相干扰；在事务运行过程中，采用"日志"记录事务的运行状态，以便发生故障时进行恢复；对数据库的任何更新都采用"两阶段提交"策略。以上方法及其他各种方法被总称为"事务处理技术"。

8.4.2 数据库并发控制

数据库是一个共享资源，可以供多个用户使用，这样的数据库系统称为多用户数据库系统，例如飞机定票数据库系统、银行数据库系统等。在这样的系统中，同一时刻并行运行的事务可达数百个。

事务可以串行执行，即每个时刻只有一个事务运行，其他事务必须等这个事务运行结束以后才可以执行。但是，事务在运行过程中可能需要不同的资源，例如调用 CPU、存取数据库、I/O、通信等。如果事务串行执行，则许多资源将处于空闲状态。因此为有效利用系统资源，发挥数据库的共享性，应该允许多个事务并发执行。

在单处理机系统中，事务的并行执行实际上是并行事务的并行操作轮流交叉运行，这种并行执行方式称为交叉并发方式（Interleaved Concurrency）。虽然单处理机系统中的并行事务并没有真正地并行运行，但是减少了处理机的空闲时间，提高了系统的效率。当多个用户并发地存取数据库时就会产生多个事务同时存取同一数据库的情况，若对并发操作不加以控制就可能会产生存储不正确的情况，破坏数据库的一致性。所以数据库管理系统必须提供并发控制机制，它是衡量一个数据库管理系统性能的重要标志之一。

8.5　新型数据库系统

1980 年以前，数据库技术的发展主要体现在数据库的模型设计上。进入 20 世纪 90 年代后，计算机领域中其他新兴技术的发展对数据库技术产生了重大影响。数据库技术与网络通信技术、人工智能技术、多媒体技术等相互渗透，相互结合，使数据库技术的新内容层出不穷。数据库的许多概念、应用领域，甚至某些原理都有了重大的发展和变化，形成了数据库领域众多的研究分支和课题，产生了一系列新型数据库。主要有以下几种数据库系统。

8.5.1 分布式数据库

随着分布式数据存储的需求日益广泛，对分布式数据库的管理和访问就成为数据库技术必须解决的问题。由于一个事务所涉及的数据可能分布在多个结点上，这就要求数据库系统具备一个优化的分布查询策略。对于这种分布执行的事务，系统要保证事务执行的原子性和可串行化，以及解决分布环境下的安全问题、恢复问题、分布透明性、结点自治、全局命令空间、分布式查询、分布式更新、数据分布与复制、两阶段提交（2PC）、网络数据字典（NDD）等关键问题。分布式数据库系统正是为解决上述问题而设计的。

分布式数据库系统在结构上的真正含义是指物理上分散、逻辑上集中的数据库结构。分布式数据库具有有利于改善性能、可扩充性好、可用性好及自治性等优点。

20 世纪 80 年代，科学家研制出许多分布式数据库的原型系统，攻克了分布式数据库中许多理论和技术难点。90 年代开始，主要的数据库厂商对集中式数据库管理系统的核心加以改造，逐步加入分布处理功能，向分布式数据库管理系统发展。

目前，分布式数据库开始进入实用阶段。现有的分布式数据库技术尚不能解决异构数据和系统的许多问题。虽然已有很多数据库研究单位在进行异构系统集成问题的探索，并且已有一些系统宣称在一定程度上实现了异构系统的互操作，但是异构分布式数据库技术还未成熟。

8.5.2 联邦式数据库

分布式数据库系统不能很好地解决异构数据的集成问题，人们希望通过一种新的数据库技术——联邦式数据库系统 FDBS（Federated Database System）来解决这一问题。通常称相互独立运行的数据库系统为单元数据库系统（CBDS）。它们是原本存在的、在局部地区应用的数据库系统，是联邦数据库系统的一部分。联邦式数据库系统是一个彼此协作却又相互独立的单元数据库的集合，它将单元数据库系统按不同程度进行集成。对该系统提供整体控制和协同操作的软件叫做联邦数据库管理系统（FDBMS）。一个单元数据库可以加入若干个联邦系统，每个单元数据库系统的 DBMS 既可以是集中的，也可以是分布的，或者是另一个 FDBMS。

联邦数据库系统的主要特征是一个单元数据库在继续本地操作的同时可以参加联邦系统的活动。单元 DBMS 的集成可以由联邦系统的用户来管理，也可以由联邦系统的管理员和单元 DBS 的管理员共同管理，整体系统集成的程度取决于联邦系统用户的要求，以及加入联邦系统并共享联邦系统数据库的单元 DBS 的管理员的要求。

目前，支持联邦数据库的产品主要有：Ingres 公司的 Ingres 系统，允许用户访问分布数据库；Data Integration 公司的 Mcrmaid 系统，主要解决异构环境（硬件、OS、DBMS 等）下数据存取和集成的操作问题；Sybase 公司的 Sybase 系统，解决任何数据库和应用程序集成到异构环境中的客户机/服务器（C/S）结构中，支持分布式操作，它基于关系模式查询语言 SQL。

8.5.3 并行数据库

并行数据库技术包括对数据库的分区管理和并行查询，它通过将一个数据库任务分割成多个子任务的方法，由多个处理机协同完成，通过数据分区实现数据的并行 I/O 操作，从而极大提高事务处理能力。并行数据库技术采用的重要技术是多线程技术和虚拟服务器技术。一个理想的并行数据库系统应能充分利用硬件平台的并行性，采用多进程的数据库结构，提供不同粒度（Granularity）的并行性，以及不同用户事务间的并行性、同一事物内不同查询间的并行性、同一查询内不同操作间的并行性和同一操作内的并行性。

一些著名的数据库厂商开始在数据库产品中增加并行处理能力，试图在并行计算机系统上运行。他们只是使用并行数据流方法对原有系统加以简单的扩充，既没有使用并行数据操作算法，也没有并行数据查询优化的能力，所以都不是真正的并行数据库系统。

目前，并行数据库系统的研究工作集中在并行数据库的物理组织、并行数据库操作算法的设计与实现、并行数据库的查询优化、数据库划分等方面。可以预见，并行数据库系统将成为高性能数据系统中的佼佼者。

8.5.4 主动数据库

主动数据库是相对于传统数据库的被动性而言的。许多实际的应用领域，如计算机集成制造系统、管理信息系统、办公室自动化系统中，常常希望数据库系统在紧急情况下能根据数据库的当前状态，主动适时地做出反应，执行某些操作，向用户提供有关信息。传统数据库系统是被动的系统，它只能被动地按照用户给出的明确请求执行相应的数据库操作，很难充分适应这些应用的主动要求。因此在传统数据库基础上，结合人工智能技术和面向对象技术提出了主动数据库。主动数据库的主要目标是提供对紧急情况及时反应的能力，同时提高数据库管理系统的模块化程度。主动数据库通常采用的方法是在传统数据库系统中嵌入 ECA（即事件-条件-动作）规则，在某一事件发生时引发数据库管理系统去检测数据库当前状态，看是否满足设定的条件，若条件满足，便触发规定动作的执行。

8.5.5　知识库

知识库概念的提出和相关技术的研究与发展，既源于应用的需要，也是人工智能（AI）技术和数据库技术相互渗透和融合的结果。知识库系统是以存储与管理知识为主要目标的系统。一般的知识库系统由两部分组成，数据库系统与规则库系统。在数据库系统中存储与管理事实，而规则库系统则存储与管理规则，这两者的有机结合构成了完整的知识库系统。此外，一个知识库系统还包括知识获取机构、知识校验机构等。知识库系统还有一种广义的理解，即凡是在数据库中运用知识的系统均可称为知识库系统，如专家数据库系统、智能数据库系统。演绎数据库系统主要是吸取了规则演绎功能，专家数据库系统则在此基础吸取了人工智能中多种知识表示能力及相互转换能力，而智能数据库则在专家数据库基础上进一步扩充人工智能中的其他一些技术而构成。目前，对知识库的研究主要集中在算法上，这包括演绎算法、优化算法以及一致性算法，其主要目的是提高效率，减少时间及空间的开销。

8.5.6　面向对象数据库

面向对象（Object Oriented，OO）数据库系统是数据库技术与 OO 技术相结合的产物。OO 数据模型比传统数据模型具有更多优势，例如具有表示和构造复杂对象的能力、通过封装和消息隐藏技术提供了程序的模块化机制、继承和类层次技术提供了软件的重用机制等。但由于 OODB 至今没有统一的标准，这使 OODB 的发展缺乏通用的数据模型和坚实的形式化的理论基础。

1989 年在东京举行了关于面向对象数据库的国际会议，第一次定义了面向对象数据库管理系统所应实现的功能：支持复杂对象、支持对象标识、允许对象封装、支持类型或类、支持继承、避免过早绑定、计算完整性、可扩充、能记住数据位置、能管理非常大型的数据库、接收并发用户、能从软硬件失效中恢复、用简单的方法支持数据查询。

OODB 新技术如下：

（1）数据模型中嵌套了更多的语义，允许定义任意复杂的数据类型。

（2）提供对象操作的内在优点，把真实世界几乎所有的实体都表示为对象，依据对象的逻辑关系将它们的物理存储聚集在一起，减少了数据 I/O 访问，提高应用程序的运行速度。

（3）通过创建子类实现复杂的完整性约束，其继承性能方便数据库的开发与维护，仅需要不断地进行局部修改就可使数据库稳步增长。

（4）具有处理不确定型和模糊型对象的即席查询能力，特别是在底层有知识工程支持的情况下。

（5）OODB 的研究提出了许多的事务处理模型，如开放嵌套事务模型、工程设计数据库（EDD）模型、多重提交点（MCP）模型等。

（6）通过对象高速缓存、对象标识符切换、定义与性能相关的特征等技术，使 OODB 执行复杂应用时具有极高的性能。

作为一项新兴的技术，面向对象数据库的发展远不如关系数据库成熟。因此，面向对象数据库还有待于进一步的研究。

8.5.7 多媒体数据库

随着多媒体技术的发展，媒体应用逐步深入，多媒体应用涉及大量的多媒体信息，包括图形、文本、图像、声音、视频等。多媒体信息系统的建立强烈地呼唤着管理多媒体的数据库技术。近年来，大容量磁盘、高速 CPU、高速宽带网络等硬件技术的发展为多媒体数据库的应用奠定了基础。通常我们把能够管理数字、文字、表格、图形、图像、声音等多种媒体的数据库称为多媒体数据库（Multimedia Database，MDB）。多媒体数据库的实现方式主要有3 种：①基于关系模型，加以扩充使之支持多媒体数据类型。②基于 OO 模型来实现对多媒体信息的描述及操纵。③基于超文本模型。

多媒体数据库应具备的功能要求为：①能表示和理解多媒体数据，能刻画、管理和表现各种媒体数据的特性和相互关系。②具备物理数据独立性、逻辑数据独立性和媒体数据独立性，媒体类型可扩展。③提供更为灵活的模式定义和功能修改，支持模式进化与演变，具备某些长事务处理的能力。④提供多媒体访问的多种手段、近似性查询、混合方式访问等。

MDB 的关键技术包括：①数据模型，如 OO 数据模型、语义数据模型等。②数据的存储管理与压缩/解压缩技术。③多媒体信息的统一技术。④多媒体信息的再现及良好的用户界面技术。⑤多媒体信息的检索与查询及其他处理技术。⑥分布式环境与并行处理技术。

多媒体数据库管理系统在多媒体应用中非常重要，它为多媒体应用提供了基本数据支撑。多媒体数据库的研究始于 20 世纪 80 年代中期，在多年的技术研究和系统开发中，获得了很大的成果。但目前还没有功能完善、技术成熟的多媒体数据库管理系统。

8.5.8 模糊数据库

模糊数据库的研究开始于 20 世纪 80 年代，它是在一般数据库系统中引入"模糊"概念，进而对模糊数据、数据间的模糊关系与模糊约束实施模糊数据操作和查询的数据库系统，进一步扩展了数据库的功能。

传统的数据库仅允许对精确的数据进行存储和处理，而现实世界中有许多事物是不精确的。研究模糊数据库就是为了解决模糊数据的表达和处理问题，使得数据库描述的模型能更接近地反映现实世界。

模糊数据库系统中的研究内容涉及模糊数据库的形式定义、模糊数据库的数据模型、模糊数据库语言设计、模糊数据库设计方法及模糊数据库管理系统的实现。

近 30 年来，大量的研究工作集中在模糊关系数据库方面，也有许多工作是对关系之外的其他有效数据模型进行模糊扩展，如模糊 E-R、模糊多媒体数据库等。当前，科研人员在模糊数据库的研究、开发与应用系统的建立方面都做了不少工作，但是，摆在人们面前的问题是如何进一步研究与开发大型适用的模糊数据库商业性系统。

8.5.9 数据仓库

数据仓库中数据的组织方式有虚拟存储、基于关系表的存储和多维数据库存储 3 种存储方式。整个数据仓库系统可分为数据源、数据存储与管理、分析处理 3 个功能部分。由于数据仓库是集成信息的存储中心，由数据存储管理器收集整理源信息的数据成为仓库系统使用的数据格式和数据模型，并自动监测数据源中数据的变化，反映到存储中心，对数据仓库进行更新维护。

随着数据库数量的急剧膨胀，不仅要求数据库系统能够存储大量的数据，而且要求它能够对所存储的数据进行一定的推理。数据挖掘（Data Mining）又称数据开采，就是从大量的、不全的、有噪声的、模糊的、随机的数据中提取隐含在其中的有用的信息和知识的过程。

提取的知识表现为概念（Concepts）、规则（Rules）、规律模式约束等形式。在人工智能领域又习惯称其为数据库中的知识发现（Knowledge Discovery in Database，KDD）。其本质类似于人脑对客观世界的反映，从客观的事实中抽象成主观的知识，然后指导客观实践。数据挖掘就是从客体的数据库中概括、抽象、提取规律性的东西，以供决策支持系统的建立和使用。

数据开采以数据库中的数据为数据源，整个过程可分为数据集成、数据选择、预处理、数据开采、结果表达和解析等过程。开采的范围可针对多媒体数据库、数据仓库、Web 数据库、主动型数据库、时间型及概率型数据库等。采用的技术有人工神经网络、决策树、遗传算法、分类、聚类、模式识别、不确定性处理等。发现的知识有广义型知识、特征型知识、差异型知识、关联型知识、预测型知识、偏离型知识。目前数据采掘的研究和应用所面临的主要任务和挑战是：大型数据库的数据采掘方法；非结构和无结构数据库中的数据采掘操作；用户参与的交互采掘；对采掘得到的知识的证实技术；知识的解释和表达机制；由于数据库的更新，对原有知识的修正；采掘所得知识库的建立、使用和维护。

8.6 数据库系统的应用

当今信息化社会中的关键技术是信息技术（Information Technology，IT），而信息系统在信息技术中占有重要的地位，它是数据库技术最直接的应用领域。

8.6.1 信息与信息系统

1. 信息及其本质特征

在信息系统中，信息通常是指"经过加工而成为有一定的意义和价值且具有特定形式的数据，这种数据对信息的接收者的行为有一定的影响"。由此可知，数据是信息的素材，是信息的载体；而信息则是对数据进行加工的结果，是对数据的解释。信息在管理中起着主导作用，是管理和决策的依据，是一种重要的战略资源。

信息具有以下特征：

（1）时间性。即信息的价值与时间有关，它有一定的生存期，当信息的价值变为零时，则其生命结束。

（2）事实性。即信息必须是正确的，能够反映现实世界事物的客观事实，而不是虚假的或主观臆造的。

（3）明了性。即信息中所含的知识能够被接收者所理解。

（4）完整性。即信息需详细到足够的程度，以便信息的接收者能够得到所需要的完整信息。

（5）多样性。即信息的定量化程度、聚合程度和表示方式等都是多样化的。可以是定量的也可以是定性的,可以是摘要的也可以是详细的,可以是文字的也可以是数字、表格、图形、图像和声音等多种表示形式的。

(6)共享性。即信息可以广泛地传播,为人们所共享。

(7)模糊性。即由于客观事务的复杂性、人类掌握知识的有限性和对事物认识的相对性,信息往往具有一定的模糊性或不确定性。

2. 信息系统

信息系统(Information System,IS)是一个由人员、活动、数据、网络和技术等要素组成的集成系统,其目的是对组织的业务数据进行采集、存储、处理和交换,以支持和改善组织的日常业务动作,满足管理人员解决问题和制定决策对信息的各种需求。由于现代的信息系统都是利用计算机系统来实现的,因此所谓信息系统一般都是指计算机信息系统。构成信息系统的各个要素说明如下:

(1)人员。主要包括系统用户和系统开发人员,他们是系统的直接使用并受益者,或者是系统的设计、开发和维护者。

(2)活动。定义了信息系统的功能,它包括业务活动和信息系统活动。

(3)数据。是信息系统的原材料,包括业务数据、属性、规则等。

(4)网络。是实现信息传输和共享的重要手段,包括计算机硬件、软件、通信线路和网络设备。

(5)技术。即信息技术,包括集成电路技术、计算机技术和网络通信技术等。

3. 信息系统的分类

信息系统的主要目的是支持管理和决策,按照管理活动和决策过程,信息系统可以分为不同的层次和类型,其分类框架如图8-10所示。

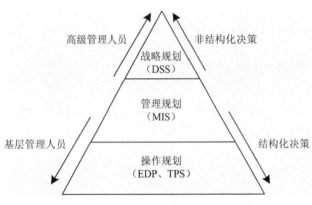

图8-10 信息系统的分类框架

8.6.2 事务处理系统

事务处理系统(Transaction Processing System,TPS)是指利用计算机对工商业、社会服务性行业等中的具体业务进行处理的信息系统。基于计算机的事务处理系统又称电子数据处理系统(Electronic Data Processing,EDP),是最早使用的计算机信息系统。这类系统的逻辑模型虽然不同,但基本处理对象都是事务信息。它以计算机、网络为基础,对业务数据进行采集、存储、检索、加工和传输,要求具有较强的实时性和数据处理能力,而较少使用数学模型。例如,工商业中的销售、库存、人事、财会等业务的处理系统,社会服务业中的银行、保险以及医院、旅馆、饭店、邮局等的业务处理系统,均属于这类系统。

按不同的分类方法,事务处理系统有不同的类型。例如,按作业处理方式的不同,可以分为批处理系统和实时处理系统;按联机方式的不同,可分为联机集中式系统和联机分布式系统;按系统的组织和数据存储方式不同,可分为使用文件的系统和使用数据库的系统;按面向管理工作的层次不同，可分为高层、中层和操作层事务处理系统等。

8.6.3　管理信息系统

管理信息系统（Management Information System，MIS）是对一个组织机构进行全面管理的、以计算机为基础的集成化的人-机系统，具有分析、计划、预测、控制和决策功能。它把数据处理功能与管理模型的优化计算、仿真等功能结合起来，能准确、及时地向各级管理人员提供决策用的信息。管理信息系统用于支持管理层决策的信息系统，完成辅助管理控制的战术规划和决策活动，所处理的问题大多数是结构化的或半结构化的。

在上述概念中，应特别强调以下几点：

（1）MIS 是一个以计算机为基础的人-机系统。MIS 以计算机为基础，使用数据库来存储产生信息的大量数据，并且在数据库管理系统的控制下存取和使用数据。MIS 是由人和计算机共同构成的组合系统，问题的答案由人和计算机的一系列交互作用获得。MIS 用户负责输入数据、指挥系统工作并使用系统输出的结果；计算机则负责接收、存储和加工数据，并以用户需要的形式输出。

（2）MIS 是一个集成化的系统。MIS 通常为组织机构和集成化信息处理工作提供基础，它把多种功能子系统组合在一起，通过共同操作完成特定应用的目标。为了实现 MIS 的集成化，需要有总体开发计划、标准和规范，以保持系统的一致性和相容性。

（3）MIS 是一个提供管理信息的系统。MIS 所提供的信息是组织机构的各级管理人员所需要的管理信息。管理信息除了具有信息的一般特性之外，还具有滞后性（即数据滞后于决策）和层次性（即不同层次的管理人员需要不同层次的信息，如战略级信息、战术级信息和作业级信息等）。

（4）MIS 支持组织机构内部的作业、管理、分析和决策职能。MIS 作用于管理的全过程，具有很强的信息收集、存储、维护、处理、传递等功能。其信息来源于外部环境和组织机构内部的各个环节，按照管理堆积并使用数学方法和决策模型对数据进行加工，为组织机构的各层管理人员提供支持。

8.6.4　决策支持系统

决策支持系统（Decision Support System，DSS）是计算机科学（包括人工智能）、行为科学和系统科学（包括控制论、系统论、信息论、运筹学、管理科学等）相结合的产物，是以支持半结构化和非结构化决策过程为特征的一类计算机辅助决策系统，用于支持高级管理人员进行战略规范和宏观决策。它为决策者提供分析问题、构造模型、模拟决策过程以及评价决策效果的决策支持环境，帮助决策者利用数据和模型在决策过程中通过人-机交互设计和选择方案。

DSS 概念的核心是关于决策模式的理论。美国卡耐基-梅隆大学西蒙（H.A.Simon）教授提出了著名的决策过程模型。该模型指出，以决策者为主体的管理决策过程经历了信息（即进行信息的收集与加工）、设计（即发现、开发及分析各种可行方案）和选择（即确定最优方案并予以实施和审核）3 个阶段。

在决策模型中信息、方案、选择等都能准确识别的决策问题称为结构化决策问题，这类决策问题可以以一定的决策规则和通用的模型实现决策过程的自动化。而非结构化决策问题则是指那些决策过程复杂、决策前提难以准确识别的一类决策问题。这类决策问题一般无固定的决策规则和模型可依，决策者的主观行为对决策的效果有相当大的影响，要实现其决策过程的自动化需要与人工智能技术相结合。半结构化决策问题则兼有以上两种决策问题的部分特点。

DSS 是由多功能协调配合构成的指出整个决策过程的集成系统。根据系统的功能，其逻辑结构也有所不同。在 DSS 中一般都包括以下几个子系统：

(1)数据库管理子系统。数据库中存放决策支持所需要的数据。该子系统具有对数据库进行维护、控制和管理的功能，并能按用户要求快速选择和抽取数据。

(2)模型库管理子系统。模型库中存放各种通用的决策模型和能够适用于部分决策类型的特殊模型。该子系统能够提供非结构化的建模语言，具有对模型库进行维护以及模型的调用控制与校核等功能。

(3)方法库管理子系统。方法库里存放实现各类模型的求解方法和最优化算法。该子系统具有对方法库进行维护以及方法调用的控制与校核等功能。

(4)知识库管理子系统。知识库中存放有经验的决策者的决策知识和推理规则。该子系统不仅能够对知识库进行维护，而且将知识库与推理机制相结合组成专家系统，从而使 DSS 具有更强的决策支持能力。

(5)会话子系统。包括交互式驱动的操作方式、提供非过程语言以及用户接口，为用户提供一个良好的人-机交互界面。

8.6.5 数据挖掘

随着数据库技术的迅速发展以及数据库管理系统的广泛应用，面对的数据越来越多。海量数据背后隐藏着许多重要的信息，人们希望能够对其进行更深层次的分析，以便更好地利用这些数据。目前的数据库系统可以高效地实现对数据的录入、查询、统计等功能，但无法发现数据中存在的关系和规则，无法根据现有的数据预测未来的发展趋势，从而导致了"数据爆炸但知识贫乏"的现象。因此，数据仓库和数据挖掘技术应运而生。

数据挖掘又称数据库中的知识发现，它是从大型数据库或数据仓库中提取人们感兴趣的知识的高级处理过程，这些知识是蕴含的、事先未知的、潜在的有用信息，提取的知识表现为规则、概念、规律、模式等形式。

在实际应用中，数据挖掘可以分为以下几种类别。

(1)建立预测模型（Predictive Modeling）。用于预测丢失数据的值或对象集中某些属性的值分布。用于建立预测模型的常用方法有：回归分析、线性模型、关联规则、决策树预测、遗传算法和神经网络等。

(2)关联分析。用于发现项目集之间的关联，它广泛地运用于帮助市场导向、商品目录设计和其他商业决策过程的事务型数据分析中。关联分析算法有 APRIORI 算法、DHP 算法、DIC 算法、PARTITION 算法以及它们的各种改进算法等。另外，对于大规模、分布在不同站点上的数据库或数据仓库，关联规则的挖掘可使用并行算法，如 Count 算法、Data 分布算法、Candidate 分布算法、智能 Data 分布算法（IDD）和 DMA 分布算法等。

(3)分类分析。即根据数据的特征建立一个模型，并按该模型将数据分类。分类分析已经成功地用于顾客分类、疾病分类、商业建模和信用卡分析等。用于分类分析的常用方法有 Rough 集、决策树、神经网络和统计分析法等。

(4)聚类分析。用于识别数据中的聚类。所谓聚类是指一组彼此间非常"相似"的数据对象的集合。好的聚类方法可以产生高质量的聚类，保证每一聚类内部的相似性很高，而各聚类之间的相似性很低。用于聚类分析的常用方法有随机搜索聚类法、特征聚类和 CF 树等。

(5)序列分析。用于分析大的时序数据，搜索类似的序列或子序列，并挖掘时序模式、周期性、趋势和偏离等。

(6)偏差检测。偏差检测（Deviation Detection）用于检测并解释数据分类的偏差，它有助于滤掉知识发现引擎所抽取的无关信息，也可滤掉那些不合适的数据，同时可产生新的关注性事实。

(7)模式相似性挖掘。用于在时间数据库或空间数据库中搜索相似模式时，从所有对象中找出用户定义范围内的对象；或找出所有元素对，元素对中两者的距离小于用户定义的距离范围。模式相似性挖掘的方法有相似度测量法、遗传算法等。

(8)Web 数据挖掘。基于 Web 的数据挖掘是当今的热点之一，包括 Web 路径搜索模式的挖掘、Web 结构挖掘和 Web 内容挖掘等。

科学人物

1. 网络数据库之父巴赫曼（C. W. Bachman，1924 年～ ）

20 世纪 60 年代中期以来，数据库技术的形成、发展和日趋成熟，使计算机数据处理技术跃上了一个新台阶，从而极大地推动了计算机的普及与应用。因此，1973 年的图灵奖首次授予在这方面作出杰出贡献的数据库先驱查尔斯·巴赫曼。

巴赫曼 1924 年 12 月 11 日生于堪萨斯州的曼哈顿，1948 年在密歇根州立大学取得工程学士学位，1950 年在宾夕法尼亚大学取得硕士学位。20 世纪 50 年代在 Dow 化工公司工作，1961～1970 年在通用电气公司任程序设计部门经理，1970～1981 年在 Honeywell 公司任总工程师，同时兼任 Cullinet 软件公司的副总裁和产品经理。1983 年巴赫曼创办了自己的公司。

巴赫曼在数据库方面的主要贡献有两项，第一就是他在通用电气公司任程序设计部门经理期间，主持设计与开发了最早的网状数据库管理系统 IDS。IDS 于 1964 年推出后，成为最受欢迎的数据库产品之一，而且它的设计思想和实现技术被后来的许多数据库产品所仿效。其二就是巴赫曼积极推动与促成了数据库标准的制定，那就是美国数据系统语言委员会 CODASYL 下属的数据库任务组 DBTG 提出的网状数据库模型，以及数据定义和数据操纵语言即 DDL 和 DML 的规范说明，于 1971 年推出了第一个正式报告——DBTG 报告，它是数据库历史上具有里程碑意义的文献。该报告中基于 IDS 的经验所确定的方法称为 DBTG 方法或 CODASYL 方法，所描述的网状模型称为 DBTG 模型或 CODASYL 模型。DBTG 曾希望美国国家标准委员会 ANSI 接受 DBTG 报告为数据库管理系统的国家标准，但是没有成功。在 1971 年的报告之后，又出现了一系列新的版本，如 1973 年、1978 年、1981 年和 1984 年的修改版本。DBTG 后来改名为 DBLTG(Data Base Language Task Group，数据库语言工作小组)。DBTG 首次确定了数据库的 3 层体系结构，明确了数据库管理员 DBA （DataBase Administrator）的概念，规定了 DBA 的作用与地位。DBTG 系统虽然是一种方案而非实际的数据库，但它所提出的基本概念却具有普遍意义，不但国际上大多数网状数据库管理系统，如 IDMS、PRIMEDBMS、DMSI70、DMSII 和 DMS1100 等都遵循或基本遵循 DBTG 模型，而且它对后来产生和发展的关系数据库技术也有很重要的影响，其体系结构也遵循 DBTG 的 3 级模式。

由于巴赫曼在以上两方面的杰出贡献，巴赫曼被理所当然地公认为"网状数据库之父"或"DBTG之父"，其贡献在数据库技术的产生、发展与推广应用等各方面都发挥了巨大的作用。此外，巴赫曼在担任 ISO/TC97/SC-16 主席时，还主持制定了著名的"开放系统互连"标准，即 OSI。OSI 对计算机、终端设备、人员、进程或网络之间的数据交换提供了一个标准规程，这对实现 OSI 对系统之间实现彼此互相开放有重要意义。20 世纪 70 年代以后，由于关系数据库的兴起，网状数据库受到冷落。但随着面向对象技术的发展，有人预言网状数据库将有可能重新受到人们的青睐。但无论这个预言是否实现，巴赫曼作为数据库技术先驱的历史作用和地位是学术界和产业界普遍承认的。

2. 关系数据库之父科德（E. F. Codd，1923～2003 年）

在数据库技术发展的历史中，1970 年是发生伟大转折的一年。这一年的 6 月，IBM 圣约瑟研究实验室的高级研究员埃德加·科德在 Communications of ACM 上发表了题为《用于大型共享数据库的关系数据模型》（*A Relational Model of Data for Large Shared Data Banks*）一文。ACM 后来在 1983 年把这篇论文列为从 1958 年以来的四分之一个世纪中具有里程碑式意义的最重要的 25 篇研究论文之一，因为它首次明确而清晰地为数据库系统提出了一种崭新的模型，即关系模型。"关系"（relation）本是数学中的一个基本概念，而用关系的概念来建立数据模型，用以描述、设计与操纵数据库，则是科德 1970 年这篇论文的创举。由于关系模型简单明了，有坚实的数学基础，一经提出，立即引起学术界和产业界的广泛重视和响应，它从理论与实践两个方面都对数据库技术产生了强烈的冲击。

在关系模型提出之后，存在多年的基于层次模型和网状模型的数据库产品很快走向衰败以至消亡，一大批关系数据库系统很快被开发出来并迅速商品化，占领了市场，其交替速度之快，除旧布新之彻底是软件史上所罕见的。基于 20 世纪 70 年代中后期和 80 年代初期这一十分引人注目的现象，1981 年的图灵奖很自然地授予了这位"关系数据库之父"。

科德原是英国人，1923 年 8 月 19 日生于英格兰中部濒临大西洋的港口城市波特兰（Portland）。第二次世界大战爆发以后，年轻的科德应征入伍，在皇家空军服役，1942～1945 年任机长，参与了许多惊心动魄的空战，为反法西斯战争立下了汗马功劳。二战结束以后，科德到牛津大学学习数学，于 1948 年取得学士和硕士学位以后，远渡大西洋到美国谋求发展，先在 IBM 公司取得一个职位，为 IBM 初期的计算机之一 SSEC（Selective Sequence Electronic Calculator）编制程序，这为他的计算机生涯奠定了基础。1953 年，他应聘到加拿大渥太华的 Computing Device 公司工作，出任加拿大开发导弹项目的经理。1957 年科德重返美国 IBM，任多道程序设计系统（Multiprogramming Systems）的部门主任，其间参加了 IBM 第一台科学计算机 701、第一台大型晶体管计算机 STRETCH 的逻辑设计。而尤其难能可贵的是，科德在工作中发觉自己缺乏硬件知识，影响了在这些重大工程中发挥更大的作用，在 20 世纪 60 年代初他毅然决定重返大学校园（当时他已年近 40），到密歇根大学进修计算机与通信专业，并于 1963 年获得硕士学位，1965 年又获得博士学位。这使他的理论基础更加扎实，专业知识更加丰富，加上他在此之前十几年的实践经验的丰富积累，终于在 1970 年迸发出智慧的闪光，为数据库技术开辟了一个新时代。由于数据库是计算机各种应用的基础，关系模型的提出不仅为数据库技术的发展奠定了基础，同时也为计算机的普及应用提供了极大的动力。

在科德提出关系模型以后，IBM 投巨资开展关系数据库管理系统的研究，其 System 项目的研究成果极大地推动了关系数据库技术的发展，在此基础上推出的 DB2 和 SQL 等产品成为 IBM 的主流产品。System 本身作为原型虽未问世，但鉴于其作用与影响，ACM 把 1988 年的"软件系统奖"授予了 System，获奖的开发小组 6 个成员中就包括后来在 1998 年荣获图灵奖的格雷（J.Gray）。这一年的软件系统奖还破例同时奖励了两个软件系统，另一个得奖软件也是关系数据库管理系统，即 INGRES，是由加州大学伯克利分校的斯通勃莱克（M.Stonebracker）等人研制的。

1970 年以后，科德继续致力于完善和发展关系理论。1972 年，他提出了关系代数和关系演算，定义了关系的并、交、差、投影、选择、连接等各种基本运算，为日后成为标准的结构化查询语言 SQL 奠定了基础。科德还创办了一个研究所关系研究所和一个公司 Codd & Associations，进行关系数据库产品的研发与销售。科德本人则是美国及其他国家许多企业的数据库技术顾问。1990 年，他编写出版了专著《数据库管理的关系模型》，全面总结了他几十年的理论探索和实践经验。

3. SQL 语言之父钱伯伦（D. Chamberlin，1944 年～）

2003 年对于钱伯伦来说，可以说是收获之年：这一年他获得了 IBM 公司技术方面的最高荣誉——IBM Fellow 的称号；获得了 ACM SIGMOD 颁发的创新奖；获得了母校哈维玛德学院（Harvey Mudd College）的杰出校友奖；特别是，他还获得了《软件研发》英文版 *Dr. Dobb's Journal* 颁发的 Dr. Dobb's 程序设计杰出奖（Excellence in Programming Award），与 Linus Torvalds、James Gosling、Anders Hejlsberg 等一起载入史册。钱伯伦获得这些殊荣当然是无愧的：是他发起了数据查询的两次革命，他是 SQL 语言的创造者之一，也是 XQuery 语言的创造者之一。今天数以百亿美元的数据库市场的形成，与他的贡献是分不开的。

钱伯伦似乎天生与数据库、信息检索有缘：小的时候，家里的一本 100 多磅重的百科全书是他的最爱，在他看来，这大概是数据库的最早形式。作为地地道道的硅谷人，他的本科是在规模很小但是声誉很高的哈维玛德学院度过的，这个学校至今仍然保持每年从 1600 多名申请者中仅招收 100 多名学生的传统。在斯坦福大学获得博士学位以后，钱伯伦加入了位于纽约的 IBM T.J.Watson 研究中心，开始从事的项目是 System A，一年后，项目最终失败。当时担任项目经理的 Leonard Liu 很有远见地预见到数据库的美好前景，他转变了整个小组的方向。钱伯伦从此如鱼得水，在数据库软件和查询语言方面进行了大量研究，他成了小组中最好的网状数据库 CODASYL 专家。20 世纪 60 年代末 70 年代初，科德创造了关系数据库的概念。但是，由于这种思想对 IBM 本身已有产品造成了威胁，公司内部最初是持压制态度的。

当科德到 Watson 研究中心访问时，在讨论会上，科德几乎用一行语句就完成了类似于"寻找比他的经理挣得还多的雇员"这样的查询，而这个查询用 CODASYL 来表示的话，可能要超过 5 页纸。这种强大的功能使钱伯伦转向了关系数据库。在其后的研究过程中，钱伯伦相信，科德提出的关系代数和关系演算过于数学化，无法成为广大程序员和使用者的编程工具，这个问题不解决，关系数据库也就无法普及。因此他和刚刚加盟的博伊斯（Boyce）设想出一种操纵值集合的关系表达式语言——SQUARE（Specifying Queries as Relational Expressions）。

1973 年，IBM 在外部竞争压力下，开始加强在关系数据库方面的投入。钱伯伦和博斯都被调到圣何塞，加入新成立的项目 System R。当时这个项目阵容十分豪华，有 Jim Gray、Pat Selinger 和 Don Haderle 等数位后来的数据库界的大腕。System R 项目分成研究高层的 RDS（关系数据系统）和研究底层的 RSS（研究存储系统）两个小组。钱伯伦是 RDS 组的经理。由于 SQUARE 使用的一些符号键盘不支持，影响了易用性，钱伯伦和博伊斯决心进行修改。他们选择了自然语言作为方向，其结果就是"结构化英语查询语言（Structured English Query Language，SEQUEL）"的诞生。当然，后来因为 SEQUEL 这个名字英国已经被一家飞机制造公司注册了商标，最后不得不改称 SQL。SQL 的简洁、直观使它迅速成为了世界标准（1986 年 ANSI/ISO），30 年后仍然占据主流地位。而经过了 1989 年、1992 年、1999 年和 2003 年 4 次修订，当初仅 20 多页的论文就能说完的 SQL，如今已经发展为篇幅达到数千页的国际标准。

1988 年，钱伯伦由于 System R 的开发获得了 ACM 颁发的"软件系统奖"。此后，钱伯伦曾一度顺应个人计算机的大潮，对桌面出版发生了兴趣。20 世纪 90 年代，钱伯伦再次返回数据库世界，开始从事对象——关系数据库的开发，其成果在 DB2 中得到了体现。其间他曾撰写过一本专门讲 DB2 的书 *A Complete Guide to DB2 Universal Database*（Morgan Kaufmann，1998）。在网络时代到来、XML 日益成为标准数据交换格式的时候，钱伯伦看到了自己两方面研究经验——数据库查询语言和文档标记语言相结合的最佳时机。他成为 IBM 在 W3C XML Query 工作组的代表，并与工作组中两位同事 Jonathan Robie 和 Dana Florescu 一起开发了 Quilt 语言，这构成了 XQuery 语言的基础。而后者经过多年快速发展，即将成为 W3C 的候选标准。对于钱伯伦来说，XQuery 语言标志着自己"整个职业生涯中的又一个高峰"。他深信 Web 数据技术的发展将带来第二次数据库革命。

钱伯伦的学术成就，使他 1994 年当选为 ACM 院士，1997 年当选为美国工程院院士。他对于教育一直很有兴趣，多年来一直担任 ACM 国际大专程序设计竞赛的出题人和裁判。

4. 事务处理技术创始人格雷（J. Gray，1944～2007 年）

1998 年度的图灵奖授予了声誉卓著的数据库专家詹姆斯·格雷或称吉姆·格雷（Jim Gray，Jim 是 James 的昵称）。这是图灵奖诞生 32 年的历史上，继数据库技术的先驱巴赫曼和关系数据库之父科德之后，第 3 位因在推动数据库技术的发展中做出重大贡献而获此殊荣的学者。

格雷生于 1944 年，在著名的加州大学伯克利分校计算机科学系获得博士学位。其博士论文是有关优先文法语法分析理论的。学成以后，他先后在贝尔实验室、IBM、Tandem、DEC 等公司工作，研究方向转向数据库领域。

在 IBM 期间，他参与和主持过 IMS、System R、SQL/DS、DB2 等项目的开发，其中除 System R 仅作为研究原型，没有成为产品外，其他几个都成为 IBM 在数据库市场上有影响力的产品。在 Tandem 期间，格雷对该公司的主要数据库产品 ENCOMPASS 进行了改进与扩充，并参与了系统字典、并行排序、分布式 SQL、NonStopSQL 等项目的研制工作。

在 DEC，他仍然主要负责数据库产品的技术。格雷进入数据库领域时，关系数据库的基本理论已经成熟，但各大公司在关系数据库管理系统的实现和产品开发中，都遇到了一系列技术问题，主要是在数据库的规模越来越大，数据库的结构越来越复杂，又有越来越多的用户共享数据库的情况下，如何保障数据的完整性、安全性、并行性，以及一旦出现故障后，数据库如何实现从故障中恢复。这些问题如果不能圆满解决，无论哪个公司的数据产品都无法进入实用，最终不能被用户所接受。正是在解决这些重大的技术问题，使 DBMS 成熟并顺利进入市场的过程中，格雷以他的聪明才智发挥了十分关键的作用。

詹姆斯·格雷目前，各 DBMS 解决上述问题的主要技术手段和方法如下：把对数据库的操作划分为称之"事务"（Transaction）的原子单位，对 1 个事务内的操作，实行 allornot 的方针，即"要么全做，要么全不做"。用户在对数据库发出操作请求时，系统对有关的不同程度的数据元素（字段、记录或文件）"加锁"（locking）；操作完成后再"解锁"（unlocking）。对数据库的任何更新分两阶段提交。建立系统运行日志（log），以便在出错时与数据库的备份（backup）一起将数据库恢复到出错前的正常状态。

上述及其他各种方法可总称为"事务处理技术"（Transaction Processing Technique）。格雷在事务处理技术上的创造性思维和开拓性工作，使他成为该技术领域公认的权威。他的研究成果反映在他发表的一系列论文和研究报告之中，最后结晶为一部厚厚的专著 *Transaction Processing: Concepts and Techniques*（Morgan Kanfmann Publishers 出版，另一作者为德国斯图加特大学的 A.Reuter 教授）。事务处理技术虽然诞生于数据库研究，但对于分布式系统，Client/Server 结构中的数据管理与通信，对于容错和高可靠性系统，同样具有重要的意义。

参 考 文 献

［1］邹海林，刘法胜，汤晓兵等．计算机科学导论[M]．北京：科学出版社，2008

［2］J.Glenn Brookshear．计算机科学概论（第 10 版）[M]．刘艺，肖成海，马小会译．北京：人民邮电出版社，2009

［3］Gavin Powell．数据库设计入门经典[M]．沈洁，王洪波，赵恒译．北京：清华大学出版社，2007

［4］Abraham Siberschatz, henry F.Korth, S.Sudarshan．数据库系统概念[M]．杨冬青，马秀丽，唐世渭译．北京：机械工业出版社，2006

［5］王珊，萨师煊．数据库系统概论（第 4 版）[M]．北京：高等教育出版社，2006

［6］Robert L. Ashenhurst, Susan Grapham．ACM 图灵奖演讲集[M]．苏运霖译．北京：电子工业出版社，2005

第9章

计算机网络技术

计算机网络既是通信技术与计算机技术相结合的产物，又是社会发展需要与科学技术相互作用的结果。一方面，通信网络与通信技术为计算机之间的数据传递和交换提供了必要的手段，计算机技术发展渗透到通信技术中，又提高了通信网络的各种性能；另一方面，社会经济发展对网络的强烈需求极大地推动了计算机网络技术和相关产业的发展。

计算机网络的发展经历了从简单到复杂、由终端与计算机之间的通信演变到计算机与计算机之间的直接通信的发展过程。今天，计算机网络已经渗透到社会生活的各个方面，对人类社会产生着深刻而巨大的影响，彻底改变了人们的工作方式、生活方式和思维方式。

本章主要介绍计算机网络的基本概念、基本原理及网络新技术。

9.1 概　　述

计算机网络是指地理上分散的多台独立自主的计算机通过硬、软件设备互连，以实现资源共享和信息交换的系统。这个系统中包括了各种计算机、数据通信设备、通信线路以及控制计算机之间通信的软件系统。通过它，人们可以实现计算机之间信息交流、资源共享、协同计算等服务。

计算机网络的发展始于 20 世纪 50 年代，经历了从简单到复杂、由单机与终端之间的远程通信到全球范围内成千上万台计算机与计算机互联通信的发展过程。在这一过程中，计算机技术与通信技术紧密结合，催生了计算机网络。计算机网络的发展大体经历了 4 个阶段。

1）第一代网络：面向终端的远程联机系统（20 世纪 40～50 年代）

第一代网络的特点是整个系统中只有一台主机，远程终端没有独立的处理能力，通过通信线路和主机相连。

1946 年，第一台计算机 ENIAC 问世，但因其体积庞大、造价昂贵，只有少数科研机构、政府部门和有经济实力的企业才有能力购买。这些分布在不同位置的计算机互相独立，执行计算任务时，都是采用单机集中计算的模式。当计算机空闲时，其宝贵的资源及强大的计算能力却不能为其他需要它的人们所利用，造成了资源极大浪费。此时，计算机和通信并没有什么关系。

1954 年，通过一种叫做收发器（Transceiver）的终端，用户可以在远地的电传打字机上键入自己的程序，通过计算机计算出的结果又可以由计算机传送到远地的打字机打印出来。计算机与通信的结合就这样开始了。

20 世纪 50 年代初期，美国 MIT 林肯实验室为美国空军设计的半自动地面防空系统 SAGE（Semi-Automatic Ground Environment）开始实行计算机和通信结合的尝试，将远距离雷达和其他测量控制设备的信息，通过通信线路汇集到一台中央计算机里进行集中处理和控制，通过通信线路连接防区内各个雷达观测站、飞机场、防空导弹基地，形成联机计算机系统，由计算机辅助指挥员决策，自动引导飞机和导弹进行拦截。SAGE 系统最先使用了人机交互作用的显示器，研制了小型前端处理机，制定了数据通信规程。这一系统于 1963 年建成，被认为是计算机技术和通信技术结合的先驱。

后来，许多系统都将地理位置分散的多个终端通过通信线路连接到一台中心计算机上，用户可以在自己的办公室内的终端上键入程序，操作计算机，进行分时访问并使用其资源。这样，由终端和主机之间连接而产生的面向终端的计算机网络就诞生了，被称为第一代网络，如图 9-1 所示。

20 世纪 60 年代初，美国航空公司投入使用的由一台中心计算机和全美范围内 2000 多个终端组成的联机订票系统 SABRE-1，就是一种面向终端的远程联机系统。这样的系统除了一台中心计算机外，其余的终端设备都没有自主处理的功能，还不是真正意义上的计算机网络。

面向终端的计算机网络具有明显的缺点：① 主机负荷较重，既要承担通信工作，又要进行数据处理。② 通信线路的利用率低，尤其在远距离时，分散的终端要单独占用一条通信线路。③ 这种结构属集中控制方式，可靠性低。

2）第二代网络：以通信子网为中心的计算机网络（20 世纪 60 年代到 70 年代中期）

随着计算机技术和通信技术的进步，计算机网络开始发展，出现了多台主计算机通过通信线路互联起来的网络，即第二代计算机网络。其特点是系统中有多台主机（可以带有各自的终端），这些主机之间通过通信线路相互连接。它和第一代网络的显著区别在于：这里的多台主机都具有自主处理能力，它们之间不存在主从关系。在这一系统中，实现了计算机之间的互相通信和资源共享。这一阶段的标志性成果是 ARPANET 成功运行，TCP/IP 协议的提出为网络互联打下了坚实基础。

ARPANET 是 1969 年 12 月由美国国防部（DOD）资助、国防部高级研究计划局（ARPA）主持研究建立的数据包交换计算机网络，它通过租用的通信线路将美国加州大学洛杉机分校（University of California，Los Angeles）、加州大学圣巴巴拉分校（University of California，Santa Barbara）、斯坦福大学（Stanford University）和犹他大学（University of Utah）4 个结点的计算机连接起来，构成了专门完成主机之间通信任务的通信子网。通过通信子网互连的主机负责运行用户程序，向用户提供资源共享服务，它们构成了资源子网，如图 9-2 所示。该网络采用分组交换技术传送信息，这种技术能够保证当这 4 所大学之间的某一条通信线路因某种原因被切断以后，信息仍能够通过其他线路在各主机之间传递。

目前，ARPANET 网络已从最初的 4 个结点发展为横跨全世界 100 多个国家和地区、接有几万个网络、几百万台计算机和几亿用户的 Internet。

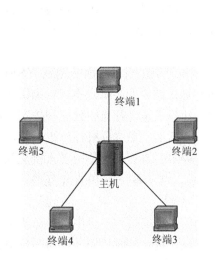

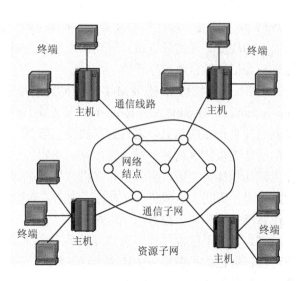

图 9-1　面向终端的计算机网络　　　　　　图 9-2　通信子网与资源子网

3）第三代网络：统一网络体系结构与标准的计算机网络

从 20 世纪 70 年代中期开始，计算机网络的研究发展进入兴盛时期，各种广域网、局域网与公用数据网发展十分迅速。这一阶段的重要成果，一是 OSI 参考模型的研究对网络理论体系的形成和网络协议的标准化起到了重要的推动作用；二是 TCP/IP 协议的完善推动了互联网产业的发展，成为事实上的标准。

网络发展早期，各厂家为了霸占市场，采用自己独特的技术并开发了自己的网络体系结构。不同的网络体系结构是无法互连的，所以不同厂家的设备无法达到互连，即使是同一厂家在不同时期的产品也无法实现互连，这样就阻碍了大范围网络的发展。后来，为了解决不同网络体系结构用户之间的互连问题，20 世纪 70 年代后期，国际标准化组织 ISO（International Organization for Standardization）提出一个标准框架——开放系统互连参考模型 OSI（Open System Interconnection/Reference Model）。该模型共 7 层：物理层、数据链路层、网络层、传输层、会话层、表示层和应用层。模型中给出了每一层应该完成的功能。

4）第四代网络：宽带综合业务数字网

进入 20 世纪 90 年代后至今都属于第四代计算机网络，是随着数字通信技术的出现和光纤的应用而产生的，其特点是传输数据的多样化和高传输速率。不但能够传输传统数据，还能传输声音、图像、动画等多媒体数据。其传输速率可以达到几十到几十 Gbit/s。它还可以提供视频点播、电视会议直播、全动画多媒体电子邮件等服务。

9.2　计算机网络的结构与组成

9.2.1　计算机网络分类

由于计算机网络的广泛使用，目前世界上已出现了多种形式的计算机网络。对计算机网络的分类方法也有很多。

根据网络覆盖的地理范围的大小，计算机网络可以分为：广域网（Wide Area Network，简称 WAN）、局域网（Local Area Network，简称 LAN）、城域网（Metropolitan Area Network，简称 MAN）等，如图 9-3 所示。

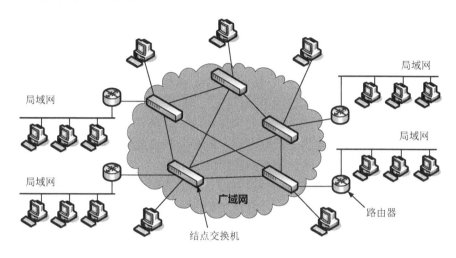

图 9-3　由局域网和广域网组成的互联网

广域网（WAN）又称远程网，其覆盖范围可以跨城市、跨地区，甚至延伸到整个国家和全球。出于军事、经济和科学研究的需要，这类网络的发展较早。目前，最常见的是使用公用或专用电话线路通信，主干网和一些局域网使用可进行数字通信的光纤数据通信专用线。例如，Internet 互联网是成千上万个分布于世界各地的计算机网络的松散联合体，这些网络使世界成为一个"地球村"。

局域网（LAN）是局部地区网的简称。通信距离通常限于中等规模的地理区域内，例如一幢办公大楼、一所学校。它能借助于具有中高速的数据传输率的物理通信信道实现可靠的通信。

局域网具有如下一些特点：

(1) 覆盖地理范围有限。通常局域网内的计算机以及有关设备均限于安装在一幢大楼或一个建筑群之内，分布距离一般不超过几千米。

(2) 通信频带较宽，数据传输速率较高。通常局域网的数据传输率可以在几 Mbit/s 至几十 Mbit/s 之间，有时甚至可高达 100Mbit/s 以上。一般不必使用公用通信网络。

(3) 通信媒体结构简单，形式多样。局域网可采用双绞线、专用线、同轴电缆和光纤等通信媒体，也可使用现成的通信线路。

(4) 扩充性强。局域网的扩充一般较方便。网络中既可以连接计算机那样的数据处理设备，也可连接磁盘机、磁带机等大容量存储部件，还可连打印机、绘图机等大型外围设备，供各工作站共享使用。

城域网（MAN）是从局域网的基础上发展起来的一类新型数据网。但是，城域网在地理覆盖范围和数据传输率两个方面与局域网不同。城域网跨越的地理范围从几千米到几百千米，数据传输率在 100Mbit/s 以上。

按通信传播方式划分，计算机网络可分为点对点网络和广播式网络两大类。点对点网络是由许多一对计算机之间的连接组成，通常为远程网络和大城市网络所采用，其拓扑结构有星型、环型、树型和网状型（分布式）等。广播式网络是用一个共同的传输介质把各计算机连接起来，分为总线、微波和卫星 3 种拓扑结构。其中总线结构将各节点设备连到一根总线上，也可通过中继器与总线相连。其优点是节点设备的接入或拆卸非常方便，系统可靠性高，因此为大多数局域网所采用。

按网络的属性划分，计算机网络可分为专用网和公共数据网。专用网由某个计算机公司特有的网络硬件和软件来实现，不同的网络之间不能直接通信，常用于国家管理部门或大企业集团将大量机构联成一体而形成的网络，例如军队、铁路、电力、银行等系统均有本系统的专用网。公共数据网使用兼容性好的标准化方式和公共通信网，将各个计算机或局域网连接起来，实现资源共享，最典型的就是国际互联网 Internet。

还有一种比较重要的分类方式，即按照网络拓扑结构划分，它是用拓扑系统方法来研究计算机网络的结构。下一节我们将着重介绍这种划分方法，分析每种拓扑结构的优缺点及其使用场合。

9.2.2 计算机网络的拓扑结构

"拓扑"（Topology）一词是从图论演变而来的，计算机网络拓扑是指用网中结点与通信线路之间的几何关系表示的网络结构，它反映了网络中各实体间的结构关系，其中结点包含通信处理机、主机、终端。拓扑结构设计是计算机网络设计的第一步，其设计好坏对整个网络的性能和经济性有重大影响。

不同的网络拓扑结构其信道访问技术、性能（包括各种负载下的延迟、吞吐率、可靠性以及信道利用率等）、设备开销等各不相同，分别适用于不同的场合。下面对常用的计算机网络拓扑结构予以简单介绍。

1. 总线拓扑

总线拓扑是最常见的拓扑结构。总线拓扑的每个结点都通过相应的硬件接口直接连到传输介质上，如图9-4（a）所示，每个站所发送的信号都可以传送到总线上的每一站点。

总线拓扑的优点是信道利用率高，电缆长度短，布线容易。缺点是当增加结点时需要断开缆线，网络必须关闭。总线查错需从起始结点一直查到终结点。一个结点出错，整个网络都会受到影响。特别是由于所有工作站通信均要通过一条公用的总线，实时性较差，当结点通信量增加时，性能会急剧下降。目前广泛使用的以太网就是基于总线拓扑的。

2. 星形拓扑

星形网络拓扑是指每一个结点都通过一条单独的通信线路，直接与中心结点连接，如图9-4（b）所示。

星形拓扑中每一结点将数据通过中心结点发送，该结点可以是集线器（Hub）或者交换机（Switch）。中心结点控制全网的通信，任何两结点之间的通信都要通过中心结点。它属于集中控制方式，对中心结点依赖性大，中心结点的故障可能造成全网瘫痪，这是星形拓扑的主要缺点。星形拓扑的优点是结构简单，易于实现，便于管理，是目前最流行的一种网络结构。

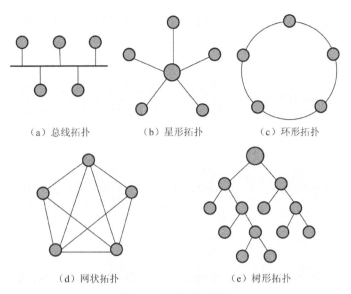

|(a)总线拓扑|(b)星形拓扑|(c)环形拓扑|

(d)网状拓扑 　　　　　　　　(e)树形拓扑

图 9-4　网络拓扑结构

3．环形拓扑

环形网是由许多干线耦合器用点到点链路连成单向闭合环路，然后每一个干线耦合器再和一个终端或计算机连在一起，形成环形，如图 9-4（c）所示。在标准设计中，信号沿一个方向环形传递，通常为顺时针方向。在环形网络中，一般采用令牌传递的方案实现数据通信。令牌（Token）是一个特殊的指令字，在环上单向传递，经过每个站点。每当一个站点要发送数据时，需要先得到空闲的令牌，并填写相应的参数，再发送数据。典型的环形拓扑是任何时候只有一个数据包（令牌）在环上激活。

环形拓扑的优点是电缆长度短，抗故障性能好；缺点是全网的可靠性差，一个结点出现问题会引起全网故障，且故障诊断困难。

4．网状拓扑

网状拓扑的结点之间的连接是任意的，没有规律，如图 9-4（d）所示。其主要优点是可靠性高；缺点是结构复杂，网络必须采用路由选择算法与流量控制方法。目前实际存在与使用的广域网基本上都是采用网状拓扑结构。

5．树形拓扑

树形拓扑可以看成是星形拓扑的扩展。在树形拓扑结构中，结点按层次进行连接，信息交换主要在上下结点之间进行，相邻结点之间数据交换量小。网络的最高层是中央处理机，最低层是终端，而其他层次可以是多路转换器、集中器或部门计算机，如图 9-4（e）所示。树形拓扑结构可使众多的终端共享一条通信线路，提高线路利用率，同时也可增强网络的分布处理能力。

9.3　计算机网络体系结构

9.3.1　通信协议

协议是一组规则的集合，是进行交互的双方必须遵守的约定。在网络系统中，为了保证数据通信双方能正确而自动地进行通信，针对通信过程的各种问题，制定了一整套约定，这就是网络系统的网络协议。通信协议是一套语义和语法规则，用来规定有关功能部件在通信过程中的操作。

1. 通信协议的特点

(1)通信协议具有层次性。这是由于网络系统体系结构是有层次的。通信协议分为多个层次，在每个层次内又可以分成若干子层次。

(2)通信协议具有可靠性和有效性。如果通信协议不可靠就会造成通信混乱和中断，只有通信协议有效，才能实现系统内的各种资源的共享。

2. 网络协议的组成

网络协议主要由以下 3 个要素组成：

(1)语法。语法是数据与控制信息的结构或格式，如数据格式、编码、信号电平等，即"怎么讲"。

(2)语义。语义是用于协调和进行差错处理的控制信息，如需要发出何种控制信息，完成何种动作，做出何种应答等，即"讲什么"。

(3)时序。同步即是对事件实现顺序的详细说明，如速度匹配、排序等，使两个实体之间有序地合作，共同完成数据传输任务，即"何时讲"。

协议只确定计算机各种规定的外部特点，不对内部的具体实现做任何规定，这同人们日常生活中的一些规定是一样的，规定只说明做什么，对怎样做一般不做描述。计算机网络软、硬件厂商在生产网络产品时，是按照协议规定的规则生产产品，使生产出的产品符合协议规定的标准，但生产厂商选择什么电子元件、使用何种语言是不受约束的。

9.3.2 网络系统的体系结构

计算机网络的结构可以从网络体系结构、网络组织和网络配置等 3 个方面来描述。

网络组织是从网络的物理结构、从网络实现的方面来描述计算机网络的；网络配置是从网络应用方面来描述计算机网络的布局、硬件、软件和通信线路等的；网络体系结构则是从功能上来描述计算机网络的结构的。计算机网络的体系结构是抽象的，是对计算机网络通信所需要完成的功能的精确定义。而对于体系结构中所确定的功能如何实现，则是网络产品制造者遵循体系结构需要研究和实现的问题。

目前的计算机网络系统的体系结构类似于计算机系统的多层的体系结构，它是以高度结构化的方式设计的。所谓结构化是指将一个复杂的系统设计问题分解成一个个容易处理的子问题，然后加以解决。这些子问题相互独立，相互联系。所谓层次结构是指将一个复杂的系统设计问题划分成层次分明的一组组容易处理的子问题，各层执行自己所承担的任务。层与层之间有接口，它们为层与层之间提供了组合的通道。层次结构设计是结构化设计中最常用、最主要的设计方法之一。

网络体系结构是分层结构，它是网络各层及其协议的集合。其实质是将大量的、各类型的协议合理地组织起来，并按功能的先后顺序进行逻辑分割。网络功能分层结构模型如图 9-5 所示。

分层结构的好处如下：

(1)独立性强。独立性是指对分层结构的具有相对独立功能的每一层，它不必知道下一层是如何实现的，只要知道下层通过层间接口提供的服务是什么，本层向上一层提供的服务是什么即可。

(2)功能简单。系统经分层后，整个复杂的系统被分解成若干个范围小的、功能简单的部分，使每一层功能简单。

(3)适应性强。任何一层发生变化，只要层间接口不发生变化，那么，这种变化就不影响其他任何一层。这就意味着可以对分层结构中的任何一层的内部进行修改，甚至可以取消某层。

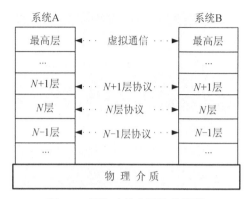

图 9-5 网络功能分层结构模型

(4)易实现和维护。分层结构使实现和调试一个大的、复杂的网络系统变得简单和容易。

(5)结构可分割。结构可分割是指被分层的各层的功能均可用最佳的技术手段来实现。

(6)易于交流和有利于标准化。

网络体系分层结构模型反映了结构层次、协议、接口之间的关系。

(1)模型中只有一层（即物理媒体传输层）是物理通信，其余各层之间的通信（用虚线描述）都是虚拟通信，或称逻辑通信。

(2)等同实体即对等层实体之间的通信都是按同层协议进行的。

(3)层间通信即相邻层实体之间进行的通信是按层间协议规则进行的。

9.3.3 标准化网络体系结构

任何计算机网络系统都是由一系列用户终端、计算机、具有通信处理和数据交换功能的结点、数据传输链路等组成。完成计算机与计算机或用户终端的通信都要具备一些基本的功能，这是任何一个计算机网络系统都具有的共性。如进行数据链路控制、误码检测、数据重发，以保证实现数据无误码的传输；实现有效的寻址和路径选择，保证数据准确无误地达到目的地；进行同步控制，保证通信双方传输速率的匹配；对报文进行有效的分组和组合，适应缓冲容量，保证数据传输质量；进行网络用户对话管理和实现不同编码、不同控制方式的协议转换，保证各终端用户进行数据识别等。

根据这一特点,ISO 推出了开放系统互联模型，简称 OSI 7 层结构的参考模型（所谓开放是指系统按 OSI 标准建立的系统，能与其他也按 OSI 标准建立的系统相互连接）。

OSI 开放系统模型包括物理层、数据链路层、网络层、传输层、会话层、表示层和应用层，如图 9-6 所示。

OSI 参考模型定义了不同计算机互联标准的框架结构，得到了国际上的承认，它被认为是新一代

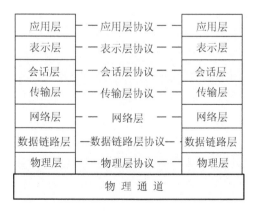

图 9-6 OSI 开放系统模型

网络的结构。它通过分层把复杂的通信过程分成了多个独立的、比较容易解决的子问题。在OSI参考模型中，下一层为上一层提供服务，而各层内部的工作与相邻层是无关的。

OSI参考模型中各层的功能如下：

(1) 应用层。其主要功能是用户界面的表现形式，许多应用程序也在该层同用户和网络打交道。它是与用户进程的接口。

(2) 表示层。该层处理各应用之间所交换的数据和语法，解决格式和数据表示的差异，它是为应用层服务的，向应用层解释来自会话层的数据。

(3) 会话层。该层在逻辑上是负责数据交换的建立、保持及终止。实际工作是接受来自传输层并将被送到表示层的数据，并负责纠正错误。出错控制、会话控制、远程过程调用均是这一层的功能。

(4) 传输层。该层在逻辑上是提供网络各端口之间的连接，其实际任务是负责可靠地传递数据。比如数据包无法按时传递时传输层将发出传递将延迟的信息。

(5) 网络层。该层的工作主要有网络路径选择和中继、分段组合、顺序及流量控制等。其目的是如何将信息安排在网络上以及如何将信息推向目的地。

(6) 数据链路层。该层用来启动、断开链路，提供信息流控制、错误控制和同步等功能，即用于提供相邻节点间透明、可靠的信息传输服务。

(7) 物理层。物理层是将数据安放到实际线路并通过线路实际移动的层。它为建立、维持及终止呼叫提供所需的电气和机械要求，也即该层定义了与传输线以及接口的各种特性。

OSI试图达到一种理想境界，即全世界的计算机网络都遵循这一统一的标准。可是到了20世纪90年代，虽然整个OSI国际标准都已经制定出来，却几乎没有什么厂家生产符合OSI标准的商用产品。然而，与此同时，没有使用OSI标准的Internet却在飞速发展，覆盖了全球相当大的范围，相应的计算机网络产品遍及全世界，成为了世界上最大的国际性计算机互联网，TCP/IP成为事实上的国际标准，而OSI却没有得到广泛应用。下面，我们简单介绍Internet使用的参考模型——TCP/IP参考模型。

9.3.4 TCP/IP 参考模型

1. TCP/IP 原理

当卫星通信和无线网络出现以后，它们在与现有的协议互联时出现了问题，所以需要一种能够无缝隙连接多个网络的新的参考体系结构。传输控制协议（Transmission Control Protocol，TCP）和网际协议（Internet Protocol，IP）是其中两个最重要协议，它定义了一种在计算机网络间传送数据的方法和原则，是由美国的罗伯特·卡恩（Robert E. Kahn，1938年~）和文特·塞弗（Vinton Cerf，1943年~）合作开发的。随后，美国国防部决定无条件地免费提供TCP/IP，即向全世界公布解决计算机网络之间通信的核心技术，TCP/IP协议核心技术的公开导致了Internet的大发展。

此后，人们将TCP/IP及其相关协议称为TCP/IP参考模型（TCP/IP Reference Model）。TCP/IP参考模型自下而上共有网络接口层、网际层、传输层、应用层4个层次，如图9-7所示。

1）网络接口层

TCP/IP参考模型并未定义具体的网络接口层协议，只是指出主机必须使用某种协议与网络连接，以便能在其上传递IP分组。其主要目的在于提供灵活性，以适应不同的物理网络。物理网络不同，接口也不同。网络接口层使得上层操作与底层的物理网络无关。

2）网际层

网络必须实现的一个主要的目标是：网络不受子网硬件损失的影响，已经建立的会话不会被取消。而且，网络必须满足各种从文件传输到实时声音传输的需求，因此整个体系结构必须相当灵活。

所有的这些需求导致了基于无连接互联网络层的分组交换网络。这一层被称作网际层或互联网层（Internet Layer），它是整个体系结构的关键部分。它的功能是使主机可

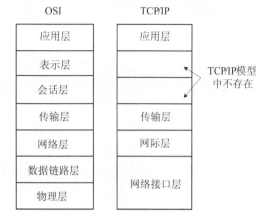

图9-7 OSI与TCP/IP参考模型对比

以把分组发往任何网络并使分组独立地传向目标（可能经由不同的网络）。这些分组到达的顺序和发送的顺序可能不同，因此如果需要按顺序发送及接收时，高层必须对分组排序。

网际层定义了正式的分组格式和协议，即IP协议（Internet Protocol）。互联网层的功能就是把IP分组发送到它应该去的地方。分组路由和避免阻塞是这里主要的设计问题。由于这些原因，TCP/IP网际层和OSI网络层在功能上是非常相似，图9-7显示了它们的对应关系。

3）传输层

传输层（Transport Layer）的功能是使源端和目标端主机上的对等实体可以进行会话，这里定义了两个端到端的协议。第一个是传输控制协议TCP（Transmission Control Protocol）。它是一个面向连接的协议，允许从一台机器发出的字节流无差错地发往互联网上的其他机器。它把输入的字节流分成报文段并传给网际层。在接收端，TCP接收进程把收到的报文组装成输出流。TCP还要处理流量控制，以避免出现快速发送方向低速接收方发送过多报文，而使接收方来不及处理的情况。

第二个协议是用户数据报协议UDP（User Datagram Protocol），它是一个不可靠的、无连接协议，用于不需要TCP的排序和流量控制，而是自己完成这些功能的应用程序。它也被广泛地应用于只有一次的、客户机-服务器模式的请求-应答查询，以及快速递交比准确递交更重要的应用程序，如传输语音或影像。IP、TCP和UDP的关系如图9-8所示。自从这个模型出现以来，IP已经在很多其他网络上实现了。

4）应用层

TCP/IP模型没有会话层和表示层，由于不需要，所以把它们排除在外。来自OSI模型的经验已经证明，它们对大多数应用程序都没有用处。

应用层（Application Layer）包含所有的高层协议。最早引入的是虚拟终端协议（TELNET）、文件传输协议（FTP）和电子邮件协议（SMTP），如图9-8所示。虚拟终端协议允许一台机器上的用户登录到远程机器上并且进行工作。文件传输协议提供了有效地把数据从一台机器移动到另一台机器的方法。电子邮件协议最初仅是一种文件传输，但是后来为它提出了专门的协议。这些年来又增加了不少的协议，例如域名服务DNS（Domain Name Service）用于把主

机名映射到网络地址；HTTP 协议用于万维网（WWW）的信息传输等。

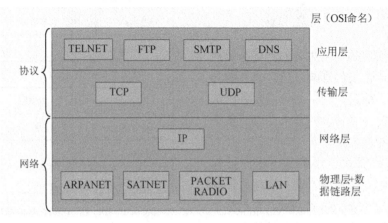

图 9-8 TCP/IP 模型中的协议与网络

由于 Internet 已得到广泛的应用，因此，Internet 所使用的 TCP/IP 参考模型在计算机网络领域占有十分重要的地位，成为了一个事实的国际标准。

2. Internet 中的地址机制

就像一个人可以使用姓名、身份证号码等来进行识别一样，Internet 上的计算机也可以用很多方法来识别。Internet 主机识别方法之一就是主机名（Host Name），如 www.sina.com.cn、www.ytnc.edu.cn 等，这种形式采用字母组合，便于用户记忆。由于采用了可变长的字母组合方式，所以这种主机名难以被路由器处理。因此，人们设计了固定长度为 32 位的 IP 地址，以便于路由器识别主机名。而在数据链路层还要用到一个被称为 MAC 地址或网络设备物理地址（简称物理地址）的地址，用来识别某一个具体网络硬件设备。这就涉及不同的地址形式及其之间的解析。下面简单介绍一下 IP 协议中 IP 地址及其相关的几个重要概念。

1）IP 地址及其表示

接入 Internet 中的计算机与接入电话网的电话机非常相似，每台计算机也有一个与电话号码类似的由授权单位分配的号码，我们称之为 IP 地址，它是给每个连接在 Internet 上的主机分配一个在全世界范围独一无二的 32 位的标识符。IP 地址使我们可以在 Internet 上很方便地进行寻址，这就是：先按 IP 地址中的网络号 net-id 把网络找到，再按主机号 host-id 把主机找到。所以 IP 地址并不只是一个计算机的号，而是指出了连接到某网上的某计算机。IP 地址现在由 Internet 名字与号码指派公司 ICANN 进行分配。

由于 Internet 中网络规模相差很悬殊，有的主机多，有的主机少，为了适应不同的网络规模将 IP 地址分成 A、B、C、D、E 5 类，如图 9-9 所示。

常用的 A、B 和 C 类地址都由两个字段组成，即：网络号字段 net-id（A、B 和 C 类地址的网络号字段分别为 1、2 和 3 字节长，在网络号字段的最前面有 1～3 位的类别比特，其数值规定为 0、10 和 110），主机号字段 host-id（A 类、B 类和 C 类地址的主机号字段分别为 3、2 和 1 字节长）。D 类地址是多播地址，主要留给 Internet 体系结构研究委员会 IAB（Internet Architecture Board）使用。E 类地址保留在今后使用。

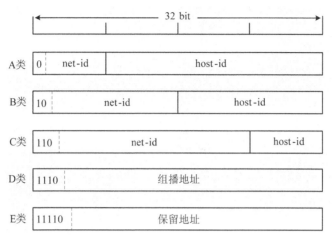

net-id—网络号；host-id—主机号

图 9-9 IP 地址的 5 种类型

A 类 IP 地址的网络号数不多。现在能够申请到的 IP 地址只有 B 类和 C 类两种。当某个单位申请到一个 IP 地址时，实际上只是获得了一个网络号 net-id，具体的各个主机号 host-id 则由该单位自行分配，只要做到在该单位管辖的范围内无重复的主机号即可。

IP 地址由 32 位二进制数组成（4 个字节），但为了方便用户的理解和记忆，它采用了十进制标记法，即将 4 个字节的二进制数值转换成 4 个十进制数值，数值中间用"."隔开，这种记法称为"点分十进制记法"。例如，二进制 IP 地址：

10000000 00001011 00000011 00011111

这是一个 B 类 IP 地址，用十进制表示法表示成 128.11.3.31，显然方便很多。

IP 地址具有以下一些重要特点：

（1）IP 地址和电话号码的结构不一样，IP 地址不能反映任何有关主机位置的地理信息，IP 地址分为网络部分和主机部分，也可以说是某种意义上的"分等级"。

（2）当一个主机同时连接到两个网络上时，该主机就必须同时具有两个相应的 IP 地址，其网络号 net-id 是不同的。这种主机称为多接口主机（Multi-Homed Host）。

（3）由于 IP 地址中还有网络号，因此，严格来讲，IP 地址不仅仅是指明一个主机（或路由器），而是指明一个主机（或路由器）到一个网络的连接。

（4）按照 Internet 的观点，用转发器或网桥连接起来的若干个局域网仍为一个网络，因此这些局域网都具有同样的网络号 net-id。

（5）在 IP 地址中，所有分配到网络号 net-id 的网络都是平等的。

（6）IP 地址有时也可用来指明单个网络的地址。这时，只要将该 IP 地址的主机号字段置为全零即可。例如，10.0.0.0、175.89.0.0 和 201.123.56.0 这 3 个 IP 地址（分别是 A 类、B 类和 C 类地址）都指的是单个网络的地址。

图 9-10 给出了 3 个局域网（LAN₁、LAN₂ 和 LAN₃）通过 3 个路由器（R₁、R₂ 和 R₃）互连起来。其中局域网 LAN₂ 是由两个局域网通过网桥 B 互连的。图中的小圆圈表示需要有一个 IP 地址。我们应当注意到以下特点：

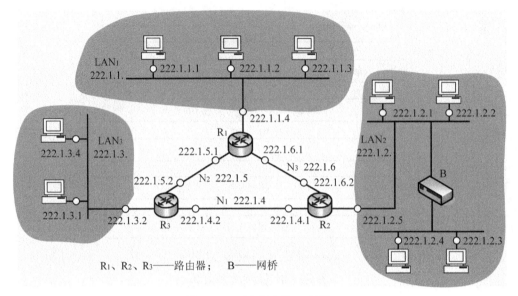

图 9-10　互连网中的 IP 地址

（1）与某个局域网相连接的计算机或路由器的 IP 地址的网络号都必须是一样的。

（2）用网桥互连的局域网仍然是一个局域网。

（3）路由器总是具有两个或两个以上的 IP 地址。

（4）当两个路由器直接相连时，在连线两端的接口处，可以指明也可以不指明 IP 地址。如指明 IP 地址，则这一段连线就构成了一种只包含一段线路的特殊"网络"（如图中的 N_1、N_2、N_3）。

2）物理地址

物理地址就是在单个网络内部对一个计算机进行寻址时所使用的 48 位的地址。在局域网中，由于物理地址已固化在网卡上的 ROM 中，因此常常将物理地址称为硬件地址或 MAC 地址。图 9-11 表示了物理地址与 IP 地址的区别，图中假定主机通过局域网进行网络互连。在网络层及以上使用的是 IP 地址，而链路层及以下使用的是硬件地址。

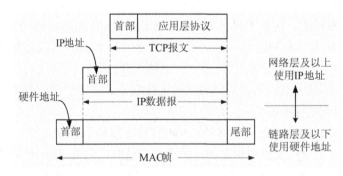

图 9-11　IP 地址与物理地址的区别

3）地址转换与域名系统 DNS

TCP/IP 体系中设置了两种地址转换机制：IP 地址与主机的硬件地址之间的转换以及与 IP 地址与域名之间的转换。从 IP 地址到物理地址的转换是由地址解析协议 ARP 来完成。

上面讲的 IP 地址是不能直接用来进行通信的。这是因为：Internet 上运行着大量的局域网（其中多数是以太网）。IP 地址只是主机在网络层中的地址。在局域网中，若要将网络层中传送的数据报交给目的主机，还要将 IP 数据报传送到链路层转变成 MAC 帧才能在网络站点之间传输。而 MAC 帧使用的是源主机和目的主机的硬件地址。这样一来，就必须有某种方法在 IP 地址和主机的硬件地址之间进行映射。这种映射的协议就是 ARP 协议（Address Resolution Protocol，地址解析协议）。

另外，在用户与 Internet 上某个主机通信时，不愿意使用很难记忆的主机号（IP 地址），而是愿意使用易于记忆的主机名字（即域名）。域名的结构由若干个分量组成，各分量之间用点隔开。各分量分别代表不同级别的域名。每一级的域名都由英文字母和数字组成（不超过 63 个字符，并且不区分大小写字母），级别最低的域名写在最左边，而级别最高的顶级域名则写在最右边。完整的域名不超过 255 个字符。各级域名由其上一级的域名管理机构管理，而最高的顶级域名则由 Internet 的有关机构管理。需要注意的是，域名只是个逻辑概念，并不反映计算机所在的物理地点。

同样，需要在域名和 IP 地址之间进行转换，即域名解析。对于较小的网络，可以使用 TCP/IP 体系提供的叫作 hosts 的文件来进行从主机名字到 IP 地址的转换。文件 hosts 上有许多主机名字到 IP 地址的映射，供主叫主机使用。

对于较大的网络，则在网络中的几个地方放配置有域名系统 DNS（Domain Name System）的域名服务器，上面分层次放有主机名字到 IP 地址转换的映射表。源主机中的名字解析软件 resolver 自动找到 DNS 的域名服务器来完成这种转换。DNS 使大多数名字都在本地映射，仅少量映射需要在 Internet 上通信，使得系统是高效的。Internet 的域名系统 DNS 被设计成为一个联机分布式数据库系统，并采用客户机-服务器模式。即使单个计算机出了故障，也不会妨碍系统的正常运行。

如图 9-12 所示为名字为 host-a 的主机要与名字为 host-b 的主机通信，通过 DNS 从目的主机名字 host-b 得出其 IP 地址为 209.0.0.6。

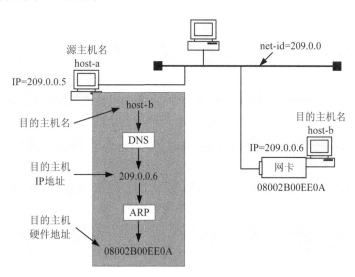

图 9-12　主机名、主机物理地址与 IP 地址的转换

图 9-12 还表示出从 IP 地址 209.0.0.6 通过 ARP 得出了目的主机 48 位的物理地址 08002B00EE0A。现在假设此主机连接在某个局域网上，如网络是广域网，则转换出主机在广域网上的物理地址。

由于 IP 地址有 32 位，而局域网的物理地址是 48 位，因此它们之间不是一个简单的转换关系。此外，在一个网络上可能经常会有新的计算机加入进来，或撤走一些计算机。更换计算机的网卡也会使其物理地址改变。在计算机中应存放一个从 IP 地址到物理地址的转换表，并且能够经常动态更新。地址解析协议 ARP 很好地解决了这些问题。

需要指出的是，在 TCP/IP 协议栈中，存在 ARP 和 DNS 两种协议来进行地址翻译，这两种地址翻译机制是不同的。

(1) DNS 进行主机名和 IP 地址之间的翻译，也就是应用层地址到网络层地址的翻译；而 ARP 进行 IP 地址与 MAC 地址之间的翻译，也就是网络层地址到数据链路层地址的翻译。

(2) DNS 提供全局性的地址服务，全世界范围内主机的 IP 地址与主机地址的翻译都是通过单一的 DNS 系统提供的；而 ARP 提供的是一个局域性的地址映射机制，服务范围限于一个局域网。

(3) DNS 系统通过专门的 DNS 服务器来提供翻译服务；而 ARP 作为一个软件模块驻留在每台主机或路由器的每个适配器接口中。

总而言之，为了最大限度地保持网络体系结构各个层次模块的独立性，在 Internet 中为应用层、网络层、局域网的数据链路层分别设立主机名、IP 地址、MAC 地址 3 种编制机制，相应的，存在着两种地址解析机制：ARP 和 DNS。

9.4 常用的计算机网络设备

9.4.1 传输媒体

连接计算机网络的传输媒体有：细同轴电缆（简称细缆）、粗同轴电缆（简称粗缆）、非屏蔽双绞线（UTP）、屏蔽双绞线（STP）、光纤和无线介质。

1. 同轴电缆

同轴电缆的中央是铜芯，铜芯外包着一层绝缘层，绝缘层外是一层屏蔽层，屏蔽层把电线很好地包起来，再往外就是外包皮了，它对外界具有很强的抗干扰能力。连接电视机与闭路电视系统的就是一种阻抗为 75Ω 的 CATV 专用的同轴电缆。

同轴电缆在局域网中使用非常普遍。常用于局域网的同轴电缆有两种：一种是专门用在符合 IEEE 802.3 标准 Ethernet 网环境中，阻抗为 50Ω 的电缆，又分为 RG58A/U 标准的细缆和 RG11 标准的粗缆；另一种是专门用在 ARCNET 网环境中，阻抗为 93Ω 的电缆。同轴电缆传输数据速率可达 10Mbit/s（Ethernet 网中的细缆和粗缆）或 2.5Mbit/s（在 ARCNET 环境下）。细缆和粗缆在一个网段的两端都必须接上 50Ω 的终结器（端配器），以防止信号反射。细缆是通过 T 型头与工作站、服务器的网卡（BNC 接口的网卡）相连的。

2. 双绞线

在局域网中双绞线的使用非常广泛，因为它们具有低成本、高速度和高可靠性等优点。

双绞线有两种基本类型：屏蔽双绞线（Shielded Twisted Pair，简称 STP）和非屏蔽双绞线（Unshielded Twisted Pair，简称 UTP），它们都由两根绞在一起的导线来形成传输电路，两根导线绞在一起主要是为了防止干扰（线对上的差分信号具有共模抑制干扰的作用）。在一条双绞线电缆中，有两对、四对或多对双绞线（目前两对的双绞线很少见，常用的是四对八芯的）。STP 和 UTP 之间的唯一区别是：STP 外层有一层由金属线编织的屏蔽层，这和同轴电缆一样，加屏蔽层的原因是为了防止干扰。显然，屏蔽双绞线的抗干扰性优于非屏蔽双绞线，但由于屏蔽层对双绞线的驱动电路增加了容性阻抗，因此会影响网络段的最大长度。双绞线分为 5 类，常见的有 3 类线、5 类线，以及最新的超 5 类线和 6 类线，《EIA/TIA 568 商业建筑物线路标准》对此有所描述。

3. 光纤

光纤具有带宽高、可靠性高、数据保密性好、抗干扰能力强等特点，适用于对网络应用要求很高、高速长距离传输数据的应用场合。

光纤利用全内反射来传输经信号编码的光束。发送端采用单色光作为光源，经调制后送入光纤。目前使用的光源有两种：发光二极管（LED）和激光注入二极管（ILD）。发光二极管是一种固体器件，当有电流流过时就发光；激光注入二极管是一种利用量子电子效应的固体激光器件，它产生频谱很窄、亮度很高的光束。两者比较，发光二极管价廉，适应较宽的温度工作范围，使用寿命较长；激光注入二极管效率较高，可以承受更高的传输率；在接收端用光电二极管把光信号转变成电信号。

光纤传送信号的方式不是依赖电信号，而是依靠光，因此也就避免了金属导线所产生的信号衰减、电容效应、串扰等问题，可靠地实现高数据率的传输，并且有极好的保密性。

光纤从制作材料上分为多模和单模光纤；从应用上分为室外和室内光纤。多模光纤比单模光纤在传输距离上要短，但价格较便宜。

4. 无线介质

无线介质是有线介质的补充，非常适合于那些难以铺设传输线的边远山区和沿海岛屿，也为大量便携式计算机接入网络提供了条件。目前最常用的无线传输方式有微波、卫星、红外线和激光通信。

1）微波

微波是指频率为 300MHz～300GHz 的电磁波，微波通信是把微波作为载波信号，用被传输的模拟信号或者数字信号来调制它，采用无线通信。它既可以传输模拟信号，也可以传输数字信号。由于微波段频率高，频段范围宽，所以微波信道容量大，可同时传输大量信息。目前各国大量使用的微波设备信道多为 960 路、1200 路、1800 路、2700 路。我国多为 960 路。

2）卫星

卫星通信和微波通信相似。它使用离地球 35000 多千米、绕轨道飞行的卫星作为微波转播站，具有频带宽、容量大、信号所受干扰小、通信稳定等优点。但其传播时延大，无论地面站相距多远，从一个地面站经过卫星到另一个地面站的传播时延为 250～300ms。

3）红外线

红外线通信是利用红外线来传播信号，在发送端设有红外线发送器，接收端有红外线接收器，可安装在室内外任何可视范围内，但中间不能有障碍物。红外线通信有两个最突出的优点：不易被人发现和截获，保密性强；几乎不会受到电气、天气或人为干扰，抗干扰性强。此外，红外线通信机体积小，重量轻，结构简单，价格低廉。在不能架设有线线路，而使用无线电又怕被发现的情况下，使用红外线通信是比较好的。

4）激光通信

激光通信是利用激光束来传输信号，即将激光束调制成光脉冲，以传输数据。因此激光通信与红外线通信一样是全数字的，不能传输模拟信号。激光通信必须配置一对激光收发器，且要安装在视线范围内。激光通信可获得更高的带宽，具有高度的方向性，因而不易被窃听、插入数据和干扰，但同样容易受到环境影响，而且传播距离有限。

9.4.2 网络互联设备

常用的网络设备互联有：网卡（Network Interface Card，NIC）、集线器（HUB）、交换式集线器（Switch，又称交换机）、中继器（Repeater）、网桥（Bridge）、路由器（Router）等。

1. 网卡

网卡插在每台工作站和服务器主机板的扩展槽里，是工作在物理层的网络组件，是局域网中连接计算机和传输介质的接口，不仅能实现与局域网传输介质之间的物理连接和电信号匹配，还具有帧的发送与接收、帧的封装与拆封、介质访问控制、数据的编码与解码以及数据缓存等功能。工作站通过网卡向服务器发出请求，当服务器向工作站传送文件时，工作站也通过网卡接收响应。这些请求及响应的传送对应在局域网上就是在计算机硬盘上进行读、写文件的操作。

目前用户经常接触到的网卡主要包括集成网卡和独立网卡两类。其中，集成网卡将网卡芯片直接焊接到主板上，使之成为主板的一部分，与主板具有较好的兼容性。而独立网卡则需要插接到主板的扩展槽中，具有一定的灵活性。目前市场上销售的新主板一般都集成了网卡芯片，因此用户无需另外购买网卡。

根据网卡所隶属的总线类型，可以将网卡分为 PCI 网卡、USB 网卡、PCMCIA 网卡和 ISA 网卡等类型。其中，PCI（Peripheral Component Interconnect，外设部件互连标准）网卡是目前应用最广泛的网卡类型之一，主板集成的网卡绝大多数都遵循 PCI 总线标准。USB（Universal Serial Bus，通用串行总线）网卡则是遵循支持即插即用功能的 USB 总线类型，在无线局域网中应用广泛。PCMCIA 网卡是笔记本电脑专用网卡，涉及规范遵循 PCMCIA 总线标准，而技术落后的 ISA 网卡现在已经基本退出市场。

根据数据位宽度的不同网卡分为 8 位、16 位，32 位和 64 位。根据不同的局域网协议，网卡又分为 Ethernet 网卡、Token Ring 网卡、ARCNET 网卡和 FDDI 网卡几种。按网卡所支持带宽的不同可分为 10M 网卡、100M 网卡、10/100M 自适应网卡、1000M 网卡几种。

2. 集线器（HUB）

集线器又称为集中器或 HUB，可分为独立式、叠加式、智能模块化、高档交换式集线平台（又称为交换机），有 8 端口、16 端口、24 端口（传输率为 10Mbit/s 或 100Mbit/s）多种规格。

1）独立式（Standalone）

这类集线器主要是为了克服总线结构的网络布线困难和易出故障的问题而引入的，一般不带管理功能，没有容错能力，不能支持多个网段，不能同时支持多协议。这类集线器适用于小型网络，一般支持 8～24 个结点，可以利用串接方式连接多个集线器来扩充端口。

2）堆叠式（Stackable）

堆叠式集线器可以将 HUB 一个一个地叠加，用一条高速链路连接起来，一共可以堆叠 4～8 个（根据各公司产品不同而不同）。它只支持一种局域网标准，即要么支持 Ethernet，要么支持 Token Ring。它适用于网络结点密集的工作组网络和大楼水平子系统的布线。

3）智能模块化（Modular）集线器

智能模块化集线器采用模块化结构，由机柜、电源、面板、插卡和管理模块等组成。支持多种局域网标准和多种类型的连接，根据需要可以插入 Ethernet、Token Ring、FDDI 或 ATM 模块，另外还有网管模块、路由模块等，适用于大型网络的主干集线器。

3. 交换机（Switch）

交换机又称为交换式集线器或交换器，有 10Mbit/s、100Mbit/s 等多种规格。交换器与 HUB 不同之处在于每个端口都可以获得同样的带宽。如 10Mbit/s 交换器，每个端口都可以获得 10Mbit/s 的带宽，而 10Mbit/s 的 HUB 则是多个端口共享 10Mbit/s 带宽。10Mbit/s 的交换器一般都有两个 100Mbit/s 的高速端口，用于连接高速主干网或直接连到高性能服务器上，这样可以有效地克服网络瓶颈。

交换器有两种实现方法：直通式（Cut-Through），交换速度快，不进行错误校验，转发包时只读取目的地址；存储转发（Store and Forward），转发前接收整个包，降低了交换器的速度，但确保了所有转发的包中不含错误包。

4. 中继器（Repeater）

中继器用于局域网络的互连，常用来将几个网段连接起来，起信号放大续传的功能。电信号在电缆中传送时随电缆长度增加而递减，这种现象叫衰减。中继器只是一种附加设备，一般并不改变数据信息。中继器工作在物理层，将从初始网络发来的报文转发到扩展的网络线路上，它们与高层的协议无关。

5. 网桥（Bridge）

网桥是一种在数据链路层实现网络互连的存储转发设备。网桥从一个网段接收完整的数据帧，进行必要的比较和验证，然后决定是丢弃还是发送给另外一个网段。转发前网桥可以在数据帧之前增加或删除某一些字段，但不进行路由选择过程，因此，网桥具有隔离网段的功能。在网络上适当地使用网桥可以起到调整网络的负载、提高整个网络传输性能的作用，如图 9-13 所示。但两个最远的网络站点之间经过的网桥是有限制的，过多地使用网桥会降低整个网络的性能。

6. 路由器（Router）

路由器是实现异种网络互连的设备。它与网桥的最大差别在于网桥实现网络互连是发生在数据链路层，而路由器实现网络互连是发生在网络层。在网络层上实现网络互联需要相对复杂的功能，如路由选择、多路重发以及错误检测等均在这一层上用不同的方法来实现。与网桥相比，路由器的异构网互连能力、网络阻塞控制能力和网段的隔离能力等方面都要强于网桥。另外，由于路由器能够隔离广播信息，从而可以将广播风暴的破坏性隔离在局部的网段之内。路由器是局域网和广域网之间进行互连的关键设备，通常它具有负载平衡、阻止广播风暴、控制网络流量及提高系统容错能力等功能。一般来说，路由器大都支持多种协议，提供多种不同的电子线路接口，从而使不同厂家、不同规格的网络产品之间，以及不同协议的网络之间可以进行非常有效的网络互连。

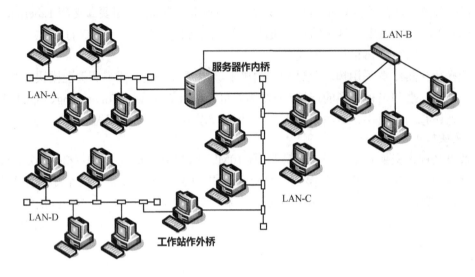

图 9-13   网桥连接的多个局域网

但是路由器比网桥复杂，且价格更贵。此外，它不支持非路由的协议。因此，用户要根据需求和连网环境，选择合适的网桥或路由器。

7. 网关（Gateway）

网关是实现网络高层的网络互连设备的总称，用于连接异构网络，即不同类型的网络。

目前国内外一些著名的大学校园网的典型结构通常是由一主干网和若干段子网组成。主干网和子网之间通常选用路由器进行连接；子网内部常常有若干局域网，这些局域网之间采用中继器或网桥来进行连接；校园网和其他网络，比如公用交换网络、卫星网络和综合业务数字网络等，一般都采用网关进行互连。网关一般运行在 ISO/OSI 参考模型的最高层，能支持从传输层到应用层的网络互连，可执行协议的转换，使不同协议的网络通信。例如，NETBIOS 利用协议仿真可使 IBM PC 和 IBM 主机进行通信。典型的 Gateway 产品有327OGateways、525OGateways、TCP/IP Gateways 及异步 Gateways 等。常用网络设备互联层次如表 9-1 所示。

表 9-1   常用网络设备互联层次

OSI 层次	地址类型	设备
传输层及以上	应用程序进程地址（端口）	网关（协议转换器）
网络层	网络地址（IP 地址）	路由器（三层交换机）
数据链路层	物理地址（MAC 地址）	网桥、交换机（网卡）
物理层	无	中继器、集线器（网卡）

9.5 网络新技术

9.5.1 无线传感器网络

网络应用是推动网络技术发展的强大动力。计算机技术和网络技术的飞速发展，使得人们不再满足于简单的文件传输、电子邮件、远程登录等网络应用，而是希望网络能够提供更多的服务，如视频会议、视频点播、远程多媒体教学和网上购物等，以及更便捷的、无处不在的接入服务。

近年来，WiFi 和 WiMax 等互联网的无线接入技术发展迅速，各种无线移动终端层出不穷，使互联网越来越具有移动性。随着传感器、无线通信的发展，20 世纪 90 年代末，出现了一种新兴的计算机网络——无线传感器网络（Wireless Sensor Networks，WSN）。因其广泛的应用前景，被评价为"21 世纪最有影响的 21 项技术之一"和"改变世界的十大技术之首"。

无线传感器网络是由一组传感器以 Ad hoc 方式组成的有线或无线网络，集中了传感器技术、嵌入式计算技术和无线通信技术，能协作地感知、监测和收集各种环境下所感知对象的信息，通过对这些信息的协作式信息处理，获得感知对象的准确信息，然后通过 Ad hoc 方式传送给需要这些信息的用户。人们依靠无线传感器网络可以实时监测外部环境，实现大范围、自动化的信息采集。它具有快速构建、部署方便的特点，不易受到目标环境的限制，特别适合布置在电源供给困难的区域或人员不易到达（环境恶劣地区、敌军阵地等）的区域，可应用在军事侦察、环境监测、医疗监护、空间探索、城市交通管理、仓储管理等领域，应用前景非常巨大。

无线传感器网络的基本组成元素是结点，它同时具有传感、信息处理和进行无线通信的功能。结点通常通过空投或者预先设定的方式分布在某个特定的地理区域，然后自动配置自组织成为一个无线网络。结点通过多跳通信把收集到的数据传递给基站/信宿，而基站/信宿直接和 Internet 或者通信卫星相连，这样，用户就可以远程访问这些数据。其典型的网络体系结构如图 9-14 所示。

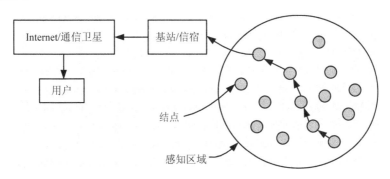

图 9-14 无线传感器网络的典型体系结构

传感器网络需要根据用户对网络的需求设计适应自身特点的网络体系结构，传感器网络的体系结构如图 9-15 所示。它具有二维结构，分为横向的通信协议层和纵向的传感器网络管理面。通信协议层可以划分为物理层、数据链路层、网络层、传输层、应用层，而网络管理面可以划分为能量管理面、移动性管理面以及任务管理面。管理面的存在主要是用于协调不

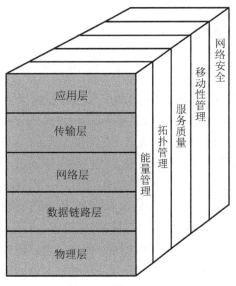

图 9-15 传感器网络体系结构

同层次的功能以求在能量管理、拓扑管理、服务质量、移动性管理和网络安全方面获得综合考虑的最优设计。

无线传感器网络特别适用于那些设备成本较低、传输数据量较少、使用电池供电并且要求工作时间较长的应用场合。如在工业控制中,许多大型设备需要对关键部件的技术参数进行监控,以掌握设备的运行情况;在环境监测中,可以监测大气成分的变化,从而对城市空气污染进行监控;在医疗方面,可以在病人身上安置传感器,让医生可随时远程了解病情。此外,无线传感器网络的出现给智能家居和智能办公的应用带来了一个完美的解决方案。但由于 WSN 自身的特点决定它不可能做的太大,只能在局部的地方使用。因此,WSN 利用无线技术即可以自成体系的单独使用,也可以成为 Internet 的"神经末梢"。

9.5.2 IPv6 协议

IPv6 是 Internet Protocol Version 6 的缩写,是 IETF(Internet Engineering Task Force,互联网工程任务组)设计的、用于替代现行版本 IPv4 的下一代协议。IPv4 协议除了地址资源面临枯竭之外,其对节点移动性支持的不足、网络服务质量没有考虑业务应用的需求、配置复杂、端到端业务模式无法实现以及安全性和可靠性等问题,均导致其无法满足互联网发展的需求,因此,IPv6 成为新一代的互联网网络层协议。IPv6 协议把地址空间从 IPv4 协议中的 32 位扩展到 128 位。在 IPv4 中,理论上共有 2^{32} 个地址可分配,地球上每平方千米大概拥有 4 个 IP 地址。而在 IPv6 中,理论上共有 2^{128} 个地址可分配,地球上每平方米将有 655 570 793 348 866 943 898 599 个地址。采用 IPv6 地址的下一代互联网拥有海量的地址空间,可以实现互联网在空间规模上的扩展,更为逐步解决目前互联网面临的重大技术挑战提供了崭新的技术试验平台。IPv6 的报文头部格式如图 9-16 所示。

IPv6 及其相关技术标准日趋完善的最明显体现,是支持 IPv6 协议的网络设备和应用软件的不断出现和应用。主流的互联网设备和软件厂商都已经支持 IPv6 协议,例如,CISCO、Juniper 等网络厂商的路由器和交换机已全面支持 IPv6 及其相关技术标准,成为构建 IPv6 下一代互联网的主体设备;微软新版本操作系统已经全面支持 IPv6 协议。此外,移动通信和家用电器对 IPv6 的需求也越来越迫切,很多家电厂商开始把目光集中在家电设备的 IPv6 网络接入上。这些需求

图 9-16 IPv6 报文头部结构

更进一步促进了 IPv6 下一代互联网的发展。

目前，由于 Internet 的规模以及目前网络中数目庞大的 IPv4 用户和设备，IPv4 到 IPv6 的过渡不可能一次性实现，其必将遵循一个循序渐进的过程。目前 IETF 给出了 3 种主要方法——双栈策略、隧道技术以及首部转换，从而实现 IPv4 和 IPv6 的平滑过渡。

9.5.3 P2P 网络研究与发展

P2P（Peer-to-Peer）是一种客户结点之间以对等的方式，通过直接交换信息来达到共享计算机资源和服务的工作模式，也被称作"对等计算"技术，将能够提供对等通信功能的网络称为"P2P 网络"。近年来，P2P 以其独特的技术优势迅速发展，其在实时通信、协同工作、内容分发与分布式计算等领域的应用不断增长，并已成为当前互联网应用的新的重要形式，也是当前网络技术研究的热点问题之一。

1. P2P 网络定义及与传统 C/S 模式网络的区别

1）P2P 网络定义

不同的机构与研究人员根据他们对 P2P 网络特点的认识，提出了以下 3 种定义：

（1）P2P 网络是"通过在系统之间直接交换来共享计算机资源和服务的一种应用形式"。

（2）P2P 网络是"在互联网边缘以非客户机地位使用的设备的集合"。

（3）有学者通过 3 个关键条件来定义 P2P 网络。这 3 个条件是：服务器质量的、可运行的计算机；具有独立于域名服务的寻址能力；具有在拓扑动态变化情况下的路由能力。

综合以上研究结论，P2P 网络是以扩大互联网资源共享范围与深度，使信息共享达到最大化为目的而设计的一种"非集中式"的网络结点之间的结构。在 P2P 网络中，所有结点均可同时兼任客户机和服务器，结点之间在共享网络资源与服务上地位是平等的。P2P 网络是一种具备适应网络拓扑动态变化、具有独立路由寻址能力的自治系统，不依赖于互联网的域名服务功能。P2P 网络的"非集中式"共享网络资源、服务能够与"集中式"共享网络资源的结构共存与互补。

2）P2P 与传统客户机/服务器工作模式的区别

传统的互联网中信息资源的共享是以服务器（Server）为中心的客户机/服务器工作模式，服务提供者与服务使用者之间的界限是很清晰的，如图 9-17（a）所示。以 Web 服务器为例，服务器可以为很多 Web 浏览器客户提供服务，但 Web 浏览器之间不能直接通信。P2P 网络则淡化了服务提供者与服务使用者的界限，成千上万台计算机之间处于一种对等的地位，基于一种"人人为我，我为人人"的设计思想，所有的客户机同时身兼服务提供者和服务使用者的双重身份，以达到"进一步扩大网络资源共享范围和深度，提高网络资源利用率，使信息共享达到最大化"的目的，如图 9-17（b）所示。

3）P2P 与传统客户机/服务器协议结构的区别

传统互联网客户机/服务器与 P2P 网络工作模式协议结构在应用层以下各层结构相同，主要区别在应用层，如图 9-18 所示。

传统 C/S 结构的应用层主要有 SMTP、FTP、DNS、HTTP 等协议。而 P2P 网络应用层主要包括：支持文件共享的 Napster 与 BitTorrent 服务协议，支持多媒体传输的 Skype 服务协议等。因此从这个角度看，P2P 网络并不是一个新的网络结构，而是一种新的网络应用模式。所以，可以认为 P2P 网络是一个构建在 IP 网络上的覆盖网。

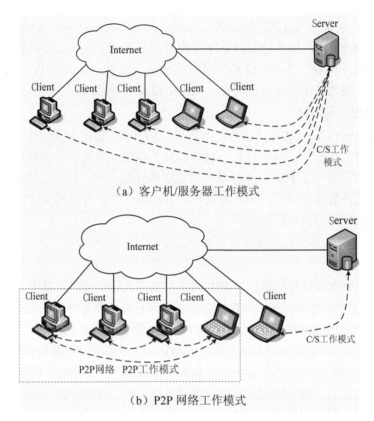

（a）客户机/服务器工作模式

（b）P2P 网络工作模式

图 9-17 客户机/服务器与 P2P 网络工作模式的区别

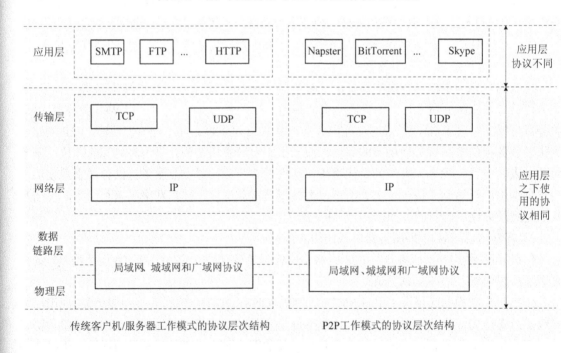

传统客户机/服务器工作模式的协议层次结构　　　　P2P工作模式的协议层次结构

图 9-18 客户机/服务器与 P2P 网络协议结构的区别

2. P2P 网络结构的分类

根据 P2P 网络结构的特点，P2P 网络可以分为集中式 P2P 网络、分布式 P2P 网络与混合式 P2P 网络 3 种类型，如图 9-19 所示。

1）集中式 P2P 网络

支持集中式 P2P 网络结构的软件称为第一代 P2P 软件，其代表性的软件是 Napster。集中式 P2P 网络中存在一个中心

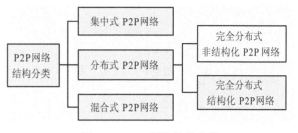

图 9-19　P2P 网络结构分类

的目录服务器，它为所有 P2P 结点提供搜索和共享文件的服务。例如，如果结点 A 用户的计算机运行 P2P 文件共享应用软件去下载小提琴协奏曲"梁祝"的 MP3 文件，那么结点 A 在 P2P 网络中首先要发出一个搜索"梁祝"MP3 文件的指令，如图 9-20 所示。目录服务器在接收到搜索指令后，查询出结点 D 有这个文件时，目录服务器将这个查询结果反馈给结点 A。结点 A 在接收到查询结果信息之后，就可以通过"对等通信"的方式向结点 D 发出下载该 MP3 文件的请求。结点 D 在接收到结点 A 的请求之后，同意在结点 A 和结点 D 之间建立一个直接的 TCP 连接，并且将指定的 MP3"梁祝"文件从结点 D 直接发送给结点 A。

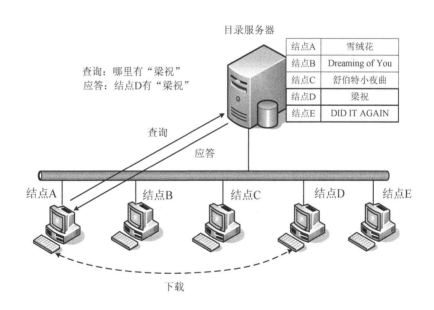

图 9-20　集中式 P2P 网络工作模式

图 9-21 给出了集中式 P2P 网络工作原理示意图。从图中可以看出，在集中式 P2P 网络中，请求服务的结点与目录服务器之间存在着查询文件的指令流，对等结点之间存在着下载文件的数据流。

2）分布式 P2P 网络

与集中式 P2P 网络不同，分布式 P2P 网络中不存在集中的目录服务器。分布式 P2P 网络

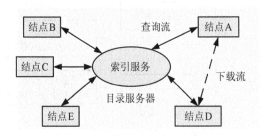

图 9-21　集中式 P2P 网络工作原理示意图

可以进一步分为分布式非结构化 P2P 网络与分布式结构化 P2P 网络。

（1）分布式非结构化 P2P 网络采取的是完全随机的洪泛式搜索和随机转发机制。典型的分布式非结构化 P2P 网络是 Gnutella。图 9-22（a）给出了分布式非结构化 P2P 网络的结构示意图。

分布式非结构化 P2P 网络中所有的结点都是对等结点。由于网络中没有集中服务的服务器，结点查询文件采用随机的洪泛式搜索和随机转发。为了控制搜索信息的传输，分布式非结构化 P2P 网络采取了类似于 IP 数据包中生存时间 TTL 控制机制，来决定搜索信息是否被转发。图 9-22（b）给出了分布式非结构化 P2P 网络查询信息流的传输过程示意图。分布式非结构化 P2P 网络的特点是查询方式简单，实行容易，但是它具有查询文件发现的准确性差与对网络结构变化的适应性与可扩展性差的缺点。目前分布式非结构化 P2P 网络的研究主要集中在如何改进信息发现算法与查询信息转发策略的研究上。

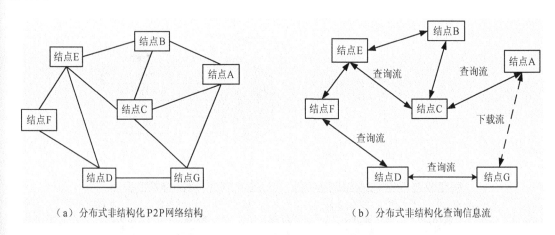

（a）分布式非结构化 P2P 网络结构　　　　　（b）分布式非结构化查询信息流

图 9-22　分布式 P2P 网络工作原理示意图

（2）针对分布式非结构化 P2P 网络可扩展性差的缺点，一种高度结构化的分布式结构化 P2P 网络应运而生。分布式结构化 P2P 网络研究的重点在如何有效地查找信息上。典型的方法是采用基于分布式散列表（Distributed Hash Tabel，DHT）的结构。分布式结构化 P2P 网络的基本工作原理如图 9-23 所示。

设计分布式散列表 DHT 算法的重点是：如何在不具有中心结点和自组织的条件下，使得分布式结构化 P2P 网络能够适应结点的动态加入与退出，使之具有良好的可扩展性与鲁棒性。分布式散列表 DHT 算法的缺点是系统维护机制复杂。人们也把分布式 P2P 网络划分为第二代 P2P 技术。

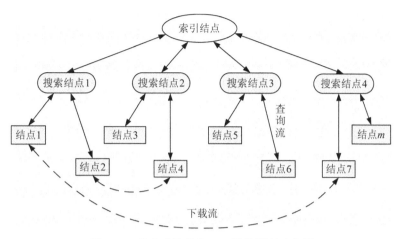

图 9-23　分布式结构化 P2P 网络原理示意图

3）混合式 P2P 网络

集中式 P2P 网络结构有利于提高网络资源快速查找能力，但是目录服务器容易受到攻击，因此系统的安全性与性能受到中心服务器结点的影响。分布式 P2P 网络结构有利于提高系统的可展性与安全性，但是网络资源查找速度受到限制，系统维护机制复杂。因此自然会想到如何将两者结合起来，从而研究产生了第三代 P2P 技术——混合式 P2P 网络，如图 9-24 所示。

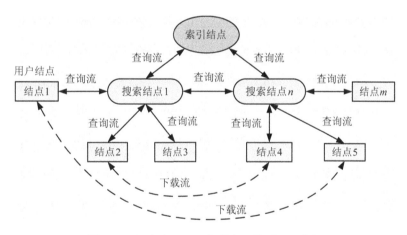

图 9-24　混合式 P2P 网络基本工作原理示意图

混合式 P2P 网络结构的特点如下：

（1）增加了索引结点。索引结点只提供查询文件所在位置的搜索服务，不直接提供需要下载的文件及版权信息。用户是否能够下载该文件，那是用户与文件版权所有者之间的事，索引结点并不需要知道。

（2）引入了搜索结点。搜索结点管理所属结点用户的文件列表。如果与本结点直接连接的搜索结点不能满足用户要求，用户结点可以将搜索范围扩大到其他的搜索结点，直至整个 P2P 网络。

3. 典型的 P2P 应用软件

1）P2P 应用的分类

目前研究的 P2P 网络应用可以分为文件共享类、流媒体传输类、即时通信类、数据存储类、协同工作类、搜索引擎类、分布式计算类。

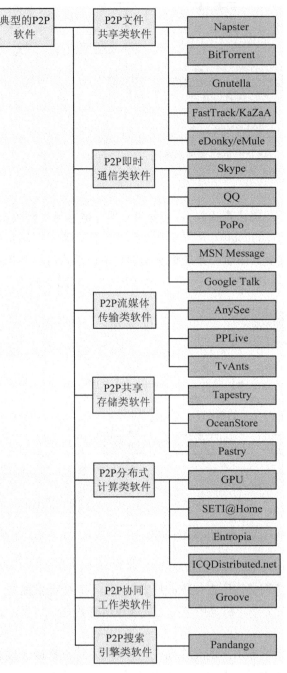

图 9-25　P2P 应用软件的分类

2）各种流行的 P2P 应用软件的分类

目前各种流行的 P2P 应用软件主要有 Napster、BitTorrent、Gnutella 等文件共享类软件，QQ、Skype、GTalk、雅虎通、PoPo 等即时通信类软件，AnySee、PPLive、TvAnts 等流媒体传输类软件，OceanStore 等共享存储类软件，GPU、SETI@Home 等分布式计算类软件，Groove 等协同工作类软件，Pandango 等 P2P 搜索引擎类软件，如图 9-25 所示。

9.6　计算机网络安全

随着计算机网络的普及,信息安全技术,尤其是网络安全技术被提高到一个重要的高度来认识。

网络安全涉及的内容范围非常广泛,选择合理的安全策略和安全机制,这是任何一个安全系统首先需要考虑的问题。对于计算机病毒,目前主要是研究各种防病毒技术和清病毒技术,据此开发出各种软硬件产品,如防病毒卡、网络防火墙、杀毒软件等,并从道德和法律方面加强教育和管理。网络安全涉及网络中设备的物理安全和数据的逻辑安全,如完整性、可用性和保密性等内容。在对网络实现安全控制时,首先必须为网络设计出一个合理的安全策略,在此基础上再利用各种安全机制（如加密、鉴别、数字签名以及防火墙技术）防止计算机系统及其通信过程中数据的失窃和被篡改。本节我们将讨论和这些内容有关的话题。

9.6.1 基本概念

从广义上讲，"网络安全"（Network Security）和"信息安全"（Information Security）是指确保网络上的信息和资源不被非授权用户所使用。

为保证网络或信息的安全性，我们必须对信息处理或数据存储设备进行物理安全保护。这些信息处理和存储设备包括各种无源的存储介质，如磁带、磁盘及有源的设备，如用户计算机。在网络环境下，信息处理或数据存储设备扩大到了构成网络基础设施的电缆、网桥及路由器等网络设备。

所谓物理安全主要包括：安全放置设备，即设备远离水、火、电磁辐射等恶劣环境；物理访问控制，如使用指纹、口令或身份证等手段控制一般用户对物理设备的接触。虽然人们在讨论网络安全和信息安全时很少提到物理安全，但它在网络安全和信息安全中确实起着重要的作用。

当然，网络安全尤其是信息安全强调的是网络中信息或数据的完整性（Integrity）、可用性（Availability）及保密性（Confidentiality and Privacy）。所谓完整性是指保护信息不被非授权用户修改或破坏；可用性是指避免拒绝授权访问或拒绝服务；保密性是指保护信息不被泄露给非授权用户。

9.6.2 网络安全攻击

通常的网络安全攻击有 5 种形式，如图 9-26 所示。

其中，中断是以可用性作为攻击目标，它毁坏系统资源（如硬件），切断通信线路，或使文件系统变得不可用；截获是以保密性作为攻击目标，非授权用户通过某种手段获得对系统资源的访问，如搭线窃听、非法拷贝等；修改是以完整性作为攻击目标，非授权用户不仅获得对系统资源的访问，而且对文件进行篡改，如改变数据文件中的数据或者修改网上传输的信息等；伪造是以完整性作为攻击目

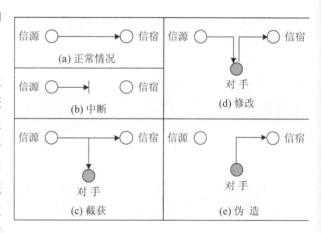

图 9-26　网络安全攻击的几种形式

标，非授权用户将伪造的数据插入正常系统中，如在网络上散布一些虚假信息等。

网络安全攻击又可分为主动攻击和被动攻击。被动攻击的主要目的是窃听和监视信息的传输并存储。攻击者的目标只是想获得被传输的信息。被动攻击又可进一步分为信息窃取和数据流分析。电话通话、电子邮件和传输文件中可能包含一些非常敏感和绝密的信息，人们总是希望能够使这些信息保密而不致于泄露给对手。尽管信息可通过加密来保护，但对手仍可以通过观察数据流的模式、信息交换的频率和长度等，得知通信双方的方位和身份，甚至猜测出通信的本质内容。

被动攻击通常很难被检测出来，因为它不改变数据，但预防这种攻击的发生是可能的。因此，对被动攻击通常是采取预防手段而不是检测恢复手段。

主动攻击通常修改数据流或创建一些虚假数据流。它包括：伪装，如一个实体假冒成另外一个实体；重演，被动截获数据之后重发；修改，对合法数据进行修改、延误或重排；拒绝服务，阻碍或禁止通信设施的正常使用或管理，如一个实体将发往某特定目标（如安全审计服务）的所有信息抑制或通过使网络严重超载而降低网络性能甚至导致整个网络混乱。

主动攻击具有被动攻击的一些相反特性。对于主动攻击，要绝对预防是非常困难的，因为这需要在所有时间内对所有通信设施或路径实行物理安全保护。但是主动攻击通常可以采取有效的检测和恢复手段进行保护，由于检测具有一定的威慑效果，从而也能起到一定的预防作用。

9.6.3　网络安全策略

尽管网络安全的概念对大多数用户来说是很明显的，但并不能简单地将网络划分成安全的或不安全的，因为安全这个词本身就有其相对性，不同的人们对它会有不同的理解。例如，有些组织的数据是很有保密价值的，因此他们就把网络安全定义为其数据不能被外界访问；而有些组织需要向外界提供信息，但禁止外界修改这些信息，他们就把网络安全定义为其数据不能被修改；还有些组织对网络安全的定义更复杂，他们把数据划分为不同的级别，其中有些级别的数据对外界保密，而另一些级别的数据只能被外界访问但不能被修改。

正因为并不存在绝对意义上的安全网络，所以任何安全系统的第一步就是制定一个合理的安全策略（Security Policy）。该策略不需要规定具体的技术实现，而只需阐明要保护的数据或信息的各项条目即可。

制定网络安全策略是一件非常复杂的事情。其主要原因在于网络安全策略必须能够覆盖网络系统中存储、传输和处理的各个环节，否则安全策略就不会有效。例如，保证数据在网络传输过程中的安全，并不能保证数据一定是安全的，因为该数据终究要保存到某台计算机上，如果该计算机上的操作系统不具备相应的安全性，则数据也可能从那里泄漏出去。

制定网络安全策略的复杂性还体现在对网络系统中信息价值的判断。可想而知，任何组织只有正确认识了其数据信息的价值，才谈得上制定一个合理的安全策略。

安全策略通常用自然语言来描述，如何将其转化为抽象无歧义的形式化描述是安全模型要考虑的事情。早期网络和信息安全研究中，保密性受到了极大的重视，提出了一些成功的保密性安全模型。进入 20 世纪 80 年代后，人们逐步认识到完整性问题的重要性，从而进行了深入的研究，提出了一些完整性模型。安全模型的研究除了形式化描述出安全策略以外，还要对模型进行形式化验证。

9.6.4　网络安全机制

网络安全机制是网络安全策略的实施手段。安全机制的种类繁多，如加密机制、鉴别机制、数字签名机制及检测机制（包括病毒检测和入侵检测）等。

要实现某个安全策略或模型通常要结合一种或多种安全机制。然而，在所有安全机制中，加解密是一种最重要的机制，它是大部分安全机制的基础，所以加密技术是网络安全和信息安全中最重要和最核心的技术。

下面我们从加密技术开始讨论网络安全机制，加密技术主要包括秘密密钥加密和公开密钥加密技术。

1. 加密

怎样才能保证信息传递时的安全性呢？首先，要使密码不被破译，编码的变换规则必须设计得相当巧妙，使得局外人不易通过概率与统计的方法摸索、找出规律；其次，变换规则必须确实保密，只有收发双方知道。然而，密码被破译往往出在第二点上。因为一套密码如果使用时间长了，第三者完全可以通过概率和统计的方法破译，密码的底细很容易被人摸清。但是，如果经常更换密码，那么，如何安全地将新的密码变换规则送到对方手中又成为了一个急待解决的大问题。

在加密领域里一个令人着迷的话题就是公钥加密。1976 年，狄菲（W.Diffie）和海曼（M.E.Hellman）首先提出了一种密码体系的构想，兼顾了网络公开和信息保密的优点，称之为公钥密码体系。其基本思想是：一套信息与密码间的变换规则可以分成把信息编码和把码译回信息两个部分。编码方法是公开的，它只能编码不能译码。译码规则是保密的，是独家拥有的秘密。因此，在公钥密码体系里，涉及两个被称为密钥（Key）的值的使用。一个密钥称为公钥（Public Key），用于对报文进行加密；另一个密钥称为私钥（Private Key），用来对报文进行解密。为了使用这个系统，首先将公钥分发给那些需要向某个目的地发送报文的一方，而私钥则在这个目的地端机密地保存。于是，初始报文可以用公钥加密后发往目的地，即使在这期间被也知道公钥的第三方截获，但仍然能保证它的内容是安全的。事实上，唯一能对报文进行解密的是在报文目的端持有私钥的那一方。为了更好地讨论各种加密技术，我们给出加解密模型，如图 9-27 所示。

在图 9-27 的模型中，我们将被加密的信息称为明文（Plaintext），明文经过以密钥（Key）为参数的函数转换（即加密）得到的结果称为密文（Ciphertext）。密文在信道上传输，入侵者（Intruder）可能会从信道上获得密文。由于窃密者不知道密钥，因而不能轻易地破译密文。有些入侵者仅仅监听信道接收信息，我们将这种入侵者称为被动入侵者；而有些入侵者则不仅仅监听信道接收信息，而且还要记录信息并且修改信道中的信息，这样的入侵者称为主动入侵者。

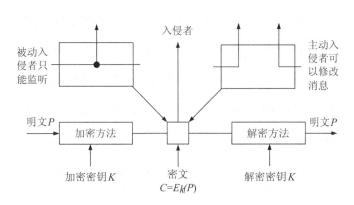

图 9-27　加解密模型

2. 鉴别

鉴别（Athentication）是验证通信对象真实身份的技术。验证远端通信对象是否是一个恶意的入侵者是比较困难的，需要密码学的复杂协议。与鉴别容易混淆的另一个概念是授权

（Athorization）。事实上，鉴别关心的是通信的特定对象的真实身份是否是其自己宣称的身份；而授权关心的是允许此对象做什么。例如，一个客户进程向某个服务器发出请求："我是管理员，我要删除 network.txt 文件"。从文件服务器的观点来看，有两个问题必须回答：

（1）客户是否确实为管理员？（鉴别）

（2）允许管理员删除 network.txt 文件吗？（授权）

只有对上述两个问题都作出了肯定回答后，客户的请求动作才会被执行。而对于服务器来说，鉴别问题是一个关键问题。一旦服务器知道是谁发出的请求，查看授权就成为一个仅仅是查看本地授权表的问题。因此，我们将重点讨论鉴别问题。

目前在 Internet 中经常使用的一种较差的鉴别方式是使用 IP 地址鉴别。使用 IP 地址鉴别时，管理员要为服务器配置一个合法的源 IP 地址表，对于每个客户发来的请求报文，服务器将检查其源 IP 地址，服务器只接收那些来自已授权的客户计算机（使用合法 IP 地址的机器）的请求。

之所以说这种源 IP 地址鉴别方式较差，原因在于它很容易被攻破。在 Internet 中，一个 IP 报文会穿越多个中间网络和路由器，源 IP 地址表可能会在其中一个机器上遭到攻击。例如，若一个假冒者控制了某个路由器 R，而该路由器位于服务器和一个合法客户之间。为了访问服务器，假冒者首先改变路由器 R 中的路由信息，之后，他便使用已授权的 IP 地址构造一个合法的请求，服务器接收该请求并响应该请求。当服务器的响应达到路由器 R 时，路由器 R 会将它沿着一个不正确的路由转发给假冒者，从而使它被截获。

客户也会遇到和服务器同样的问题，因为假冒者也可以冒充服务器。举例来说，假设某个客户负责向一个远地电子邮件系统发送邮件，如果该邮件含有敏感信息的话，客户就必须验证它是否在与一个假冒者进行通信。使用秘密密钥加密和公开密钥加密技术或其他技术都可以实现鉴别。

3. 数字签名

许多法律、财务及其他文件的真实性和可靠性最终要根据是否有亲笔签名来确定，复印件是无效的。如果要用计算机报文代替纸墨文件的传送，就必须找到解决亲笔签名这样问题的办法，这就是数字签名（Digital Signature）。

设计一个数字签名的方案是十分困难的。从根本上说要依据如下条件向另一方发送自己的签名文件。

（1）接收方能够验证发送方所宣称的身份。

（2）发送方以后不能否认报文是他发送的。

（3）接收方自己不能伪造该报文。

需要这样一个系统：一方通过该系统的第 1 个条件是必需的。例如，有一位客户通过他的计算机向一家银行订购了一吨黄金，银行的计算机需要证实发出订购请求的客户确实是已经付款的公司。

第 2 个条件用于保护银行不受欺骗。假如银行为客户买了这吨黄金，但金价随后立即暴跌。不诚实的客户可能会宣称他从未发出过任何购买黄金的订单，而当银行在法庭上出示电子订单时，该客户完全可以赖账。

第 3 个条件用来在下述情况中保护客户。如果金价暴涨，银行伪造一条报文，说客户只要买一条黄金而不是一吨黄金。

如果改系统采用双重加密，就可以使数据同时具有身份可验证性和保密性。所谓双重加密，是指首先用发送方的私有密钥加密（数字签名），再用接收方的公开密钥对已签名的数据再加密（保密通信）。其数学形式如下：

$$X=\text{encrypt}(pub\text{-}u2, \text{encrypt}(prv\text{-}u1, M))$$

其中，M 表示原始数据，X 表示双重加密后的数据，$prv\text{-}u1$ 表示发送方 U1 的私有密钥，$pub\text{-}u2$ 表示接收方 U2 的公开密钥。

在接收端，解密过程是加密过程的逆过程。首先，接收方 U2 用它的私有密钥 $prv\text{-}u2$ 解除外层加密，然后再用发送方 U1 的公开密钥 pub-u1 解除内层加密。这一过程表示如下：

$$M=\text{decrypt}(pub\text{-}u1, \text{decrypt}(prv\text{-}u2, X))$$

经过双重加密的数据是保密的，因为只有指定的接收方才拥有解除外层加密所需的解密密钥，即接收方的私有密钥；同时该数据的身份一定是经过验证的，因为只有发送方才拥有所需的加密密钥，即发送方的私有密钥。

9.6.5 防火墙

毫无疑问，"防患于未然"道出了控制网络连接上恶意破坏情况的真理。防火墙就是采用这样一种思想的网络安全技术。防火墙（Firewall）这个名字来源于两个物理结构为防止火在它们之间蔓延而在其间采用的物理防火边界。在这里，防火墙是指在两个网络之间加强访问控制的一个装置。换句话说，防火墙是用来在一个可信的网络与一个不可信的网络之间起保护作用的一台主机，或一个路由器，也可以是主机群，如图 9-28 所示。上面所说的两个网络可以是一个组织的内部网（可信的）和 Internet（不可信的）。

图 9-28　防火墙在 Internet 和内部网中的位置

实现防火墙的技术有包过滤（Packet Filtering）和应用级网关（Application Gateway）两种。

1. 包过滤

包过滤技术就是在网络中的适当位置对数据包实施有选择通过，它是基于路由器的。在路由器中含有包过滤软件（有时也称作包过滤器），它的功能是阻止包任意通过路由器在不同的网络中穿越，而选择判断的依据是系统内设置的过滤规则——访问控制表（Access Control List，ACL）。

包过滤器在收到报文后，先扫描报文头，检查报文头中的报文类型、源 IP 地址、目的 IP 地址和目的 TCP/UDP 端口等字段。然后，将访问控制表 ACL 中的设置规则应用到该报文头上，以决定是将此报文转发出去还是丢弃。其中，通过对 IP 地址的过滤，可以阻止到特定网络或主机的不安全连接；通过对端口的过滤，还可以阻止到特定应用程序的连接。

通常，过滤规则以表格的形式表示，其中包括将报文以某种次序与表格中的每行条件比较直至满足条件进而执行相应的动作序列。当收到一个报文时，则按照从前到后的次序与表格中的每行条件比较，直到满足某一行的条件，然后执行相应的动作（转发或丢弃）。有些报文在进行比较时，"动作"这一项还会询问：若报文被丢弃是否要通知发送者（通过发 ICMP 消息），并能以管理员指定的次序进行条件比较，直到找到满足的条件。

包过滤技术的实现相当简洁。目前 Internet 中的路由设备通常均具有一定的包过滤能力，因而使得路由设备在完成路由选择和数据转发功能之外，同时还能进行包过滤。总之，包过滤技术是实现防火墙系统的灵活而有效的手段，但在实践中，它还有一些需要改进的地方。

2. 应用级网关

应用级网关技术提供一种代理服务，它接受外来的应用连接请求，进行安全检查后，再与被保护的网络应用服务器连接，使得外部服务用户可以在受控制的前提下使用内部网络的服务。同样，内部网络到外部的服务连接也可以受到监控。

如果某个应用级网关仅提供 FTP 和 Telnet 服务代理，那么仅有 FTP 和 Telnet 服务才被允许进入被保护的子网，而其他的服务则完全被阻塞掉。对于一个站点来说，这种层次性的安全是很重要的，因为它保证了那些被认为是绝对可信的服务才能通过防火墙，也防止了在防火墙的管理者背后实现一些不可靠的服务。

应用级网关并不是用一张简单的访问控制表来说明哪些报文或会话允许通过，哪些报文或会话不允许通过，而是运行一个接受连接的程序（代理服务程序）。在确认连接前，先要求用户输入口令，以进行严格的用户认证，然后，向用户提示所连接主机的有关信息，将用户的连接导向具体的主机。这样，就要求为每个应用（如 Telnet 或 FTP）配上网关代理服务器程序。因此，从某种意义上说，应用级网关与包过滤网关相比有更多的局限性。应用级网关的代理服务器将对所有通过它的连接作日志记录，以便检查出安全漏洞并收集相关的信息。

包过滤和应用级网关技术各有优缺点。对于大多数环境来说，使用应用级网关技术的安全性更好，因为它能进行严格的用户认证，从而具有强大的身份证明和记账功能，以确保所连接的对方名副其实。另外，一旦知道了所连接的对方的身份，就能进行基于用户的其他形式的访问控制，如限制连接的时间、连接的主机及使用的服务等。而采用包过滤技术实现的防火墙不具有用户认证的能力，因此，有许多人认为应用级网关防火墙才是真正的防火墙。在实际应用中这两种类型的防火墙各有利弊。选择防火墙时需要考虑网络环境、安全策略和安全级别等各方面的因素。假定有这样一种环境：受保护的内部网中的用户都是可信的，并且只允许内部网访问外部网，而不允许外部网访问内部网，那么，包过滤技术就特别适用。如果稍微降低一些安全性，则可以允许某台远程机器上的所有用户访问外部网。然而，如果只允许远程机器上的特定用户访问内部网，并且要求能够防止通过伪造源 IP 地址进行的攻击，则必须使用应用级网关。当然，应用级网关也有其缺点，即防火墙对用户不再是透明的，用户访问受保护的网络之前必须进行登录。

目前，在比较完善的防火墙系统中，一般结合使用包过滤和应用级网关两种技术。通过它们的协调工作，可以提供高性能的安全服务。

9.6.6　入侵检测

入侵检测系统（Intrusion Detection System，IDS）是继数据加密、防火墙等保护措施后又一个新一代的安全保障技术。入侵检测系统是为保证计算机网络安全而设计的一种能够及时发现并报告未授权或异常现象的系统，相对于被动防御的防火墙技术，它是一种主动防御的形式。它既能识别和响应网络外部的入侵行为，又能监督内部用户的未授权活动。目前，入侵检测已经成为防火墙之后的第二道安全闸门。

具体来讲，入侵检测通常是指：对入侵行为的发觉或发现，通过对计算机网络或系统中某些检测点（关键位置）测试结果收集到的信息进行分析比较，从中发现网络或系统运行是否有异常现象和违反安全策略的行为发生。其目的是能迅速地检测出入侵行为，在系统数据信息未受到破坏或泄露之前，将其识别出来并抑制它。加强入侵防范措施是对防火墙作用的进一步加固和扩展。

1. 入侵检测的分类

通常入侵检测可分为以下几类：基于网络型（Network-Based）、基于主机型（Host-Based）、基于应用型（Application-Based）、蜜罐系统（Honey Pot）。

1）基于网络的入侵检测

基于网络的入侵检测系统是最常用的一种入侵检测技术，主要是对网络流量进行监控，对可疑的异常行为和具有攻击特征的活动作出反应。它由嗅探器和管理工作站两部分组成，如图9-29所示。

其中，嗅探器由过滤器、网络接口引擎器和过滤规则决策器组成。嗅探器是核心部件，一般放置在一个网段上，接收并监听本网段上的所有流量，分析其中的可疑成分，如发现异常，便向管理工作站汇报，管理工作站收到报警后，将显示通知操作员。

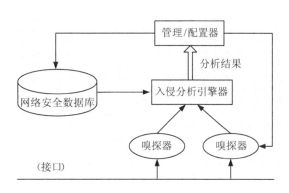

图 9-29　基于网络的入侵检测系统

基于网络型的入侵检测系统配置简单，只需要一个普通的网络访问接口即可，不需要改变网络结构，因而不会形成网络瓶颈；系统结构独立型好，进行网络流量监视时，不影响诸如服务器平台的变化和更新；监视对象多，可监视包括协议攻击和特定环境攻击的类型；除了自动检测，还能自动响应并及时报告。当然，它也存在需要解决的诸多问题，例如，只能检测直连网段通信，不能检测不同网段的分组，在交换式以太网中的应用有一定局限性；随着网络规模扩大，需要安装嗅探器的位置增多，造成系统成本过高；高速网的快速检验和加密等。

2）基于主机的入侵检测

基于主机的入侵检测系统如图 9-30 所示。主要检测目标是本地主机用户、进程、系统和事件日志及所有的可能事件，如登录、不合法的文件存取、未经授权的使用系统等。检测原理：通过主机的审计数据和系统监控器的日志发现可疑事件，进而判断检测系统能否运行在被检测的主

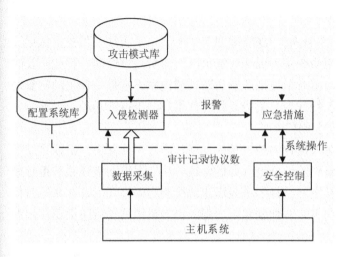

图 9-30　基于主机的简单入侵检测结构

机或独立的主机上。

这种入侵检测的优点是能够提供详尽的相关分析、日志信息，在通常情况下误报率低。缺点是，主机入侵检测系统需要安装在被保护的主机上，会降低系统效率；若入侵者逃避审计则主机检测就失效；主机审计记录无法检测类似端口扫描的网络攻击；只适用于特定的用户、应用程序动作和日志等检测。

3）基于应用的入侵检测

基于应用的入侵检测系统是基于主机的入侵检测的一个特殊部件。它主要检测分析相关软件的应用，如 Web 服务器和数据库系统的安全等。应用软件的交易日志文件是应用入侵检测系统常用的信息源。

4）蜜罐系统

蜜罐技术（Honey Pot）如图 9-31 所示，是用来观察黑客如何入侵计算机网络系统的一个软件"陷阱"，通常称为诱骗系统，也是一个专门设计的、本身包含漏洞的系统。它的思想与我国古代的兵家谋略里早有"诱敌深入"、"请君入瓮"、"空城计"之类主动防御的战略战术不谋而合。知己知彼，百战不殆。蜜罐技术目的就是使攻击方不知道防守方的虚实，从而作出错误判断。蜜罐技术在形式上提供一种欺骗环境，让入侵者能进入"陷阱"，在其中充分地表演攻击的所作所为，他们在蜜罐里呆的时间越长，所采用技术暴露的就越多，从而便于我们对其作出计算机评估和监测入侵者所用工具。通过学习和研究入侵者使用的工具和思路，积累黑客档案，才能更好地保护自己的计算机网络系统。蜜罐的另一个用途是拖延攻击者对真正目标的攻击，让攻击者在蜜罐里浪费时间，保护真正有价值的内容不受侵犯。

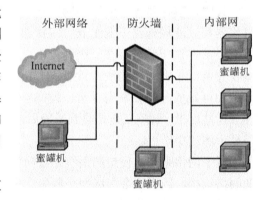

图 9-31　蜜罐系统配置参考结构

最典型的蜜罐系统是 AT&T 贝尔实验室 Bill Cheswwick 教授设计的一个蜜罐系统，1991年 1 月 7 日，一个入侵者进入该系统后以为发现了一个 Sendmail Debug 漏洞，想借此获取 Passwd 文件。结果误入 Bill Cheswwick 等设计的"诱饵"机的一个虚拟文件系统。该设计小组监视了入侵者获取最高访问权限和删除所有文件的全过程，并发现入侵者的攻击源头在美国斯坦福大学，但实际却身处荷兰的事实。

目前，蜜罐技术发展迅速，其发展趋势体现在：增加可模拟的仿真服务；提高蜜罐的欺骗环境与入侵者间的交互程度；实现跨平台的分布式蜜罐系统；尽量降低蜜罐引入的安全风险等。

2．入侵检测方式

目前，入侵检测主要有异常检测、特征检测、协议分析 3 种方式。

异常检测是对主机和网络的异常行为进行跟踪，将异常活动和正常情况进行对比，判断是否存在入侵。异常行为检测通常采用阈值检测，例如，用户在一段时期内存取文件的次数、用户登录失败的次数、进程 CPU 利用率、磁盘空间的变化等。特征检测主要用于判断通信信息种类的样板数据。例如，对含有病毒的电子邮件，可通过比较每封邮件的主题信息和感染病毒的邮件的主题信息来识别，也可以通过搜索特定的邮件附件的文件名来识别。要有效地捕捉入侵行为，必须拥有强大的入侵特征数据库，并且必须保持及时更新。协议分析是新一代的入侵检测技术，它利用网络协议的高度规则性来快速检测攻击的存在。在基于协议的入侵检测中，各种协议都将被解析。如果出现 IP 碎片设置，首先重装数据报，然后详细分析是否存在潜在的攻击行为。但目前一般的检测系统只能处理常用的 HTTP、FTP、SMTP 等协议。

入侵检测技术的发展方兴未艾，其主要的发展方向有：分布式入侵检测，即针对分布式网络攻击的检测方法，使用分布式的方法来检测分布式攻击，其中的关键技术是检测信息的协同处理与入侵攻击的全局信息的提取；智能化入侵检测，即应用人工智能专家系统的原理来设计检测和防范能力强的入侵检测系统；基于内核的入侵检测系统。

总之，入侵检测系统作为网络整体安全的一部分，应该和其他安全设施协同工作，建立互动机制，相互配合，才能确保网络安全。

尽管大多数人都希望有一个安全的网络，但要知道能满足各种需要的绝对安全的网络是不存在的。因此，各个组织必须能够评估出所拥有信息的价值，从而制定出一个合适的安全策略。而在制定安全策略时，必须考虑数据的完整性、可用性和保密性等指标。

人们先后发明了多种安全机制，如密码机制、鉴别机制及数字签名机制。其中公开密钥加密机制是一种有效的安全机制，它既可用于保密通信，又可用于鉴别和数字签名。

防火墙是在互不信任的组织之间建立网络连接时所需的最重要的安全工具。通过设置防火墙为组织提供内部网络的安全边界以防止外界侵入组织内部的计算机。特别是，通过限制对一小部分计算机的访问，防火墙能防止外界接触到组织内所有计算机或防止外部用户大量占用组织内部网络的通信。防火墙的实现主要有包过滤和应用级网关两种技术。

入侵检测作为一种主动的网络安全防御技术，在网络安全中所起的作用越来越大，成为一种必不可少的网络安全措施。

阅读材料

1．ARPANET 与互联网的诞生

20 世纪 50 年代，世界笼罩在美苏两国争霸全球的"冷战"阴云中。1958 年 1 月，美国国防部（Department of Defense，DoD）决定组建"高级研究规划署"（Advanced Research Projects Agency，ARPA），负责美国所有的空间开发项目和最新战略导弹研究。1962 年 10 月，ARPA 专门成立了一个部门叫信息处理技术办公室（Information Processing Techniques Office，IPTO），致力于计算机图形技术、网络通信技术和超级计算等方面研究。麻省理工学院（MIT）的心理学教授约瑟夫·利克里特（Joseph Carl Robnett Licklider, 1915～1990 年）应邀出任 IPTO 首位主任。

在 MIT 的林肯实验室，利克里特应计算机专家威斯利·克拉克（Wesley A. Clark）邀请，参观了 TX-2 计算机，克拉克给他演示了人机交互的操作过程，他感到非常惊讶和激动，从此疯狂地迷上了计算机，转而把他研究项目的主题"人际关系"改换成了"人机关系"。1962 年 8 月，利克里特与克拉克联合发表了一篇题为"在线人-机通信"（On-Line Man-Computer Communication）的论文，提出了"银河网络"（Galactic Network）的概念，并预见全球的计算机将互联起来。

20 世纪 50 年代末到 60 年代初，尽管美国生产出各种型号的大型计算机，但由于价格昂贵，普及起来很困难。而在大学校园里常常出现计算机供不应求的局面。当时，计算机工作方式都是以"批处理"方式进行的。这种方式使计算机的实际使用效率极低，CPU、内存等资源大部分时间处于闲置状态。它们只能同时执行一项任务。为什么不能让许多用户同时分享计算机的处理能力呢？利克里特看到并决心解决这一问题。

1961 年 11 月，MIT 的费尔南多·考巴托（Fernando Jose Corbato，1926 年～）研制成功了一种连接 4 个终端设备的分时系统（Compatible Times Sharing System，CTSS），开创了交互式多用户同时共享计算机资源的新时代。

作为一种新生事物，分时系统刚诞生便遭到以 IBM 为代表的计算机制造商的激烈反对和阻挠。独具慧眼的利克里特却看到了分时系统可以促进"人机共生"。1962 年，他拨款 300 万美元，启动了著名的 MAC（多重访问计算）项目，其首要目标是开发一个更完善的分时系统。MAC 仍由 MIT 和考巴托牵头，通用电气公司（GE）的计算机部和贝尔实验室参加（后来贝尔实验室撤出），MAC 项目于 1969 年完成。

分时系统的研究，使林肯实验室的工程师们逐渐熟悉了人机交互和联网技术，为即将进行的计算机联网实验奠定了基础。

利克里特于 1964 年离开了 ARPA 去 BBN 公司任职，他举荐计算机图形专家 26 岁的伊万·萨泽兰特（Ivan Edward Sutherland，1938 年～）接手 IPTO。第二年，萨泽兰特又从美国国家航天航空局（National Aeronautics and Space Administration，NASA）聘请到 33 岁的鲍伯·泰勒（Bob Taylor 也称 Robert W. Taylor，1932 年～）来担任他的副手，具体负责分时计算机系统研究项目。

泰勒也是心理学专业出身，主要研究大脑和听觉神经系统。泰勒的办公室放置着 3 台计算机终端，分别连接着由 ARPA 资助的分时系统——位于麻省理工学院、加州大学伯克利分校和圣莫尼卡市的 3 台大型主机。3 个终端互不兼容，有各自的程序语言和操作系统，泰勒决心改变这种状况。1966 年，泰勒大胆地提出一个联网项目的建议，得到了 ARPA 署长查尔斯·赫兹菲尔德（C. Herzfeld）的批准和 100 万美元经费支持。泰勒提出的联网项目，也就是后来被人们称为 ARPANER 的计算机网络。

泰勒邀请林肯实验室的高级研究员劳伦斯·罗伯茨（Lawrence G. Roberts, 1937 年～）到 ARPA 任职。罗伯茨曾就读于麻省理工学院，于 1959 年、1960 年、1963 年先后取得学士、硕士、博士学位。他的博士论文课题是计算机如何感知三维物体。

在最初的计算机联网研究中，ARPA 首先与 MIT 及 CCA 公司（Computer Corporation of America）合作。罗伯茨作为 MIT 的代表，和 CCA 公司的代表托马斯·迈利尔（Thomas Meerill）一起，提出了一份题为"时分计算机的协作网络"（A Cooperative Network of Time-Sharing Computers）的研究报告，建议构造一个由 3 台计算机组成的网络进行实验。最初只实现了两台计算机的互连，其中一台是罗伯茨所在的林肯实验室的 TX-2，另一台是位于加州的 SDC 公司（Systems Development Corporation）生产的 Q-32，后来才把 ARPA 的一台 PDP-10

也连了进去。应该说这是世界上第一个计算机网，后来人们把它称为"实验网"（The Experimental Network）。

罗伯茨在不到一年时间里，就提出了 ARPANET 的构想。随着计划的不断改进和完善，ARPANET 框架结构日渐成熟。

1967 年初，泰勒召集以罗伯茨为首的 ARPANET 主要研究人员，在密歇根州安阿伯市（Ann Arbor）召开大会，邀请专家学者共同研讨 ARPANET 设计方案。会上，罗伯茨首次提出了他的初步构思：分时系统加电话拨号，以连接不同类型的大型主机，就像他们在林肯实验室曾做过的试验那样。这些大型主机既向整个网络提供自己的资源，负责计算和数据处理；同时又承担每个结点的通信调度工作。但对于不同类型、不同规格的主机，各使用不同的语言，它们如何能够兼容并实现通信？与会的多数人对罗伯茨提出的方案持怀疑态度。

会议结束时，来自华盛顿大学的威斯利·克拉克提出了一个出色的主意：在两台计算机主机和电话线之间接入一台小型机，充当信息传递和转换的中介，以处理信息路由。这一方案从根本上解决了计算机系统不兼容的问题。罗伯茨将中介计算机正式命名为"接口信息处理机"（Interface Message Processor，IMP），即由 IMP 通过电话线连接形成子网，计算机主机通过子网进行通信。同时，还制定了一套详细的规则，明确规定 IMP 的通信格式，以及它们如何与各类主机交换信息等。由克拉克首先提出的"中介计算机"，就是后来风靡 Internet 或局域网的"路由器"（Router）的前身和雏形。

如何提高通信的效率问题是罗伯茨所要解决的另一个重要问题。在罗伯茨组建的"实验网"中，3 台计算机是通过低速拨号电话线连起来的，采用的是"线路交换"技术（Circuit Switching），无论用"时分多路"（Time-division Multiplexing）方式，还是"频分多路"（Frequency-division Multiplexing）方式，在绝大部分时间里，通信线路是空闲的，其效率都很低。线路交换的另一个缺点是它不够灵活。

1967 年 10 月，在美国计算机学会（ACM）于田纳西州的盖特林堡（Gatlinburg，Tennessee）召开的年会上，罗伯茨提交了一篇题为"多计算机网络和计算机间的通信"（Multiple Computer Networks and Inter-computer Communication）的论文，介绍了建造 ARPANET 的设想，并提出在 ARPANET 中使用 IMP 来实现互不兼容计算机间的联网。但是，信息的安全性和网络通信的可靠性问题仍没有彻底解决。按照 ARPA 的要求，所要建设的是一个能够经受核攻击的通信网络。所以罗伯茨设计 ARPANET 不能采用线路交换和集中控制式网络。那么，什么才是更先进的技术方案呢？美国科学家保罗·巴伦和英国科学家唐纳德·戴维斯提出的分布式网络和"分组交换技术"为 ARPANET 提供了理论与技术支持。

在这次会议上，英国国家物理实验室 NPL（National Physical Laboratory）的唐纳德·戴维斯（D. Davies）提出的分组交换（也称包交换）技术给罗伯茨很大启发。实际上，包交换的原始概念早在 1961 年 7 月，MIT 的雷纳德·克兰罗克（L. Kleinrock）在一篇研究报告"大型通信网中的信息流"（Information Flow in Large Communication Nets）中就已提出，发表以后引起广泛关注与研究。

分组交换采用存储转发技术。"存储转发"的概念是在 1964 年 8 月，由美国兰德（Rand）公司的保罗·巴伦（Paul Baran，1926 年～）在一篇题为"论分布式通信网络"（On Distributed Communication Network）的研究报告中提出的。

所谓"包交换"技术（packet-switching），简单地说就是将需要传送的信息分割成一段段较短的单位，每段信息加上必要的呼叫控制信号和差错控制信号，按一定的格式排列，这叫作一个"报文分组"，或通俗地叫作一个"包"。在网络中，包作为一个整体进行交换，各个包之间不发生任何联系，可以断续地传送，也可以经由不同的路径传送。包到达目的地后，再将它们按原来的顺序装配起来。网络则由分散在各地的包交换中心和通信线路构成。每个包交换中心根据网的业务状况配置线路和决定路由。当需要将信息从 A 发送到 B 时，沿途各交换中心本着尽可能减少总延时的原则，自动选择最短的路由进行传递。如果某条线路业务太忙而阻塞，可以自动选择另一备用线路；如果两个交换中心之间的线路故障中断，可以自动进行迂回转接。这体现出分组交换高效、灵活、迅速、可靠的特点。

这次会议之后，ARPANET 研究人员就 IMP 方案中的主要问题进行深入讨论和研究，并在 IMP 与主机之间的通信、报文格式、通信协议、动态路由、排队、差错控制等问题的研究上取得显著进展。

1968 年 6 月，罗伯茨正式向 ARPA 提交了一份题为"资源共享的计算机网络"研究计划，最终确定了 ARPANET 的基本结构，主要内容包括：采用分组交换的分布式网络，构造由 IMP 组成的中介网络承担通信任务，这些 IMP 必须具有自动选择信息传递线路的功能等。

ARPANET 将首先在美国西海岸选择 4 个节点进行试验。第一个节点自然选在加州大学洛杉矶分校（University of California, Los Angeles，UCLA）。第二个节点选在了斯坦福研究院（SRI International）。此外，加州大学圣巴巴拉分校（University of California Santa Barbara, UCSB）和犹他大学（University of Utah）分别被确定为第三和第四节点。参加联网试验的机器包括 Sigma-7、IBM360/75、DEC PDP-10 和 XDS-940 等不同类型的大型主机。

ARPA 很快批准了罗伯茨提出的组网计划。ARPANET 方案决定之后，下一个要解决的问题就是接口信息处理机（IMP）的设计制造问题。马萨诸塞州的 BBN 公司负责 IMP 的研制。1969 年 8 月开始，作为 IMP 的 Honeywell 516 小型机陆续由 BBN 公司发往 4 个站点，开始进入实际的联网试验。1969 年 10 月 29 日，4 个站点的计算机网络正式联通，标志着 ARPANET 正式诞生。这个 ARPANET 就是 Internet 最早的雏形。

在罗伯茨的组织下，ARPANET 迅速扩大，只过了一年多时间，ARPANET 就已发展到 15 个站点，23 台主机。新接入的站点包括哈佛大学、斯坦福大学、MIT、卡耐基-梅隆大学等著名高校和 NASA 的研究中心等，地理上也从最初仅限于西海岸地区扩展到东海岸，覆盖了整个美国。

2. 克兰罗克、戴维斯与分组交换技术

在计算机网络的早期研究过程中，人们发现"线路交换"技术不适合计算机数据传输，为了保证信息传输的灵活、高效和安全，必须寻找新的适合于计算机通信的交换技术。"分组交换网"就是在这样背景下产生的。

美国科学家雷纳德·克兰罗克（Leonard Kleinrock，1934 年～）、保罗·巴伦（Paul Baran，1926 年～）和英国物理学家唐纳德·戴维斯（Donald Davies，1924～2000 年）于 20 世纪 60 年代初提出的"分组交换技术"（也称包交换），成为 ARPANET 联网并实现通信的技术基础。

克兰罗克 1958 年获得 MIT 硕士学位，并师从"信息论之父"香农继续攻读博士学位。1961 年他发表的第一篇论文"大型通信网络的信息流"（Information Flow in Large Communication Nets）及 1964 年他的博士论文"通信网络：随机的信息流动与延迟"（Communication Nets: Stochastic Message Flow and Delay）中都涉及到"分组交换"概念，虽然没有明确提出这个名称，但他提出的方法是把信息切割成"散片"传送，以提高通信效率，其核心就是分组交换。

克兰罗克的论文还只是一种理论模型，而巴伦和来自英国国家物理实验室 NPL 的戴维斯已经将这种先进技术付诸了实践。他们两人在不同的国家从事截然不同的项目，分别提出"分组交换技术"。

巴伦出生在波兰，两岁时随父母移民美国。1959年他获得加州大学洛杉矶分校的工程硕士学位。巴伦在兰德公司工作期间，仔细分析了当时正在使用的两种网络，其一是传统的集中式网络，就像电话网络那样有一个网络控制中心；其二是分散式网络，具有多个网络控制中心。这两种网络都容易遭受打击。受到MIT一位精神病学家的启发，他把人类大脑神经网组织的模式搬到了新的网络设计中。他说："去掉网络中心，你就可以构造出一张新的网络，它由许许多多的结点联接而成，就像一张巨大的鱼网。""鱼网"的每一结点，都有多条通道与其他结点相连，被他称为"分布式网络"。与集中式或分散式网络不同，在分布式网络中，参与联网的各台计算机都是平等的。这就像人脑细胞那样，哪个神经元都不能自称是大脑的"中心"。经过3年的艰苦努力，巴伦终于完成了网络设计方案——分布式通信网络。

巴伦于1964年8月发表了题为"论分布式通信网络"（On Distributed Communication Network）的研究报告，提出了分布式网络的概念。他通过研究表明，只要每个结点能与4个以上的其他结点连通，网络就会具有相当高的强度和稳定性。

巴伦还进一步设想：分布式网络的通信，可以把传送的信息切分为被称作"信息块"的较小单元，每个信息块自动选择网络中可以走得最快的"道路"传输，同时携带着有关其"发信地点"（起始地）和"收信地点"（目的地）的数据；一旦所有的"块"都到达了目的地，就重新编排恢复成原来的信息。形象地讲，就是把一封信的内容分成若干自然段，每个自然段都装进一个信封；每个信封上都写着收信人的姓名地址；这些信封经过相同的路线，或者沿不同的路线分别传送，哪里好走就走哪里；到达目的地后，再组合成为一封完整的信。因此，巴伦将他的发明称为"分布式自适应信息块交换"。

在巴伦提出分布式网络理论之后不久，英国国家物理实验室NPL的唐纳德·戴维斯在研究分时系统过程中，也提出了类似的思想。

戴维斯于1943年、1947年进入伦敦的帝国学院（Imperial College）学习，分别获得物理学学士和数学学士学位。

1947年9月，戴维斯来到国家物理实验室NPL，在图灵领导下参与研制ACE（Automatic Computing Engine）计算机。图灵逝世那年，他被派往美国MIT进修，从而接触到当时最新的计算机技术。回国后，一直承担英国通信方面的工程设计。10年后，他再次前往美国，亲身参加过MIT的"分时系统"研究项目。

在对分时系统的研究中，戴维斯认识到，网络数字通信也是一种"间歇"性的过程，传送信息只需要很少的时间片段，在多数时间网络是空闲的，因此完全可以把计算机主机"时间共享"的原理用在网络通信上，也就是说，把信息分成若干份"分时"传送，其结果将允许多人"同时"使用一条线路而不会相互影响，任何人都感觉不到别人也在使用这条线路。1965年11月，戴维斯构想出了这种适合数据通信的特殊网络。

1966年，戴维斯把"信息块"命名为"包"或"分组"，把"分组交换"（Packet Switching）作为这一技术的正式名称，所以人们也把"分组交换"称作"包交换"。在他设计的网络里，穿行着无数"信息包"，每个"包"都能自动找到自己的传送路线。某个信息被分成若干"包"后，虽然它们走的道路可能不是同一条，到达的时间也可能有先有后，但在终点会自动组合起来，还原成完整的信息。

图9-32给出了分组的概念。通常将欲发送的整块数据称为一个报文（message）。在发送报文之前，先将较长的报文划分成一个个更小的等长数据段。在每个数据段前面加上首部（header）后，就构成了一个分

组。分组又称为"包"，而分组的首部也可称为"包头"。分组中的首部包含了目的地址和源地址等重要信息，而分组交换网只有从分组的首部才能获知应将此分组发往何处。

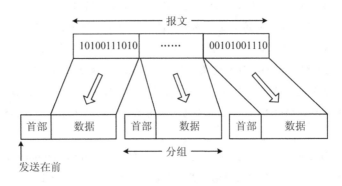

图 9-32　分组的概念

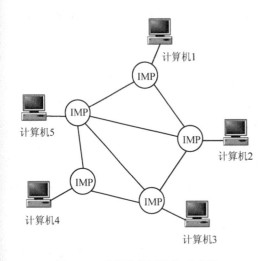

图 9-33　分组交换网结构示意图

　　分组交换网由若干个"接口信息处理机"IMP 和连接这些 IMP 的链路组成，也称为"通信子网"，如图 9-33 所示。

　　对于 ARPANET 来说，"分组交换技术"首先意味着信息传送的安全性，因为分组交换网络抵御故障能力强，只有出了问题的"信息包"需要重新传输而不是全部信息。如果"包"遇到发生故障的计算机或者部分线路中断，它会另找其他的传输路径，既使发生局部核战争，通信也不会中断。"分组交换技术"也大大提高了信息传送的效率，比起"线路交换"每个人必须占用一整条线路来，"分组交换"则意味着一条线路能被许多人同时使用。

　　当然，分组交换也带来一些新的问题。例如，分组在各结点存储转发时因要排队总会造成一定的时延，当网络通信量过大时，这种时延可能会很大。此外，各分组必须携带的控制信息也造成了一定的额外开销，整个分组交换还需要专门的管理和控制机制。

　　以分组交换为技术特征的 ARPANET 的试验成功，使计算机网络的概念发生了根本的变化，即由以单个主机为中心面向终端的星型网络，发展到以通信子网为中心的用户资源子网。用户通过分组可共享用户资源子网的许多硬件和各种软件资源。这种以通信子网为中心的计算机网络比最初的面向终端的计算机网络的功能扩大了很多，再加上分组交换网的通信费用比电路交换低廉，因此，这种网络一诞生便得到迅速发展，成为 20 世纪 70 年代计算机网络的主要形式。

　　克兰罗克、巴伦和戴维斯 3 位网络先驱先后提出的基本类似的"信息散片"、"信息块"和"信息分组"理论，使互联网设计中最后一道障碍迎刃而解。可以说，"分组交换"和分布式网络奠定了互联网络发展的基础。

　　3. 卡恩、塞弗与 TCP/IP 协议的发明

　　ARPANET 诞生以后，网络的站点数和连入的计算机数迅速增加，英国、挪威的计算机开始联入，逐渐

成为国际性网络。此外还出现了以无线方式发送信息包接入网络的计算机。每种连接方式各有自己的信息格式，相互之间无法交流，这成为制约网络发展的一个屏障。为解决这一问题，就必须制定网络数据通信的规则和标准，也就是我们所说的"网络协议"。

今天，在 Internet 所使用的各种网络协议中，最重要和最著名的是两个协议，即传输控制协议 TCP 和网际协议 IP，它是由罗伯特·卡恩（Robert E. Kahn，1938 年～）和文特·塞弗（Vinton Cerf，1943 年～）合作开发的。它定义了一种在计算机网络间传送数据的方法和原则。随后，美国国防部决定无条件地免费提供 TCP/IP，即向全世界公布解决计算机网络之间通信的核心技术，TCP/IP 协议核心技术的公开推动了 Internet 的大发展。

卡恩生于美国纽约的布鲁克林。在纽约城市大学获得电气工程学士学位后进入普林斯顿大学学习，获得硕士和博士学位。1964 年被 MIT 聘为助理教授。两年以后他去波士顿的 BBN 公司实习，参加 ARPANET "接口信息处理机"项目，并留在了 BBN。卡恩在 IMP 工程中解决了差错检测与纠正、通信阻塞问题。

1972 年 10 月，美国华盛顿第一届国际计算机通信会议（International Computer Communication Conference，ICCC）就不同的计算机网络之间进行通信问题达成协议，成立了 Internet 工作组 INWG（Inter Network Group），负责建立一种能保证计算机之间进行通信的标准规范（即"通信协议"）。由于主持这次会议的卡恩工作太忙，塞弗被推选为工作组第一任主席。

塞弗因早产造成听力缺陷，助听器伴随了他一生，成名后曾写过一篇《一位有听觉缺陷的工程师自白》的论文。塞弗先是考进斯坦福大学主修数学，后来进入加州大学洛杉矶分校攻读计算机科学博士学位，有幸与卡恩一起工作。他们一起思考研究网络通信规则，提出了术语"协议"（Protocol）。1973 年底，塞弗和卡恩合作完成了著名论文《关于分组交换网络的协议》，提出了著名的 TCP/IP 协议。TCP/IP 包括两部分，其中 TCP 是提供可靠数据传输的控制协议，IP 是提供无连接数据报服务的协议。TCP/IP 协议分为 4 层，即网络接口层、网际层、运输层和应用层。俩人用掷硬币的方法决定排名先后，结果塞弗的名字排在了前面（这也造成他被更多媒体认为是"因特网之父"的原因）。

由于 ARPA-IPTO 采取各种措施推广 TCP/IP 协议，并把这个协议嵌入 BSD UNIX 使之成为该操作系统的一部分，这样，整个 ARPANET 的所有站点在 1983 年终于全部采用了 TCP/IP 协议。

4. 以太网

ARPANET 成功运行以后，联网计算机的数量迅速增加。到 1972 年，ARPANET 已经连接了 50 台主机。远程的计算机可以通过网络实现通信，本地的计算机却因联网费用太高而不能互相通信。科学家开始探索新的联网方法，并开展局域网技术研究。在各种局域网技术方案中，应用最广泛的就是我们熟悉的以太网。

首个以太网是美国施乐公司帕洛阿托研究中心创建的。以太网的核心思想是"共享数据传输信道"。

共享数据传输信道的思想来源于美国夏威夷大学（University of Hawaii）。20 世纪 60 年代末，该校的诺曼·阿布拉门逊（Norman Abramson）（图 9-34）及其同事研制了一个名为 ALOHA 系统（Additive Link On-line Hawaii system）的无线电网络。这个地面无线电广播系统把该校位于欧胡岛（Oahu）上的校园内的 IBM 360 主机与分布在其他岛上和海洋船舶上的读卡机和终端连接起来。这种"争用型网络"允许多个结点在同一个

图 9-34　阿布拉门逊

频道上进行传输。但频道中站点数目越多，发生碰撞的机率越高，从而导致传输延迟增加和信息流通量降低。阿布拉门逊发表了一系列有关 ALOHA 系统的理论和应用方面的文章。1970 年发表的一篇文章详细阐述了计算 ALOHA 系统的理论容量的数学模型。1972 年，ALOHA 通过同步访问而改进成时隙 ALOHA 成组广播系统，使效率提高一倍多。

阿布拉门逊及其同事的研制成果已成为今天使用的大多数信息包广播系统（其中包括以太网和多种卫星传输系统）的基础。

鲍伯·麦特考夫（Bob Metcalfe）（图 9-35）毕业于 MIT，后又在哈佛大学获得理学博士学位。1972 年，麦特考夫来到 Xerox PARC 计算机科学实验室工作，负责建立一套内部网络系统，将 Xerox Alto 计算机连接到 ARPANET 上。

1972 年秋，麦特考夫偶然发现了阿布拉门逊的关于 ALOHA 系统的早期研究成果。他认识到，通过优化可以把 ALOHA 系统的效率提高将近 100%。

1972 年底，麦特考夫和戴维·伯格斯 （David Boggs）（图 9-36）设计了一套网络，将不同的 Alto 计算机连接起来，接着又把 NOVA 计算机连接到 EARS 激光打印机。在研制过程中，麦特考夫把他的工程命名为 "ALTOA-LOHA" 网络，因为该网络是以 ALOHA 系统为基础的，而又连接了众多的 Alto 计算机。1973 年 5 月 22 日，世界上第一个个人计算机局域网络 ALTOA LOIIA 网络开始运转。麦特考夫将该网络改名为 "以太网"（Ethernet）。其灵感来自于 "电磁辐射是可以通过发光的以太来传播的" 这一想法。

图 9-35 麦特考夫

图 9-36 伯格斯

以太网比初始的 ALOHA 网络有了巨大的改进，因为以太网是以载波监听为特色的，即每个站在要传输自己的数据流之前先要监听网络，这个改进的重传方案可使网络的利用率提高将近 100%。

1976 年，PARC 的实验型以太网已经发展到 100 个结点，在长达 1 千米的粗铜轴电缆上运行。1976 年 6 月，麦特考夫和伯格斯发表了题为 "以太网：局域网的分布型信息包交换" 的著名论文，1977 年底，麦特考夫和他的 3 位合作者获得了 "具有冲突检测的多点数据通信系统" 的专利，多点传输系统被称为载波监听多路访问和冲突检测（Carrier Sense Multiple Access/Collision Detection，CSMA/CD）。从此，以太网就正式诞生了。

1979 年，DEC、Intel 和 Xerox 召开三方会议，商讨将以太网转变成产业标准的计划。1980 年 9 月 30 日，DEC、Intel 和 Xerox 3 家公司共同发布了 "以太网，一种局域网：数据链路层和物理层规范 1.0 版"，这就是现在著名的以太网蓝皮书，也称为 DIX 版以太网 1.0 规范（DIX 是这 3 个公司名称的缩写）。最初的实验型以太网工作在 2.94 Mbit/s 下，而 DIX 开始规定是在 20 Mbit/s 下运行，最后降为 10 Mbit/s。1982 年 DIX 重新定义该标准，公布了以太网 2.0 版，即 DIX Ethernet V2.0。

在 DIX 开展以太网标准化工作的同时，美国电气和电子工程师学会 IEEE 也组成一个定义与促进工业 LAN 标准的委员会，即 802 工程委员会。由于 DIX 不是国际公认的标准，所以在 1981 年 6 月，IEEE802 工程委员会决定组成 802.3 分委员会，以产生基于 DIX 工作成果的国际公认标准。1982 年 12 月 19 日，19 个公司宣布了新的 IEEE802.3 草稿标准。1983 年该草稿最终以 IEEE 10BASE5 而面世。今天的以太网和 802.3 可以认为是同义词。在此期间，Xerox 已把它的 4 件以太网专利转交给 IEEE。1984 年美国联邦政府以 FIPS PUB107 的名字采纳 802.3 标准。1989 年 ISO 以标准号 ISO8023 采纳 802.3 以太网标准，至此，IEEE 标准 802.3 正式得到国际上的认可。后来出现了百兆以太网、千兆以太网等，今天我们使用的局域网大多还是 10 兆网和 100 兆网。

5. 伯纳尔斯·李与万维网

1989 年 3 月，欧洲粒子物理实验室 CERN（法文缩写）的伯纳尔斯·李（Tim Berners-Lee）（图 9-37）提出了按内容组织和访问文件的思想，他把这种技术叫做"万维网"——WWW（World Wide Web）。开发万维网的最初动机是为了使分布在几个国家的物理学家能更方便地交换各种文档、图形、照片等。

图 9-37 伯纳尔斯·李

万维网是一个分布式的超媒体（Hypermedia）系统，它是超文本（Hypertext）系统的扩充。一个超文本由多个信息源链接而成，而这些信息源的数目实际上是不受限制的。利用一个链接可使用户找到一个文档，而这又可链接到其他的文档，依次类推，一个复杂的信息网络就构成了。这些文档可以位于世界上任何一个接在 Internet 上的超文本系统中。一个万维网上的超文本文件通常被称为网页（Web Page），相互关联的网页的集合（通常存储在同一个地方）称为网站（Website）。

万维网以客户机-服务器方式工作。浏览器是在用户计算机上的万维网客户程序。万维网文档所驻留的计算机则运行服务器程序，因此这个计算机也称为万维网服务器。客户程序向服务器程序发出请求，服务器程序向客户程序送回客户所要的万维网文档。在一个客户程序主窗口上显示出的万维网文档称为页面（Page）。万维网必须解决以下几个问题：

(1) 如何标识分布在整个 Internet 上的万维网文档。

(2) 用什么样的协议来实现万维网上各种超链的链接。

(3) 如何使不同作者创作的不同风格的万维网文档都能在 Internet 上的各种计算机上显示出来，同时使用户清楚地知道在什么地方存在着超链。

(4) 如何使用户能够很方便地找到所需的信息。

为了解决第一个问题，万维网使用统一资源定位符 URL（Uniform Resource Locator）来标识万维网上的各种文档，并使每一个文档在整个 Internet 的范围内具有唯一的标识符 URL。

URL 是对能从 Internet 上得到的资源的位置和访问方法的一种简洁的表示。URL 给资源的位置提供一种抽象的识别方法，并用这种方法给资源定位。只要能对资源定位，系统就可以对资源进行各种操作，如存取、更新、替换和查找其属性等，如图 9-38 所示。上述资源是 Internet 上可以被访问的任何对象，包括文件目录、文件、文档、图像、声音等，以及与 Internet 相连的任何形式的数据。

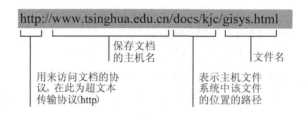

图 9-38　URL 示例

对于上述的第二个问题，就要使万维网客户程序与万维网客户服务器程序之间的交互遵守严格的协议，这就是超文本传送协议 HTTP（Hyper Text Transfer Protocol）。HTTP 是面向事务的应用层协议，是万维网上能够可靠地交换文件（包括文本、声音、图像等各种多媒体文件）的重要基础。万维网的大致工作过程如图 9-39 所示。

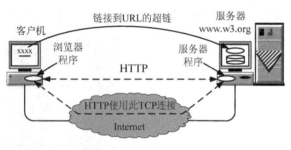

图 9-39　万维网的工作过程

每个万维网网点都有一个服务器进程，它不断监听 TCP 的端口 80，以便发现是否有浏览器（客户进程）向它发出连接建立请求。一旦监听到连接建立请求并建立了 TCP 连接之后，浏览器就向服务器发出浏览某个页面的请求，服务器接着就返回所请求的页面作为响应。最后，TCP 连接就被释放了。在浏览器和服务器之间的请求和响应的交互，必须按照规定的格式和遵循一定的规则，这些格式和规则就是超文本传送协议 HTTP。

为了解决上述的第三个问题，万维网使用一种制作万维网页面的标准语言——超文本置标语言 HTML（Hyper Text Markup Language），以消除不同计算机之间信息交流的障碍。HTML 使得万维网页面的设计者可以很方便地用一个超链从本页面的某处链接到 Internet 上的任何一个万维网页面，并且能够在自己的计算机屏幕上将这些页面显示出来。

HTML 中的 Markup 的意思就是"设置标记"。这就像在出版行业，编辑经常要在文档上写上各种标准化的记号，指明在何处应当用何种字体等。因此也有人将 HTML 译为超文本排版语言，或超文本标记语言。

国际标准化组织 ISO 早在 1986 年就已制定了一个标准 ISO 8879，即 SGML（Standard Generalized Markup Language），这是一个描述置标语言的标准。SGML 是一个非常复杂的、功能丰富的系统，有很多种选项，很适合于需要精确文档标准的大型组织。然而 SGML 的过分复杂使它很不适合于简单快捷的 Web 出版。于是，在欧洲原子核物理实验室工作的伯纳尔斯·李于 1993 年 3 月提出了 HTML，它是一种特定的 SGML 文档类型 DTD（Document Type Definition）。由于 HTML 易于掌握且实施简单，因此很快就成为万维网的重要基础。官方的 HTML 标准由 W3C（即 WWW Consortium）负责制定。

HTML 定义了许多用于排版的命令，即"标签"（tag）。例如，<I>表示后面开始用斜体字排版，而</I>则表示斜体字排版到此结束。HTML 将各种标签嵌入万维网的页面中，这样就构成了所谓的 HTML 文档。HTML 文档是一种可以用任何文本编辑器创建的 ASCⅡ码文件。但仅当 HTML 文档是以.html 或.htm 为后缀时，浏览器才对这样的 HTML 文档的各种标签进行解释。如图 9-40 所示就是用一个 HTML 编写的网页的简单例子。

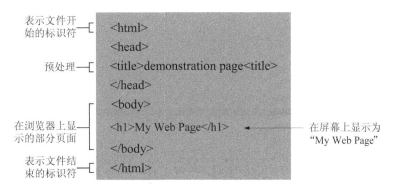

图 9-40 一个用 HTML 编写的简单 Web 网页

1992 年，欧洲粒子物理实验室公布了万维网之后，万维网迅速流行起来。到了 1994 年，万维网已经成为访问 Internet 最普遍的手段。同时，万维网服务器的增长速度也十分惊人，各种不同类型的操作系统都支持万维网浏览器的运行。

万维网服务器和浏览器软件极大地促进了万维网的发展，但大量的信息堆积，使信息的获取变得困难。这时，人们迫切需要一种"搜索引擎"技术，通过这一技术在网上就可以找到自己所需要的信息的路径、存储位置以及具体内容，搜索引擎公司也由此诞生。

参 考 文 献

[1] 谢希仁. 计算机网络（第 2 版）[M]. 北京：电子工业出版社，2002

[2] 邹海林，徐建培. 科学技术史概论[M]. 北京：科学出版社，2004

[3] 叶平，罗治馨. 互联网络传奇[M]. 天津：天津教育出版社，2001

[4] 崔林，吴鹤龄. IEEE 计算机先驱奖——计算机科学与技术中的发明史[M]. 北京：高等教育出版社，2002

[5] J. Glenn Brookshear. 计算机科学概论（第 7 版）[M]. 王保江等译. 北京：人民邮电出版社，2003

[6] Andrew S. Tanenbaum. 计算机网络（第 3 版）[M]. 熊桂喜，王小虎译. 北京：清华大学出版社，2002

[7] 林闯，任丰源. 可控可信可扩展的新一代互联网[J]. 软件学报，2004(12)：1815～1821

[8] 吴建平，吴茜，徐恪. 下一代互联网体系结构基础研究及探索[J]. 计算机学报，2008(9)：1536～1548

[9] 吴功宜. 计算机网络与互联网技术研究、应用和产业发展[M]. 北京：清华大学出版社，2008

计算机科学前沿技术

计算机科学与技术发展到今天，无论是在应用的广度上还是在发展的深度上都已经获得了巨大的成功，并与其他众多学科相互交叉与渗透，衍生出一些新的应用领域和技术，成为当代高技术和新兴产业发展的重要基础。

本章主要从 6 个不同的研究和应用领域来介绍计算机科学的最新技术，包括人工智能新进展、移动计算、普适计算、云计算、生物计算和语义 Web 等内容。

10.1 人工智能新进展

10.1.1 机器学习

人工智能是研究如何使机器具有认识问题和解决问题的能力，其研究的主要目的就是让机器如何更"聪明"，具有人的智能，这就是机器学习，它是人工智能研究的一个核心问题。人工智能与人的智能互相补充、互相促进，将开辟人机共存的人类文化。

机器学习是指计算机利用经验改善系统自身性能的行为。人类具有学习能力，其学习行为背后具有非常复杂的处理机制，这种处理机制就是机器学习理论。机器学习主要研究如何使用计算机模拟和实现人类获取知识的过程，创新、重构已有的知识，从而提升自身处理问题的能力。机器学习的最终目的是从数据中获取知识。

从学习方式上看，机器学习方法包括监督学习、无监督学习和半监督学习 3 种。下面分别介绍这 3 种学习方法的基本概念。

1. 监督学习

监督学习是一种以建立数据与其对应标签的映射关系为目标，利用已标注数据来构建分类器的方法。经典的监督学习方法分为两类：生成学习方法（Generative algorithms）和判别学习方法（Discriminative algorithms）。

生成学习方法首先使用无监督学习方法对类条件概率密度建模，然后使用贝叶斯理论预测已知数据为 x 时，y 产生的概率

$$p(y \mid x) = \frac{p(x \mid y)p(y)}{\int_y p(x \mid y)p(y)\mathrm{d}y}$$

实际上，$p(x|y)p(y) = p(x,y)$ 是数据的联合概率密度，通过它可以产生已标注数据 (x_i, y_i)。常用的生成学习方法包括贝叶斯和高斯混合模型等。

判别学习方法不需要估计 x_i 是如何产生的，只需要解决 $p(y|x)$ 的概率分布。常用的判别学习方法包括决策树、最大熵模型、人工神经网络和支持向量机等。

2. 无监督学习

无监督学习是一种不需要人工输入标注数据来进行学习的方式，它可以通过相关算法来发现输入数据中隐含的规律。在现实应用中，一般都是先用无监督学习方法提取数据的特征，然后使用其他方法对提取出的特征进行分类、检索等。由于需要别的方法配合工作，所以无监督学习方法的应用相对较少。

3. 半监督学习

半监督学习是介于监督学习和无监督学习之间的一种学习方法。在现实生活的应用中，我们经常会碰到标注数据非常难以取得，或者需要付出高昂的代价或时间成本来标注数据的情况，而大量的未标注数据却很容易得到。例如，在基于内容的图像检索中，用户通常只给出一个样例图片来检索，要求系统返回与该图片类似的多个图片。这时有很多未标注的图片存在数据库中，但是只有一张标注的图片，就是用户给出的要检索的图片。为了解决这个问题，使用大量未标注数据，和已标注数据一起来构建更好的分类器的半监督学习方法成为较好的选择。由于半监督学习只需要少量人力参与标注数据，并且能得到更高的正确率，从而在理论和实践上都得到越来越广泛的关注。

2006 年，Hinton 等提出了深度置信网络（Deep Belief Networks，DBN）[1]，这是一个包括很多隐藏层的神经网络模型。在深度置信网络等深层架构中很难优化权值，Hinton 等提出了一种贪心无监督训练方法来解决这个问题，并取得了很好的结果。深度置信网络的学习过程分为两步：① 一层层抽取输入信息的无监督学习。② 用固定标签微调整个网络的监督学习。这种分两步学习的方法降低了学习深层架构多个隐藏层参数的难度，更重要的是，使深度置信网络更加自然地适合进行半监督学习。

图 10-1 给出了深度置信网络的结构示例，这是一个有 3 个隐藏层 h_1、h_2 和 h_3 的深层架构。x 是输入数据，y 是对应输入数据的标签。

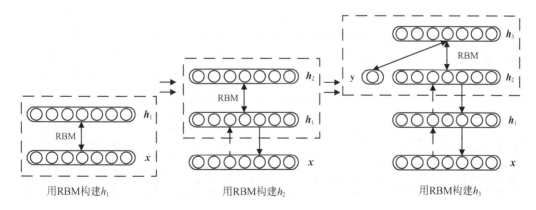

图 10-1　深度置信网络的结构图

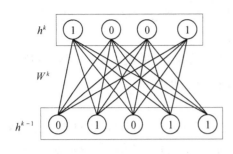

图 10-2　限制玻尔兹曼机结构图

第一步，深度置信网络对每两个紧靠着的神经网络层配对，用输入层来训练两层之间的参数，构建输出层，通过一个叫作限制玻尔兹曼机（Restricted Boltzmann Machines，RBM）的模型实现。限制玻尔兹曼机是一个两层循环神经网络，层内各个结点互不连接，输出层各个结点与输入层的各个结点有无方向的对称性连接[2]，如图 10-2 所示。用贪心无监督学习方法逐层训练后，深层架构底层的原始特征被组合成更加紧凑的高层次特征。第二步，整个深层架构被一个对比唤醒睡眠方法通过全局梯度下降策略优化。

现在，DBN 已经被成功的应用到现实生活领域中，如文本表示、音频事件分类和各种各样的可视化数据分析任务。Hinton 和 Salakhutdinov 使用改进后的 DBN 进行文档压缩，不同大小的文档用相同长度的二进制编码表示，可以用来进行文档检索[3]。Ballan 等使用 DBN 来处理足球广播中的视频信息，取得了比 SVM 更好的结果[4]。Hinton 等总结了使用 DBN 代替高斯混合模型，与隐马尔科夫模型相结合，在语音识别领域所取得的成果[5]。Tang 等将 DBN 用于视觉感知领域，在只出现一次的人脸识别数据集上表现良好[6]。另外，这种先进行无监督学习后进行监督学习的两步走的模式，使 DBN 在训练数据不足的半监督学习任务中有很好的表现。DBN-rNCA 是一个将 DBN 深层架构和邻里成分分析（NCA）技术相结合的半监督学习方法[7]。实验结果显示，使用大量的未标注数据，DBN-rNCA 明显提高了手写数字识别的正确率。

近年来，出现了一系列基于卷积网的深度学习方法，在各种现实应用中取得了较好的结果。Mobahi 等给出了一个基于卷积网的深度学习方法来处理序列化数据，特别是在提取未标注视频数据中自然存在的时间相关性信息时取得了很好的结果[8]。Lee 等提出了一种卷积深度置信网络方法，它同时训练整个深层架构来降低总的误差，在抽取少量特征来表示比较大的图像方面取得了很好的结果[9]。Kavukcuoglu 等给出了一种无监督学习多层架构稀疏卷积特征的方法，在许多可视化数据识别和检测任务上性能有明显提升[10]。LeCun 等描述了一种新的无监督学习方法，并将其成功地应用到可视化物体识别和机器人的视觉导航中，它利用新的非线性机制，使得卷积网只需要很少量的标注样例进行训练[11]。

10.1.2　智能决策

决策支持系统（Decision Support System，DSS）是 20 世纪 80 年代发展起来的新型计算机系统。智能决策支持系统（Intelligent Decision Support System，IDSS）是在传统决策支持系统的基础上发展起来的一种基于知识的、智能化的决策支持系统。它的核心思想是将人工智能和决策支持系统相结合，应用专家系统技术，使决策支持系统能够更充分地应用人类专家的知识，通过逻辑推理来帮助解决复杂的决策问题。

智能决策支持系统的结构是在传统的决策支持系统三库结构模型（数据库、模型库、方法库）的基础上通过增加知识库与推理机，在人机对话接口中增加语言处理系统而构成的四库系统结构。智能决策支持系统体系结构如图 10-3 所示。

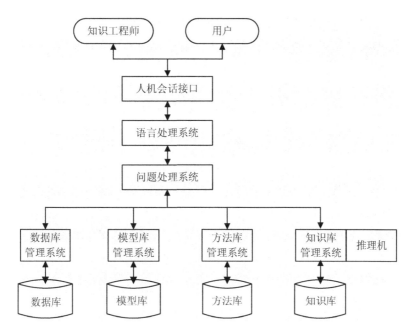

图 10-3 智能决策支持系统体系结构

　　人机会话接口是智能决策支持系统与用户和知识工程师进行交互的界面，它负责从知识工程师那里获取知识，并且接受用户的各种要求，并通过它提供给决策者各种决策信息。

　　语言处理系统是用户和系统沟通的桥梁，所有用户提出的问题都要通过语言处理系统来描述和响应。

　　问题处理系统是智能决策支持系统中不可或缺的部分，它主要完成系统的动态问题求解过程，即接受用户提出的问题，利用知识库中的专家知识，得出求解过程。

　　推理机是专家系统中基于知识推理的部件在计算机中的实现，主要包括推理和控制两个方面。

　　知识库用于存取和管理所获取的专家知识和经验，供检索、推理机利用。具有知识存储、增删改查和扩充等功能。

　　目前国内根据智能决策方法将智能决策支持系统分为 3 类：基于人工智能的智能决策支持系统，基于数据仓库的智能决策支持系统，基于范例推理的智能决策支持系统。其中，基于人工智能的智能决策支持系统又分为以下几种。

　　(1)基于专家系统的智能决策支持系统。专家系统是目前人工智能中应用较成熟的一个领域，它使用非数量化的逻辑语句来表达知识，而智能决策支持系统主要使用数量化方法将问题模型化后，利用对数值模型的计算结果来进行决策支持。

　　(2)基于机器学习的智能决策支持系统。机器学习由于能自动获得知识，在一定程度上能解决专家系统中知识获取瓶颈问题。

　　(3)基于智能体的智能决策支持系统。智能体的核心思想是研究如何使一个或多个智能体充分发挥自身的能力，将复杂的问题分解为简单的任务，利用多个智能体之间的协作来解决问题。将智能决策支持系统与智能体技术相结合，尤其是与多智能体系统相结合，可以解决智能决策支持系统中许多难以解决的问题。

智能决策支持系统的发展趋势是综合化、集成化，随着现代科学技术的发展，如何把数据仓库、联机分析、数据挖掘、模型库、数据库、专家系统、面向对象、智能体和机器学习等各种关键性技术的优点综合利用起来，从而形成综合的决策支持系统，开发出真正实用而有效的智能决策支持系统，是当前智能决策支持系统发展中的突出问题。

大规模的决策活动不可能也不便于以集中方式进行，人工智能已经由单机智能发展为分布式人工智能，该领域也成为当前人工智能研究的一个热门领域。多智能体技术所具有的特性可解决复杂系统的决策问题，它为智能决策支持系统提供了新的途径。由此可见，对智能决策支持系统来说，要想取得突破性的进展，未来的设计和实现也必将是基于多智能体的。因此，研究探讨新环境下多智能体决策支持系统的开发模式，无疑是具有十分重要意义的工作。构建基于多智能体的智能决策支持系统是实现大规模决策的必然选择，也是当前智能决策支持系统的一个重要的发展方向。

10.1.3 模式识别

在自然世界中，有这样的一些问题，例如，辨认一个人，寻找某个物体。对于这些事情，即使是一个婴儿也可以轻而易举地完成，在日常生活中我们甚至都不曾意识到这些问题的存在。但是，当让机器来做这些事情的时候，就不那么简单了。于是，人们研究如何让机器来完成这些事情，这就是模式识别。模式识别是一门研究机器如何感知环境，如何学习从背景中分辨出感兴趣的物体，以及如何基于模式所属类别作出正确而有意义的决策的学科，其终极目标是制造通用的模式识别机器。

现在有两种基本的模式识别方法，即统计模式识别方法和结构模式识别方法。下面分别介绍这两种方法的基本概念。

1. 统计模式识别

统计模式识别是对模式的统计分类方法，即结合统计概率论的贝叶斯决策系统进行模式识别的技术，又称为决策理论识别方法。

在统计模式识别中，一个模式表示为一组 d 个特征或属性，称为 d 维特征矢量。识别系统运行有两种模式：训练和分类。在训练模式中，预处理模块将感兴趣的特征从背景中分割出来，去除噪声，归一化模型；特征提取，选择模块找到合适的特征来表示输入模式；分类器被训练分割特征空间。在分类模式中，被训练的分类器根据测量的特征将输入模式分配到某个模式类。

统计模式识别的决策过程可以总结如下：根据一个 d 维特征矢量，将一个给定模式分配到 c 类中的某一个。如果待分类样本的类条件密度已知，则可以通过贝叶斯决策理论来对样本进行分类；如果样本的类条件密度未知，则再根据训练样本的类别是否已知将分类问题二分为监督学习和无监督学习；监督学习和无监督学习又可分为参数估计和非参数估计。

统计模式识别的主要方法有：判别函数法，k 近邻分类法，非线性映射法，特征分析法，主因子分析法等。在统计模式识别中，贝叶斯决策规则从理论上解决了最优分类器的设计问题，但其实施却必须首先解决更困难的概率密度估计问题。反向传播神经网络直接从观测数据学习，是更简便有效的方法，因而获得了广泛的应用，但它是一种启发式技术，缺乏指导工程实践的坚实理论基础。统计推断理论研究所取得的突破性成果导致现代统计学习理论——VC 理论的建立，该理论不仅在严格的数学基础上圆满地回答了人工神经网络中出现的理论问题，而且导出了一种新的学习方法——支持向量机。

2. 结构模式识别

结构模式识别是利用模式与子模式分层结构的树状信息来完成模式识别工作。

在模式识别的早期，人们使用统计方法来解决上述问题。然而，很快人们发现有一类模式识别问题是传统方法无法解决的。这些问题中的"模式"是用其各个组成部分和它们之间的关系来表示的。我们知道，统计模式识别中所处理的数据都是用向量来表示的。然而在上述类型的问题中，描述能力单一的向量并不能同时表示"模式"的组成部分和它们之间的关系。这就需要提出新的模型和算法来解决这种"富描述"问题。句法模式识别起源于 20 世纪 60 年代中期，为了表达图像中物体与其各个组成部分之间的关系，需要从图像中抽取复杂的特征表达，因而引入了符号特征和它们之间的空间关系。形式语言理论对于分析语言语法有天然优势，因此很快成为符号特征分析中的重要方法之一。

虽然形式语言理论已经趋于成熟，句法模式识别有着良好的理论基础，然而其应用领域却十分有限。一方面，由于其语法推理过程比较困难，没有哪种方法与同类方法相比更有优势；另一方面，推理中的句法规则并不是在所有情况下都适用，例如，递归在模式识别中并不是特别常见，但在形式语言中却非常重要。与此同时，研究人员发现，问题的关键还是在于物体及其之间的关系，即特征表达和描述特征之间关系的方法。除了符号特征分析方法，其他的方法也可以在此使用，如串、树和图，这就导致了结构模式识别的出现。与句法模式识别不同的是，结构模式识别在产生之初并没有特别坚实的理论基础，其是建立在对于问题的常识性认识上面，"问题首先需要被理解，然后才能够被解决"。集中于寻找物体与其构成部分，物体与物体之间的关系结构信息，结构模式识别无疑为解决上述类型问题提供了更广阔的思路与方法。

经过多年的研究和发展，模式识别技术已被广泛应用于生物、医学、物理、考古、地质勘探、宇航科学和武器技术等许多重要领域，如语音识别、人脸识别、指纹识别、手写体字符的识别、工业故障检测、精确制导等。模式识别技术的快速发展和应用大大促进了国民经济建设和国防科技现代化建设。特别是在人脸识别领域，其识别能力已经趋近甚至超过人类。

当今的社会中，涉及个人隐私等信息安全的话题备受人们的关注，人们迫切希望出现一种更加安全、更加方便的安全保护措施。一些传统的安全保护措施，如密码、钥匙等，容易泄露或丢失，所以越来越多的人开始意识到，传统的保护方法已不再如过去那么安全。在这样一个背景下，人们把更多的目光投向了每个人所独有的生物信息或行为信息，采取这些独有的生物信息或行为信息进行识别的技术称为生物特征识别技术。我们所熟悉的生物特征识别技术就是使用人体本身所固有的一些生理特征（如指纹、掌纹、虹膜、视网膜、人脸、DNA等这些特征具有唯一、不易改变的特性）和人的行为特征（如笔迹、声音等这些特征，也具有唯一、不易改变的特性），利用图像处理手段和模式识别的方法来鉴别个人身份的技术。与其他生物特征相比，人脸识别具有唯一、稳定、不可复制、不可假冒等显著特点，用于身认证比传统方法具有更高的安全性。因而人脸识别技术逐渐被人们所认可，并将其视为目前为止最为理想的生物特征识别技术。人脸识别技术优势明显，已应用于各行各业中，并取得了非常好的效果。如智能卡领域的身份证、驾照、护照等证件的核实；信息安全领域 Windows 等操作系统的桌面登录、电子商务、数据库安全、文件加密等；公共安全领域视频扫描和监控、可疑分子跟踪（机场、车站、码头等）、有线电视监视（商店、超市等）；出入控制领域考勤、重要场所的出入、车辆管理等；人机交互领域真实感虚拟游戏、自动登录系统等。

国内外众多学者和专家已经研究出了很多效果不错的人脸识别方法，然而人脸识别算法的选择深受人脸识别系统具体应用环境的影响，同时不同的应用场景对人脸识别系统也有着不同的要求，因此不可能存在通用的人脸识别算法，而是需要综合所有的情况选择最适合的人脸识别算法。总体而言，目前在光照易变、人脸表情多变、姿态多变等非理想条件下的人脸识别性能和准确率方面，仍然不能满足人们对人脸识别的性能和准确率的要求，因此非理想条件下的人脸识别及在大规模人脸数据库进行的人脸识别逐渐成为了当前人脸识别领域研究的热点。

在人脸识别方面，Facebook 正在尝试让计算机达到人的水平，据其名为 DeepFace 项目的结果表明，Facebook 人脸识别技术的识别率已经达到了 97.25%，而人在进行相同测试时的成绩为 97.5%，可以说已经相差无几。项目利用了模式识别、人工智能及机器学习技术，通过革新的 3D 人脸建模勾勒出脸部特征，然后通过颜色过滤做出一个刻画特定脸部元素的平面模型。为了让这套系统更好的学习特征，Facebook 建立了一个来自 4030 个人的 440 万张标签化的人脸池，Facebook 称这是迄今为止最大规模的人脸池。该技术利用了 9 层的神经网络来获得脸部表征，该神经网络处理的参数高达 1.2 亿。这套系统将人脸识别的错误率降低了 25%，已经接近人类的识别水平。

10.2 移 动 计 算

10.2.1 移动计算的概念

当今社会，人们正经历着一场对人类具有深远影响的信息革命，其中一个非常重要的方面就是人与信息之间无处不在的连接和交互。移动计算可以使人们不受地域限制随时随地使用移动设备，通过有线或者无线的网络连接实现信息访问和任务处理。随着当前移动电话和 PDA 等移动终端的普及，移动环境日益成熟，移动计算作为分布式计算的研究分支，正成为一门新兴的交叉研究领域。和传统的分布式计算相比，移动环境所特有的移动性、网络差别性等，都对人们的信息访问操作提出了挑战。

移动计算指的是使用便携式计算设备与移动通信技术，使用户能够在世界上任何地方访问 Internet 上的信息或能获取相关计算环境下的服务。移动计算是一个多学科交叉、涵盖范围广泛的新兴技术，是计算技术研究中的热点领域，并被认为是对未来具有深远影响的四大技术之一。

移动计算模型是移动计算服务的需求方和提供方之间必须遵循的一套标准或框架，它的设计要考虑移动计算的复杂特性，进而实现客户端与服务器的动态通信。一个经典的移动计算模型架构包含 3 类设备：① 移动支持基站点，含无线通信接口。② 固定主机，不含无线通信接口。③ 移动设备单元。

模型中的固定设备通过高速网络连接在一起，那些有可以与移动设备进行通信的无线接口的固定设备即为移动支持基站点，每个移动支持基站点可以建立一个无线网络单元，负责通信和管理维护。每个移动设备单元都可以从其被覆盖的无线网络单元通过移动支持基站点连接到固定网络。

移动计算环境具有以下特点：

1）移动性

一个移动设备不仅可以在不同的地方连接到网络，而且在移动的同时仍然可以保持网络连接。移动计算的移动性使移动计算网络布局处于动态变化中，增加了数据访问的不确定性和复杂性。

2）断接性

移动设备的频繁移动特点，加上设备供电、通信代价、网络性能等因素的影响，移动设备可能会在连接状态与断接状态之间进行频繁的切换。并且由于网络带宽、服务质量和网络时延等网络条件的不同，同一台设备在不同时刻即使处于连接状态，网络条件也相差很大。通常把网络带宽高、网络代价比较小的情况称为强连接，而把网络带宽低、网络代价比较大的情况称为弱连接。这些情况对保证设备的整体计算性能提出了挑战。

3）资源有限性

资源有限性包含两个方面，一方面是网络资源的有限性，另一方面是指移动设备的资源有限性。尽管近年来移动设备的性能有了较大的提升，但是相对于固定主机，它的资源还是有限的，如电源、存储容量、CPU 速度等。这些限制要求移动设备必须提高计算效率、优化处理过程。

移动计算之所以能得到迅猛的发展，主要来自两个方面的交互作用结果：① 应用需求的推动。随着社会的快速发展，信息技术已经无处不在，人们对使用信息的地点、时间、方式等都提出了更多的需求，这些需求的出现，成为计算机技术进步的源动力。② 软硬件技术的快速发展。近年来，通信技术和硬件技术发展迅速，而相应的软件技术也获得了巨大的发展，移动网络接入技术日益成熟，这为移动计算技术的发展提供了可靠的技术保障。

在以上两种因素的相互作用下，移动计算技术得到了飞速的发展，各大跨国 IT 公司正研究相应的软硬件系统，如 IBM 公司、Rank Xerox 公司等，都研制了相应的系统[12]。主要应用场景有智慧城市、移动医疗急救和智能战场。

1）智慧城市

随着城市的经济社会发展，市民对交通、医疗等公共服务需求不断扩大，从而对现代城市的管理提出了挑战，传统的城市管理模式已经无法满足未来的城市发展。而智能城市管理、智能交通等系统的应用为今后的城市发展提供了良好的示范。

智能城市管理系统通过无线射频识别技术、传感器技术及三维地理信息系统等技术，将城市管理中的部件信息统一集成到感知城管平台中，由感知城管指挥中心进行统一调度、集中指挥，实现对城市部件进行广泛的身份标识、形成统一的监测网络、实时采集城市部件设施的状态信息和进行高效地数据自动上传、决策控制自动下达，从而实现智能化和自动化的城市管理。在智能交通方面，市民通过移动智能设备可以查询公交车的实时运行路线情况，还可以知道距离自己最近的出租车的信息，并与之进行通信。

2）移动医疗急救

传统的医疗急救，在急救之前，医院和患者之间没有良好的信息共享。而在移动医疗急救的应用中，医生在到达现场之前可以通过移动设备和无线网络访问医院的患者数据库，获得患者的具体信息并缓存在移动设备中。而当医生到达现场进行急救时，缓存中的数据访问可以为急救赢得宝贵的时间。移动医疗急救系统由移动单元模块、医疗监护中心及连接网络组成。移动单元模块由数据采集单元组成，患者可以随身携带，能够实时检测患者的生理数据，并在必要时通知监护平台；医疗监护中心由监控平台、信息管理系统及局域网组成，用于接收移动单元模块发来的信号，为医疗人员的救援工作提供重要的信息。

3）智能战场

信息对于现代战争的作用至关重要，如何在不断动态变化的战争环境下高效而迅速地获得各种信息成为战争胜败的关键。在智能战场应用中，士兵携带移动通信设备，并通过无线网络与战区的军情数据库连接。每个士兵获得的信息及查询的结果缓存在移动设备中，而利用相关的缓存数据一致性策略可以保证在军情不断变化的情况下查询的数据与当前数据的一致性，最终实现战场信息的实时获取、共享和联动决策，为构建数字化战争提供技术思路。

10.2.2 移动计算的关键问题与技术

从移动计算定义来看，移动计算包含无线通信、移动设备、数据的交互和处理 3 个要素。

1. 无线通信

顾名思义，一切不通过有形介质进行信息交互的都叫无线通信。当功能强大的智能无线终端设备出现后，人们已经不满足于简单地发送短消息、彩信，或者通过无线通信协议"上网冲浪"，丰富多彩的多媒体应用和随时随地的无线宽带接入已经成为当务之急。于是，国际电信联盟在 2000 年 5 月就确定了 W-CDMA、CDMA2000 和 TD-SCDMA 三大主流 3G 无线通信标准。3G 尚未普及，人们就已经开始筹划 4G 技术了，其中长期演进（LTE）和全球互通微波接入（WiMax）无疑代表了 4G 通信技术发展的未来。LTE 和 WiMax 的目标是数据下载和上传速度分别可达 100Mbit/s 和 50Mbit/s 以上。它可以承载高清晰度电视（HDTV）数据传输的需要，兼容的互联网协议（IP）数据包交换及支持 IPv6。

无线通信主要为移动设备提供基础的数据交互能力，现在的无线通信经过多种复用技术，传输带宽越来越大，速度越来越快。并且比以往更加注重无线通信的安全性和可靠性，强调对计算机网络特别是互联网的支持，无线设备 IP 化乃大势所趋。

2. 移动设备

移动计算应用的领域非常广泛，各种各样开发无线移动计算设备的公司如雨后春笋般大量涌现，如 GPS 导航、OnStar 系统（美国通用公司推出的车载无线服务系统）、高清晰无线广播（HDR）等。令人眼花缭乱的移动计算设备可以用"只有我们想不到，没有用不到的地方"来形容。移动计算设备朝着体积更小、更薄，重量更轻，便于携带的方向发展，其运算速度更快，功能器件的集成度更高。特别是智能移动计算设备和计算机技术结合后，行业普遍认为手机将成为"下一个 PC"。越来越强大的智能移动计算设备会淡化与传统计算机之间的界限，但是，智能移动计算设备的将来远比它要精彩。

3. 数据的交互和处理

移动计算平台包括硬件平台与操作系统软件平台两部分。硬件平台主要涉及移动终端，以及硬件的"心脏"——处理器。移动计算平台变成了 IT 行业巨头较量的战场，智能移动计算设备行业群雄争霸的结果，带来了更快、更强的平台，带给人们更多的选择，也促进了智能移动计算设备的大发展。

移动计算给人们提供了一种全新的计算模式，但同时也带来了新的挑战。移动计算系统可以看成是由两个不对称的子系统构成的分布式计算系统，其中移动子系统由移动设备和移动通信介质组成，固定子系统由固定网络及固定主机组成。与传统的分布式系统相比，这两个分布式系统之间有巨大的性能差异，这为信息的处理带来了较大的困难[12]。

传统的分布式计算技术已经不能适用于移动计算，所以需要在各个相关技术领域对其进行研究。目前研究的关键技术主要如下：

(1)缓存技术。缓存是传统分布式系统中提高性能的关键技术。人们针对分布式计算，提出了多种缓存策略，并且在多个实际系统中得到应用，取得一定的性能提高。缓存技术还被用于共享存储系统中，充分利用有限的固定大小缓存空间，尽量提高缓存的命中率。

(2)语义缓存一致性维护策略。通过缓存的一致性维护策略可以保证缓存数据与服务方数据当前的取值相同，使客户缓存中获得的结果与服务方处理的结果一致。在传统的环境下，有多种客户缓存一致性维护的策略，主要可以分为以下几类：按照一致性维护发起方分类，有由服务器方发起的更新传送，也有由客户方发起的请求维护策略；根据服务器的类型分，有基于有状态服务器，即记录了客户缓存内容，也有基于无状态服务器，即不知道客户是否缓存的策略等。

(3)数据广播技术。在移动计算的环境中，其网络的带宽是非对称性的。在一个无线单元内，从服务器到移动客户机的下行通信带宽一般要远大于从移动客户机到服务器的上行通信带宽，而且移动客户机从服务器接收数据的开销也远小于发送开销。移动设备只有很小的存储能力，为了支持大量移动单元并发访问服务器上的数据，人们提出了服务器向空中广播数据，移动单元从空中获取数据的新的数据发送方式，即数据广播。

(4)复制技术。复制技术是移动计算环境中研究的热点之一，研究的目的是：根据当前移动客户的分布与访问情况，动态调整数据复制布局和策略，使移动用户可以就近访问所有数据，从而减少网络流量，提高访问性能。

(5)移动事务处理技术。移动数据的复制技术是支持断接操作的一种有效办法，但是由于其必须保存大量副本，并且要保证副本间的一致性，所以具有一定的局限性。在许多情况下，直接对数据库服务器进行访问是一种更为理想的信息存取方式，这就涉及该方式下的一个重要技术——移动事务处理技术。

(6)无缝迁移技术。无缝迁移技术的研究目的是随着用户的移动，用户的多媒体任务可以在多个移动终端上或不同软件环境中自由迁移，但不影响或很少影响用户的使用。无缝迁移本质上就是要求用户任务在移动过程中，与该任务相关的历史信息、上下文信息也随着移动，并且用户周围可用的计算环境和软件资源也动态地发生适应性的变化。无缝迁移的功能需求主要体现在连续性上，连续性指无缝迁移可以暂停，也可以继续，但不能丢失程序的历史信息。迄今为止，无缝迁移研究中最有影响的两个计划是美国麻省理工学院的 Oxygen 研究计划和卡耐基-梅隆大学的 Aura 研究计划。

(7) 位置管理和位置相关数据查询。随着人们移动性的增加，位置成为移动计算中非常重要的约束。用户需要访问跟他们的地理位置相关的应用和数据，如查找陌生地方的信息等。这类位置相关查询在移动计算中位置日益重要，但是现有的空间查询语言不能有效地支持位置相关的数据。

(8) 移动计算平台。移动计算环境中网络和终端的异构、人的移动、大量无线设备的应用等问题，对移动计算平台提出了更高的要求，目前移动计算平台的主流平台有无缝迁移支持平台、军用移动计算平台、移动游戏平台及 MIT 的 Metaglue/Rascal/Hyperglue 等相关平台。

(9) 移动计算的安全技术。从本质上讲，无线连接的网络远没有固定网络安全，这是由于无论从何地都可以轻而易举地侦听和发射无线电波，且很难发觉。因此，数据的无线传输比固定线路传输更容易受到盗用和欺骗，带来的问题是：① 一台计算机容易冒充另外一台计算机的身份，怎样才能防止这种非法数据访问。② 移动计算机携带方便，但容易失窃，如何避免在移动计算机失窃后对接收或发送数据的盗用。③ 移动计算环境使用户可以连入任意网络，如何防止这些移动用户的泛滥可能对被访问网络环境造成的偶然或者恶意的破坏。这些都是移动数据库的安全技术问题。

为建立开放环境下移动计算系统的安全体系，要从数据机密性、数据完整性、节点认证、安全路由和访问控制等多个角度对移动计算系统进行深入研究，在确保移动计算信息安全的同时，也要保证服务质量。目前移动计算的安全策略主要有以下几种：① 对移动用户进行认证，防止非注册用户的欺骗性接入。② 对无线路径加密，防止第三方盗用。③ 对移动用户提供身份保护，防止用户位置泄密或被跟踪。

10.2.3 Mobile Agent 技术

Mobile Agent 是一个独立的可执行过程，它能够在自己的控制下在异构网络上的主机之间迁移。Mobile Agent 技术被看做是一种能够简化设计、实现和维护分布式系统的有效方法[13]。

Mobile Agent 模型如图 10-4 所示。在 Mobile Agent 模型中，Mobile Agent 与移动环境有天然的匹配性，可迁移到资源主机上执行任务，然后把结果带回到客户端，使得中间过程的远程通信与信息交换减少。它在减少网络延迟、支持轻载移动设备、异步信息搜索、数据访问能力等方面，具有其他移动计算模型不可比拟的优势。

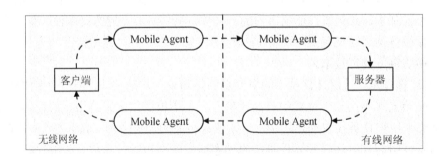

图 10-4　Mobile Agent 模型

Mobile Agent 可跨地域空间在不同的主机间移动并持续运行。它具有以下特征：

（1）Mobile Agent 是一个目标驱动的代理。

（2）通过代码和状态的移动实现远程执行。

（3）转移后从断点处继续执行。

Mobile Agent 优点如下：

（1）降低网络带宽和时延，提高了执行效率。通过代码的移动和异地执行，返回处理的结果，减少了网络上传输的原始数据和中间结果，从而减少了时延和带宽占用。能在断接环境中持续工作，减少了交互通信，降低了移动设备的电源消耗。

（2）智能路由，均衡网络负载。根据网络环境及负载的变化动态迁移，优化网络和计算资源。

（3）多个 Mobile Agent 之间具有良好的并行性。Mobile Agent 在主机间迁移时，可派生多个子 Agent，子 Agent 的执行结果由父 Agent 收集合并后返回结果。

Mobile Agent 的系统结构可分为 3 个部分：代码、状态、属性。代码是 Mobile Agent 的主要实现部分。一般用平台无关的语言编写，如 VBScript、Java 等，一般可编译生成中间代码，可在不同机器上解释执行。状态是 Agent 的运行情况，如全局变量的值、代码执行位置等。Mobile Agent 迁移后可在断点处继续执行。属性是 Agent 标识符、安全认证、迁移路径、执行日志等信息和行为体现。

移动计算中的 Agent 必须具有智能位置感知、电源感知、存储能力感知等特点，在结点断连时能够暂存状态，将任务调度到其他结点，并在恢复连接时将 Agent 迁移到目的结点。

应用 Mobile Agent 可以解决移动计算中存在的问题。Mobile Agent 可从移动主机迁移和搜索，得到可用的请求的信息后返回，而不必在移动主机和移动支持站点之间通过请求/响应方式传递消息，也不必持续与移动主机通信，从而节约带宽，并且不受断接性影响；此时移动主机可调成休眠，节约电源，Mobile Agent 还可持续工作。

移动计算是新兴的、蓬勃发展的信息技术，移动计算的普及将极大促进相关信息技术的发展，而技术的发展又促进移动计算的普及。虽然移动计算还存在诸如安全、潜在的健康等亟待解决的问题，但移动计算已经对我们的生活产生巨大的影响。

10.3　普　适　计　算

10.3.1　普适计算的概念

计算机发展日新月异，从主机时代到桌面计算机时代，计算机带给人们越来越多的惊喜，尤其是伴随着网络的出现及飞速发展，计算机更是占据了人类社会正常功能运转的关键地位。然而也正是因为这个原因，使得人们把绝大部分精力都放在了如何使用计算机的琐碎问题上，反而忽略了如何利用计算机来更好地解决某些问题。随着人们对生活、学习服务质量水平的要求越来越高，人们开始追求一种可以无时无刻都能获得各种所需信息资源的生活环境。发展伴随着需求，于是被称为"第三代计算机革命"的普适计算时代来临了。普适计算的出现意味着人类与信息通信技术的交互过程将会更自然，我们所处的网络环境将不再是数台计算机的互联，而是建筑物、用户以及用户身边每个物体的互联。

普适计算概念最早源自 Xerox PARC (Palo Alto Research Center) 计算机科学实验室首席科学家 Mark Weiser 在 1988 年提出的 Ubiquitous Computing 思想，现在文献中又常以 Pervasive Computing 出现。其基本思想是为用户提供服务的普适计算技术将从用户意识中彻底消失，即用户和周围环境（无数大大小小的计算设备）在潜意识上进行交互。用户不会有意识地弄清楚服务来自周围何处的普适计算技术，就好比我们每天重复着开电灯、关电灯动作，却不会有意识地问自己电来自何方发电厂一样。他把普适计算描述为"最深刻和强大的技术应该是看不见的技术，是那些融入日常生活并消失在日常生活中的技术，只有当计算进入人们生活环境而不是强迫人们进入计算的世界时，机器的使用才能像林中漫步一样新鲜有趣"。在他的设想里，数字设备应该嵌入我们的生活环境中，包括墙壁、家具、衣服、日用品等，并通过无线网络相互连接，延伸到世界的每一个角落。

Weiser 的思想在 20 世纪 90 年代后期开始在国际上得到广泛关注和接受，目前已经成为一个极具活力和影响力的研究领域。1999 年，IBM 也提出普适计算的概念，即为无所不在的、随时随地可以进行计算的一种方式。跟 Weiser 一样，IBM 也特别强调计算资源普遍存于环境当中，人们可以随时随地获得需要的信息和服务。1999 年欧洲研究团体 ISTAG 提出了环境智能的概念。这一概念跟普适计算的概念相似，只不过在美国等地通常叫普适计算，而欧洲的有些组织团体则叫环境智能。二者提法不同，但是含义相同，实验方向也是一致的。

今天，随着计算机技术的发展，特别是处理器技术、网络技术、存储器技术、显示技术及传感器技术不断的成熟发展，普适计算的环境已经不再只是一个假想。许多物体与对象中都已经嵌入了处理器和传感器。例如，汽车中使用传感器来控制车轮的滑动，带雷达功能的导航系统可以让车自动地与前面的车保持一定距离。但是，这些系统一般都是独立运作的，不需要与其他设备进行交互。在普通环境中的洗衣机虽然也具有复杂的应用程序，但是，还需要我们人工的控制。而在普适计算的环境下，洗衣机将具有自动扫描嵌入在我们衣服中的芯片并由此来选择合适的洗涤程序的功能。随之发展而来的交互过程不再仅限于人与人或人与计算机之间，而是将出现在人与任意的非计算机对象以及对象与对象之间。当然，交互的过程可以是显式的，也可以是隐式的。这种新的可以访问到海量信息的交互模式将由一种纯粹虚拟的、在线的空间转变成为在现实世界里可以提供信息、帮助及服务的系统。如果这种系统能够得到合理的利用，随之而来的，将会产生更为有效的信息传递方式，并且能够提高设备的智能化，从而为用户提供更加个性化的、以内容感知为核心的交互方式，并且可以帮助人们获得更为实际的学习过程，即通过练习、交互及共享的模式来获取知识。普适计算受到计算机科学界更多的关注和重视，因此近似实现 Weiser 的思想将成为可能。

对于什么叫普适计算，目前尚未有一个统一的定义，但目标都是"要建立一个充满计算和通信能力的环境，同时使这个环境与人们逐渐地融合在一起"。我国清华大学徐光祐教授等给普适计算的定义是："普适计算是信息空间与物理空间的融合，在这个融合的空间中人们可以随时随地、透明地获得数字化的服务。"图 10-5 给出了普适计算的一种情形——网络服务，用于计算的设备无处不在，弥漫在人们生活的环境中，并能够随时随地为人们提供所需要的服务，而使用计算设备的人则感知不到计算机的存在。

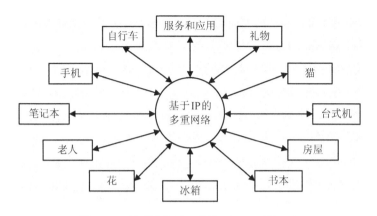

图 10-5　普适计算的一种情形——网络服务

10.3.2　普适计算产生的背景

计算机的计算模式通常被理解为满足用户计算需求的计算方案，特定的计算机应用总要采用某种计算方案，换句话说，计算机应用总是要在某种计算模式下实现。计算机技术的进步令新的计算模式不断出现。自 20 世纪 40 年代计算机诞生以来，主流的计算模式几经变化，从最初的大型计算机中央计算，到个人计算机分散计算，再到客户机/服务器计算和浏览器/服务器计算，如今正迎来一个具有革命性意义的计算模式——普适计算。

最早出现的计算模式是大型计算机中央计算模式，它统治着 20 世纪 40 年代计算机诞生到 80 年代个人计算机出现之前的年代。大型计算机由大型主机和多个与之相连的用户终端组成。大型计算机的计算资源，如 CPU、内存、外存等，全部集中在大型主机端，用户终端没有任何计算资源，只负责接收用户数据输入和输出主机计算结果，计算能力由大型主机分时向众多用户终端提供。大型计算机中央计算模式具有安全性好、可靠性高、计算能力和数据存储能力强、系统维护和管理的费用较低等优点。但是它也存在着一些明显的缺点，如硬件的初始投资额高、可移植性差、资源利用率低等，特别是其高昂的价格令其无法普及应用。

20 世纪 80 年代，大规模集成电路的进步实现了计算机微型化，个人计算机面世。PC 使计算资源转移到了用户终端本地，实现了用户终端与计算资源在用户本地的合二为一。PC 的面世，使计算能力由昂贵的大型计算机集中提供迅速走向了由众多分散而廉价的 PC 提供，满足了用户个性化计算需求，使计算机得到了广泛普及。但 PC 分散的单机应用模式，不利于实现资源共享，不利于数据安全管理，不利于降低维护成本。随着局域网的出现，特别是数据库应用的快速增长，局域网成了计算机应用的基本范畴，PC 单机分散计算模式开始向以局域网为中心的应用模式转变，于是 90 年代初，一种由 PC 与网络服务器协同计算的解决方案——客户端/服务器计算模式应运而生。

客户端/服务器计算模式是基于局域网环境的、典型的两层计算模式。它由两部分构成：前端是客户机，一般使用 PC，运行客户端程序，主要处理客户业务逻辑，包括用户界面和企业业务逻辑；后端是服务器，可以使用各种类型的主机，运行服务器端程序，提供诸如数据库的查询和管理、大规模的计算等服务。客户端程序通过网络向服务器端程序提出服务申请，服务器端程序返回客户端所需数据。可见，客户端/服务器计算模式的实质就是将数据存取与客户业务逻辑分离开来，由数据服务器执行数据操作，客户端来执行客户业务逻辑。客户端/服务器计算模式的主要优点是：通过将客户端的应用程序与服务器上的数据库隔离开来，可以保证数据的安全性和完整性；可以充分利用客户端和服务器两端的计算能力，组成一个分布式应用环境；由于网络上传送的数据主要是客户端向服务器发出的请求以及服务器发送给客户端的响应结果，通过把任务合理地分配在客户端和服务器两端，客户端/服务器计算模式可以有效降低网络通信流量，服务器响应时间通常较短等。但是广大用户在享受客户端/服务器结构带来的好处的同时，也忍受着越来越大的成本投入和使用与管理上的麻烦。例如，由于几乎所有的业务逻辑都在客户端进行表示，导致客户端的应用程序越来越臃肿，客户端配置难以精简，客户端成本居高不下；每当业务逻辑发生变化就需要对客户端程序重新设计与开发，这无疑是一件令人心烦的事情；要在众多的客户端上逐一安装、升级、维护程序，对于用户众多的大型网络是一件不堪重负的工作，难以实现快速部署和配置；若用于大型企业集团的异地数据库，客户端/服务器结构必须在多个异地服务器之间进行数据同步，这意味着人们将得不到实时数据，而且数据同步期间数据库要停止服务，并且每个数据点上的数据安全都将影响整个数据库的安全等。可见客户端/服务器结构对于规模较小、复杂程度较低的信息系统是非常合适的，但在开发和配置更大规模的企业应用中逐渐显现出不足。

客户端/服务器模式存在客户端需安装专门的软件、不能跨平台使用、不能摆脱地理位置的限制等问题。于是在 20 世纪 90 年代末，一种基于互联网 Web 应用的计算模式出现了，这就是浏览器/服务器计算模式。浏览器/服务器计算模式是随着 Internet 技术的兴起对客户端/服务器结构的一种改进。在这种结构下，用户终端不安装任何专门的用户界面软件，而是在 Internet 架构下，统一使用浏览器来实现。浏览器/服务器基于 Internet、使用浏览器的特点，使其做到了可以在任何地点进行操作，摆脱了地理位置的束缚；客户端无需安装任何专门的用户界面软件，从而减轻了系统维护与升级的成本和工作量；用户界面软件从客户端安装变为服务器端下载，使其受到了更好的保护；具有与软、硬件平台无关的特点；用户可以跨平台以相同的界面访问系统，实现了不同人员，从不同地点，以不同接入方式访问和操作共同的数据库；系统管理简单，可支持异种数据库，有很高的可用性；系统扩展非常容易，只要能上网，就可以使用；对后台服务器的集中管理能有效地保护数据平台和管理访问权限，服务器数据库也很安全。总之，基于互联网的浏览器/服务器模式所具有的分布应用与集中管理、跨平台兼容性、交互性和实时性、协同工作、系统易维护等特点，都是基于局域网的客户端/服务器模式所难以企及的。

技术的演化并不总是连续线性增长的，技术变迁过程中许多重大波动都从根本上改变了技术在我们生活中的位置，即这种波动的实质不是技术本身，而是技术与我们的关系。今天，Internet 通过分布计算正把我们带向普适计算关系。普适计算时代将有大量计算机共享我们每一个人，其中数百台计算机可以在几分钟的 Internet 浏览中被访问，其他计算机则嵌入在墙壁、椅子、衣服、电灯开关、汽车等一切东西中。普适计算时代的基本特征是深度的嵌入计算，即连接现实世界中一切具有计算能力但规模大小不同的东西。今天我们谈论供 Internet 用的价值数百美元的"瘦客户机"，而普适机将寻求价值仅为数十美元或更低的"瘦服务器"。可以将功能完善的 Internet 服务器放入每一个家用电器和办公设备中，并且需要 IPv6 协议，以便访问地球表面上每个多达数千台设备的结点。嵌入式微处理器和 Internet 将是普适计算的两个先驱,只有将含有微处理器的各种设备加以联网,普适计算才有可能实现。如何判断技术成为一个基本的时代呢?① 它们涉及基本的与人类的关系,对我们至关重要且不可回避。② 它们以其他技术为基础。显然,在下一时代主机和 PC 机都不会淘汰。③ 它们是创新的源泉。老假设需要重新定义,老技术需要赋予新的含义。普适计算时代最具潜在兴趣、新挑战和深奥的变化将集中于"平静"。如果到处都是计算机,最好让它们处于非妨碍状态,也就是当人正被指定的计算机共享时,人依旧处于安定和控制之中。主机由专家使用时,平静相对是很少的。计算机供个人使用时,已集中在交互作用的激励。但是,当周围都是计算机时,我们要求计算的同时能做其他事情,使我们有更多的时间是完全的人。我们必须从根本上重新思考计算机的背景和技术以及充满我们生活中的所有其他技术。

平静技术是下一个 50 年对所有技术设计的根本挑战。一个设计使人达到平静或活跃是满足人类的两种需要,但一般不会同时满足。信息技术更多时候是平静的敌人,呼机、手机、新闻服务、WWW、E-mail、电视和收音机频繁地轰击我们。但是,有些技术能导致真正的平静和舒适,如设计一双舒服的鞋子、星期日早晨送来一份晨报那样的技术,其差别在于技术是如何吸引我们的注意力。平静技术从中心和边缘两个角度吸引我们的注意力,实际上是在两者之间来回移动。我们用"边缘"表示我们被调节到没有明显的注意力。通常,在驾驶汽车时,我们将注意力集中在道路、收音机和乘客上,而不是引擎的噪声上。但一个异常的噪声会立即被提醒,即原来我们被调节到噪声,处于边缘,并可迅速调节回来注意这一噪声。平静技术将使我们的注意力在中心和边缘之间很容易被移动,有如下两个原因:① 通过把一些事情放在边缘,使我们有能力调节更多的事情。② 通过将原先是边缘的事情重新调节为中心,我们就可以控制它。我们必须学会对边缘的设计,这样可以充分地掌握技术而不被技术所支配。平静技术有三个特征:中心和边缘之间可以很容易移动;通过把更多的细节放入边缘,可以增强边缘的延伸;边缘可以轻易地把我们与大量熟悉的细节相连接,即所谓的定位。面对经常抱怨的信息过载,实际上更多信息可以使其平静,这似乎是矛盾的。但是,当进入普适计算时代,平静设计是至关重要的。这不仅会丰富我们的物质空间,也使我们有更多的机会与他人相处。当我们的世界充满了相互连接的计算机时,平静技术将在更人性化的 21 世纪起到中心角色的作用。

10.3.3　普适计算涉及的关键技术

普适计算自 20 世纪 90 年代兴起以来,主要发达国家的高校和企业科研机构各自从不同的方面进行研究。美国国家标准和技术协会联合各大型企业研究机构专门针对普适计算制订详细的研究计划,ITL (Information Technology Laboratory) 负责协调、制定标准、测试等工作。目前,研究主要集中在如下几个方面问题[14]:

1. 交互基础

普适计算环境下,人和机器、机器和机器之间的频繁的信息交流是必不可少的,而要实现不可见性,就要在人的潜意识层次上实现和机器交流。从技术上,键盘、鼠标、显示器等输入输出设备要实现多样化、智能化。能够实现与环境的良好交互,语音识别、肢体语言识别等需要进一步研究开发。目前,OGI (Oregon Graduate Institute) 在多模态人机交互领域有较深入的研究。还有一些高校如 GIT (Geogia Institute of Technology)、加拿大 Toronto 大学等也在进行这方面的研究工作。

2. 上下文感知

目前，有关上下文感知的研究相当火热，要实现普适计算，周围环境必须具备能够认知人的行为、意识等特征的能力。主要涉及环境内容表述和交换策略，管理和利用多媒体内容的适应性模型，自适应技术和结构等问题。智能空间是指这样的一个工作环境，通过提供联入网络的静态和动态信息环境，嵌入式计算机、信息工具和多模态传感器允许人们借助计算机新奇的多层次的信息访问方式有效执行任务。作为实现上下文感知的一个重要平台，智能空间正在被越来越多的人研究发展。

传感技术同计算机技术与通信技术一起被称为信息技术的三大支柱。从仿生学观点看，如果把计算机看成处理和识别信息的大脑，把通信系统看成传递信息的神经系统，那么传感器就是感觉器官。传感器与 RFID 标签或与其他无线结点的连接可使系统获取并分析更多的信息。就如同在普适网络下添加了认知的功能，具有认知功能就使得智能网络在没有人工的干涉下，能够自动探测网络周围的环境，并迅速做出正确回应。普通的传感器可以探测如压力、温度、速度、空气、水流质量、湿度等等环境因素，而无线传感器则是由连接到微控制器上的传感器、存储器、电源及无线射频所组成，每一个无线传感器节点都是以点到点的方式连接到网络或嵌入设备中。这种架构的自治网络具有很大的伸缩性和灵活性，它们允许在其范围中任意加入一个新的结点，并且在系统框架没有拓展的情况下扩大其覆盖范围。传感器网络的发展非常迅速，到目前为止，它已经可以通过 Web 服务来整合其他的信息技术系统并且能够保持极低的能量消耗。

3. 信息捕获、网络信息传输

普适计算环境下，人们周围存在大量的信息，捕获采集有用信息，如人或设备的位置信息为用户提供服务是至关重要的。同样，信息发送也是必须解决的问题。这涉及信息传送策略、网络传输协议和网络带宽资源合理使用等问题。

4. 硬件制造技术、电池技术

普适计算对硬件技术和电池技术提出了新的要求。硬件方面，如显示设备要求尺寸多样化，芯片要节能，鼠标设计也有新的要求。同时，研究能量供应、存储及新的电池制造技术显得更为重要。因为在普适计算环境下，一些设备佩带在身体上或挂在房间墙壁上，人们对小型、廉价、高能量密度等充电电池的需求会越来越多。

5. 软件系统设计

普适计算研究成功的一个重要标志便是能否部署可供人们日常生活使用的应用系统。未来普适计算应用系统的特征是：① 具有用于替换传统图形用户接口的透明接口。② 具有基于环境知识运用来修改应用行为的能力。③ 具有捕获供今后搜索使用的生活经验的能力。而这些均表现为对软件工程提出的挑战。为研制具有这些特征的普适计算应用系统，软件工程研究着重点在于：工具箱设计、分散外部环境注意力的软件系统结构和组件集成技术等。

6. 家庭网络化

未来普适计算环境下，地球就好比一个由高带宽有线网络连接在一起的许许多多的"小岛"组成的海洋，而这些"小岛"内人们是基于无线网络进行通信的。那么，家庭作为社会的一个细胞，在未来世界里充当什么角色呢?为此，研究家庭网络化问题是势在必行的。主要涉及家庭信息存储和处理所需的结构问题，基于同一访问网络结构的不同通信方法的集成问题，为所期望的不同网络服务提供所需的住宅网关功能设计问题，住宅内部通信方式和外部世界相比较存在的差异性问题，家庭网络化所需的安全保护机制问题等。

7. 安全隐私

由于分布式计算环境下，现有的操作系统等软件在设计上存在漏洞，安全隐私一直是困扰计算机研究人员的一个大问题。而在普适计算环境下，安全隐私显得更为棘手，因为无所不在的网络将随时随地为人们提供服务，反过来人的隐私和安全用现有的技术也就更难以保障了。当然，这些并不是我们无法解决的。研究网络安全、保障个人隐私是推进普适计算重要的方面。解决方法：主要针对传统的用户授权和访问控制方式无法适应分布式网络和普适计算的需要，提出不同的解决策略，包括硬件和软件方法。此外，通过立法、修改完善法律等手段，约束和规范人们的行为，也可有效阻止违法行为。

8. 身份识别技术

为了使现实世界中的对象和设备可以成为普适网络环境中一部分，我们必须要给它们一个唯一的标识。该标识不仅可以使处在同一普适环境下的多个设备相互联系，也可以使我们获取的资源扩展到我们周边的对象。相对于其他资源来说，我们身边的资源还扮演着智能接口的角色，可以使我们与地理位置上较远的资源设备相互联系。目前主要有两种用于身份识别的技术：无线射频识别技术和二维条码技术[15]。

无线射频识别技术是一种利用无线电波来识别物体信息、位置或人物身份的自动识别系统。无线射频识别技术本来是社会上应用比较普遍的技术，但近年来随着普适计算概念的提出，人们逐渐把它和另一种被称为无线射频识别技术标签（RFID Tag）的技术联系在一起。RFID 标签是一种与天线相连接的微型芯片，在这个芯片上存储的数据可以被无线接收器读出并且将其传送到计算机系统。因为具有识别、定位和追踪的功能，并且潜在地允许计算机系统可以对任何物体进行搜索，RFID 标签技术通常被认为属于通信技术的范畴。但是高昂的价格，技术层次上的困难以及社会舆论对隐私安全的越来越高的关注度，都是 RFID 标签技术在得到广泛发展前必须解决的问题。

条码技术的研究始于 20 世纪初，是随计算机应用和发展而产生的。条码技术具有可靠准确、数据输入速度快、经济实惠、应用灵活、自由度大、设备小、易于制作等特点。其中，二维条码是用某种特定的几何图形按一定规律在平面上分布的黑白相间的图形记录数据符号信息的，通过图像输入设备或光电扫描设备自动识读以实现信息自动处理。因为二维条码能够在横向和纵向两个方位同时表达信息，因此能在很小的面积内表达大量的信息。它的出现给物体的识别及物体与用户的交互提供了一种更为简单的方法。随着普适计算概念的提出，隐形的二维条码技术也得到了新的发展与应用。例如，二维码允许将其隐式地嵌入照片或图片中，嵌入声音或音乐的系统中，并且可以通过手机来读取。

9. 定位技术

具有能够获取物体位置信息的能力加上较高的智能化，使得定位技术在基于工具与服务的基础上可以对用户、物体及资源进行搜索查询。定位技术也被专家们认为在未来的几年里会越来越重要。例如，将会有越来越多的用户使用带 GPS 功能的手机。

在定位技术领域中，有多种不同的方式来获取设备和对象的位置信息。相应的，不同的定位技术其定位的准确度也不同。无线读取器可以识别最基本的 RFID 标签，配备加速器的设备则可以预测出标签的移动及它们的原始位置。随着卫星技术的发展，定位技术的精确度提高到了几米以内，可以构建精确的位置图像。当前的全球定位系统（GPS）芯片具有广泛的覆盖面，并且可以安装在许多物体如手机、甚至是书包中。随着普适计算技术的发展，定位技术的应用已经越来越广泛。但不可否认的是，定位技术在某种程度上引发了新的隐私安全问题。

10.3.4　普适计算的应用

普适计算时代将产生覆盖全社会的有线、无线混合网络，称为普适网络。世界上的所有物品都将连接在普适网络之中。人们可以在任何地方，用各种方便的方式访问普适网络所提供的信息资源。普适计算的目标之一是使得计算机设备可以感知周围的环境变化，从而根据环境的变化自动做出基于用户需要或者设定的行为。作为新一代的计算模式，普适计算的应用领域极其广泛，几乎涵盖了人们日常生活的各个领域。与此同时，普适计算带来许多新的机会，数字家庭就是其中之一，它将改变人们未来的生活方式。数字家庭能通过家庭网关将宽带网络接入家庭，家庭内部的网络可以是无线或有线的。在家庭内部，手持设备、PC 或者家用电器通过有线或者无线的方式连接到网络，从而提供了一个无缝、交互和普适计算的环境。下面介绍几种与普适计算相关的具体产品和应用。

1. ZigBee 产品

韩国手机制造商 Curitel 公司在 2004 年底展示了该公司推出的 ZigBee 手机。ZigBee 是一种短距离、低速率无线网络技术方案，是一种介于 RFID 和蓝牙之间的技术，主要用于近距离无线连接。ZigBee 的前身是 1998 年由 Intel、IBM 等产业巨头发起的 HomeRFLite 技术。

2. 智能尘埃

早在 20 世纪末，有关智能尘埃的报道就吸引了无数人的关注。美国加州大学 Berkeley 开发出了一种新型侦察用微型探测器，取名"智能尘埃"。该探测器小到可装进一个阿斯匹林药片大小的塑料容器内，可用于侦察近距离敌方的活动情况。这项研究目前已经到了实地测试阶段。实际上，除了军事用途之外，智能尘埃在技术上和工程上也有着广泛的应用。1999 年美国加州大学一份研究报告声称，只需利用市场现有智能尘埃产品，便可在 $5mm^3$ 的体积内装上温度、湿度、大气压力、光强、倾斜、振动和磁场的传感器，双向无线电通信装置，微处理器控制器和电池，通信距离可达 20m。智能尘埃的体积微小，具有无线联网能力，而且价格非常便宜。使用功能不同的智能尘埃，可以迅速搭建一个灵活的智能化计算环境——普适计算环境。人们预测，各种类似的产品将会大量面市，并且将在军事、商用和民用等领域发挥重要作用。

3. RFID 标签

射频识别，又称电子标签（E-Tag)，是一种利用射频信号自动识别目标对象并获取相关信息的技术，具有快速、实时、可重复使用、穿透性强、环境适应性强、数据容量大等优点，可广泛应用于制造、零售、物流、交通等各个行业。通过给所有物体贴上电子标签，RFID 实现了物理空间中物体与信息空间中对象的绑定，为构建普遍的智能物体提供了一种切实可行的途径，使其可能成为构建普适计算环境,具有现实意义的重要基础技术。RFID 系统产生的数据蕴含了丰富的关于物理世界和人类行为的信息,具有重要的研究和应用价值。在普适计算领域,RFID 数据可以为应用提供丰富的上下文信息。RFID 技术可以用于位置感知,还可以用于实时感知物理空间中物体的存在并跟踪其流动;通过分析人们日常生活中与物品交互过程所产生的 RFID 事件序列,还可以发现人的行为模式特征,为应用提供更高层次的上下文信息。

4. 智能汽车

在汽车上可嵌入小型计算、信息和传感设备,用来控制燃料的使用,并根据温度和气压调整发动机的运转。这些部件彼此相连,并把测出的数据作为汽车运行保养的基本分析数据。当汽车修理时,修理人员插入一个计算机连接器件,获取这些数据来进行分析。还可以增加复杂的数据连接功能,如连接到全球定位系统,让司机准确获知当前的位置,与电子地图相连,输入目的地,显示出到达目的地的最快路径,并能获取其他信息,如天气预报、饭店的地址和电话等。完善的数据连接功能可以为用户提供更多的服务。

5. 其他应用

借助于普适计算提供的无所不在的信息服务,人们能在任何地点、任何时候访问信息服务网络。例如,预定比赛门票,利用电子家庭解决方案令人们生活更方便、舒适;纸质书本被廉价、轻便的交互式媒体所替代,学习方式也会有所变化;青少年在家可以和远方朋友实现面对面高质量影音交流;驾车将是一项更为轻松愉快的活动,嵌入 GPS 的汽车可以帮助导航,提供旅游咨询,还有近乎完美的防盗服务等。目前,IBM 已将普适计算确定为电子商务之后的又一重大发展战略,并开始了端到端解决方案的技术研发。IBM 公司认为,实现普适计算必须让计算机学会理解人的表情、感受,最终让人以最自然的方式使用计算机。

10.4 云 计 算

10.4.1 云计算的概念

云计算是一种新近提出的计算模式,是分布式计算、并行计算和网格计算的发展。云计算的前台采用计时付费的方式通过网络向用户提供服务,后台由大量的集群使用虚拟机的方式,通过高速互联网络互连,组成大型的虚拟资源池。这些虚拟资源可自主管理和配置。用数据冗余的方式保证虚拟资源的高可用性,并具有分布式存储和计算、高扩展性、高可用性、用户友好性等特征[16]。

从根本上说,云计算是以虚拟技术为核心技术,以规模经济为驱动,以 Internet 为载体,以由大量的计算资源组成的 IT 资源池为支撑,按照用户需求,动态地提供虚拟化的、可伸缩的 IT 服务。在云计算模式下,不同种类的 IT 服务按照用户的需求规模和要求动态地构建、运营和维护,用户一般以量入为出的方式支付其利用资源的费用。所以,云计算主要包括以下 3 个方面的内容[17]:

(1)技术因素是云计算的技术支撑,如虚拟化技术、Web 2.0 技术、编程模式、全球化的分布式存储系统、网络服务,以及面向服务的体系架构、计费管理等。

(2)经济因素是云计算商业化的支撑,如合理的商业模式、清晰的产业结构等。

(3)政策因素是保证云计算服务质量和合法性的支撑,如政府的支持政策及各种健全的监管制度。

云计算技术具有以下特点:

(1)云计算系统提供的是服务。服务的实现机制对用户透明,用户无需了解云计算的具体机制,就可以获得需要的服务。服务的规模可快速伸缩,以自动适应业务负载的动态变化。用户使用的资源与业务的需求相一致,避免了因为服务器性能过载或冗余而导致的服务质量下降或资源浪费。

(2)用冗余方式提供可靠性。云计算系统由大量商用计算机组成集群向用户提供数据处理服务。随着计算机数量的增加,系统出现错误的概率大大增加。在没有专用的硬件可靠性部件的支持下,采用软件的方式,即数据冗余和分布式存储来保证数据的可靠性。

(3)高可用性。通过集成海量存储和高性能的计算能力,云计算系统能提供较高的服务质量。云计算系统可以自动检测失效结点,并将失效结点排除,不影响系统的正常运行。

(4)高层次的编程模型。云计算系统提供高层次的编程模型。用户通过简单学习,就可以编写自己的云计算程序,在"云"系统上执行,满足自己的需求。

(5)经济性。组建一个采用大量的商业机组成的集群,相对于同样性能的超级计算机花费的资金要少很多。

(6)服务多样性。监控用户的资源使用量,并根据资源的使用情况对服务计费。用户可以支付不同的费用,以获得不同级别的服务。以服务的形式为用户提供应用程序、数据存储、基础设施等资源,并可以根据用户需求,自动分配资源,而不需要系统管理员干预。

图 10-6 云计算的服务类型构成

(7)资源池化。资源以共享资源池的方式统一管理。利用虚拟化技术,将资源分享给不同用户,资源的放置、管理与分配策略对用户透明。

(8)泛在接入。用户可以利用各种终端设备(如 PC、笔记本电脑、智能手机等)随时随地通过互联网访问云计算服务。

云计算的服务层次可分为基础设施层、平台服务层及软件服务层,市场进入条件也从高到低,如图 10-6 所示。目前越来越多厂商可以提供不同层次的云计算服务,部分厂商还可以同时提供设备、平台、软件等多层次的云计算服务。例如,Google 既可提供云计算平台服务,又可提供云计算软件服务。

(1)软件服务层——SaaS(Software-as-a-service)。SaaS 的兴起要早于云计算,它是一种软件布局模型,其应用专为网络交付而设计,便于用户通过 Internet 托管、部署及接入,即厂商将应用软件统一部署在自己的服务器上,客户可以根据实际需求,通过互联网向厂商定购所需的应用软件服务。SaaS 应用软件的价格通常为"全包"费用,即将通常的应用软件许可证费、软件维护费及技术支持费统一为用户的月度租用费。SaaS 是企业利用先进技术实施信息化的最好途径,尤其有利于中小企业。但是其发展并不尽如人意,主要原因之一是 SaaS 供应商更专注于软件的开发,对网络资源管理能力不足,往往会造成浪费大量资金以购买服务器和带宽等基础设施,但提供的用户负载却依然有限。而云计算提供了一种简单而高效的网络资源管理机制，可以帮助 SaaS 厂商为海量用户提供不可想象的巨大资源，SaaS 供应商不需要再在服务器和带宽等基础设施上浪费自己的资源，专注于具体的软件开发和应用，所以在云计算的模式下，SaaS 的市场进入条件相对较低。

(2) 平台服务层——PaaS（Platform-as-a-service）。PaaS 是在云基础设施之上提供抽象层次的服务，即系统运行的软件平台，如开发平台、商业部署和应用平台等。PaaS 获取硬件资源的方式对于用户来说是透明的。平台服务提供商提供硬件、软件、操作系统、软件升级、安全及其他应用程序托管等服务内容，大多数提供商限定于某种语言和集成开发环境。例如，Google 的 AppEngine 支持 Python、Java 等语言及相应的 IDE。由于云计算的平台服务对于用户来说屏蔽了操作系统、硬件及存储的复杂性，所以要求提供商具备良好的开发能力和一定的资源管理能力，导致了平台服务提供商的市场进入条件比较高。随着技术的发展、客户的积累及客户需求的增多，部分 SaaS 服务提供商也逐渐开始基于 SaaS 提供 PaaS 服务。

(3) 基础设施服务层——IaaS（Infrastructure-as-a-service）。基础设施提供商管理了大量的计算资源，如存储和计算能力。基础设施提供商利用虚拟化技术实现了分割、动态调整资源的功能，能够为用户或者服务提供商提供指定规模的系统。为了保证服务的可靠性，基础设施提供商需要部署相应的软件以管理这些服务。由于 IaaS 是建立在由大量的计算资源组成的 IT 资源池基础之上，需要大量的前期投资，所以 IaaS 的市场进入条件相对于 PaaS 来说要高。目前大部分基础设施提供商都已有大量计算资源的历史积累，如 Rackspace，作为全球领先的托管服务提供商，自 1998 年至今在全球已拥有 9 个数据中心，管理超过 5 万台服务器。

云计算的发展并不局限于 PC，随着移动互联网的蓬勃发展，基于手机等移动终端的云计算服务已经出现。基于云计算的定义，移动云计算是指通过移动网络以按需、易扩展的方式获得所需的基础设施、平台、软件等的一种 IT 资源或服务的交付与使用模式。

10.4.2 云计算诞生的背景

云计算的思想可以追溯到 20 世纪 60 年代，John McCarthy 曾经提到"计算迟早有一天会变成一种公用基础设施"，这就意味着计算能力可以作为一种商品进行流通，就像煤气、水电一样，取用方便、费用低廉。云计算最大的不同在于它是通过互联网进行传输的。从最根本的意义来说，云计算就是数据存储在云端，应用和服务存储在云端，充分利用数据中心强大的计算能力，实现用户业务系统的自适应性。

近年来，社交网络、电子商务、数字城市、在线视频等新一代大规模互联网应用发展迅猛。这些新兴的应用具有数据存储量大、业务增长速度快等特点。据统计，至 2010 年，社交网站 Facebook 已存储了 15PB 的数据，并且每天新增 60TB 数据；电子商务网站淘宝的 B2C 业务在 2010 年增长了 4 倍，其数据中心存储了 14PB 数据，并且每天需要处理 500TB 数据。与此同时，传统企业的软硬件维护成本高昂：在企业的 IT 投入中，仅有 20% 的投入用于软硬件更新与商业价值的提升，而 80% 则投入用于系统维护。根据 2006 年 IDC 对 200 家企业的统计，部分企业的信息技术人力成本达到 1320 美元/每人/每台服务器，而部署一个新的应用系统需要花费 5.4 周。为了解决上述问题，2006 年，Google、Amazon 等公司提出了"云计算"的构想。

2007 年 10 月，IBM 和 Google 宣布在云计算领域的合作后，云计算吸引了众多人的关注。2008 年 2 月，美国商业周刊发表了一篇题为《Google 及其云智慧》的文章，开篇就宣称："这项全新的远大战略旨在把强大得超乎想像的计算能力分布到众人手中。"在此之后，云计算（Cloud Computing）一跃成为信息、通信和技术领域的耀眼明星，受到了产业界的广泛关注。云计算并不仅仅意味着一项技术或一系列技术的组合，它所秉承的核心理念是"按需服务"，使用户能够通过网络以按需、易扩展的方式获得所需的基础设施、平台、软件等资源或服务。在技术、成本和产业链等多重因素的驱动下，渐入主流的云计算日趋成熟，移动云计算蓬勃发展。

云计算与网络密不可分。"云"的形象常常用来表示互联网，因此，云计算的原始含义为通过互联网提供计算能力。云计算的直接起源与 Amazon 和 Google 两个公司有十分密切的关系，它们最早使用到了 Cloud Computing 的表述方式。

Amazon 在对自身已有平台进行改造和优化的基础上开发了被称为弹性计算云（Elastic Compute Cloud，EC2）的云计算平台，利用企业的富余 IT 基础设施资源向外部人员提供远程云服务。基于强大的虚拟化技术和网络安全协议，Amazon 能够以简单的计费方式向用户提供灵活的计算资源租用服务。作为云计算领域的领先企业，Amazon 公司以 EC2 为核心构建的 AWS（Amazon Web Services）开创了目前已得到广泛应用的 IaaS 云计算模式。

Google 是云计算的先驱者，其技术核心就是云计算。廉价、高效的云计算平台是 Google 引以为傲的另一项伟大发明，其光彩丝毫不逊色于网页排序。Google 成功地使众多的普通廉价 PC 连成一片"云"，提供可靠、高效的运算服务，强大的搜索服务只是其中之一。Google 将自身的架构完全置于云计算平台之上，其所用的服务器全部由自己生产。作为最大的服务器制造厂商，Google 能够以其他企业 1/5、1/10，甚至是 1/20 的成本制造服务器，正是基于这些高性价比的服务器，Google 才得以维持如此之多的应用，并且不断推陈出新。Google 所有服务器的使用效率是 80%～90%以上，而传统运营商的设备使用效率仅有 10%～15%。与使用传统设备的企业相比，Google 的运算成本只有 1/100，存储成本是 1/60，运营成本是 1/3。因此，在云计算的平台和应用方面，Google 无疑是当今最强的服务提供商。Google 发布的一系列关于分布式文件系统、并行计算、数据和分布式资源管理的文章，为全球云计算的发展奠定了技术基础，并成为当今最流行的 Hadoop 云计算平台的来源。Google 近期推出了基于 Linux 开源系统的 Chrome OS，集成了 Google 的各项服务，旨在创造"以网络为核心"的全新计算机操作体验，为成为全球最大的云计算服务提供商而努力。

不仅仅是 Amazon 和 Google，IT、互联网和通信等行业的各大企业纷纷高调宣布踏入云计算领域，并将其作为下一代的业务重点发展方向。从目前的格局看，至少有 5 类竞争者在积极参与云计算领域的布局和未来竞争策略，它们分别是：

（1）以 Google、Amazon 为代表的互联网服务商。

（2）以 IBM、惠普为代表的系统集成提供商。

（3）以微软、SaleForce.com 为代表的软件提供商。

（4）以思科、EMC 为代表的设备制造商。

（5）以 Verizon、AT&T 为代表的通信运营商。

不仅如此，各国政府纷纷将云计算列为国家战略，投入了相当大的财力和物力用于云计算的部署。其中，美国政府利用云计算技术建立联邦政府网站，以降低政府信息化运行成本。英国政府建立国家级云计算平台（G-Cloud），超过 2/3 的英国企业开始使用云计算服务。在我国，北京、上海、深圳、杭州、无锡等城市开展了云计算服务创新发展试点示范工作；电信、石油石化、交通运输等行业也启动了相应的云计算发展计划，以促进产业信息化。

近两年，云计算的知名度迅速提高。这从 Google trends 的搜索结果统计可见一斑，云计算自 2007 年进入统计范围以来，搜索量几乎呈直线上升趋势。著名咨询机构 Gartner 更是在其发布的 2010 年 IT 行业十大战略技术报告中将云计算列为首位。云计算在 2009 年的报告中首次上榜，就在十大战略技术中排名第三，2010 年跃升至第一位，这充分表明了云计算所受的重视程度及其未来可能对业界产生的影响程度。Gartner 还在 2009 年的技术成熟度报告中将云计算放在了成熟度曲线的顶部，这意味着云计算在未来的几年中将进入成熟期，成为主流计算技术的一个重要组成部分。

10.4.3 云计算涉及的关键技术

云计算是一种新型的超级计算方式，以数据为中心，是一种数据密集型的超级计算。在数据存储、数据管理、编程模式等多方面具有自身独特的技术，同时涉及众多其他技术。下面分别介绍云计算特有的技术，包括数据存储技术，数据管理技术，编程模式和虚拟化技术。

1. 数据存储技术

云计算环境中的海量数据存储既要考虑存储的 I/O 性能，又要保证文件系统的可靠性与可用性。为保证高可用、高可靠和经济性，云计算采用分布式存储的方式来存储数据，采用冗余存储的方式来保证存储数据的可靠性，即为同一份数据存储多个副本。

另外，云计算系统需要同时满足大量用户的需求，并行地为大量用户提供服务。因此，云计算的数据存储技术必须具有高吞吐率和高传输率的特点。云计算的数据存储技术未来的发展将集中在超大规模的数据存储、数据加密、安全性保证及继续提高 I/O 速率等方面。以Google 文件系统为例，它是一个管理大型分布式数据密集型计算的可扩展的分布式文件系统，使用廉价的商用硬件搭建系统，并向大量用户提供容错的高性能的服务。

当然，云计算的数据存储技术并不仅仅只是 Google 文件系统，其他 IT 厂商，包括微软、Hadhoop 开发团队也在开发相应的数据管理工具。本质上是一种分布式的数据存储技术，以及与之相关的虚拟化技术，对上层屏蔽具体的物理存储器的位置、信息等。快速的数据定位、数据安全性、数据可靠性及底层设备内存储数据量的均衡等方面都需要继续研究完善。

2. 数据管理技术

云计算系统对大数据集进行处理、分析，向用户提供高效的服务。因此，数据管理技术必须能够高效地管理大数据集。另外，如何在规模巨大的数据中找到特定的数据，也是云计算数据管理技术所必须解决的问题。

云计算的特点是对海量的数据存储、读取后进行大量的分析，数据的读操作频率远大于数据的更新频率，云中的数据管理是一种读优化的数据管理。因此，云系统的数据管理往往采用数据库领域中列存储的数据管理模式，将表按列划分后存储。云计算的数据管理技术中最著名的是 Google 的 BigTable 数据管理技术。由于采用列存储的方式管理数据，如何提高数据的更新速率，以及进一步提高随机读速率是未来的数据管理技术必须解决的问题。

以 BigTable 为例，数据管理方式设计者 Google 给出了如下定义："BigTable 是一种为了管理结构化数据而设计的分布式存储系统，这些数据可以扩展到非常大的规模，如在数千台商用服务器上达到 PB 规模的数据。"

3. 编程模型

为了使用户能更轻松地享受云计算带来的服务，让用户能利用该编程模型编写简单的程序来实现特定的目的，云计算上的编程模型必须十分简单，必须保证后台复杂的并行执行和任务调度向用户和编程人员透明。

云计算大部分采用 Map-Reduce 的编程模式。现在大部分 IT 厂商提出的"云"计划中采用的编程模型，都是基于 Map-Reduce 思想开发的编程工具。Map-Reduce 不仅仅是一种编程模型，同时也是一种高效的任务调度模型，这种编程模型并不仅适用于云计算，在多核和多处理器及异构机群上同样有良好的性能。该编程模式仅适用于编写任务内部松耦合、能够高度并行化的程序。如何改进该编程模式，使程序员得能够轻松地编写紧耦合的程序，运行时能高效地调度和执行任务，是 Map-Reduce 编程模型未来的发展方向。

Map-Reduce 是一种处理和产生大规模数据集的编程模型，程序员在 Map 函数中指定对各分块数据的处理过程，在 Reduce 函数中指定如何对分块数据处理的中间结果进行归约。用户只需要指定 Map 和 Reduce 函数来编写分布式的并行程序。当在集群上运行 Map-Reduce 程序时，程序员不需要关心如何将输入的数据分块、分配和调度，同时系统还将处理集群内结点失败以及结点间通信的管理等。

Map-Reduce 仅为编程模式的一种，微软提出的 DryadLINQ 是另外一种并行编程模式。但它局限于.NET 的 LINQ 系统，同时并不开源，限制了它的发展前景。Map-Reduce 作为一种较为流行的云计算编程模型，在云计算系统中应用广阔。但是基于它的开发工具 Hadoop 并不完善，特别是其调度算法过于简单，判断需要进行推测执行的任务的算法造成过多任务需要推测执行，降低了整个系统的性能。改进 Map-Reduce 的开发工具，包括任务调度器、底层数据存储系统、输入数据切分、监控"云"系统等方面是将来一段时间的主要发展方向。另外，将 Map-Reduce 的思想运用在云计算以外的其他方面也是一个流行的研究方向。

综上所述，并行编程模型的发展对云计算系统的推广实现具有极大的推动作用，现有的云编程模型均是以 Map-Reduce 编程模型为主，编程模型的适用性方面还存在一定局限性，还需要进一步的研究和完善。

4. 虚拟化技术[18]

数据中心为云计算提供了大规模资源。为了实现基础设施服务的按需分配，需要研究虚拟化技术。虚拟化是 IaaS 层的重要组成部分，也是云计算的最重要特点。虚拟化技术可以提供以下特点。

(1)资源分享。通过虚拟机封装用户各自的运行环境，有效实现多用户分享数据中心资源。

(2)资源定制。用户利用虚拟化技术，配置私有的服务器，指定所需的 CPU 数目、内存容量、磁盘空间，实现资源的按需分配。

（3）细粒度资源管理。将物理服务器拆分成若干虚拟机，可以提高服务器的资源利用率，减少浪费，而且有助于服务器的负载均衡和节能。

基于以上特点，虚拟化技术成为实现云计算资源池化和按需服务的基础。为了进一步满足云计算弹性服务和数据中心自治性的需求，需要研究虚拟机快速部署和在线迁移技术。

传统的虚拟机部署分为 4 个阶段：创建虚拟机；安装操作系统与应用程序；配置主机属性（如网络、主机名等）；启动虚拟机。该方法部署时间较长，达不到云计算弹性服务的要求。尽管可以通过修改虚拟机配置（如增减 CPU 数目、磁盘空间、内存容量）改变单台虚拟机性能，但是更多情况下云计算需要快速扩张虚拟机集群的规模。为了简化虚拟机的部署过程，虚拟机模板技术被应用于大多数云计算平台。虚拟机模板预装了操作系统与应用软件，并对虚拟设备进行了预配置，可以有效减少虚拟机的部署时间。然而虚拟机模板技术仍不能满足快速部署的需求：一方面，将模板转换成虚拟机需要复制模板文件，当模板文件较大时，复制的时间开销不可忽视；另一方面，因为应用程序没有加载到内存，所以通过虚拟机模板转换的虚拟机需要在启动或加载内存镜像后，方可提供服务。为此，有学者提出了基于 fork 思想的虚拟机部署方式。该方式受操作系统的 fork 原语启发，可以利用父虚拟机迅速克隆出大量子虚拟机。与进程级的 fork 相似，基于虚拟机级的 fork，子虚拟机可以继承父虚拟机的内存状态信息，并在创建后即时可用。当部署大规模虚拟机时，子虚拟机可以并行创建，并维护其独立的内存空间，而不依赖于父虚拟机。为了减少文件的复制开销，虚拟机 fork 采用了"写时复制"（copy-on-write，COW）技术：子虚拟机在执行"写操作"时，将更新后的文件写入本机磁盘；在执行"读操作"时，通过判断该文件是否已被更新，确定本机磁盘或父虚拟机的磁盘读取文件。在虚拟机 fork 技术的相关研究工作中，Potemkin 项目实现了虚拟机 fork 技术，并可在 1 秒内完成虚拟机的部署或删除，但要求父虚拟机和子虚拟机在相同的物理机上。Lagar-Cavilla 等研究了分布式环境下的并行虚拟机 fork 技术，该技术可以在 1 秒内完成 32 台虚拟机的部署。虚拟机 fork 是一种即时（on-demand）部署技术，虽然提高了部署效率，但通过该技术部署的子虚拟机不能持久化保存。

虚拟机在线迁移是指虚拟机在运行状态下从一台物理机移动到另一台物理机。虚拟机在线迁移技术对云计算平台有效管理具有重要意义。

（1）提高系统可靠性。一方面，当物理机需要维护时，可以将运行于该物理机的虚拟机转移到其他物理机。另一方面，可利用在线迁移技术完成虚拟机运行时备份，当主虚拟机发生异常时，可将服务无缝切换至备份虚拟机。

（2）有利于负载均衡。当物理机负载过重时，可以通过虚拟机迁移达到负载均衡，优化数据中心性能。

（3）有利于设计节能方案。通过集中零散的虚拟机，可使部分物理机完全空闲，以便关闭这些物理机（或使物理机休眠），达到节能目的。

此外，虚拟机的在线迁移对用户透明，云计算平台可以在不影响服务质量的情况下优化和管理数据中心。在线迁移技术于 2005 年由 Clark 等人提出，通过迭代的预复制（pre-copy）策略同步迁移前后的虚拟机的状态。传统的虚拟机迁移是在 LAN 中进行的，为了在数据中心之间完成虚拟机在线迁移，Hirofuchi 等介绍了一种在 WAN 环境下的迁移方法。这种方法在保证虚拟机数据一致性的前提下，尽可能少地牺牲虚拟机 I/O 性能，加快迁移速度。利用虚拟机在线迁移技术，Remus 系统设计了虚拟机在线备份方法。当原始虚拟机发生错误时，系统可以立即切换到备份虚拟机，而不会影响到关键任务的执行，提高了系统可靠性。

10.4.4　云计算的应用

云计算一经提出便受到了产业界和学术界的广泛关注，目前国外已经有多个云计算的科学研究项目。产业界也在投入巨资部署各自的云计算系统，目前主要的参与者有 Google、IBM、Microsoft、Amazon 等。下面讨论几个最具代表性的研究计划[19]。

1. Amazon EC2

Amazon EC2（Elastic Computing cloud），称为 Amazon 弹性计算云，是美国 Amazon 公司推出的一项提供弹性计算能力的 Web 服务。Amazon EC2 向用户提供一个运行在 Xen 虚拟化平台上的基于 Linux 的虚拟机，从而用户可以在此之上运行基于 Linux 的应用程序。使用 Amazon EC2 之前，用户首先需要创建一个包含用户应用程序、运行库、数据及相关配置信息的虚拟运行环境映像，称为 AMI（Amazon Machine Image），或者使用 Amazon 通用的 AMI 映像。Amazon 同时还提供另外一项 Web 服务——简单存储服务 S3（Simple Storage Service），用来向用户提供快速、安全、可靠的存储服务。用户需要将创建好的 AMI 映像上传到 Amazon 提供的简单存储服务 S3，然后可以通过 Amazon 提供的各种 Web 服务接口来启动、停止和监控 AMI 实例的运行。用户只需为自己实际使用的计算能力、存储空间和网络带宽付费。Amazon 的 Web 服务能达到很好的可用性，但缺乏与用户之间的服务品质协议，并且用户关键业务的持续性和数据备份要求是由用户自己来考虑的。

2. Google App Engine

Google App Engine 是 Google 公司推出的云计算服务，允许用户使用 Python、Java 等编程语言编写 Web 应用程序在 Google 的基础架构上运行。另外，还提供了一组应用程序接口（API），用户可以在应用程序中使用这些接口来访问 Google 提供的空间、数据库存储和邮件等服务。用户可以通过管理控制台管理用户 Web 应用程序。简言之，Google App Engine 是一个由应用服务器群、BigTable 结构化数据分布存储系统及 GFS 储存服务组成的平台，它能为开发者提供一体化的主机服务器及可自动升级的在线应用服务。Google App Engine 专为开发者设计，开发者可以将自己编写的在线应用运行于 Google 的资源上。开发者不用担心应用运行时所需要的资源，Google 提供应用运行及维护所需要的一切平台资源。目前，Google App Engine 平台向用户免费提供 1GB 的存储空间，大约每月 500 万次页面访问。

3. Apache Hadoop

Hadoop 是开源云计算平台的代表，主要实现了 GFS 的思想和 MapReduce 模型，它作为一个开源的软件平台使得编写和运行处理海量数据的应用程序更加容易。Hadoop 主要包括 3 个部分：Hadoop 分布式文件系统（HDFS）、MapReduce 实现及 HBase（Google Bigtable）的实现。HDFS 在存储数据时，将文件按照一定的数据块大小进行切分，各个块在集群中的结点中分布，为了保证可靠性，HDFS 会根据配置为数据块创建多个副本，并放置在集群的计算结点中。MapReduce 将应用分成许多小任务块去执行，每个小任务就对计算结点本地存储的数据块进行处理。目前，Hadoop 已经在 Yahoo 等公司的集群上成功部署并运行一些商业应用。

4. Microsoft Azure

Azure 是微软公司推出的依托于微软数据中心的云服务平台,它实际是由一个公共平台上的多种不同服务组成,主要包括微软的云服务操作系统及一组为开发人员提供的接口服务。Azure 平台提供的服务主要有 Live Services、.NET 服务、SQL 服务、SharePoint 服务等。开发人员可以用这些服务作为基本组件来构建自己的云应用程序,能够很容易地通过微软的数据中心创建、托管、管理、扩展自己的 Web 和非 Web 应用。同时 Azure 平台支持多个 Internet 协议,为用户提供了一个开放、标准及能够互操作的环境。Azure 的不同之处在于:平台除了能够提供其自主的托管服务外,它也是为运行于本地工作站和企业服务器而设计的。这使得测试应用变得方便,支持企业应用既能运行于公司的内部网也能运行于外部环境。

5. Scientific Cloud: Nimbus

Scientific Cloud 是由美国芝加哥大学和佛罗里达大学发起的研究项目,目的是向科研机构提供类似 Amazon EC2 类型的云服务。该平台通过使用 Nimbus 工具对外提供短期的资源租赁服务。Nimbus 工具包原先称为虚拟工作空间服务,是一组用来提供 IaaS 云计算方案的开源工具包,实际上是一个虚拟机集群管理系统。

6. Open Nebula

Open Nebula 是一个开源的虚拟架构引擎,最初由马德里大学的分布式系统结构研究组开发,后经欧盟发起的 Reservoir 项目开发人员增强和完善了 Open Nebula 的功能。Open Nebula 主要用来在物理资源池上部署、监控和管理虚拟机的运行,其内部结构主要分为三层。其中,内核层是最关键的部分,主要用来完成虚拟机的部署、监控和迁移等功能,同时也提供了一组对物理主机的管理和监控接口;工具层主要是利用内核层提供的接口开发各种管理工具;驱动层使 Open Nebula 内核能够在不同的虚拟化环境上运行,Open Nebula 并不与具体的环境绑定,驱动层屏蔽掉了不同的虚拟环境和存储,向内核层提供了一个统一的功能接口。

7. Eucalyptus

Eucalyptus 是由美国加利福尼亚大学开发的一个开源的软件基础架构,用于在 Cluster 上实施云计算,旨在为学术研究团体提供一个云计算系统的实验和研究平台。该平台能够提供计算和存储架构的 IaaS 服务,它在接口级与 Amazon EC2 兼容,可以使用 Amazon EC2 的 Command line tools 与 Eucalyptus 交互。目前只支持 Linux 系统,需要安装 Xen 虚拟化平台。

10.5 生 物 计 算

10.5.1 生物计算的概念

电子计算机对人类社会的发展起到了巨大的促进作用。然而,随着社会和科学技术的发展,许多新工程领域中的复杂巨系统不断出现。在这些复杂巨系统的研究过程中,各种各样的非线性问题、形形色色棘手的 NP-完全问题处处可见,使得电子计算机解决这些 NP-完全问题、复杂的非线性等问题难度很大,甚至无能为力。其原因主要有两点:

(1)与要解决的实际问题相比,电子计算机的运算速度太慢。

(2)目前的电子计算机存储信息的容量太小。

另外，电子计算机在制造工艺上将很快达到 0.08μm 这个极限值。基于这些原因，迫使科学家们寻求其他技术来提高运算速度与信息存储等问题。于是，生物计算在近几年内倍受科学界的关注，发展神速[20]。

研究生物、利用生物学研究成果来帮助开发新的信息处理元件和计算机的方法在 20 世纪 80 年代中期开始得到重视。同时，生物芯片、生物计算这类术语也流行起来。生物计算机决不局限于过去基于某种简单概念而开发的定义清晰的计算机类型，如超大规模集成电路、第五代并行处理机、模糊计算机、神经网络等。无论是生物还是计算机都是由内装的程序控制的信息机构，假如将生物计算机定义为"具备生物与现有计算机双方特点的计算机"，开发过程中就能明确生物和计算机的异同。所以，生物计算机的研制不止于开发新一代的计算机，它还与生命的本质相连。

生物计算机是以生物界处理问题的方式为模型的计算机，目前主要有生物分子或超分子芯片、自动机模型、仿生算法、生物化学反应算法等几种类型。DNA 计算机是一种生物化学反应计算机，是一种以 DNA 分子与相关的某些生物酶等作为最基本的材料、以某些生化反应为基础的一种新的计算模式。它是计算机科学与分子生物学相互结合、相互渗透而产生的新兴交叉研究领域，自它出现以来取得了较大的进展。

DNA 计算模型首先是由 Adleman 博士于 1994 年提出来的，它的最大优点是充分利用了 DNA 分子具有海量存储遗传密码以及生化反应的海量并行性。DNA 计算的基本思想是：利用 DNA 特殊的双螺旋结构和碱基互补配对规律进行信息编码，把要运算的对象映射成 DNA 分子链，在生物酶的作用下，生成各种数据池，然后按照一定的规则将原始问题的数据运算高度并行地映射成 DNA 分子链的可控的生化过程。最后，利用分子生物技术，如聚合链反应 PCR、超声波降解、亲和层分析、克隆、诱变、分子纯化、电泳、磁珠分离等，检测所需的运算结果。因而，以 DNA 计算模型为背景而产生的 DNA 计算机必有海量的存储以及惊人的运行速度。DNA 计算机的重要特点是，信息容量的巨大性、密集性及处理操作的高度并行性，通过强力搜索策略迅速得出正确答案，从而使其运算速度大大超过常规计算机的的速度。

对于 DNA 计算机领域的研究引起了各领域研究者的广泛关注。DNA 计算研究的最终目的是构造出具有巨大并行性的 DNA 计算机。国内开始 DNA 计算的研究始于 1996 年。到目前为止，我国关于 DNA 计算的研究大致可以分为 3 个阶段：学习阶段、理论研究阶段、理论与实验研究阶段。自 2001 年开始，国内关于 DNA 计算的研究基本上已经转入理论研究阶段。自 2005 年开始，开始进入实验研究阶段。为了克服 DNA 计算中的一些不足，一种将编码 DNA 序列固定在表面上进行操作的方法被广泛的研究。大部分 DNA 计算的出发点都放在解决古典的、非常复杂的计算问题上，特别是 NP-完全性问题。这里有以下 3 点原因：

(1) NP-完全问题是现有计算机难以计算的。

(2) NP-完全问题随着问题的变量、顶点的线性增加，计算时间是指数级增加的。

(3) 可以说明 DNA 计算的高度并行性和超越电子计算机的潜在能力。

NP-完全性是计算复杂性理论中的一个重要概念，它表征某些问题的固有复杂度。一旦确定一类问题具有 NP-完全性时，就可知道这类问题实际上是具有相当复杂程度的困难问题。NP 完全性的研究在实践中有重要指导作用。在算法设计和分析过程中，如果已证明某问题是

NP 完全的，这就意味着面临的是一个难于处理的问题。对于它，要找出一个在计算机上可行的（即多项式时间的）算法是十分困难的，甚至可能根本找不到（因为很可能有 NP≠P）。利用 DNA 计算模型解决了许多 NP-完全性问题，DNA 计算是一种模拟生物分子并借助于分子生物技术进行计算的新方法，开创了以化学反应作为计算工具的先例，为解决 NP-完全性问题提供了一种全新的途径。DNA 计算的实现方式可以分为 3 种：试管、表面、芯片。试管方式是 DNA 计算的初级阶段，目的是验证算法的可行性；表面方式是从试管走向芯片的过渡阶段；芯片方式是 DNA 计算最终成功的标志。

DNA 计算机模型克服了电子计算机存储量小与运算速度慢这两个严重的不足。它具有如下 4 个优点：

(1)具有高度的并行性，运算速度快，一周的运算量相当于所有电子计算机从问世以来的总运算量。

(2)DNA 作为信息的载体其储存的容量非常之大，1 立方米的 DNA 溶液可存储 1 万亿亿的二进制数据，远远超过当前全球所有电子计算机的总存储量。

(3)DNA 计算机所消耗的能量只占一台电子计算机完成同样计算所消耗的能量的十亿分之一。

(4)DNA 分子的资源丰富。

由此可见，DNA 计算的每一个突破性的进展必将给人类社会的发展作出不可估量的贡献。下面，我们将简要地讨论一下 DNA 计算与 DNA 计算机的几个方面的意义：

(1)DNA 计算与 DNA 计算机的研究具有极为重要的意义。由于 DNA 计算机的速度惊人，使得目前的密码系统对于 DNA 计算机而言已经失去意义。

(2)DNA 计算机的研制对理论科学的研究具有无法估量的意义，特别是数学、运筹学与计算机科学。这是因为，在理论研究中许许多多的困难问题在 DNA 计算机的面前可能显得非常简单。

(3)P=NP? 这个著名的数学难题有望得到彻底的解决，进而使人类在计算问题上有一个大的飞跃，NP-完全问题不再像现在这样困扰科学家们，许多工程技术问题的研究会大踏步的向前飞跃。

(4)DNA 计算机必将极大地促使非线性科学、信息科学、生命科学等的飞速发展。事实上，在 DNA 计算系统中，非线性问题与线性问题几乎是一样的。这些问题的解决与发展必将导致诸如图像处理、雷达信号处理等技术的巨大发展、蛋白质优化结构的更深层认识乃至第二遗传密码的解决、大气预报更准确乃至整个气象科学的巨大发展等，也必将促使诸如量子科学、纳米科学等得到巨大的发展。

(5)DNA 计算机的研制成功，对考古学、生态科学与地球科学等意义更为重大，特别是 DNA 计算机时代的天气预报有望准确无误。

正是由于 DNA 计算与 DNA 计算机的上述重要意义，使得目前国际上关于 DNA 计算与 DNA 计算机的研究形成了一个新的热点，正在极大地吸引着不同学科、不同领域的众多的科学家，特别是生物工程、计算机科学、数学、物理、化学、激光技术等领域内的科学家。

但是，DNA 计算机毕竟还只是一种理论设想，许多方面都还很不成熟，主要表现在构造的现实性及计算潜力、运算过程中的错误问题及其人机界面等。无论如何，生物计算机的提出开拓了人们的视野，启发人们用算法的观念来研究生命，向众多的领域提出了挑战[21]。

10.5.2　生物计算的理论与方法

图 10-7　生物计算系统结构

我们可以认为 DNA 计算过程由 4 个子系统构成，它们是资源子系统、运算子系统、生化反应子系统及解的检测子系统。由这 4 个有机相互关联的子系统构成的系统称为 DNA 分子计算系统。从更广泛地的意义上说，我们称为生物计算系统，如图 10-7 所示。

1. 资源子系统

从目前的分子生物计算研究情况来看，主要以 DNA 分子进行，另外，也有一些学者应用 RNA 及蛋白质等为材料来进行分子计算。在 DNA 分子中，用如质粒 DNA 分子、单链 DNA 分子、双链 DNA 分子、发卡型 DNA 分子等各种类型的 DNA 分子为材料来进行计算。

2. 运算子系统

任何计算机，无论是以碳为基础的，还是以硅为基础的，都假设具备一种常规数学计算的能力，其中最为基础的问题就是要考虑如何进行四则运算问题。由于分子生物计算模型的特性，未来的分子计算机运算系统不可能仅以四则运算为主要运算算子，而应除了四则运算外，还应有诸如连接酶、核酸内切限制酶、DNA 聚合酶、DNA 与 RNA 修饰酶、核酸外切酶与核酸内切酶等构成的所谓新型的运算算子。

3. 生化反应子系统

在生化反应子系统中，目前主要以诸如连接反应、聚合链反应（Polymerase Chain Reaction，PCR）、分子克隆等反应构成。下面重点介绍一下 PCR 反应。

基本原理：PCR 技术是 Mullis 及其同事在 1985 年设计并研制成功，并在 1993 年 Mullis 由于发明 PCR 仪而与第一个设计基因定点突变的 Smith 共享诺贝尔化学奖。PCR 的原理类似于 DNA 的天然复制过程。待扩增的 DNA 片段和与其两侧互补的两端寡聚核苷酸引物，经变性、退火和延伸若干个循环后，DNA 扩增倍数可达到 2^n 倍，可用如下公式表示：

$$y = (1+x)^n$$

其中，y 为 DNA 扩增倍数；x 为扩增效率；n 为循环次数。

PCR 法是一种可以快速并准确地大量复制 DNA 片断的技术。它有 3 个特点：① 可以不经分离而制造特别的 DNA 片段。② 可以制造大量的 DNA 片段。③ 只需极少量的 DNA 片段就可以很好地完成基因测定。这种方法非常方便，它不仅使以前的技术变得更快、更准确，还为进行以前无法想象的实验带来了新思路。

在 PCR 法发明之前，复制重组体 DNA 的各种方法都要花费大量的时间和人力，而使用一台 PCR 法的机器就可以在几个小时内完成多轮复制，生成几十亿个 DNA 片段。

PCR 的主要应用为：快速并准确地大量复制 DNA 片段；用于产物的检测；测定基因表达的相对差异；用于测序；用于克隆。

4. 解的检测子系统

解的检测子系统是由诸如电泳技术、层析分析技术、分子纯化技术、同位素技术、荧光技术及激光技术等构成。由于生物计算系统概念的引入,我们对 DNA 计算概念与原理应有一个重新的认识。所谓 DNA 计算,就是在对资源子系统中的 DNA 分子,通过相应的生物运算酶以及某些可控的生化反应得到相应的数据池,然后通过解的检测子系统将所需的解检测出来。

相应的,DNA 计算的基本原理可理解为:如何将实际中的某一个具体的数学问题,或者非线性问题,或者图与组合优化问题等映射到 DNA 分子生物计算系统上去,如图 10-8 所示。

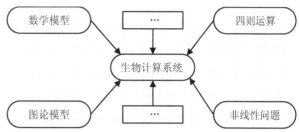

图 10-8　DNA 计算原理

10.5.3　生物计算的应用

电子计算机在解决图与组合优化中的 NP-完全性问题上是非常困难的,特别是规模很大时几乎是不可能的。但是,基于生化机理的 DNA 计算在解决图与组合优化有些问题上却有一种"天然"的优势。由于这个原因,目前在关于 DNA 计算模型的实验实例中,几乎绝大多数是图与组合优化中的一些 NP-完全性问题模型。

1. 有向 Hamilton 路问题的 DNA 计算模型

设 G 是一个有向图,v_1、v_2 是 G 的两个顶点,如果存在一条从 v_1 出发到达 v_2,且经过 G 中其他每个顶点一次且只有一次的有向路 P,则称 P 是 G 中从 v_1 到 v_2 的一条有向 Hamilton 路,如图 10-9 所示。寻找一个给定有向图的有向 Hamilton 路问题是所谓的有向 Hamilton 路问题,简记为 HPP 问题。1994 年 Adleman 开拓性地提出了应用 DNA 计算方法求一个给定有向图的有向 Hamilton 路问题的算法。这种算法的基本思想是,首先让有向图的每一个顶点随机地对应一条长度为 20 的寡聚核苷酸;在此基础上,让图中的每一条弧对应确定的长度为 20 的寡聚核苷酸;加入适量的连接酶,并通过 PCR 扩增技术获得从起点到终点的全部有向路,再通过电泳技术检测出所需要的 Hamilton 有向路。

2. 0-1 规划问题的 DNA 计算模型

对于 0-1 规划问题,2003 年,殷志祥等给出了表面 DNA 计算模型。通过观察荧光来排除非解,这种解读方法简单而有效且错误率低。2007 年,殷志祥等又给出了基于分子信标芯片的 0-1 规划问题的 DNA 计算模型。该模型将问题变量映射为分子信标探针,在芯片上制备可寻址的 DNA 分子信标探针,通过加入代变量的 DNA 链的互补链,DNA 分子就会按照 W-C 互补原则进行杂交,从而并行地生成问题的所有可能解,随后通过对杂交后分子信标探针图像进行分析即可得到问题的最优解。和以往的 DNA 计算模型相比,该模型由于运用了

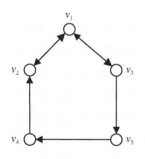

存在有向Hamilton路
P: $v_1 \rightarrow v_3 \rightarrow v_5 \rightarrow v_4 \rightarrow v_2$

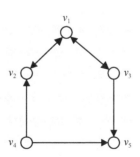

不存在有向Hamilton路

图 10-9　有向 Hamilton 路

分子信标芯片技术，具有高密度样品矩阵，有可能解决更多个变量的 0-1 整数规划问题。由于分子信标作为生物芯片可以充分利用自身的优点：编码简单；耗材低；操作时间短；技术先进。所以对于不同的组合优化问题，可以将标有不同荧光分子的信标、不同识别区长度的分子信标、不同茎杆长度的分子信标通过生物素的形式固定到硅片的表面上，制成分子信标片，利用所构造的分子信标芯片实现问题的自动化求解过程。

3. 最小顶点覆盖问题的 DNA 计算模型

对于图 $G=(V,E)$ 的结点子集 $K \subseteq V$，如果 G 的任意一条边都至少有一个端点属于 K，则称 K 为 G 的一个顶点覆盖；若对任意结点 $V \subseteq K$，$K-\{V\}$ 不再是顶点覆盖，称 K 为 G 的极小顶点覆盖；K 是 G 的顶点覆盖，且 G 不存在另一顶点集 K' 满足 $|K'| \leq |K|$，则称 K 为 G 的最小顶点覆盖；G 的最小顶点覆盖的基数称为 G 的覆盖数，记做 $C(G)$，G 的顶点覆盖常简称为 G 的覆盖。最小顶点覆盖问题是图论中一个著名的 NP-完全性问题。2004 年，王淑栋等利用表面 DNA 计算的方法给出了最小顶点覆盖问题的 DNA 计算模型。该模型的优点是结合了图论中的基本结论，增加了 DNA 计算的可操作性。2005 年，董亚飞等给出了最小顶点覆盖问题的粘贴模型。在算法中设计了荧光淬灭的有关技术，利用观察荧光来排除非解，这种读解方法简单而有效且错误率低。由于检测方法的改变，省略了在试管计算中常用的酶切、磁珠分离、PCR 扩增、凝胶电泳等步骤，避免了在这些步骤中可能出现的计算误差和数据丢失；并且使用的材料可重复使用，与在试管溶液中的 DNA 计算相比，更接近于工程实践。但是，自然界可供使用的荧光素种类有限，如果 DNA 计算的规模变得巨大，有可能造成计算材料上的困难，该方法是 DNA 计算粘贴模型利用表面技术的一种尝试。2009 年，羊四清等利用基于表面的 DNA 计算，将图的最小顶点覆盖问题转化为特殊的 0-1 规划问题，将对应于问题解空间的 DNA 分子固定在固体载体上，利用荧光淬灭技术，通过对每一个约束方程进行判断，删除所有不满足条件的解，得到剩余解，最后比较剩余解中 0 的个数最多的解集即为该图的最小顶点覆盖。

4. 最大团与最大匹配问题的 DNA 计算模型

最大团问题是图论上一重要的 NP-完全性问题，而且它在理论和实践上具有重要的意义。设 $G=(V,E)$ 是简单无向图，$T \subseteq V$，若 T 中任意两个顶点都相邻，则称 T 是图 G 的团。若 T 是图 G 的团，但是任意增加一个新顶点后，它就不成为团，则称 T 是图 G 的极大团。2004 年，李源等给出了最大团问题的 DNA 计算模型。该算法的主要思想是首先用一个 n 位的二进制数表示具有 n 个顶点的图的可能团，将问题转化为求解二进制数字串中含有 1 最多的数字串。然后设计算法，算法计算是从空网开始，对应的二进制数每一位都是 0，然后让样本群体一代代演化。在每一代中，首先使各个二进制数的每一位以某一概率置 1，然后从样本群体中删除在补图中相邻顶点对应位置均为 1 的数字串。算法的生物实现主要是先将二进制数编码到 DNA 链中，一个单链代表一个二进制数。为了编码一个 n 位二进制数，共用 $2n+1$ 种不同的 DNA 片段，分别用 $n+1$ 种不同的 DNA 片段序列代表 $n+1$ 个位置，n 种 DNA 片段代表每一位置，这里表示 0、1 值的序列分别用不同的长度来区别。该算法在数值为 1 的位置不用任何 DNA 片段表示，而用酶切位点取代。通过酶切删除在补图中相邻顶点位置均为 1 的链，最后可以求出问题的解。该算法的最大优点在于将分子化思想引入 DNA 算法中，而不是生成所有可能的解。因此使用了一个较小的样本空间可以对 NP 问题进行求解，随着图的顶点数的增加，算法所需的步骤也是线性增长的。

对于最大匹配问题，同样是一重要的 NP-完全性问题。设 G 是无环图，$M \subseteq E(G)$，如果 M 中任意两条边在 G 中均不相邻，则称 M 是图 G 的一个匹配。若对图 G 的任何匹配 M'，均有 $|M'| \leqslant |M|$，则称 M 为图 G 的最大匹配。G 中最大匹配中的边数称为匹配数。2003 年，刘文斌等人给出了最大匹配问题的表面 DNA 计算模型。对于任意给定的 n 阶图 $G = (V, E)$，令 $G(E) = \{e_1, e_2, \cdots, e_m\}$，则其可能的匹配可以很方便地应用 m 位（按照边的顺序进行编码）二进制串来表示；若二进制串中的某位值为 1，则其对应的边在匹配中；否则，则不在，具体的算法步骤如下：① 对图 G 中的 m 位二进制串进行编码。② 生成图 G 的满足条件的所有匹配。③ 找出其中含 1 最多的串，即为对应的最大匹配，并输出结果。

这个方法的主要思想通过表面上逐步生成解空间的过程，随时删除所生成的不可行解；最后，通过合适的编码，用 PCR 和电泳技术可以将解集中的不同解逐步分辨出来。

5. 图的顶点着色问题的 DNA 计算模型

图 G 的顶点集 $V(G)$ 表示物体，G 中的边连接的两个顶点所代表的物体不能在同一类中。用颜色 C 表示类，用着色 α 表示物体的划分：$\alpha : V(G) \to C$。如果 C 有 k 种颜色，则 α 被称为 k 着色。对 $i \in C$，集合 $\alpha(i)$ 被称为第 i 个色类。如果对 G 的边集 $E(G)$ 的每一条边 xy 着色 α 满足 $\alpha(x) \neq \alpha(y)$，则称 α 是一个正常着色。如果对于某个 $m \leqslant n$，G 可以被 m 种颜色正常着色，则称 G 是 n 可着色的。使得 G 是 n 可着色的最小值 n 称为 G 的点色数，或简称为色数，记为 $\chi(G)$。图着色问题指的是给定一个图，$\chi(G)$ 是多少？图着色问题是 NP-完全性问题。

2006 年，许进等给出了一种图顶点着色的 DNA 计算模型，并实现了 20 个顶点的图的 3 着色的 DNA 计算机编码，拟以这 20 个顶点的图为例进一步研究此模型的 DNA 计算机。在前人工作的基础上，针对性地提出了求解此类问题的专用型 DNA 计算机，不但给出了详细的理论说明及其基本原理，并且在此思想的指导下，利用杂交反应、磁珠分离技术及 PCR 反应等生物实验技术，实现了具有 5 个顶点图的 3 着色的 DNA 计算，再一次验证了 DNA 计算的高度并行性，以及解决 NP 问题的可能性。同时从生物实验的角度出发，进行灵敏度实验，在此基础上通过预实验选择合适的杂交温度和杂交时间，确保 PCR 反应的有效模板浓度，并进行了重复实验，进而保证实验结果的可靠性。在前人研究的基础上，认识到编码的重要性的同时，综合考虑化学自由能、温度、生物酶、编码的相似性、DNA 分子的组成等对编码的制约和影响，给出了 8 个约束条件，并在此基础上，给出编码的具体算法，并得到比较适合解决 20 个顶点的图的顶点 3 着色求解的 DNA 序列。

10.6　语　义　Web

10.6.1　语义 Web 的研究背景

20 世纪 80 年代末，Tim Berners-Lee 在欧洲粒子物理研究中心 CERN 进行研究工作。为了帮助实验室的物理学家们整理论文并促进论文的交流，他提出利用超文本构造链接信息系统的设想，随后实现了以统一资源定位符 URL、超文本标记语言 HTML、超文本传输协议

HTTP 为基础的 WWW。设想在 WWW 上利用搜索引擎搜索关于美国首都 Washington 的信息，以"Washington"为关键字进行搜索，搜索返回的文档集中含有大量无关文档——搜索引擎无法区分"Washington"与"Washington"大学、"Washington"总统、"Washington"州等，导致查准率下降。同时搜索返回的文档集中丢失了大量相关文档，搜索引擎不知道"Washington"与"the capital of USA"是同一个个体，导致回调率下降。信息检索的两个基本评价指标是查准率和回调率，在我们给出的示例中查准率和回调率都有不足之处，说明现有 Web 上的信息检索是不够完善的。而这种情况的根源在于计算机无法理解现有 Web 的内容，现有的 Web 是"语法 Web"(Syntactic Web)。Tim Berners-Lee 最初关于 Web 的设想远远比现有的"语法 Web"要雄心勃勃得多。在"语法 Web"上，根据 HTML 页面的标记，计算机可以很容易地解析 HTML 页面，使得 HTML 页面按照标记的要求呈现出来；但计算机无法利用这些 HTML 页面所表达的信息的语义。也就是说，在"语法 Web"上，计算机只能做简单的工作（如按照 HTML 标记来展示网页），而复杂的工作（如解释、推理等）都必须由人来完成。我们希望计算机能够多做些复杂的工作。

针对上述问题，Tim Berners-Lee 提出了语义 Web，它是现有 Web 的扩展，其上的信息有着明确规定的意义，使得人和计算机可以更协调地开展工作；使得 Web 不仅是一个展示信息的平台，而且可以由计算机理解并做推理。

语义 Web 是计算机业和互联网业对网络下一阶段发展所作出的术语化定义，其基本思想是对网页中的有意义的内容进行结构化处理，便于机器的理解、推理和应用。实现语义 Web 的两个主要技术是资源描述框架（Resource Description Framework, RDF）和本体（Ontology）。

资源描述框架 RDF 是一种描述 WWW 上的信息资源的一种语言，它实际上是一个数据模型，由一系列陈述即"对象-属性-值"三元组组成。RDF 解决的是如何采用 XML 标准语法无二义性地描述资源对象的问题，使得所描述的资源的元数据信息成为机器可理解的信息。如果把 XML 看作为一种标准化的元数据语法规范的话，那么 RDF 就可以看作为一种标准化的元数据语义描述规范。RDF Schema 是一种 RDF 词汇描述语言，在 RDF 之上定义了一个最小的语义模型（词汇集）支持复杂词汇的建模。

现有的 Web 是一个巨大的、通过超链接组织起来的文档集合，主要是供人来阅读、使用、浏览的。基于现有的 Web，我们很难开发出能够做自动处理的智能程序，原因在于现有 Web 上的信息和数据主要是供人来使用的，并非是为了供计算机做自动处理的。语义 Web 的目标就是合理有效地组织 Web 上的资源，使之可以被计算机所自动处理。为了使语义 Web 发挥作用，计算机必须能够访问合理组织的信息集和可用于执行自动推理的规则集。人工智能的研究者们在 Web 诞生之前，就已经对这类系统做了大量研究，这类系统就是知识表示系统。传统的知识表示系统通常是集中式的，要求所有基于该知识表示系统的应用都对相同的概念保持一致的理解。但集中式的知识表示系统太不灵活，难以扩展它的规模；且集中式的知识表示系统必须仔细限制应用所能提出的问题以保证它能够回答。语义 Web 的研究者们认为，为了获得语义 Web 的多功能性（versatility），必须接受这样的事实——语义 Web 会有无法回答的问题，甚至语义 Web 上的知识会有自相矛盾的地方。语义 Web 面临的挑战是，提供一种合适的语言，使得它能够表示数据和规则，同时它能够将现有知识表示系统的规则导入语义

Web。逻辑是使用规则进行推理、选择行动过程、回答问题等活动的基础，将逻辑加到 Web 上就是目前语义 Web 面临的任务。这个逻辑的知识表达能力必须足够强大，从而能够描述对象的复杂属性；但同时又不能太强大，以至无法高效地做自动推理，甚至会定义出自相矛盾、似是而非的内容。自然语言经常出现使用同一个术语表示不同意义的情况，这对于自动推理而言是不可行的。

RDF 三元组的"主"、"谓"、"宾"都采用 XML 的标记，且使用 URI 来标识"主"、"谓"、"宾"，这就保证了"主"、"谓"、"宾"不只是文档中的词，而是在 Web 上可以精确定位的一个唯一的定义。这又带来一个新的问题，即两个不同的 URI 所定位的术语在语义上是指同一个概念，对于计算机自动处理程序而言，必须要能够知道这个情况才能正确地执行推理。在语义 Web 上解决这种问题需要依靠本体。

在计算机领域，本体通常是一个文档，该文档包含了一些术语及术语间的关系。本体的概念最初起源于哲学领域，定义为对世界上客观存在物的系统地描述，即存在论。在计算机领域中，本体的目标是获取、描述和表示相关领域的知识，提供对该领域知识的共同理解，确定该领域内共同认可的词汇，并从不同层次的形式化模式上给出这些词汇和词汇间相互关系的明确定义。现有的本体描述语言有 RDF、DAML+OIL、OWL 等。

语义 Web 上典型的本体通常包含一个分类层次结构和一集推理规则。分类层次结构中定义了类、子类、对象及对象间的关系。对于语义 Web 应用而言，类、子类、对象及对象间的关系是非常有用的。通过对类赋以属性且允许子类继承这些属性，我们可以表达大量的对象间的关系。本体中的推理规则提供了更强大的功能。比如，一个本体可以表示这样的规则：如果一个城市编号与一个省编号相联系，且一个地址使用该城市编号，那么该地址与该省编号相联系。计算机并不是真的"理解"了这些信息，但是计算机能对这些信息做自动处理，这种自动处理对于我们人类而言是有用和有意义的。

10.6.2　现有语义 Web 的模型

为了实现语义 Web 智能化与自动化处理信息的目标，语义 Web 的研究者们开发了许多新技术并提出了一系列的标准和规范。被广泛认可的语义 Web 体系框架是由 Tim Berners-Lee 提出来的，如图 10-10 所示。它自下而上共有 7 层[22]。

(1) URI 和 Unicode，语义网的基础设施。URI (Uniform Resource Identifier)，中文通常称作"统一资源标识符"，它是语义网的根基。同现在互联网使用 URL 标识 HTML 页面一样，语义网同样需要一个类似的规范，用来唯一标识网络上的资源。语义网使用 URI 规范，具体的规范在 RFC 2396 里进行了详细的说明。任何组织和个人都可以自由定义和使用 URI。需要澄清的一个概念是，URI 的使用与 URL 有很大区别。URL 被用来标识

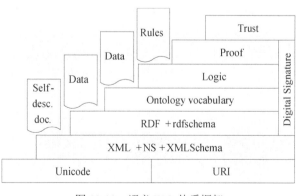

图 10-10　语义 Web 体系框架

一个网络路径，可以通过互联网在这个 URL 上访问到对应的资源；但一个 URI 所标识的资源可能根本无法通过网络访问到，它标识而且仅仅是标识一个资源，并不同时包含该资源的访问路径。从概念上来讲，URI 包含 URL。

Unicode 是一个字符集，这个字符集中所有的字符都用两个字节表示，可以表示 65356 个字符，基本上包括了世界上所有语言的字符。语义网的终极目标是构建一个全球信息网络，它必然涵盖各个国家、各个民族的语言，采用 Unicode 作为其字符编码方案，可以从根本上解决跨地区、跨语言字符编码的格式标准问题。

这一层是整个语义网的基础，URI 负责资源的标识，Unicode 负责资源的编码。

（2）XML、Namespaces、XML Schema 和 XML Query，语义网的语法层。XML 已经成为数据表示和数据交换的事实标准，它提供一种格式自由的语法，用户可以按照自己的需要创建标记集，并使用这些标记编写 XML 文档。正因为任何人都可以自由定义标记，所以不可避免地就会发生标记同名的情况。W3C 引入 Namespaces，即命名空间，机制，在标记前面加上 URI 索引，从而消解这种冲突。XML Schema 提供了一种对 XML 文档进行数据校验的机制。它基于 XML 语法，提供多种数据类型，对 XML 标记的结构和使用方法进行了规范。XML Query 是在 XML 基础上发展起来的技术标准，类似的还有 XPath 等，使用这些技术，可以对 XML 文档进行数据检索、提取结点等操作。

然而，随着 XML 在数据交换，应用集成等领域的广泛应用，人们逐渐发现，XML 仅适用于描述表示数据的语法，却不能涵盖数据的语义。鉴于 XML 受到业界的普遍支持，并且已经具备了较完备的技术标准，在语义网体系框架中，将其作为数据表示的语法层。

（3）RDF Model、RDF Schema 和 RDF Syntax，语义网的数据互操作层。XML 不适于表达数据的语义，因此，数据语义的定义和互操作，需要由更高一层来完成。W3C 组织开发出了一种新的语言，用来描述互联网上的资源及其之间的关系，这就是资源描述框架（Resource Description Framework，RDF）。RDF 采用三元组，来表示互联网上的资源、属性及其值。RDF 提供了一套标准的数据语义描述规范，但它还需要定义描述中使用的词汇。RDF Schema（RDFS）提供了一种面向计算机理解的词汇定义，提供了描述类和属性的能力。RDFS 在 RDF 的基础上引入了类、类之间的关系、属性之间的关系、属性的定义域与值域等。它就像一个字典，计算机通过它可以理解数据的含义。它有一个明显区别于对象模型的特点，属性是独立于类的，一个属性可以应用于多个类或者实例。

RDF Syntax 构建了一套完整的语法以利于计算机进行自动分析和处理。它有 3 种常用的表示方法：图形、N3 和 XML。其中，图形表示是对 RDF 模型的直接描述，通过 RDF 模型的图像化，可以直接明了的观察 RDF 数据及其关系；N3 是一种用三元组的方式，通过枚举 RDF 模型中的每个"陈述"来表述 RDF 模型，它最易于使用，简明易懂；RDF/XML 将 RDF 以 XML 语法描述，将 XML 的解析过程和解释过程相结合，这样，RDF 在帮助解析器阅读 XML 的同时，可以获取 XML 所要表达的语义，并可以根据它们的关系进行推理，从而做出基于语义的判断。但是 RDF/XML 常常因为过于复杂、难以使用而受到指责。

（4）Ontology，语义网的知识集合。本体（Ontology）最早是一个哲学上的概念，关心的是客观现实的抽象本质。人工智能方面的研究人员最早将其引入了计算机领域。这包含 4 层含义：概念模型（conceptualization）、明确（explicit）、形式化（formal）和共享（share）。

概念模型：通过抽象出客观世界中一些现象的相关概念而得到的模型，其表示的含义独立于具体的环境状态。

明确：所使用的概念及使用这些概念的约束都有明确的定义。

形式化：本体是计算机可读的。

共享：本体中体现的是共同认可的知识，反映的是相关领域中公认的概念集，它所针对的是团体而不是个体的共识。

本体的目标是提取领域知识，统一对某个领域知识的共同理解，确定该领域内共同认可的词汇，并从不同层次的形式化模式上给出这些词汇和词汇之间相互关系的明确定义。

作为语义网中最为核心的一层，本体层在 RDF 和 RDFS 进行基本的类/属性描述的基础之上，更进一步地描述了本体及它们之间的关系。这一层有其专用的本体描述语言。历史上曾经出现的有一定影响的本体描述语言包括：SHOE（Simple HTML Ontology Language），OIL（Ontology Inference Language），DAML（DARPA Agent Markup Language）及 DAML+OIL。RDF 也是一种简单的本体描述语言，但它的描述能力比较弱，需要进行扩展。OWL（Web Ontology Language）是 W3C 组织推荐的本体描述语言，它的实现比较多的参考了 DAML+OIL 的设计思想和经验。

（5）Logic，规则及其描述方法是自动推理的基础。语义网的一个重要目标，就是实现基于特定规则的自动推理，这是一项非常复杂的工作。起初，围绕着如何实现这个目标，甚至是能否实现这个目标，研究人员之间的争论非常激烈。一个典型的论题就是"RDF 是否具备实现自动推理的能力？"一些人认为 RDF/RDFS 缺乏进行量化运算的能力。

举个例子，如果你的好朋友说"《阿甘正传》是部好电影"，恰好你也看了《阿甘正传》，并且和他的意见一致，这样，你会对好朋友的判断产生认同。这种肯定的认同会对你的推理发生作用。当他再次告诉我们"《无极》无聊至极"之后，你就可以依据之前的结果对这个评论做出判断。

现实生活里，人们可以根据自己的亲身经历作出推理。在语义网中，研究者们需要把这个推理过程使用量化的方法加以实现和证明。近年来，随着研究工作的不断深入，描述逻辑（Description Logic, DL）作为一种较为成熟的知识表示方法被引入进来。它对 OWL 等规范的指定，起到了一定的指导作用。最近，研究人员已经开始尝试着在 OWL 上加入规则形成 OWL 的规则语言 ORL（OWL Rules Language），从而可以更好地进行自动推理工作。

（6）Proof，推理结果应该是可以验证的。目前，针对 Proof 层以及后面 Trust 层的研究成果还不是很多，但一个普遍的共识是，Proof 和 Trust 是语义网领域内两个非常重要的研究课题。Proof 层使用 Logic 层定义的推理规则进行逻辑推理，得出某种结论。对于语义网的用户来讲，这个推理过程应该是建立在可靠的数据基础之上的，推理的过程应该是公开的，而且推理得到的结论也应该是可以验证的。

还使用上面的那个例子。我们经过推理，认为"《无极》不是一部好电影"。在现实生活里，我们可以亲自观看《无极》，并做出判断，对这个推理及其结论进行验证。而在语义网中，我们也必须具备这样的验证机制。在计算机的概念里，通常把类似于亲身经历的事情称作"上下文"。上下文是我们作出推理的基础，因此，语义网必须建立一种方法来证明推理所使用的上下文信息的准确性和真实性。

(7) Trust，语义网应该是一个可以信任的网络。在语义网内进行推理并最终得出的结论应该是可以信任的。这需要满足两点：可以信任所见的数据，即上下文；可以信任所作的推理过程。

满足了这两点，才可以信任最终得到的推理结果。使用语义网的 RDF 模型，任何人都可以对任何资源进行描述，不同立场的人对相同的资源可能会作出完全相反的描述。Trust 层负责为应用程序提供一种机制，以决定是否信任给出的论证。Trust 层的建立，使智能代理在网络上实现个性化服务，以及彼此间自动交互合作，具备了可靠性和安全性。

(8) 其他：Signature，数字签名。数字签名位于层次模型的右侧，贯穿了语义网的中间 4 层。数字签名是一种基于互联网的安全认证机制。当信息从一个层次传递到另一个层次时，可以使用数字签名说明信息的来源和安全性。这样，接收方就可以通过数字签名鉴别其来源和安全性，以决定信息的可信任程度。有了数字签名，一些重要的电子商务活动就可以放心地在语义网上进行了。其实不光对于语义网，数字签名对于所有的信息交换系统都非常重要。

10.6.3 语义 Web 的应用前景

语义 Web 不仅能为人类用户而且能为软件 Agent 提供从语法层次到语义层次上的互操作性。基于语义 Web 相关技术之上，可以开发出各种各样的应用。

1. 智能信息检索与语义搜索

面对 Web 上的海量信息，传统的 Web 信息表示方法使信息检索的查准率和查全率均不理想。根本原因在于当今万维网的信息主要是基于语法构建的，因此要改进信息检索的效果，就必须对万维网上的信息进行语义标记。语义 Web 技术提供了这一机制即本体，本体的构建需要领域知识专家的参与。从当代 WWW 上保留的大量普通 Web 页面中提取出语义信息，构建出页面内容的本体，然后根据本体对新的页面进行语义标记，这是一种可能的途径。实现这一过程可采用本体自学习系统，从而实现本体的自动或半自动获取。文本信息可以采用语义 Web 技术，结合模式识别和对象提取等技术，实现基于本体概念的检索。现有的搜索引擎是基于关键字的，关键词的多义性和同义性降低了搜索的准确性，在搜索时通常会找到大量的与目标无关的内容。如搜索"老泰山"，可能返回大量与泰山有关的页面，而这与用户的本意相差太远。语义 Web 技术就可以较好地处理这个问题，它能根据精确的概念、知识结构和推理规则进行搜索，从而得到与用户目标比较接近的结果。如上例返回的结果就一定是与"岳父"有关的信息。

2. 个人和企业的知识管理

过去的知识管理面向的是存放于文件或数据库中的知识。当知识库规模不断扩大，知识的检索和处理也就开始变得低效；而且，不同的异构数据源之间也很难达成数据共享。通过语义 Web 技术，特别是借助于本体和机器可处理的元数据，对知识进行精确的语义标注之后，这为知识管理由更多的面向文件的观点转化为更多的面向知识项目的观点铺平了道路。当然，实现异构数据源的知识共享不再是难事。

3. 基于 Ontology 的智能信息 Agent

面向 Agent 的计算能帮助人们在复杂、异构、不确定的信息环境中识别复杂模式。可是，由于 Agent 难以理解和处理自然语言描述的数据，它不能充分发挥其优势。语义 Web 为智能 Agent 提供了很好的语义环境，如果由智能 Agent 存取 Web 上的信息，语义 Web 的本体库就显得很有用了，它允许 Agent 处理本体中的概念和一组推理规则，这提高了 Agent 处理信息的准确性。例如，搜索 Agent 可以只搜索指向精确概念的那些 Web 页面，而不是含有具有歧义的关键词的所有页面。更高级的 Agent 将根据本体自动把 Web 页面信息关联到相关的知识和规则，发现并获取 Web 上的有用信息。

4. 语义 Web 服务

Web 服务利用广泛使用的 Internet 协议在分布结点之间传递消息，基于任何平台和编程语言的应用都可以通过标准的技术和协议方便地对其进行访问，为编程语言、操作系统和平台异构的软件系统之间的交互与协同提供了物理上的互操作基础。近年来，网络上 Web 服务数量急剧增长，人工从 Internet 上发现一个满足需要的服务变得困难而耗时。为了让 Web 服务成为计算机可理解的软件实体，人们将语义 Web 技术引入 Web 服务，形成了能够在语义层面支持 Web 服务之间互相操作的语义 Web 服务，让基于 Web 服务的应用更为灵活、智能。语义 Web 服务定义为：语义 Web 服务是由确定的、具有丰富语义信息的描述语言描述的 Web 服务，基于 Web 的软件系统和应用终端能够通过语义推理实现服务发现、选择、组合以及执行的智能化和自动化[23]。

语义 Web 服务是将语义 Web 技术应用到 Web 服务领域，实现 Web 服务的自动发现、调用和合成。然而，这种假设基于两个前提：所引用的 Ontology 支持自动推理；智能 Agent 能够理解 Ontology 中的概念。要实现这两个前提需要基于描述逻辑的本体形式语言，如 OWL，和标准的、更高层次的本体，如基于 OWL 的框架 OWL-S，以使本体所表达的语义得到统一。

语义 Web 服务的主要方法是利用本体来描述 Web 服务，然后通过这些带有语义信息的描述实现 Web 服务的自动发现、调用和组合。语义 Web 和 Web 服务是语义 Web 服务的两大支撑技术。目前对语义 Web 服务标记语言研究最典型的组织就是 DARPA 组织，该组织提出了 Web 服务本体语言 OWL-S (Ontology Web Language for Services)。由于 OWL-S 对 Web 服务领域标准和语义 Web 领域标准的兼容性较好，并且具有开放灵活的定义方式，已经逐渐成为语义 Web 服务描述框架的推荐标准。

5. 语义 Web 挖掘

语义 Web 挖掘旨在将 Web 挖掘和语义 Web 这两大研究领域结合起来，使其相互促进、共同发展。一方面，Web 挖掘的结果有助于构建语义 Web；另一方面，语义 Web 的语义知识使得 Web 挖掘更易实现，同时能改善 Web 挖掘的结果。语义 Web 赋予传统的 WWW 形式化的语义知识，从而为丰富传统的 Web 挖掘奠定了良好的基础。在语义 Web 中超链接通过显式的方式表达出来，这使得知识工程师必须对 Web 结构进行更进一步的挖掘；同时，Web 页面内容具有了明确的语义要求必能够接受更加结构化的数据输入的 Web 挖掘技术。相应的，语义 Web 挖掘分为：语义 Web 内容及结构挖掘和语义 Web 使用记录挖掘。

6. 语义网格

在英国的 e-Science 计划研究中，人们发现，网格的现有努力和 e-Science 设想之间存在差距，要达到 e-Science 的易用性和无缝自动化要求，必须实现尽量多的机器可处理性和尽量少的人类介入，这和语义 Web 的目标有一定的相似。在 2001 年最先提出了语义网格的构想，并于 2002 年在全球网格论坛 GGF 成立了语义网格研究组 SEM-GRD。语义网格小组对语义网格进行的定义如下：语义网格就是"对当前网格的一个扩展，其中对信息和服务进行了很好的定义，可以更好地让计算机和人们协同工作"。可以说语义网格是网格在语义能力上的扩展；从另一个角度也可以说语义网格是语义 Web 对计算能力的扩展。语义网格构想的关键之处就是把所有的资源，包括服务，都用一种机器可处理的方式来描述，其目标是实现语义的互操作性。达到这个目标的一种实现方法是把语义 Web 的关键技术应用到网格计算的开发中，下至基础设施上至网格应用。语义网格通过将网格上的信息进行更好的形式化描述，以使计算机尽可能取代人进行网格上信息处理，从而让诸如电子商务、电子政务、数字图书馆等智能化服务在网格上开展成为可能。中国科学院计算技术研究所知识网格研究组在诸葛海研究员的带领下开展了语义网格方面的研究。重点解决 3 个方面的问题：资源的规范组织、语义互联和智能聚合。

7. 对等计算（P2P）

P2P 与语义 Web 技术的结合可支持分散的异构的环境，可用较小的努力来分享知识，知识分享和发现比较容易。它们能否结合成功的关键在于"即时语义"的使用。"即时语义"建立在轻载的或重载的本体上，这些本体由不同的个人、部门或组织创建。为了能为不同的个人或组织提取共享的本体，"即时语义"考虑了本体定义、概念的使用、与实际数据的关系之间的重叠。智能代理将使用这样的定义来确保知识被适当地构造，以便能轻易地被重用。

8. 电子商务

传统的电子商务存在许多问题：控制问题、信息发现问题、环境问题、兼容性问题和智能问题等。在电子商务应用中引入语义 Web 技术，能在一定程度上解决上述问题。目前国内外关于语义 Web 技术在电子商务中应用的研究主要集中在描述语言、基于本体的企业商务集成方法与架构（用户需求或产品或企业商务过程的语义描述、本体映射、Web 服务发现与组合、电子商务集成框架）、领域本体的管理（包括电子商务本体构建、本体库的管理）、CRM、电子交易、企业知识管理等方面。

9. 电子政务

在电子政务建设中，充分利用语义 Web，赋予 Web 资源更明确、更完善的语义，使得在政府不同部门之间、公众与政府之间对词汇的表示达成一致的同时，机器也能够理解 Web 上的内容并实现不同政务系统之间的协同工作。同时，语义 Web 给智能 Agent 和 Web 服务提供了语义信息和必要的推理机制，这使得电子政务平台在分布式的环境下具有良好的功能，各种政务应用能够无缝地进行语义互操作，克服现有电子政务平台的一些不足。简言之，语义 Web 技术对电子政务的影响主要有：解决电子政务中标准化问题，提供智能的查询服务，提供一站式服务，实现语义互操作和政务智能以及实现有效的知识管理等。

10. 语义门户

传统门户是基于传统 Web 技术建造的，以人为使用对象，而传统 Web 技术在信息的搜索、访问、提取、注释和处理方面表现出很大的局限性，如缺乏对 Web 上信息的描述，HTML 提供的链接缺乏语义，基于关键词检索的查准率低下，从而限制了门户网站对信息共享和通信的支持。语义门户是语义 Web 技术驱动的门户网站，它是实现具有共同兴趣目标的用户之间的信息交流和共享的平台。语义门户使用语义 Web 技术来提供语义检索、浏览和内容集成，语义 Web 标准为这种门户的设计开创了新思路。尤其是它可以为人们揭示门户信息提供相关标准；RDF 的出现使得信息项及相关元数据具有了灵活的、可扩展的格式；OWL 能够明确揭示对信息项进行分类与建构的领域本体。同传统门户相比，使用语义 Web 标准进行门户设计具有以下优点：多维检索和浏览、信息结构的演化和扩展、领域扩展、跨学科门户整合等。目前在国外已有一些建成的语义门户，比如 OntoWeb、Esperonto、Empolis K42、Mondeca ITM、SWWS、ITM、Mindswap、OntoWebEdu 等，而在国内尚少。创建语义门户的方法和框架也有很多，比如 SEAL、ODESeW、K42、ITM、OntoWebber、OntoWeaver 等。

参 考 文 献

［1］Hinton GE, Osindero S, Teh Y-W. A Fast Learning Algorithm for Deep Belief Nets[J]. Neural Computation. 2006, 18:1527～1554

［2］Smolensky P. Information Processing in Dynamical Systems: Foundations of Harmony Theory. Parallel Distributed Processing: Explorations in the Microstructure of Cognition, Vol 1: Foundations[M]. Cambridge, MA, USA: MIT Press, 1986

［3］Hinton G, Salakhutdinov R. Discovering Binary Codes for Documents by Learning Deep Generative Models[J]. Top Cogn Sci. 2011, 3(1):74～91

［4］Ballan L, Bazzica A, Bertini M, Bimbo AD, Serra G. Deep Networks for Audio Event Classification in Soccer Videos[C]. International Conference on Multimedia and Expo. 2009, 474～477

［5］Hinton G, Deng L, Yu D, et al. Deep Neural Networks for Acoustic Modeling in Speech Recognition[J]. IEEE Signal Processing Magazine. 2012, 29(6):82～97

［6］Tang Y, Salakhutdinov R, Hinton G. Deep Lambertian Networks[C]. International Conference on Machine Learning. 2012, 1623～1630

［7］Salakhutdinov R, Hinton G. Using Deep Belief Nets to Learn Covariance Kernels for Gaussian Processes[C]. Advances in Neural Information Processing Systems. 2007, 1249～1256

［8］Mobahi H, Collobert R, Weston J. Deep Learning from Temporal Coherence in Video[C]. International Conference on Machine Learning. 2009, 737～744

［9］Lee H, Grosse R, Ranganath R, Ng AY. Convolutional Deep Belief Networks for Scalable Unsupervised Learning of Hierarchical Representations[C]. International Conference on Machine Learning. 2009, 609～616

［10］Kavukcuoglu K, Sermanet P, Boureau Y-L, et al. Learning Convolutional Feature Hierarchies for Visual Recognition[C]. Advances in Neural Information Processing Systems. 2010, 1090～1098

［11］LeCun Y, Kavukcuoglu K, Farabet C. Convolutional Networks and Applications in Vision[C]. International Symposium on Circuits and Systems. 2010, 253～256

［12］李智超. 移动计算关键技术研究[D]. 天津：天津大学，2006

［13］张德干. 移动计算[M]. 北京：科学出版社，2009

［14］郑增威，吴朝晖. 普适计算综述[J]. 计算机科学. 2003, (04)：18～22，29

［15］宋欢，何连连．普适计算关键技术的研究[J]．科技信息．2013，(21)：93～94

［16］陈全，邓倩妮．云计算及其关键技术[J]．计算机应用．2009，(09)：2562～2567

［17］董晓霞，吕廷杰．云计算研究综述及未来发展[J]．北京邮电大学学报(社会科学版)．2010，(05)：76～81

［18］罗军舟，金嘉晖，宋爱波，东方．云计算：体系架构与关键技术[J]．通信学报．2011，(07)：3～21

［19］张建勋，古志民，郑超．云计算研究进展综述[J]．计算机应用研究．2010，(02)：429～433

［20］许进，张雷．DNA 计算机原理、进展及难点(Ⅰ)：生物计算系统及其在图论中的应用[J]．计算机学报．2003，(01)：1～11

［21］田云，卢向阳，彭丽莎，徐锋．生物信息学及其研究现状[J]．生命科学研究．2002，(S2)：153～158

［22］宋峻峰．面向语义 Web 的领域本体表示、推理、集成及其应用研究[D]．长沙：国防科学技术大学，2006

［23］崔华，应时，袁文杰，胡罗凯．语义 Web 服务组合综述[J]．计算机科学．2010，(05)：21～25